河湖水环境数学模型与应用

华祖林　王　鹏　主编
褚克坚　汪　靓　刘晓东　副主编

科学出版社

北　京

内 容 简 介

水环境数学模型是污染物在水体中迁移归趋过程的数学化描述与表达，因其灵活高效、场景展示性好、可重复性强等优点，已经成为模拟和预测污染物在水体中时空分布的主要技术手段。本书首先明确了水环境数学模型的科学概念、建模步骤及其分类，并梳理其发展历程；在此基础上，以河湖水环境数学模型构建及其实证应用为主线，分别系统、详实地介绍了山丘区与平原河网区污染负荷模型、不同特征河网一维水量水质数学模型、沿深平面二维水流及污染物输运数值模拟、湖泊富营养化模型、河流三维水量水质数值模拟、溢油污染预测模型、湿地"箱式"生态动力学模型和水生态毒理模型等当前主要水环境模型的数学原理与建模过程，同时结合大量实际工程案例，对模型的具体应用进行逐步讲解和充分剖析，使读者能够更为直观地掌握水环境模拟技术在工程中的运用方法和建模技巧。

全书从理论到实践，循序渐进地向读者展示了水环境数学模型的全貌，及其未来的发展方向，章节安排脉络清晰、衔接紧密，由易到难徐徐推进，可作为环境科学、环境工程、资源与环境、市政工程、水文水资源等专业的研究生教材，对于其他相关专业科研人员和工程技术人员了解水环境数学模型原理、模型分类及其应用领域，也具有较高的参考价值。

图书在版编目(CIP)数据

河湖水环境数学模型与应用/华祖林，王鹏主编. —北京：科学出版社，2021.6

ISBN 978-7-03-069519-2

Ⅰ.①河… Ⅱ.①华… ②王… Ⅲ.①河流–水环境–数学模型 ②湖泊–水环境–数学模型 Ⅳ.①X143

中国版本图书馆 CIP 数据核字(2021)第 157969 号

责任编辑：许 蕾 沈 旭/责任校对：杨聪敏
责任印制：张 伟/封面设计：许 瑞

科学出版社 出版
北京东黄城根北街 16 号
邮政编码：100717
http://www.sciencep.com
北京盛通数码印刷有限公司 印刷
科学出版社发行 各地新华书店经销
*
2021 年 6 月第 一 版 开本：787×1092 1/16
2022 年 1 月第二次印刷 印张：20 1/4
字数：480 000
定价：99.00 元
(如有印装质量问题，我社负责调换)

前　言

随着新时代生态文明理念和大保护战略的提出，国家及地方政府对水环境保护的认识与行动力达到了前所未有的高度。无论是区域水环境治理具体方案的提出，还是水环境保护规划的制定，均离不开治理之前与之后对水环境改善效果的科学评估，所以水环境的模拟与预测工作就显得极为重要。特别是随着政府部门水环境管理水平和要求的提升，水环境数学模型已经成为模拟与预测污染物在水体中时空分布特征的主要技术手段。

水环境数学模型是一门综合性、交叉性、实践性较强的科学，涉及水动力、水化学、水生态、计算数学、水文气象等多个学科。本书以河湖水环境数学模型建立过程及应用案例为主线，对水环境数学模型构架，面源污染负荷预测方法，不同污染物在河网、河流和湖泊中的迁移及归趋模拟，富营养化模型，湿地模型以及水生态毒理模型等逐次递进展开介绍。

本书第 1 章"绪论"重点介绍水环境数学模型的主要作用、建模步骤、模型分类及发展历程；第 2 章"水流运动与污染物输运方程"阐述了水流运动及污染物输运扩散基本方程、污染物主要种类及其动力学方程，为后续章节内容铺垫理论基础；第 3 章"污染负荷模型"根据流域或区域地形地貌特征，分别对山丘区与平原河网区污染负荷的模型构成、计算原理和计算方法进行了系统介绍；第 4、5 章主要介绍树状河网和环状河网水环境模型的基本方程、求解方法；第 6、7 章分别介绍了基于有结构网格的平面二维、无结构网格的平面二维污染物输运数值模拟；第 8 章着重介绍湖泊富营养化模型分类及其构建方法；第 9 章对河流三维水量水质数值模拟进行介绍；第 10 章介绍了基于油粒子模型的河道溢油污染预测方法；第 11、12 章介绍了湿地生态动力学模型和水生态毒理模型。同时，本书通过对大量应用案例进行详细介绍和充分剖析，使读者能更直观地掌握水环境模拟技术在工程中的运用方法和建模技巧。

全书试图从理论到实践，循序渐进地向读者展示水环境数学模型的全貌，章节安排脉络清晰、衔接紧密，由易到难徐徐推进，可作为环境科学、环境工程、资源与环境、市政工程、水文水资源等专业的研究生教材，对于其他相关专业科研人员和工程技术人员了解水环境数学模型原理、模型分类及其应用领域，也具有较高的参考价值。

本书由华祖林、王鹏主编，褚克坚、汪靓、刘晓东副主编。博士研究生李晓庆、马乙心、陆滢以及硕士研究生董越洋、熊萍、赵丽等也参与了部分章节的编写和插图绘制工作。同时，本书在编写过程中也引用了国内外许多专家学者的研究成果，在此一并表示谢意！

由于编者水平所限，书中疏漏之处在所难免，敬请各位读者给予批评指正。

编　者

2021 年 4 月于南京

目　录

第1章 绪 论

在河流、湖泊水环境保护和管理工作中，往往需要预测区域水环境的变化过程及其发展趋势。例如，水环境规划、水环境整治方案、环境影响评价、排污口设置许可论证等工作，都要求对相关规划或工程方案实施后未来的水质改善情况进行科学预测与评估，以此来作为判定这些项目的环境可行性的关键依据。这就需要采用模型模拟的手段，研究河流、湖泊的水质变化规律，探明这些工作对区间或区域水环境的响应过程与作用贡献。

河湖水环境模拟主要包括物理模拟和数值模拟。物理模拟是在相似理论的基础上，构建物理模型，再现原型中发生的污染物物理过程的一种模拟方法，具有直观性和物理概念明确的优点，但也存在着污染物生化过程相似问题、时间比尺变态问题等难点。数值模拟是以描述污染物迁移输运的数学方程为基础，以数值方法和计算机技术为手段，通过输入数字化的水域地形条件和边界条件，求解反映水动力和水环境演变过程的基本控制方程组，得到水环境要素的时空分布规律，实现对水环境系统各要素的动态变化过程及其相互作用关系的定量描述。相对于物理模拟，数值模拟具有灵活、省时、高效、无比尺效应影响、可重复性强等优点，在科学研究和工程实践中得到了广泛的应用。随着我国水环境管理水平的不断提高，从流域视角开展水环境的精细化管理已成为新的趋势，这进一步增强了对数值模拟技术的依赖。通过构建高精度的水环境数学模型，可以使决策者能够在水环境管理的诸多方案中选择更好、更为科学合理的技术方案，以模型技术助力新时代新要求下水环境精细化管理必将大有可为。

1.1 水环境数学模型的概念

水环境数学模型是根据物质守恒原理，用数学语言和方法描述污染物质在水体中发生的物理、化学、生物变化过程，建立水环境系统数学方程，以数值方法和计算机技术为手段，通过方程求解来模拟污染物在水体中的混合和输运、在时间和空间上的迁移转化规律。实际上水环境数学模型就是对水体污染物质因水动力和生物化学作用而发生物理的、化学的和生物的各种反应，形成错综复杂的迁移转化过程所做的数学描述与模拟。

今天，以改善水环境质量为核心，提出了更严格的水环境预测计算要求。水环境数学模型已成为环境科学研究、工程应用和水环境管理(如环境保护规划、环境影响评价、突发污染事件风险评估和预警预报、容量总量控制、海绵城市建设、黑臭水体治理等)必不可少的手段之一。例如，在环境影响评价工作中，需要利用水环境数学模型预测拟建项目排放污染物对水环境的影响范围及可能造成的水环境质量变化，从而根据拟建项目对环境影响的程度与质量变化的大小，可以判断拟建项目是否可行，或提出排放控制限值。同时，在河湖生态基流的确定、排污口设置论证，以及流域层面的环境规划和管理方面，水环境数学模型也得到了广泛应用。例如，计算河流生态流量与生态水位，优化确定污染物排放的设置，制定区域限制排放标准，评估区域的纳污能力，制定区域的环境容量或允许排放量，对评估污染物排放消减后水体水质改善效果、不同流域治理方案进行有效性和经济性对比等，均需要用到水环境数学模型。

1.2　水环境数学模型的建模基本步骤

建立某个实际水环境问题的数学模型通常可以分为以下 6 个步骤。

1. 模型概化

模型概化是指通过选择适当的模型状态变量和参数，确定状态变量之间及与参数间的相互影响和变化规律，从而构建描述变量间函数关系的数学方程。应当指出，模型反映的是所描述现象的主要特征，是对真实世界的一种近似。因此，在满足问题需求的前提下，应该使用尽可能简单的模型。

水环境模型概化就是要根据研究区域水污染现象，应用水环境科学的原理和实验研究结果，挑选适合的数学工具将水环境管理和保护的问题转变为数学问题。该步骤的关键是总结分析水环境问题特征和变量，抓住问题的主要矛盾，忽略次要因素；根据已有的资料条件选用数学工具，将水环境问题转变为数学问题。这一步骤是决定水环境模型能否成功的基石。资料的时空精度与数学工具要求不匹配，数学问题的提法不恰当等都极可能导致后续模型求解的失败。

2. 模型构建

模型构建包括数学模型选择、模拟区域确定、网格布置、方程数值求解等环节，这一步骤更多是考验建模者对现代数学工具和计算机技术的掌握。在数学工具上，主要是将选定模型的微分控制方程，针对计算区域网格进行离散，建立封闭的离散方程组来求得其数值解。

模型构建还要考察所构建模型的灵敏性和稳定性等特征。模型灵敏性反映模型输出结果在模型参数变化时的一种响应特性。通过灵敏性分析，可以从众多影响因素中找出对结果有重要影响的敏感性因素，并分析、测算其对输出的影响程度和敏感性程度，进而可以判断模型的不确定性。稳定性又称鲁棒性或健壮性，用以表征模型系统在受到扰动或不确定的情况下仍能保持其特征行为的能力。在实际问题中，诸如测量误差、记录误差、插值误差等输入扰动往往难以避免，因此，模型稳定性也是考察模型特征的重要方面。

3. 模型参数率定

数学模型的方程中通常含有大量计算参数。这些参数的取值需要采用某种方式加以确定，通常包括理论公式法、经验公式法和模型试验法等。但是无论使用何种方法，参数率定的目的是使参数值代入模型进行运算后，模型输出结果能较好地重现实测数据，如果拟合效果不好，则需要在合理的取值范围内重新调整模型参数，提高模型预测精度。当两个模型重现数据的能力相同时，通常选用含有参数较少的模型。

4. 模型验证

经过上述建模步骤之后，得到了一个能较好地重现实测数据的数学模型。但是，这个模型重现其他实测数据的能力还不得而知，因此还必须进一步检验模型是否具有较强的预测能力。所谓模型验证就是在不改变模型参数取值的条件下，用独立于模型率定时所用数据的全新观测数据与模型计算结果进行比较。如果能够达到预期精度，则说明所建立的模型是成功的。

5. 模型应用

模型应用指的是采用经过率定和验证的模型去预测某种实际问题的结果。如果模型达不到解决问题的要求，那么需要重复上述各步骤，调整模型结构或算法，直到所建立的模型能够满意地解决实际问题为止。此外，在使用模型时要时刻注意推导模型基本方程时的前提假设条件，不能在模型应用时超出其适用范围。

6. 模拟结果解读

水环境模型结果的解读即将模型的数学解解译为水环境科学语境中的解答，这一步骤决定了是否能够最终获得有意义的水环境问题的答案。此时，建模者需要关注模型的结果是否符合水环境科学基本原理，是否与建模者的日常观察和工程经验矛盾等。需要切记的是，任何数学模型只能给出方程的解，但无法保证其结果的正确性，应小心对待，反复论证其合理性。若水环境模型的模拟结果在定量，甚至定性上都无法让人满意，那么建模者需要考虑模型是否忽略了重要变量、重要污染物或者重要的环境过程，模型在时间和空间上的精度是否足够，模型的计算格式选择是否正确等，来修正和改进模型，直到它给出符合要求的结果。

水环境模型经过近一百年的发展，已经不需要使用者对建模从"零"开始，但是对模型使用条件的选择、模型的率定与验证、模型结果的判断与解读，已经成为衡量水环境模型使用者水平的重要标志。

1.3 模 型 分 类

水环境数学模型分类方法很多，通常可以按模型空间维数、时间相关性、确定性特征、水域类型、基本方程状态等进行分类。具体包括以下几种分类方法。

1. 空间维数

从水环境数学模型所对应的空间维数角度，可分为零维、一维、二维和三维模型。污染物在水体中的迁移和扩散过程自然是发生在三维物理空间的，但是在处理某些具体问题时，为了减少数学问题的复杂性，降低方程的求解难度，在与实际求解的问题基本符合的情况下，可将三维问题简化为二维问题、一维问题，甚至是零维问题，从而建立不同空间维数的模型。其中，零维模型主要适用于污染物在较短时间内能够均匀混合的小型湖泊、水库或河段；一维模型主要适用于河道宽度和深度较小，污染物在较短时间内能在横断面上均匀混合的中小型河流及河网地区；平面二维模型主要适用于宽深比较大(通常在 10 以上)，垂向变化较小，污染物主要表现在横断面上分布不均匀的河流。

2. 时间属性

从水环境模型是否含有时间变量，可分为稳态模型和非稳态模型。含有时间变量的数学模型能够描述污染物随时间的变化规律，因此这类模型被称为非稳态模型。而那些不含时间变量的模型只能描述平衡状态下的水质状况，因此称为稳态模型。实际应用时，可根据拟解决问题的时间性质，分别采用具有不同时间属性的模型。

3. 模型变量

按模型变量是否为随机变量，可以把数学模型分为非确定性模型和确定性模型两类。当变量含有随机特性(即非确定性)时，称为非确定性模型；当变量不含有随机特性时，称为确定性模型。

按照模型变量的多少，还可分为单变量水质模型、多变量水质模型和水生生态模型。简单的水质模拟一般采用单一变量或是少数变量，随着变量的增加，模拟难度也会相应增加。模型变量及其数目的选择，主要取决于模型应用的目的以及对于实际资料和实测数据的拥有程度等。

本书只对确定性模型进行介绍。确定性模型的形式是一个或一组微分方程，按微分方程中变量阶次还可细分为线性和非线性模型。其中，微分方程中的未知函数及其各阶导数的幂次不全是一次的叫作非线性模型，否则叫作线性模型。非线性模型的求解相对复杂。

4. 反应动力学

按模型所反映反应动力学的性质，分为纯输移模型、纯反应模型、输移和反应模型、生态模型。纯输移模型只考虑污染物在水体中发生的输移扩散过程，而不考虑其随时间的衰减过程；纯反应模型只考虑污染物发生的化学、生物化学等反应，而不考虑污染物的输移扩散过程；输移和反应模型则是将纯输移模型和纯反应模型结合起来，既考虑污染物随水流的输移扩散，又考虑污染物所发生的衰减反应；生态模型综合描述污染物在水体中发生的生物过程、输移过程和水质要素变化过程。

5. 建模原理

按照建模原理和方式的不同，水环境数学模型可以分为数据驱动模型及过程驱动模型两大类。

数据驱动的水环境数学模型是从实际监测得到的水环境数据出发，利用统计学、机器学习等方法建立环境变量间的定量关系，从而达到揭示水污染现象中环境因素变化规律的目的。这一类模型的特点是强烈依赖于监测数据，对水环境过程的先验信息要求比较少；侧重于描述现象，而较少涉及污染物迁移转化的机制，这是数据驱动模型的优点，但也导致该类模型的解释和预测能力较差。由于数据驱动模型主要从现象出发，因此也被称为"唯象学模型"。

不同于数据驱动水环境数学模型从"顶"到"底"的建模方法，过程驱动模型是一种从"底"到"顶"的模型。过程驱动水环境数学模型是基于野外和实验室中对污染物迁移转化过程的研究成果，将水污染现象和过程中各变量的相互转化关系概化、数学化并建立相应的模型。过程驱动模型通常使用微分方程来描述水环境状态的变化过程；对于空间异质性较强水体，过程驱动模型往往需要用到偏微分方程这一工具；这也导致该类模型编程较为复杂，计算量也较大。

值得注意的是，有部分过程驱动模型，比如以 SWAT(soil and water assessment tool)为代表的一大类水文模型主要运用基于机理的统计学等工具而不使用微分方程。因此，过程驱动模型和数据驱动模型主要的区别在于是否充分利用了污染物迁移转化机制的信息，而不是所使用的数学工具的不同。表 1-1 总结归纳了数据驱动和过程驱动模型不同的特点。

表 1-1　数据驱动和过程驱动模型特点比较

模型类别	基本原理	建模工具	优点	缺点
数据驱动模型	统计学、机器学习为主	线性回归、支持向量机等	污染物转化过程的先验信息要求较低	模型的预测及可解释性较差，要求的数据较多
过程驱动模型	质量守恒	代数方程、微分方程等	考虑环境变量相互作用的过程，模型的可解释性和预测能力好	计算量大、编程复杂、对使用者经验要求较高

数据驱动和过程驱动模型并不是截然分开的，在过程驱动模型中经常会应用线性回归等统计学方法构建污染物的转化过程。本书主要讲述过程驱动的水环境数学模型，因此不经特殊说明，下文所指水环境数学模型都是过程驱动模型。

6. 模拟对象

根据模拟对象是固定的流场还是流场中连续运动的质点，可以分为欧拉模型和拉格朗日模型。

欧拉模型采用场模拟方法，其基本思想是：在任意指定的时间逐点模拟当地的物理量分布。欧拉模型中，对空间固定的控制体应用质量守恒定律，对流项的存在会使微分方程复杂化，这是影响方程数值求解精度的重要原因之一。但是欧拉模型能够在空间、时间上简便地表达系统要素的状况，并且其计算结果还自动包括特定位置按照时间变化的各种污染物指标，与现场监测的记录方式相适应。因此，欧拉法在水质模拟中应用得比较广泛。

拉格朗日模型是一种跟踪质点的模拟方法，其基本思想是：从某一时刻开始跟踪离散质点运动，模拟质点的位置、速度、污染物浓度等物理量变化。相对于欧拉模型，拉格朗日模型的数学表达更为自然、直观，适于对有限个体(如油粒子、鱼卵等)的运动进行模拟。

7. 水域类别

从水环境管理对象的角度，水质模型可分为流域模型、河流模型、湖泊或水库模型、河口模型、海湾模型等。

8. 网格类别

根据所采用的网格布置，水环境数学模型可分为有结构网格(结构化网格)模型和无结构网格(非结构化网格)模型。

1.4　发 展 历 程

河湖水环境数学模型的研究迄今已近百年，形成了功能各异的模型及软件。纵观水环境数学模型的发展历程，按照模型关注的焦点不同，可将其分为四个阶段。

第一阶段，20 世纪 20 年代中期至 20 世纪 70 年代初，这一阶段的水质模型特点是仅研究水体水质本身。在这一阶段发展的水质模型只包括水体自身各水质组分的相互作用，其他的底泥、边界等作用都是作为单纯的外部输入进入，模型主要是零维黑箱模型或一维稳态解析解模型，基本上不考虑复杂的水动力条件对污染物质分布的影响。在研究的水污染物方面，以水体中的溶解氧为核心，主要包括 BOD、COD 等耗氧物质以及保守物质，较少考虑其他类型的物质。在关注的污染源类型方面，这一阶段的模型主要关注点源污染，面源污染被处理为水体污染物的背景负荷或本底浓度。最早的水质模型是 Streeter 和 Phelps 在 1925 年提出的河流 BOD-DO 模型，这一模型同时考虑了水中 BOD 的氧化过程以及水体中发生的复氧过程。在 20 世纪 50、60 年代，O'Conner 和 Dobbins 发展了这一模型，提出了计算复氧系数的方程，并将 DO 模型扩展到了河口。这一阶段代表性的水质模型还包括美国环保局(USEPA)早期推出的 QUAL-I、QUAL-II 模型。

第二阶段，20 世纪 70 年代中期至 80 年代末期，这一阶段中水质模型在理论的研究和应用上都迅速发展。在这一阶段，水质模型已经与水动力模型相结合，可以简单地考察水动力因素对水体中污染物分布的影响；水质模型中不再只考虑水体本身，而是包括了底泥、土壤等不同介质变化对水质的影响；考虑的水质状态变量的数目和复杂性也大大增加，包括重金属、毒物、营养物以及细菌等；其中氮、磷等营养物还被细分成不同的状态和形态，以仔细地考虑它们不同的转化机理和过程。在污染源类型方面，面源污染在这一阶段受到了关注，发展出了各种流域水质模型，并有了一些将流域水质模型与传统水质模型相连接的尝试。此外，这一阶段还针对水质模型中一些水生植物的影响进行了研究。这一阶段具有代表性的水环境模型和软件包括 WASP、HSPF 等。

第三阶段，20 世纪 90 年代至本世纪 10 年代中期，是水环境数学模型的深化、完善与广泛应用阶段。计算机的普及与计算机技术日新月异的发展为水环境数学模型的发展提供了强有力的保障。这一阶段的水环境模型已经与复杂的水动力模型相耦合，可以较为完善地考虑河流、海洋、湖泊、水库以及河口等不同区域的水动力条件对水环境因素的影响，水环境模拟软件蓬勃发展并得到广泛应用。在污染源方面，很多的水质模型和软件能够考虑大气沉降等因素对水体水质的影响。在变量方面，这一阶段的水质模型不但将原有的重金属、有毒物质、营养物、耗氧物质等相互关联，形成了一个错综复杂的网络关系，而且进一步细化了不同物质形态，模拟对象扩展到微塑料等新兴污染物。这些水质模型还与生态模型、食物链模型等相结合，可以计算水质与水生生物、生态环境之间的相互影响。各种新的方法和技术如随机数学、模糊数学、地理信息系统等也在这一时期与水质模型结合。因此，可以更好完成对水质的不确定性分析和预测，为水质管理等工作提供支持。这一阶段的代表性模型和软件很多，常见的有 WASP7、MIKE，美国陆军工程兵团开发的 CE-QUAL-ICM，以及基于这模型开发的 EFDC、DELFT3D 等。

第四阶段，本世纪 10 年代中期至今，随着云计算、物联网、大数据、移动互联网和人工智能等新一代信息技术的兴起，水环境数学模型迎来了新的发展契机。例如，大数据平台能够有效解决数学模型边界条件、初始条件输入缺失难题；超算、云计算以及人工智能算法的应用大幅度提升水环境数学模型的计算效率和精度；借助"3S"技术大范围、全天候、全天时的观测优势，可为水环境数学模型提供大尺度、高精度、动态性的输入数据及率定验证资料，实现基础数据动态更新；物联网与人工智能技术应用于水环境治理中，可实现水环境治理过程中多参数监测、治理模型耦合模拟、智能决策与治理过程的联合调控；VR 技术丰富和强化了模型预测结果输出的展现方式和表现力度。尤其在"新基建"步伐加快的大背景下，水环境数学模型与智慧水利、智慧环保、智慧城市深度融合，成为其大脑建设应用支撑的重要组成部分，扮演了十分重要的角色。

上面提到的模型复杂程度各不相同，最简单的 BOD-DO 模型只涉及两个变量，在边界比较简单的情况下可以直接求出解析解；复杂的模型如 CE-QUAL-ICM 涉及几十个变量，需要进行数值求解。需要注意的是，对于一个具体的问题，并不是越复杂的模型越好。一方面，复杂的模型需要大量不同变量的数据，一般情况下很难得到模型计算需要的所有数据；而且复杂的模型也意味着有几十甚至几百个参数需要率定，其中一两个参数的错误就有可能给结果带来相当大的误差，这就为模型的率定和验证工作带来很大的困难。另一方面，在具体问题中往往并不需要关注所有污染物不同形态的详尽结果，不加考虑地使用复杂的模型会造成数据和时间的浪费。正确的做法应该是对症下药，针对具体问题选择合适的模型。

第2章 水流运动与污染物输运方程

水体中的污染物包括营养物质、有机污染物、重金属和病原体等，污染物质进入水体中一般不是个静态过程，而是个动态过程，伴随着运移、扩散、转化、降解和吸附去除等。实际上，污染物在水体中的归宿受物理过程、化学过程及生物过程的共同作用，物理过程主要指由于水流运动导致的污染物对流、扩散及发生在沉积物-水界面的污染物沉降与再悬浮；化学过程主要包括污染物的矿化、水解、光解、挥发、氧化-还原；生物过程主要包括生物降解、生物吸收、代谢等。因此，首先需要理解污染物的动力学过程，并从数学上对其进行描述，这对开展水环境数值模拟有着十分重要的作用。本章主要对污染物在水体中的迁移、扩散及归宿的数学表达进行阐述。

2.1 水流运动基本方程

污染物质排入环境水体后，首先会随水流一起运动。环境水体中含有的各种污染物质（也称扩散质）在流场中从一处转移到另一处的过程称为传输过程，这一过程与天然水体的运动特征密切相关。

对自然界水体，一般可认为天然水体是不可压缩的流体，可用 Navier-Stokes 方程（N-S 方程）表示水流的三维运动过程。在笛卡儿坐标系下，基本方程如下。

（1）连续方程：

$$\frac{\partial u_i}{\partial x_i} = 0 \tag{2-1}$$

或

$$\frac{\partial u}{\partial x} + \frac{\partial v}{\partial y} + \frac{\partial w}{\partial z} = 0 \tag{2-2}$$

（2）动量方程：

$$\frac{\partial u_i}{\partial t} + u_j \frac{\partial u_i}{\partial x_j} = -\frac{1}{\rho}\frac{\partial p}{\partial x_i} + \nu \frac{\partial^2 u_i}{\partial x_j \partial x_j} + f_i \tag{2-3}$$

或

$$\frac{\partial u}{\partial t} + u\frac{\partial u}{\partial x} + v\frac{\partial u}{\partial y} + w\frac{\partial u}{\partial z} = -\frac{1}{\rho}\frac{\partial p}{\partial x} + \nu\left(\frac{\partial^2 u}{\partial x^2} + \frac{\partial^2 u}{\partial y^2} + \frac{\partial^2 u}{\partial z^2}\right) + f_1 \tag{2-4}$$

$$\frac{\partial v}{\partial t} + u\frac{\partial v}{\partial x} + v\frac{\partial v}{\partial y} + w\frac{\partial v}{\partial z} = -\frac{1}{\rho}\frac{\partial p}{\partial y} + \nu\left(\frac{\partial^2 v}{\partial x^2} + \frac{\partial^2 v}{\partial y^2} + \frac{\partial^2 v}{\partial z^2}\right) + f_2 \tag{2-5}$$

$$\frac{\partial w}{\partial t} + u\frac{\partial w}{\partial x} + v\frac{\partial w}{\partial y} + w\frac{\partial w}{\partial z} = -\frac{1}{\rho}\frac{\partial p}{\partial z} + \nu\left(\frac{\partial^2 w}{\partial x^2} + \frac{\partial^2 w}{\partial y^2} + \frac{\partial^2 w}{\partial z^2}\right) + f_3 \tag{2-6}$$

式中，x_i 或 x,y,z 表示笛卡儿坐标；$u_i\,(i=1,2,3)$ 或 u,v,w 分别表示在 x,y,z 方向上的水流速度；p 为压强；ρ 为水体密度；ν 为分子运动黏性系数；$f_i\,(i=1,2,3)$ 为 x,y,z 方向上的外力。

N-S 方程(2-1)、方程(2-3)，或方程(2-2)、方程(2-4)～方程(2-6)，能够描述水体运动的全部细节，但目前针对天然水体求解该方程的解析解尚不可能。

对于天然水体，一般都属于紊流，我们更关心水流运动的总体运动情况，而不必追究其细节，为此，假定 $u_i = \bar{u}_i + u_i'$，$p_i = \bar{p}_i + p_i'$，$\bar{u}_i$ 为时均流速，u_i' 为脉动流速，$\bar{p}_i$ 为时均压强，p_i' 为脉动压强。并且有 $\overline{u_i'} = 0$，$\overline{p_i'} = 0$，$\frac{\partial u_i'}{\partial x_i} = 0$，这样：

式(2-1)变为

$$\frac{\partial \bar{u}_i}{\partial x_i} = 0 \tag{2-7}$$

或

$$\frac{\partial \bar{u}}{\partial x} + \frac{\partial \bar{v}}{\partial y} + \frac{\partial \bar{w}}{\partial z} = 0 \tag{2-8}$$

式(2-3)变为

$$\frac{\partial \bar{u}_i}{\partial t} + \bar{u}_j\frac{\partial \bar{u}_i}{\partial x_j} = -\frac{1}{\rho}\frac{\partial \bar{p}}{\partial x_j} - \frac{\partial \overline{u_i'u_j'}}{\partial x_j} + \nu\frac{\partial^2 \bar{u}_i}{\partial x_i \partial x_j} + \bar{f}_i \tag{2-9}$$

或

$$\frac{\partial \bar{u}}{\partial t} + \bar{u}\frac{\partial \bar{u}}{\partial x} + \bar{v}\frac{\partial \bar{u}}{\partial y} + \bar{w}\frac{\partial \bar{u}}{\partial z} = -\frac{1}{\rho}\frac{\partial \bar{p}}{\partial x} + \frac{\partial \overline{u'^2}}{\partial x} + \frac{\partial \overline{u'v'}}{\partial y} + \frac{\partial \overline{u'w'}}{\partial z} + \nu\nabla^2\bar{u} + \bar{f}_1 \tag{2-10}$$

$$\frac{\partial \bar{v}}{\partial t} + \bar{u}\frac{\partial \bar{v}}{\partial x} + \bar{v}\frac{\partial \bar{v}}{\partial y} + \bar{w}\frac{\partial \bar{v}}{\partial z} = -\frac{1}{\rho}\frac{\partial \bar{p}}{\partial y} + \frac{\partial \overline{u'v'}}{\partial x} + \frac{\partial \overline{v'^2}}{\partial y} + \frac{\partial \overline{u'w'}}{\partial z} + \nu\nabla^2\bar{v} + \bar{f}_2 \tag{2-11}$$

$$\frac{\partial \bar{w}}{\partial t} + \bar{u}\frac{\partial \bar{w}}{\partial x} + \bar{v}\frac{\partial \bar{w}}{\partial y} + \bar{w}\frac{\partial \bar{w}}{\partial z} = -\frac{1}{\rho}\frac{\partial \bar{p}}{\partial z} + \frac{\partial \overline{u'w'}}{\partial x} + \frac{\partial \overline{v'w'}}{\partial y} + \frac{\partial \overline{w'^2}}{\partial z} + \nu\nabla^2\bar{w} + \bar{f}_3 \tag{2-12}$$

式(2-7)、式(2-9)，或式(2-8)、式(2-10)～式(2-12)，是取时均值后的 N-S 方程，称为雷诺方程。雷诺方程中除了原有的 $u_i\,(i=1,2,3)$ 和 p 外，增加了雷诺应力项 $\overline{u_i'u_j'}$，这就是著名的雷诺不封闭问题。解决雷诺不封闭问题，采用最多的是 Boussinesq 假定。

Boussinesq 提出涡旋黏滞概念，认为在紊流中有涡旋黏滞作用，与层流运动的黏滞应力相似，紊动切应力也与流速梯度成比例，表达式为

$$-\overline{u_i'u_j'} = \nu_{\mathrm{t}}\left(\frac{\partial \bar{u}_i}{\partial x_j} + \frac{\partial \bar{u}_j}{\partial x_i}\right) - \frac{2}{3}k\delta_{ij} \tag{2-13}$$

式中，u_i',u_j' 及 $\bar{u}_i,\bar{u}_j$ 分别为 i,j 方向的脉动流速与时间平均流速；当 $i=j$，则 $\delta_{ij}=1$，当

$i \neq j$，则 $\delta_{ij} = 0$；k 为紊动动能；ν_t 是涡旋黏滞系数或紊动黏滞系数，以区别于层流中的运动黏性系数。ν_t 随着在水流中的位置及紊动情况而变化，而层流的黏滞系数 ν 是流体本身特征。

在此，令 $\nu_e = \nu_t + \nu$，有

$$\frac{\partial \overline{u}_i}{\partial t} + \overline{u}_j \frac{\partial \overline{u}_i}{\partial x_j} = -\frac{1}{\rho} \frac{\partial \overline{p}}{\partial x_j} + \nu_e \frac{\partial^2 \overline{u}_i}{\partial x_i \partial x_j} + \overline{f}_i \tag{2-14}$$

$$\frac{\partial \overline{u}}{\partial t} + \overline{u} \frac{\partial \overline{u}}{\partial x} + \overline{v} \frac{\partial \overline{u}}{\partial y} + \overline{w} \frac{\partial \overline{u}}{\partial z} = -\frac{1}{\rho} \frac{\partial \overline{p}}{\partial x} + \nu_e \nabla^2 \overline{u} + \overline{f}_1 \tag{2-15}$$

$$\frac{\partial \overline{v}}{\partial t} + \overline{u} \frac{\partial \overline{v}}{\partial x} + \overline{v} \frac{\partial \overline{v}}{\partial y} + \overline{w} \frac{\partial \overline{v}}{\partial z} = -\frac{1}{\rho} \frac{\partial \overline{p}}{\partial y} + \nu_e \nabla^2 \overline{v} + \overline{f}_2 \tag{2-16}$$

$$\frac{\partial \overline{w}}{\partial t} + \overline{u} \frac{\partial \overline{w}}{\partial x} + \overline{v} \frac{\partial \overline{w}}{\partial y} + \overline{w} \frac{\partial \overline{w}}{\partial z} = -\frac{1}{\rho} \frac{\partial \overline{p}}{\partial z} + \nu_e \nabla^2 \overline{w} + \overline{f}_3 \tag{2-17}$$

进一步考虑地球外力作用，并考虑到表达方便，省略上方的"–"，这样：

$$\frac{\partial u}{\partial t} + u \frac{\partial u}{\partial x} + v \frac{\partial u}{\partial y} + w \frac{\partial u}{\partial z} = -\frac{1}{\rho} \frac{\partial p}{\partial x} + \nu_e \nabla^2 u + fv \tag{2-18}$$

$$\frac{\partial v}{\partial t} + u \frac{\partial v}{\partial x} + v \frac{\partial v}{\partial y} + w \frac{\partial v}{\partial z} = -\frac{1}{\rho} \frac{\partial p}{\partial y} + \nu_e \nabla^2 v - fu \tag{2-19}$$

$$\frac{\partial w}{\partial t} + u \frac{\partial w}{\partial x} + v \frac{\partial w}{\partial y} + w \frac{\partial w}{\partial z} = -\frac{1}{\rho} \frac{\partial p}{\partial z} + \nu_e \nabla^2 w - g \tag{2-20}$$

同时，引入静压假定，垂向水流流速加速度和紊动黏滞项远小于重力加速度，如图 2-1 所示，式 (2-20) 变为

$$-\frac{1}{\rho} \frac{\partial p}{\partial z} - g = 0 \tag{2-21}$$

即

$$p = p_0 + \rho g (\xi - z) \tag{2-22}$$

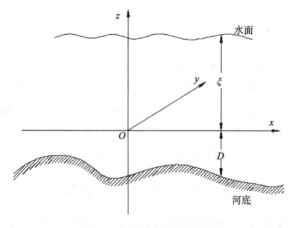

图 2-1 天然水体示意图

式 (2-18) 和式 (2-19) 可写成

$$\frac{\partial u}{\partial t} + u\frac{\partial u}{\partial x} + v\frac{\partial u}{\partial y} + w\frac{\partial u}{\partial z} = -g\frac{\partial \xi}{\partial x} + \nu_e \nabla^2 u + fv \tag{2-23}$$

$$\frac{\partial v}{\partial t} + u\frac{\partial v}{\partial x} + v\frac{\partial v}{\partial y} + w\frac{\partial v}{\partial z} = -g\frac{\partial \xi}{\partial y} + \nu_e \nabla^2 v - fu \tag{2-24}$$

但是缺少一个方程 (2-20)，可以利用对连续方程 (2-8) 进行垂向积分，且 $h = \xi + D$，有

$$\frac{1}{h}\int_{-D}^{\xi}\frac{\partial u}{\partial x}dz + \frac{1}{h}\int_{-D}^{\xi}\frac{\partial v}{\partial y}dz + \frac{1}{h}\int_{-D}^{\xi}\frac{\partial w}{\partial z}dz = 0 \tag{2-25}$$

$$\frac{1}{h}\frac{\partial}{\partial x}\int_{-D}^{\xi}udz + \frac{1}{h}\frac{\partial}{\partial y}\int_{-D}^{\xi}vdz + \frac{1}{h}w\Big|_{-D}^{\xi} = 0 \tag{2-26}$$

$w\big|_{-D}^{\xi}$ 根据河底和水面的边界条件来确定，一般认为河底没有水流通过，即

$$w\big|_{-D} = 0 \tag{2-27}$$

水面的 $w\big|^h$ 应满足自由水面的条件，可以理解为水深的变化率，即

$$w\big|^{\xi} = \frac{\partial h}{\partial t} = \frac{\partial \xi}{\partial t} \tag{2-28}$$

式 (2-26) 改写为

$$\frac{\partial \xi}{\partial t} + \frac{\partial}{\partial x}\int_{-D}^{\xi}udz + \frac{\partial}{\partial y}\int_{-D}^{\xi}vdz = 0 \tag{2-29}$$

2.2　污染物输运扩散基本方程

2.2.1　基本方程

在笛卡儿坐标系下，污染物质输运扩散基本方程如下：

$$\frac{\partial c}{\partial t} + u_j\frac{\partial c}{\partial x_j} = D\frac{\partial^2 c}{\partial x_j \partial x_j} + r \tag{2-30}$$

$$\frac{\partial c}{\partial t} + u\frac{\partial c}{\partial x} + v\frac{\partial c}{\partial y} + w\frac{\partial c}{\partial z} = D\left(\frac{\partial^2 c}{\partial x^2} + \frac{\partial^2 c}{\partial y^2} + \frac{\partial^2 c}{\partial z^2}\right) + r \tag{2-31}$$

同样，式 (2-30) 或式 (2-31) 能够描述污染物质输运扩散的细节，但目前求其解析解尚不可能，同样用时间平均流速和时间平均浓度来表示污染物的输运扩散过程。

式 (2-31) 也可表示为

$$\frac{\partial c}{\partial t} + \frac{\partial(cu)}{\partial x} + \frac{\partial(cv)}{\partial y} + \frac{\partial(cw)}{\partial z} = D\left(\frac{\partial^2 c}{\partial x^2} + \frac{\partial^2 c}{\partial y^2} + \frac{\partial^2 c}{\partial z^2}\right) + r \tag{2-32}$$

因此有

$$\frac{\partial \overline{c}}{\partial t} + \frac{\partial\left(\overline{cu}\right)}{\partial x} + \frac{\partial\left(\overline{cv}\right)}{\partial y} + \frac{\partial\left(\overline{cw}\right)}{\partial z} = D\left(\overline{\frac{\partial^2 c}{\partial x^2}} + \overline{\frac{\partial^2 c}{\partial y^2}} + \overline{\frac{\partial^2 c}{\partial z^2}}\right) + \overline{r} \tag{2-33}$$

因为

$$c = \overline{c} + c', u = \overline{u} + u'$$

所以有

$$\overline{cu} = \overline{(\overline{c} + c')(\overline{u} + u')} = \overline{\overline{c}\,\overline{u} + \overline{c}u' + c'\overline{u} + c'u'} = \overline{\overline{c}\,\overline{u}} + \overline{\overline{c}u'} + \overline{c'\overline{u}} + \overline{c'u'} = \overline{c} \cdot \overline{u} + \overline{c'u'}$$

类似有

$$\overline{cv} = \overline{c} \cdot \overline{v} + \overline{c'v'}$$

$$\overline{cw} = \overline{c} \cdot \overline{w} + \overline{c'w'}$$

式(2-32)变换成

$$\frac{\partial \overline{c}}{\partial t} + \frac{\partial}{\partial x}\left(\overline{c} \cdot \overline{u} + \overline{c'u'}\right) + \frac{\partial}{\partial y}\left(\overline{c} \cdot \overline{v} + \overline{c'v'}\right) + \frac{\partial}{\partial z}\left(\overline{c} \cdot \overline{w} + \overline{c'w'}\right) = D\left(\frac{\partial^2 \overline{c}}{\partial x^2} + \frac{\partial^2 \overline{c}}{\partial y^2} + \frac{\partial^2 \overline{c}}{\partial z^2}\right) + r \qquad (2\text{-}34)$$

又

$$\frac{\partial}{\partial x}\left(\overline{c} \cdot \overline{u}\right) = \overline{c}\frac{\partial \overline{u}}{\partial x} + \overline{u}\frac{\partial \overline{c}}{\partial x}$$

$$\frac{\partial}{\partial y}\left(\overline{c} \cdot \overline{v}\right) = \overline{c}\frac{\partial \overline{v}}{\partial y} + \overline{v}\frac{\partial \overline{c}}{\partial y} \qquad (2\text{-}35)$$

$$\frac{\partial}{\partial z}\left(\overline{c} \cdot \overline{w}\right) = \overline{c}\frac{\partial \overline{w}}{\partial z} + \overline{w}\frac{\partial \overline{c}}{\partial z}$$

考虑到连续方程

$$\frac{\partial \overline{u}}{\partial x} + \frac{\partial \overline{v}}{\partial y} + \frac{\partial \overline{w}}{\partial z} = 0$$

所以将式(2-34)写成:

$$\frac{\partial \overline{c}}{\partial t} + \overline{u}\frac{\partial \overline{c}}{\partial x} + \overline{v}\frac{\partial \overline{c}}{\partial y} + \overline{w}\frac{\partial \overline{c}}{\partial z} = -\frac{\partial\left(\overline{c'u'}\right)}{\partial x} - \frac{\partial\left(\overline{c'v'}\right)}{\partial y} - \frac{\partial\left(\overline{c'w'}\right)}{\partial z} + D\nabla^2\overline{c} + r \qquad (2\text{-}36)$$

就出现了紊动扩散输移通量 $\overline{c'u'}$、$\overline{c'v'}$、$\overline{c'w'}$ 或 $\overline{c'u_i'}$ 项,造成了求解不封闭现象。紊动扩散的概念就是由这项提出的,紊动扩散指流体中由于随机紊动引起的质点分散现象,并认为可把紊动扩散与分子扩散相比拟,即

令

$$\overline{c'u_i'} = -E\frac{\partial^2 \overline{c}}{\partial x_i^2} \qquad (2\text{-}37)$$

或

$$-\overline{c'u'} = E_x\frac{\partial \overline{c}}{\partial x}, \quad \frac{\partial\left(\overline{c'u'}\right)}{\partial x} = -\frac{\partial}{\partial x}\left(E_x\frac{\partial \overline{c}}{\partial x}\right) = -E_x\frac{\partial^2 \overline{c}}{\partial x^2} \qquad (2\text{-}38)$$

$$-\overline{c'v'} = E_y\frac{\partial \overline{c}}{\partial y}, \quad \frac{\partial\left(\overline{c'v'}\right)}{\partial y} = -\frac{\partial}{\partial y}\left(E_y\frac{\partial \overline{c}}{\partial y}\right) = -E_y\frac{\partial^2 \overline{c}}{\partial y^2} \qquad (2\text{-}39)$$

$$-\overline{c'w'} = E_z \frac{\partial \overline{c}}{\partial z}, \quad \frac{\partial \left(\overline{c'w'} \right)}{\partial z} = -\frac{\partial}{\partial z} \left(E_z \frac{\partial \overline{c}}{\partial z} \right) = -E_z \frac{\partial^2 \overline{c}}{\partial z^2} \tag{2-40}$$

式 (2-36) 可以写成

$$\frac{\partial \overline{c}}{\partial t} + \overline{u} \frac{\partial \overline{c}}{\partial x} + \overline{v} \frac{\partial \overline{c}}{\partial y} + \overline{w} \frac{\partial \overline{c}}{\partial z} = \left(E_x + D \right) \frac{\partial^2 \overline{c}}{\partial x^2} + \left(E_y + D \right) \frac{\partial^2 \overline{c}}{\partial y^2} + \left(E_z + D \right) \frac{\partial^2 \overline{c}}{\partial z^2} + r \tag{2-41}$$

因为实际上 $D \ll E$ （除壁面邻近区域紊动受到限制以外），分子扩散项 D 一般可以忽略。或者有的作者表述成 E 吸收了 D。以后为了书写简便起见，方程中的上短横不再加上，而约定对于紊流来讲，各项统指时间平均值，这样式 (2-41) 写为

$$\frac{\partial c}{\partial t} + u \frac{\partial c}{\partial x} + v \frac{\partial c}{\partial y} + w \frac{\partial c}{\partial z} = E_x \frac{\partial^2 c}{\partial x^2} + E_y \frac{\partial^2 c}{\partial y^2} + E_z \frac{\partial^2 c}{\partial z^2} + r \tag{2-42}$$

该式即为紊流扩散方程，是用欧拉法分析紊动扩散的基础。式中，E_x、E_y、E_z 分别为纵向、横向、垂向紊动扩散系数。

若 $E_x = E_y = E_z = E$ 时，有

$$\frac{\partial c}{\partial t} + u \frac{\partial c}{\partial x} + v \frac{\partial c}{\partial y} + w \frac{\partial c}{\partial z} = E \left(\frac{\partial^2 c}{\partial x^2} + \frac{\partial^2 c}{\partial y^2} + \frac{\partial^2 c}{\partial z^2} \right) + r \tag{2-43}$$

比较式 (2-43) 与式 (2-31)，分子扩散方程与紊动扩散方程在数学形式上是一样的，但意义不同。

综上所述，描述水流与污染物质输运的基本方程如下：

$$\frac{\partial u}{\partial x} + \frac{\partial v}{\partial y} + \frac{\partial w}{\partial z} = 0 \tag{2-44}$$

$$\frac{\partial u}{\partial t} + u \frac{\partial u}{\partial x} + v \frac{\partial u}{\partial y} + w \frac{\partial u}{\partial z} = -g \frac{\partial \xi}{\partial x} + \nu_e \nabla^2 u + fv \tag{2-45}$$

$$\frac{\partial v}{\partial t} + u \frac{\partial v}{\partial x} + v \frac{\partial v}{\partial y} + w \frac{\partial v}{\partial z} = -g \frac{\partial \xi}{\partial y} + \nu_e \nabla^2 v - fu \tag{2-46}$$

$$\frac{\partial \xi}{\partial t} + \frac{\partial}{\partial x} \int_{-D}^{\xi} u \mathrm{d}z + \frac{\partial}{\partial y} \int_{-D}^{\xi} v \mathrm{d}z = 0 \tag{2-47}$$

$$\frac{\partial c}{\partial t} + u \frac{\partial c}{\partial x} + v \frac{\partial c}{\partial y} + w \frac{\partial c}{\partial z} = E_x \frac{\partial^2 c}{\partial x^2} + E_y \frac{\partial^2 c}{\partial y^2} + E_z \frac{\partial^2 c}{\partial z^2} + r \tag{2-48}$$

上述方程构成了污染物在天然水体中空间浓度分布计算的基础。

2.2.2　紊动扩散系数

紊动扩散系数在扩散过程中起着十分重要的作用，实际天然水体普遍具有三维的、非恒定、不均匀的流速场，因此紊动扩散系数的确定也十分复杂，纵向、横向和垂向的紊动扩散系数一般数值不同，而且随着空间位置及时间而变化。在计算污染物质在天然水体中的浓度分布、求解扩散方程时，紊动扩散系数是一个重要而不易确定的参数，为了易于计算，在实际情形中，紊动扩散系数可通过经验公式来确定，但是在复杂水流条

件下还得通过原位观测来确定。

紊动扩散系数的经验公式一般表达为

$$E = \alpha h u_*$$ (2-49)

这样，纵向、横向与垂向紊动扩散系数分别可写为

$$\begin{cases} E_x = \alpha_x h u_* \\ E_y = \alpha_y h u_* \\ E_z = \alpha_z h u_* \end{cases}$$ (2-50)

式中，α 为无量纲紊动扩散系数；h 为水深；u_* 为摩阻流速。一般地，$\alpha_x \neq \alpha_y \neq \alpha_z$，因而确定紊动扩散系数 E 可以转而确定 α 值。

另外，摩阻流速 u_* 可采用以下公式计算：

$$u_* = \sqrt{ghI}$$ (2-51)

式中，h 为水深；I 为水面比降；g 为重力加速度。

或者采用公式

$$u_* = \frac{ung^{1/2}}{h^{1/6}}$$ (2-52)

式中，h 为水深；u 为流速；n 为河道糙率系数；g 为重力加速度。

2.3　污染物主要种类

2.3.1　营养盐、溶解氧与藻类

天然水体中营养盐、溶解氧与藻类的关系是密不可分的，这三种物质之间相互作用，共同对水体水质产生影响。

2.3.1.1　营养盐

氮、磷、碳和硅是藻类生长所必需的元素，此外，藻类生长还需要大量其他微量营养素，如铁、锰、钾、钠、铜、锌和钼。但是，水环境模拟中通常不考虑这些微量营养物质，因为其含量足以满足藻类生长，通常不是水体富营养化的限制性元素。

虽然营养盐对藻类生长来说是必不可少的，但过高的营养水平对生态系统是有害的。当营养物浓度过高，导致水体出现富营养化时，营养盐成为造成水质恶化的主要原因之一。根据 Liebig "最小因子定律"，缺乏任何必需的营养物质会限制藻类生长。大多数天然水体中，磷和氮是最有可能的限制性营养元素。为了使藻类生长，氮和磷必须同时存在。在河流、湖泊和其他淡水系统中，磷素浓度通常较低，成为藻类生长的限制性因子。因此，氮素负荷的增加通常不会导致藻类大量繁殖。然而，在河口和沿海水域，磷素浓度通常更高，氮素可能成为限制藻类生长的营养元素，藻类浓度会随着氮素负荷的增加而增加，并发生藻华现象。

营养盐通常以如下形式存在：

(1) 溶解态和颗粒态营养盐，通常采用 0.45μm 滤膜区分；

(2) 在底泥中吸附于颗粒物质，在孔隙水中以溶解态存在；

(3) 以藻类、鱼类和其他生物的形式存在。

此外，营养盐形态还可以分为有机态和无机态两大类。生物可利用的营养盐以溶解态形式存在，容易被植物吸收利用。虽然有些藻类可以利用有机态营养盐，但是可被藻类直接利用的大部分是无机态营养盐。水环境数值模拟主要关心氮和磷，其无机态形式包括氨氮、亚硝态氮、硝态氮和正磷酸盐。

影响营养盐循环的主要过程包括以下几个方面：藻类吸收和死亡；颗粒态有机营养盐水解转化为溶解态有机营养盐；溶解态有机营养盐矿化和分解；营养盐之间的转化；沉积物吸附和解吸；随颗粒态物质沉降；沉积物释放通量和外部营养盐负荷。

1. 氮素

氮是地球上含量最丰富的元素之一，占地球大气体积的 78%。主要被植物和动物用来合成蛋白质，存在于所有生物体的细胞中，并被动植物不断循环利用。氮在水中以分子态氮 (N_2)、有机态氮 (ON)、氨氮 (NH_3-N)、硝态氮 (NO_3^--N)、亚硝态氮 (NO_2^--N) 及硫氰化物和氰化物等多种形式存在，而 ON、NH_3-N、NO_2^--N、NO_3^--N 是其在水体中主要存在形态，简称"四氮"，是衡量水体毒理性和富营养化程度的重要指标。由于亚硝态氮 (NO_2^--N) 浓度相对较低，水环境模拟中的硝态氮通常指的是亚硝态氮与硝态氮浓度之和。

氨氮是氮素的一种溶解无机形态，浓度通常比硝态氮低，包括水中以游离氨 (NH_3) 和铵离子 (NH_4^+) 形式存在的氮。氨氮、亚硝态氮和硝态氮都能被藻类吸收。但是氨氮是藻类生长的首选氮素利用形态，当水体中的氨氮浓度耗尽时，藻类将利用亚硝态氮和硝态氮。在特定的温度和 pH 条件下，游离氨对水生生物具有毒害作用，毒性随着 pH 和温度的增加而增加。

有机氮是外部氮源的主要形态，在细菌作用下可矿化生成氨氮。在溶解氧充足的条件下，铵态氮在亚硝化细菌的作用下，氧化成亚硝态氮，进而在硝化细菌的作用下转化成稳定的硝态氮。在厌氧环境及有机碳源充足的条件下，硝态氮在反硝化细菌的作用下，还原成气态氮逸出水体环境。在某些特殊环境下，硝态氮与铵态氮还可通过厌氧氨氧化菌的作用实现短程硝化-反硝化，此过程不受有机碳源含量的控制。此外，由于氮素在沉积物颗粒上的吸附性不强，因此很容易在底泥与上覆水间发生迁移。

2. 磷素

磷是藻类生长的另一种重要营养物质，是将太阳能转化为可用能源的关键成分。然而，水体中过多的磷会引发藻类过度生长，导致富营养化。磷是许多淡水水生生态系统的限制性营养盐。因此，磷素浓度对藻类生长具有显著影响。磷是一种非常活泼的元素，能与许多阳离子反应，例如铁和钙，并容易吸附于上覆水的悬浮颗粒物，降低了藻类吸收的生物可用性。总磷由颗粒态和溶解态磷组成，其主要成分包括可溶性磷酸盐和颗粒态有机磷。磷酸盐是藻类吸收的主要形态，与氮素相比，磷酸盐更易于吸附在沉积物颗粒上。磷酸盐主要以三种形式存在：

(1)正磷酸盐，是一种含PO_4^{3-}的盐类，常用于表示溶解态活性磷(SRP)。它是唯一一种易于被藻类吸收而不会被进一步分解的磷的化合物。磷酸盐主要由正磷酸盐构成，其来源包括污水排放和农田径流。

(2)聚磷酸盐(或偏磷酸盐)，用于处理锅炉水和生产洗涤剂。它们可以在水体中转化为正磷酸盐，并被藻类吸收。

(3)有机磷酸盐，通常存在于植物组织、固体废物或其他有机质中。它们可能以颗粒和碎屑形式存在于溶液中，也可能存在于水生生物体内，分解后可转化为正磷酸盐。

磷素循环在许多方面与氮素循环类似。藻类死亡生成有机态磷，进而矿化生成磷酸盐。部分磷酸盐吸附于悬浮颗粒物，以颗粒态形式发生沉降。溶解态磷酸盐被藻类和植物吸收，进入食物链，最终以有机磷形式返回水中。

2.3.1.2 溶解氧

溶解在水中的分子态氧称为溶解氧，水中的溶解氧的含量与空气的氧分压、水温都有密切关系。在自然情况下，空气中的含氧量变动不大，水温是主要的影响因素，水温越低，水中溶解氧含量越高。溶解氧含量是衡量水环境质量及水体自净能力的重要指标之一，也是维系健康水生生态系统的基础性要求。当水体溶解氧含量过低，意味着水质可能受到污染。一般认为，当溶解氧水平低于5.0mg/L，则水生生物生存将受到威胁。

有机碳氧化、硝化过程、呼吸作用都会消耗溶解氧，大气复氧和光合作用是水体溶解氧的来源。水中的细菌在分解有机物过程中会消耗氧气，因此，在严重受污水体，细菌对氧气的消耗速度有可能超过大气复氧和植物光合作用对溶解氧的补充速度，这种消耗会导致溶解氧亏缺和浓度下降，影响水生生物生境。

光合作用受光照强度影响，也会改变水体溶解氧含量。一般而言，溶解氧在表层水体中的含量通常比下层水体高，这是由于光照强度随水深增加而降低，导致藻类光合作用速率也会随水深增加而降低，此外，大气复氧随水深增加也呈现下降趋势。

2.3.1.3 藻类

藻类是原生生物界一类真核生物。主要水生，无维管束，通过光合作用生长。体型大小各异，小至长1μm的单细胞的鞭毛藻，大至长达60m的大型褐藻。藻类植物并不是一个单一的类群，各分类系统对它的分门也不尽一致，一般可分为蓝藻门、眼虫藻门、金藻门、甲藻门、绿藻门、褐藻门、红藻门等。

大多数藻类以叶绿素为主要固碳色素，从水体或底泥中吸收营养物质，包括氨氮、硝酸盐、磷酸盐、硅和二氧化碳，并向水体中释放氧气。藻类可以自由漂浮或扎根于水体底部，大多数自由漂浮的藻类通过肉眼是不可见的，然而在特定环境条件下，水体中藻类暴发性增殖或高度聚集会引起水体变色，形成肉眼可见的水华现象。藻类是水生生态环境的主要初级生产者，构成了水生生态系统食物链的基础。通常情况下，藻类作为生产者的角色比其他水生植物更为重要，它们是水生生态系统中最具生物活性的，对水质过程的影响一般大于其他植物。

藻类以多种形式存在于各种水生环境中。水环境数值模拟中，通常按照藻类对温度、光照和营养条件等环境条件的适应性进行分组模拟，划分为蓝藻、绿藻和硅藻。许多种类的蓝藻能够在水体中大量繁殖，产生对人类和水生动物有害的毒素，并在饮用水中产生异味，因此成为国内外的研究热点。

蓝藻对环境具有很强的适应性，部分种类的蓝藻可以根据光照和营养条件在水体中漂浮或下沉，以控制自己所处的水深，从而使其获得优于其他藻类的生长条件。上浮的蓝藻可以在水面大量聚集，使得水面下的其他水生植物无法获得充足的光照。一些蓝藻还能够将大气中的氮气作为氮源，从而在缺少氮素的贫营养水环境中生长。

2.3.2　毒性物质

2.3.2.1　有机污染物

有机污染物是含有碳元素的人工合成化合物。在现代社会中，合成有机化学品大量进入生产、使用和处理环节。有机化学品种类繁多，主要有农药、多氯联苯、多环芳烃、二噁英和呋喃、全氟化合物、抗生素等。它们可以通过点源和非点源排放途径进入水环境。其中一些有机化学品会对水生生物造成毒害作用，或通过食物链在生物体内富集。人类可能因摄入被有机化学品污染的水或水生生物而受到影响。

农药是一种主要的有机污染物。它们主要用于控制或灭杀有害生物，如昆虫、真菌或其他可能降低作物产量或影响牲畜健康的生物。其中许多种类在使用后的几天内就可以分解成无毒化学物质。然而，有些农药较难降解，可以在沉积物中长期积累，或在食物链中富集，对人类或野生动物构成潜在的健康风险。例如，在 20 世纪 40～60 年代，滴滴涕 (dichlorodiphenyl trichloroethane，DDT) 被广泛用作杀虫剂，从 70 年代后滴滴涕逐渐被世界各国明令禁止生产和使用，但至今仍能在沉积物和水生动物组织中被检测到。

多氯联苯 (polychlorinated biphenyls，PCBs) 是另一类被禁用的合成有机化学品，具有较好的稳定性、耐热性以及绝缘性，可用作润滑材料、增塑剂、杀菌剂、热载体和变压器油等，被广泛地应用在电器的绝缘油、感压纸等各种领域。我国从 1965 年开始生产多氯联苯，到 20 世纪 80 年代初全部停止生产。与常规污染物不同，PCBs 化学性质很稳定，自然界的分解作用是靠土壤中微生物酶进行生物降解和依赖日光中紫外线进行光解，但效率不高。因此，PCBs 在环境中滞留时间相当长，在土壤中的半衰期可长达 9～12 年。环境中的 PCBs 在通过食物链的过程中，由于选择性的生物转化作用而使低氯代组分逐渐消失，残留的大部分 PCBs 分子的含氯量都比较高 (PCB6 以上)。

多环芳烃 (polycyclic aromatic hydrocarbons，PAHs) 是煤、石油、木材、烟草、有机高分子化合物等有机物不完全燃烧时产生的挥发性碳氢化合物，是重要的环境和食品污染物。迄今已发现有 200 多种 PAHs，其中有相当部分具有致癌性，如苯并 α 芘、苯并 α 蒽等。PAHs 广泛分布于环境中，任何有机物加工、废弃、燃烧或使用的地方都有可能产生多环芳烃。

二噁英和呋喃的全称分别是多氯二苯并二噁英 (polychlorinated dibenzopdioxin，

PCDDs) 和多氯二苯并呋喃 (polychlorinated dibenzofuran，PCDFs)，其异构体种类繁多，其中 PCDDs 有 75 种异构体，PCDFs 有 135 种异构体。它们的毒性非常大，是氰化物的 130 倍、砒霜的 900 倍。目前，焚烧工业的排放、落叶剂的使用、杀虫剂的生产、纸张的漂白和汽车尾气的排放等是环境中二噁英的主要来源。

溴代阻燃剂是添加型阻燃剂的一种，种类繁多，是目前世界上产量最大、阻燃效率最高、应用最广泛的有机阻燃剂之一。溴代阻燃剂在国际上的生产与使用可以追溯到 20 世纪 70 年代，目前在生产的溴代阻燃剂大约有 70 多种，其中最为重要的是多溴联苯醚 (PBDEs)、四溴双酚 A（TBBPA）以及六溴环十二烷（HBCD）等。它是一类环境中广泛存在的全球性有机污染物，具有环境持久性、远距离传输、生物可累积性及对生物和人体健康具有毒害效应等特性。

全氟化合物 (perfluorinated compounds，PFCs) 作为一种人工合成的氟化有机物，具有优良的热稳定性、化学稳定性、高表面活性及疏水疏油性能，是合成多种氟表面活性剂、氟精细化工产品的原料，可用于电子、电镀、农药、橡塑加工、涂料、皮革、纺织、消防、石油开采等行业，被大量应用于工业生产和生活消费领域。大量研究表明，氟化合物在包括极地在内的全球生态系统中被频繁检出，已成为一类新兴的环境持久性有机污染物。环境中存在的全氟化合物主要有全氟羧酸类、全氟磺酸类、全氟酰胺类及全氟调聚醇等，其中全氟辛烷磺酸 (perfluorooctane sulfonate，PFOS) 和全氟辛酸 (perfluorooctanoic acid，PFOA) 是环境中经常出现的最典型的两种 PFCs，而且这两种化合物是多种 PFCs 的最终代谢产物。相关毒理学研究已证实，以 PFOS 和 PFOA 为代表的部分 PFCs 可直接对动物及人类产生多种毒性，并具有较强的致癌性和免疫抑制性。此外，PFCs 具有很高的生物累积性，而且还具有沿食物链生物放大的趋势。同时，由于 PFCs 分子中含有高能 C—F 化学键，因而大部分的 PFCs 都很稳定，能够耐受加热、光照、化学作用、微生物作用和高等脊椎动物的代谢作用而难于降解。此外，多数 PFCs 都是极性和水溶性较大、蒸气压和挥发性较小的化合物，在水中的溶解度普遍高于一般的疏水性有机污染物，比其他难溶于水的新兴污染物的危害更大。

近年来，抗生素作为一种新兴污染物在地表水和沉积物中被不断检出，逐渐成为研究热点。抗生素是当今全球应用最为广泛的抑制或灭杀微生物类药物，在治疗人、畜感染性疾病和抗菌生产促进剂方面发挥了巨大的作用。然而，研究发现，抗生素在人和动物体内仅有少量被吸收和代谢，80%～90% 以原形或活性代谢产物的形式排出体外，并且传统的水处理工艺并不能对所有抗生素都具有较好的去除效果。药物残留极大地威胁着人群健康和生态安全。中国作为抗生素生产和消费大国，年消耗抗生素达 18 万 t，人均消耗量是美国的 10 倍，导致抗生素滥用现象及其引发的生态毒性及抗性基因污染等问题在我国更为严重，尤其在经济发展快、人口密集地区更加突出。

2.3.2.2 重金属

重金属原指比重大于 5 的金属，包括金、银、铜、铁、汞、铅、镉等，其在人体中累积达到一定程度会造成慢性中毒。一般而言，环境污染方面所指的重金属主要包括汞、镉、铅、铬以及类金属砷等生物毒性显著的元素。重金属非常难以被生物降解，相反却能在食物链的生物放大作用下，成千百倍地富集，最后进入人体。重金属在人体内能和蛋白质及酶等发生强烈的相互作用，使它们失去活性，也可能在人体的某些器官中累积，造成慢性中毒。其污染途径主要包括采矿、废气排放、污水灌溉和使用重金属超标制品等人为因素。

与有机污染物相比，重金属污染更为普遍和持久。水体中的重金属以溶解态和颗粒态形式存在，其中溶解态金属可随水流迁移，颗粒态重金属常被吸附于悬浮颗粒物并随之迁移。颗粒态和溶解态重金属之间的交换是通过吸附/解吸机制进行的。底泥间隙水中的重金属离子可以向上覆水扩散，反之亦然，这主要与重金属在间隙水与上覆水之间的浓度梯度有关。此外，挥发性金属(如汞)随工业废气排放，可以直接沉降于地表水体。

与重金属有关的特征包括：具有生物富集和生物放大效应；降解时间很长；广泛存在于自然界；毒性与其溶解性密切相关；具有多种化学形态。水环境模拟中经常研究的重金属包括铅、镉、汞等。某些重金属具有较强的环境持久性，因此有充足的时间进入食物链，并产生生物放大现象。虽然污水排放中的重金属浓度可能很低，但水体中的水生生物可以将其浓度放大许多倍。有些重金属对动植物的健康是必不可少的，然而，当浓度高于维持生命所必需的浓度时，也可能产生毒性效应。

铅和汞属于环境中毒性较强的重金属元素，因为它们可以转化为毒性很大的甲基汞和甲基铅，这些物质进入人体很容易被吸收，不易降解，排泄很慢，特别是容易在脑中积累，属于强烈的神经毒素。铅主要损害骨髓造血系统和神经系统，对儿童和正在发育的胎儿尤其有害，儿童血铅超过 60mg/100mL 时，会出现智力发育障碍和行为异常。铅还能透过母体胎盘，侵入胎儿体内并进入脑组织。汞可以通过土壤和植物的蒸腾作用被释放到大气中，气相中的汞也能够向液相和固相转移，因此汞可以在大气中传播很远的距离。汞进入水体后，经过物理、化学、生物等作用溶于水中或富集于生物体，或沉入底泥、或挥发到大气中。汞对健康的危害主要体现在影响大脑和神经系统的发育。

重金属的降解时间与有机污染物有显著差异。有机污染物的性质取决于它的化学结构，一旦这种结构被破坏，其毒性效应也会随之消失。然而，重金属会以某种形态长期存在，从这个意义上说，重金属对环境的威胁要比有机污染物更长。在水环境模拟中，由于可以忽略重金属的降解机制，因此，重金属数学模型的结构比有机污染物模型更简单。

采矿等工业生产活动改变了环境中重金属的空间分布，使其出现在城市污水处理厂、工业废水、垃圾渗滤液和非点源污染等中。此外，由于过去的工业活动(如采矿)，许多旧工业区土壤中的重金属浓度仍然很高,废弃矿井是许多河流中有毒重金属的主要来源。

溶解态重金属含量与生物毒性密切相关，指的是能够通过 0.45μm 滤膜的组分的含量，而颗粒态重金属含量是指重金属总含量减去溶解态重金属含量。重金属的溶解态组分比其总组分更能代表该金属的生物活性，但这并非意味着颗粒态重金属是无毒的，只是说这种颗粒态重金属的毒性比溶解态重金属小得多。美国环保局建议水质标准应使用溶解态重金属浓度，而非重金属总浓度，因为溶解态重金属更能代表水体重金属含量的生物可利用组分。沉积物在控制天然水体中溶解态重金属浓度上起着重要作用，重金属通常被沉积物颗粒吸附，以非生物可利用形式存在。pH、温度、盐度等环境条件对重金属溶解度具有显著影响。一般来说，在中性 pH 条件下，重金属的溶解度比在酸性或高碱性的水中要低。

2.4　污染物的主要反应动力学过程

从污染物的来源划分，污染物输运扩散方程(2-30)中的源汇项 r 可以分为内部源汇项和外部源汇项。内部源汇项又称内部动力反应项，是指存在于研究对象内部，除了对流和扩散作用以外，由于各种物理、化学和生物作用导致污染物质量变化的过程，需要在污染物迁移归趋机理研究的基础上用数学语言进行表达。外部源汇项代表边界条件，指污染物从研究对象外部的各种注入(即源)或者流出(即汇)。

污染物在水体中存在的时间取决于其性质。大多数都会经历化学或生物降解过程。自然界中部分污染物易于降解，有些则相对保守，其发生降解的反应速率很低。例如，多氯联苯(PCBs)和滴滴涕(DDT)，属于难降解的有机污染物，而且可以在沉积物和水生动物的组织中富集。人类也会因为食用这些暴露在受污染沉积物中的水生动物而受到伤害。污染物在水环境中的迁移和归趋受多个过程共同影响，最重要的包括物理过程，如吸附、挥发和沉积；化学过程，如电离、沉淀、溶解、水解、光解、氧化和还原；以及生物过程，如生物降解和生物富集，如图 2-2 所示。

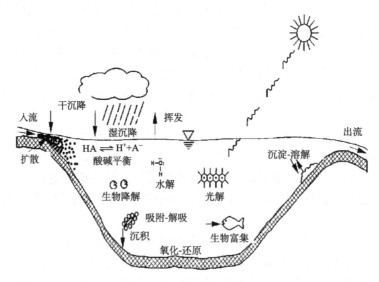

图 2-2　污染物水环境转化归趋示意图

2.4.1　生物降解

生物降解，有时也指微生物转化或生物分解，是指通过微生物酶促作用转化分解化合物的反应，其主要是由细菌引起的，其次是由真菌引起的。虽然这些类型的微生物转化可以消除毒性和矿化有毒物质，但它们也可以激活潜在的有毒物质。生物降解的速率可以非常高，这意味着生物降解往往是水中最重要的转化过程之一。

生物降解分为两类：生长代谢和共代谢。生长代谢发生于细菌将有机化学品作为食物来源的条件下，其适应时间为 2 天到 20 天，对于某些化学品或长期暴露环境则不需要适应时间。生物降解过程受分解者种群数量限制，较高的微生物种群初始密度会缩短适应时间，较低的种群初始密度会延长适应时间。在适应以后，生物降解过程服从快速一级反应动力学。当有机化学品不是细菌的食物来源时，会发生共代谢。与生长代谢相比，共代谢的转化速率较慢。

虽然生物降解过程主要由细菌引发，但细菌的生长动力学过程比较复杂，目前对其还没有充分的认识。因此，模型通常假定恒定的降解速率，而不是直接模拟细菌活动，通常使用一阶反应速率方程。降解速率受水温影响，高温会加速化学反应。具体反应动力学方程可参阅《环境水力学》(华祖林, 2020) 第七章相关内容。

2.4.2　矿化与分解

矿化是溶解态有机物转化为溶解态无机物的过程，使氮和磷等营养物质能够重新进入植物生长周期。分解是通过微生物作用将有机物分解成更简单的有机或无机成分的过程。

细菌通过分解有机物以获得生长所需的能量。例如，植物残渣被分解成葡萄糖，然后转化为能量：

$$C_6H_{12}O_6 + O_2 \xrightarrow{\text{能量释放}} CO_2 + H_2O \tag{2-53}$$

水质模型中的"矿化"通常包括溶解态有机质的异养呼吸作用以及溶解态有机磷和氮的矿化作用。

2.4.3　吸附与解吸

吸附与解吸是影响污染物在水体中迁移转化的主要过程。吸附是物质从水相向固相转移的过程，解吸是吸附的逆过程，指的是物质从颗粒态向水体释放的过程。吸附过程是污染物与固体颗粒的相互作用，可进一步分为吸着和分配，这两个过程通常具有不同的时间尺度。吸着是一种物质附着在颗粒表面的快速过程，而分配则是一种物质实际穿透颗粒结构的较慢的过程。然而，在大多数情况下，不会将这两个行为分开讨论。因此，术语"吸附"通常包括这两种现象。吸附可能导致污染物在河床沉积物聚集或在鱼类等水生生物体内发生富集现象。

在天然水体中，许多毒性物质都会强烈吸附在水体的悬浮颗粒物上，在一定的水动力条件下在水体底部积聚，形成受污染的沉积物。当污染物浓度达到一定水平后，可能对人类健康或环境产生潜在不利影响。因此，吸附-解吸过程影响水体中污染物的浓度。固体吸附是天然水体中有毒化学物质输运的主要途径。由于与颗粒物的相互作用，污染物的环境行为受到沉积物输移、沉降和再悬浮的影响。通常而言，溶解态毒性物质具有较高的生物可利用性,与环境损害直接相关,而颗粒态毒性物质被认为不具有生物活性,因此不会直接造成严重的水环境问题。除了有机污染物和重金属,营养盐(如磷素)也易于吸附于颗粒物上,并随沉积物发生输运。

研究表明,细颗粒组分(如黏土、粉砂和有机碎屑)通常对毒性物质的迁移起着非常重要的作用,其特征包括尺寸、形状、密度、表面积以及表面物理化学性质。一般来说,颗粒尺寸越小,单位体积的表面积越大,对污染物的吸附能力越强。例如,黏土具有很高的吸附能力,而砂砾基本上没有这种能力。颗粒表面积也影响污染物与颗粒相互作用的能力,由于小颗粒比大颗粒具有更大的比表面积,因此较小的颗粒在决定污染物环境行为方面往往更加重要,而且小颗粒也比大颗粒更容易被水流和波浪携带而发生迁移。

有毒物质,如重金属,可在沉积物或上覆水体中以颗粒态或溶解态形式存在。上覆水中的重金属在水体中发生对流和扩散,随水流发生输运。在水体和沉积物中,溶解态和颗粒态重金属之间通过吸附/解吸过程发生交换。沉积物可以在水流冲刷作用下进入上覆水体,悬浮颗粒物可以沉降并沉积于沉积物上。沉积物孔隙水中溶解的重金属会向上覆水体扩散,反之亦然,这取决于两种介质中重金属的浓度差异。生物富集和化学转化过程可以将水体中的重金属去除。

有毒物质在溶解态和颗粒态之间的分布取决于其分配系数和泥沙浓度。对于单一的金属元素,可以有多种形态的化合物。然而,在大多数的监测和模拟过程中,所有的溶解态金属配合物都与自由离子聚集构成总溶解态金属浓度,所有的颗粒态金属配合物都与吸附物聚集形成总颗粒态金属浓度。

毒性物质模型可以通过模拟两相或三相间的分配过程模拟有毒物质。两相分配将毒性物质的总浓度定义为溶解态和颗粒态之和,这是表示吸附-解吸过程的最简单的方法之一。三相分配将毒性物质分为三种形式:完全溶解态(生物可利用)、溶解态有机碳形态(生物不可利用)、颗粒态有机碳形态。这种模型将溶解态有机碳(DOC)与毒性物质耦合。三相分配模型适用于水体中的有机物主要由生物过程在内部生成,而非外部输入的情况。

2.4.4　水解

水解是一种化学物质与水的反应。在这种反应中,化学物质的分子键发生断裂,并与水分子的氢离子(H^+)或氢氧根离子(OH^-)重新结合形成新键,因而产生两种或两种以上新的化合物。这一反应过程包括水的电离和化合物水解的分裂。

$$RX + H_2O \longrightarrow ROH + HX \tag{2-54}$$

大多数有机化合物的水解,仅用水是很难顺利进行的,水解反应通常由酸或碱催化,水体中氢离子和氢氧根离子的浓度(pH)是评估水解反应速率的一个重要因素。水解是许多毒性物质降解的主要途径,水解产物的毒性可能比原化合物要大,也可能比原化合物小。

水环境数值模拟中通常使用一级反应模拟水解过程,分别采用不同的反应速率表示毒性物质在中性、酸性和碱性条件下的水解速率常数。

2.4.5　光解

光解是指化合物被光分解的化学反应。当分子吸收一定量的光,会被活化到激发态。光解可以将分子分解成两个小分子或者两个自由基。一旦光解产生了自由基,除了由于它们处于激发态而导致的差异之外,这样产生的自由基的性质和通过其他途径得到的自由基是一样的。

光的能量与波长成反比,因此长波缺乏足够的能量来破坏化学键。短波(如 X 射线和 γ 射线)非常具有破坏性,然而对于地球上的生命而言,这种辐射很大程度上可以被上层大气圈所消除。光到达地球表面,可以打破许多有机化合物的化学键,这对于水体中有机物质的降解非常重要。光解的基本特征如下:

(1)光解有两种能量吸收类型:直接光解和间接光解。直接光解是有毒化学物质直接吸收阳光的结果。间接光解是能量从吸收阳光的其他分子转移到有毒化学物质的结果。

(2)光解是由光能所激发的对化合物的破坏,是一个不可逆的降解过程。

(3)光解产物可能仍然是有毒的,光解过程不一定会导致系统毒性的消失。

(4)光解系数通常与入射光的能量和波长分布、化合物的光吸收特性以及吸收光产生的化学反应效率有关。

2.4.6　挥发

挥发是溶质的溶液浓度和气体浓度试图达到平衡而发生的跨越水-气界面的运动,当溶液中化学品的分压等于它在大气中的分压时,达到平衡状态,可表述为“在等温等压条件下,某种挥发性溶质(一般为气体)在溶液中的溶解度与液面上该溶质的平衡压力成正比”,比例系数为亨利定律常数,该常数一般随着溶质蒸气压的增加而增加,随着溶质溶解度的增加而减小。当溶液浓度等于溶质在大气中的分压除以亨利定律常数时,挥发达到平衡。水-气界面交换速率受物质特性(分子量、亨利定律常数)和水气界面环境状况(风速、水深)等多种因素影响。

2.5　常用水质模型动力反应方程

氮、磷营养元素是导致水体富营养化的关键水质指标,COD、DO 等常规污染物也首先被关注,因此,常用水质模型主要模拟水体中氮、磷营养元素及 COD、DO 等常规污染物在水体中的迁移和归宿,构建描述不同水质指标的动力反应方程。

常见水质模型各状态变量的转化关系如图 2-3 所示(EFDC 水质模型)。该模型模拟了 5 种氮素状态变量,分别是 3 种有机态(难分解颗粒态有机氮、易分解颗粒态有机氮、溶解态有机氮)和 2 种无机态(氨氮和硝态氮)。模拟 4 种磷素状态变量,2 种有机态(难分解颗粒态有机磷、易分解颗粒态有机磷、溶解态有机磷)和 1 种无机态(总磷酸盐)。此外,模型还可以对碳、硅、COD、DO、藻类(蓝藻、硅藻、绿藻、固定藻类)、总活性金属、粪大肠菌群等水质指标、生物学指标的迁移及转化过程进行模拟。

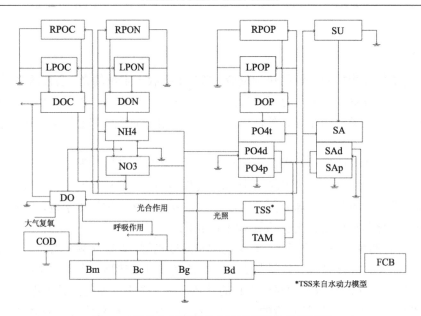

图 2-3 常见水质模型各水质指标转化关系框图

下面介绍氮、磷、COD、DO 等常用水质指标的动力反应方程，其中氮素简化为 4 个状态变量：2 种有机形态（颗粒态有机氮和溶解态有机氮）和 2 种无机态（氨氮和硝态氮）；磷素简化为 3 个状态变量：2 种有机态（颗粒态有机磷和溶解态有机磷）和 1 种无机态（总磷酸盐）。

2.5.1 氮素循环及反应方程

由于亚硝态氮是硝化作用和反硝化作用的中间产物，在自然环境中极不稳定，因此，模型中不单独模拟亚硝态氮，模型中的硝态氮代表硝态氮和亚硝态氮之和。

2.5.1.1 颗粒态有机氮

根据水体中颗粒态有机氮转化的影响因素，其动力方程如下：

$$\frac{\partial \text{PON}}{\partial t} = \sum(\text{FN} \cdot \text{BM} + \text{FNP} \cdot \text{PR})\text{ANC} \cdot B - K_{\text{PON}} \cdot \text{PON} - \frac{\text{WS}_{\text{POM}} \cdot \text{PON}}{H} + \frac{\text{WPON}}{V} \tag{2-55}$$

式中，PON 为颗粒态有机氮浓度，g/m^3；FN 为藻类代谢氮中颗粒态有机氮所占比例；BM 为藻类的基础代谢率，d^{-1}；FNP 为捕食氮中颗粒态有机氮所占比例；PR 为藻类的被捕食速率，d^{-1}；ANC 为藻类种群的氮-碳比，g/g；B 为藻类的生物量（以 C 计），g/m^3；K_{PON} 为颗粒态有机氮的水解速率，d^{-1}；WS_{POM} 为颗粒态有机质的沉降速度，m/d；WPON 为颗粒态有机氮的外部负荷，g/d。

2.5.1.2 溶解态有机氮

溶解态有机氮动力方程描述如下：

$$\frac{\partial \mathrm{DON}}{\partial t} = \sum (\mathrm{FND} \cdot \mathrm{BM} + \mathrm{FNDP} \cdot \mathrm{PR}) \mathrm{ANC} \cdot B + K_{\mathrm{PON}} \cdot \mathrm{PON} - K_{\mathrm{DON}} \cdot \mathrm{DON} + \frac{\mathrm{WDON}}{V} \quad (2\text{-}56)$$

式中，DON 为溶解态有机氮的浓度，$\mathrm{g/m^3}$；FND 为藻类代谢氮中溶解态有机氮所占比例；FNDP 为捕食氮中溶解态有机氮所占比例；K_{DON} 为溶解态有机氮矿化速率，$\mathrm{d^{-1}}$；WDON 为溶解态有机氮的外部负荷，$\mathrm{g/d}$。

2.5.1.3　氨氮

氨氮动力方程描述如下：

$$\frac{\partial \mathrm{NH4}}{\partial t} = \sum (\mathrm{FNI} \cdot \mathrm{BM} + \mathrm{FNIP} \cdot \mathrm{PR} - \mathrm{PN} \cdot P) \mathrm{ANC} \cdot B + K_{\mathrm{DON}} \cdot \mathrm{DON}$$
$$- \mathrm{Nit} \cdot \mathrm{NH4} + \frac{\mathrm{BFNH4}}{H} + \frac{\mathrm{WNH4}}{V} \quad (2\text{-}57)$$

式中，FNI 为藻类代谢氮中无机氮的比例；FNIP 为藻类被捕食氮中无机氮的比例；PN 为藻类对氨氮的偏好吸收系数（$0 \leqslant \mathrm{PN} \leqslant 1$）；Nit 为氨氮的硝化速率，$\mathrm{d^{-1}}$；BFNH4 为氨氮在沉积物-水界面的交换通量，$\mathrm{g/(m^2 \cdot d)}$；WNH4 为氨氮的外部负荷，$\mathrm{g/d}$。

2.5.1.4　硝态氮

硝态氮的动力方程描述如下：

$$\frac{\partial \mathrm{NO3}}{\partial t} = -\sum (1 - \mathrm{PN}) P \cdot \mathrm{ANC} \cdot B + \mathrm{Nit} \cdot \mathrm{NH4} - \mathrm{Denit} \cdot \mathrm{NO3} + \frac{\mathrm{BFNO3}}{H} + \frac{\mathrm{WNO3}}{V} \quad (2\text{-}58)$$

式中，ANC 为藻类种群的氮-碳比，$\mathrm{g/g}$；BFNO3 为硝态氮的沉积物-水界面交换通量，$\mathrm{g/(m^2 \cdot d)}$；WNO3 为硝态氮外部负荷，$\mathrm{g/d}$。

藻类通过基础代谢（呼吸和排泄）和捕食过程释放氮素，对氮素循环产生影响，模型中采用比例系数 FN、FNP、FND、FNDP、FNI、FNIP 表示。与基础代谢过程有关的 3 个系数（FN、FND、FNI）之和应等于 1，捕食过程也是如此。

2.5.2　磷素循环及反应方程

磷是生物生长必需的元素之一，是湖泊富营养化的控制因子，磷素循环过程如图 2-3 所示。磷在水体中有不同的存在形态，包括正磷酸盐、聚合磷酸盐和有机结合磷等，各形态磷之间可以相互转化。与氮素类似，考虑藻类对磷素的影响，包括藻类生长、基础代谢（呼吸和排泄）过程。

2.5.2.1　颗粒态有机磷

颗粒态有机磷的动力方程如下：

$$\frac{\partial \mathrm{POP}}{\partial t} = \sum (\mathrm{FP} \cdot \mathrm{BM} + \mathrm{FPP} \cdot \mathrm{PR}) \mathrm{APC} \cdot B - K_{\mathrm{POP}} \cdot \mathrm{POP} - \frac{\mathrm{WS_{POM}} \cdot \mathrm{POP}}{H} + \frac{\mathrm{WPOP}}{V} \quad (2\text{-}59)$$

式中，POP 为颗粒态有机磷浓度，$\mathrm{g/m^3}$；FP 为藻类代谢磷中颗粒态有机磷所占比例；FPP 为捕食磷中颗粒态有机磷所占比例；APC 为所有藻类种群的平均磷-碳比，$\mathrm{g/g}$；K_{POP} 为颗粒态有机磷的水解速率，d^{-1}；WS_{POM} 为颗粒态有机质的沉降速度，m/d；WPOP 为颗粒态有机磷的外源负荷，g/d。

2.5.2.2 溶解态有机磷

溶解态有机磷动力方程描述如下：

$$\frac{\partial DOP}{\partial t} = \sum (FPD \cdot BM + FPDP \cdot PR)APC \cdot B + K_{POP} \cdot POP - K_{DOP} \cdot DOP + \frac{WDOP}{V} \quad (2-60)$$

式中，DOP 为溶解态有机磷的浓度，g/m^3；FPD 为藻类代谢磷中溶解态有机磷所占比例；FPDP 为被捕食磷中溶解态有机磷所占比例；K_{POP} 为溶解态有机磷矿化速率，d^{-1}；WDOP 为溶解态有机磷的外部负荷，g/d。

2.5.2.3 总磷酸盐

动力方程描述如下：

$$\frac{\partial PO4}{\partial t} = \sum (FPI \cdot BM + FPIP \cdot PR - P)APC \cdot B + K_{DOP} \cdot DOP$$
$$- \frac{WS_{TSS} \cdot PO4}{H} + \frac{BFPO4}{H} + \frac{WPO4}{V} \quad (2-61)$$

式中，PO4 为磷酸盐浓度，g/m^3；FPI 为藻类代谢磷中无机磷的比例；FPIP 为藻类被捕食磷中无机磷的比例；WS_{TSS} 为悬浮颗粒物的沉降速度，m/d；BFPO4 为磷酸盐在沉积物-水界面的交换通量，$g/(m^2 \cdot d)$；WPO4 为总磷酸盐的外部负荷，g/d。

与氮元素类似，模型中采用系数 FP、FPP、FPD、FPDP、FPI、FPIP 表示藻类通过基础代谢(呼吸和排泄)和捕食过程产生各形态磷素的比例。与基础代谢过程有关的 3 个系数(FP、FPD、FPI)之和应等于 1，捕食过程也是如此。

2.5.3 其他物质反应方程

模型除了对氮、磷等营养元素进行模拟外，还模拟 COD、DO 等水质指标的迁移转化过程。

2.5.3.1 COD

模型中 COD 表示化学需氧量，用以下方程描述。该动力学方程考虑了藻类代谢碳中排泄的溶解态有机碳、捕食的溶解态有机碳对 COD 浓度的影响，以及 DO 含量对 COD 降解速率的影响。

$$S_{COD} = \left\{ \left[FCD + (1-FCD)\frac{KHR}{KHR+DO} \right] \cdot BM + FNDP \cdot PR \right\} AOCR \cdot B$$
$$- \frac{DO}{KH_{COD}+DO} KCOD \cdot COD + \frac{BFCOD}{H} \quad (2-62)$$

式中，FCD 为藻类基础代谢碳中排泄的溶解态有机碳所占比例；KHR 为藻类排泄的溶解态有机碳的溶解氧半饱和常数，g/m^3；AOCR 为呼吸作用中溶解氧与碳之比，取 2.67g/g；

COD 表示 COD 浓度，mg/L；DO 为溶解氧浓度，mg/L；KH_{COD} 为 COD 的半饱和常数，mg/L；KCOD 为 COD 的降解速率，d^{-1}；BFCOD 为 COD 的沉积物释放量，$g/(m^2 \cdot d)$；H 为平均水深，m。

使用指数函数描述温度对 COD 降解速率的影响。

$$\text{KCOD} = K_{CD} \cdot \exp[\text{KT}_{COD}(T - \text{TR}_{COD})] \tag{2-63}$$

式中，K_{CD} 为温度为 TR_{COD} 时的 COD 降解速率，d^{-1}；KT_{COD} 为温度对 COD 降解的影响，$℃^{-1}$；TR_{COD} 为 COD 降解的参考温度，℃。

2.5.3.2　DO

水体中溶解氧的源汇包括：藻类光合作用和呼吸作用、硝化过程、COD 的氧化、表面复氧、沉积物耗氧量、外部负荷。

描述这些过程的动力方程如下：

$$\begin{aligned}
\frac{\partial \text{DO}}{\partial t} = &\left((1.3 - 0.3 \cdot \text{PN})P - (1 - \text{FCD})\frac{\text{DO}}{\text{KHR} + \text{DO}}\text{BM} \right)\text{AOCR} \cdot B \\
&- \text{AONT} \cdot \text{Nit} \cdot \text{NH4} - \frac{\text{DO}}{\text{KH}_{COD} + \text{DO}}\text{KCOD} \cdot \text{COD} \\
&+ K_r(\text{DO}_s - \text{DO}) - \frac{\text{SOD}}{H} + \frac{\text{WDO}}{V}
\end{aligned} \tag{2-64}$$

式中，DO 为溶解氧浓度，g/m^3；AONT 为硝化单位质量氨氮所需的溶解氧质量，取 4.33g/g；K_r 为复氧速率，d^{-1}；DO_s 为溶解氧饱和浓度，g/m^3；SOD 为沉积物需氧量，$g/(m^2 \cdot d)$，进入上覆水为正；WDO 为溶解氧外部负荷，g/d。

1. 藻类对溶解氧的影响

方程(2-64)第一行考虑了藻类对溶解氧的影响。藻类通过光合作用产生氧气，通过呼吸作用消耗氧气。产生量取决于用于藻类生长过程吸收氮素的形态。描述溶解氧产生的方程如下：

$$106\text{CO}_2 + 16\text{NH}_4^+ + \text{H}_2\text{PO}_4^- + 106\text{H}_2\text{O} \longrightarrow 细胞质 + 106\text{O}_2 + 15\text{H}^+ \tag{2-65}$$

$$106\text{CO}_2 + 16\text{NO}_3^- + \text{H}_2\text{PO}_4^- + 122\text{H}_2\text{O} + 17\text{H}^+ \longrightarrow 细胞质 + 138\text{O}_2 \tag{2-66}$$

当氨氮是氮素来源，每固定 1mol 的二氧化碳可以产生 1mol 的氧气。当硝态氮是氮素来源，每固定 1mol 的二氧化碳可以产生 1.3mol 的氧气。方程(2-64)中的第一项(1.3–0.3·PN)的值是光合作用比例，代表每固定 1mol 的二氧化碳产生氧气的摩尔数。

方程(2-64)第一行中的最后一项表示由于藻类呼吸引起的氧气消耗。呼吸过程可简化表示为

$$\text{CH}_2\text{O} + \text{O}_2 \Longrightarrow \text{CO}_2 + \text{H}_2\text{O} \tag{2-67}$$

即表示将 1mol 的碳氧化成二氧化碳需要消耗 1mol 的氧气。因此，AOCR 取 32/12=2.67g/g。

2. 硝化过程

硝化过程由自养硝化细菌完成，细菌通过将氨氮氧化成亚硝态氮以及进一步氧化成硝态氮而获取能量。反应方程式为

$$NH_4^+ + 2O_2 \Longrightarrow NO_3^- + H_2O + 2H^+ \tag{2-68}$$

表示将 1mol 的氨氮硝化成硝态氮需要消耗 2mol 的氧气。然而，硝化细菌的细胞合成是通过固定二氧化碳完成的，因此每摩尔氨氮消耗的氧气少于 2mol，AONT 取 4.33g/g。

3. 大气复氧

假设大气氧含量处于饱和状态，大气-水界面间的溶解氧复氧速率正比于溶解氧氧亏（DO_s-DO），DO_s 代表溶解氧饱和浓度，该浓度随温度增加而下降，可使用如下经验公式估算：

$$DO_s = 14.5532 - 0.38217 \cdot T + 5.4258 \times 10^{-3} \cdot T^2 \tag{2-69}$$

式中，T 为水温，℃。

复氧系数考虑水流紊动和表面风应力的影响，以 O'Conner 和 Dobbins 提出的经验公式估算为基础，采用下式计算：

$$K_{ro} = \frac{3.93u^{0.5}}{h^{1.5}} + \frac{W_r}{h}, \ W_r = 0.728\sqrt{U_w} - 0.317U_w + 0.0372U_w^2 \tag{2-70}$$

式中，K_{ro} 为复氧速率，d^{-1}；u 为断面平均流速，m/s；h 为断面平均水深，m；W_r 为风应力引起的复氧速度，m/d；U_w 为水面上 10m 处的风速，m/s。

使用指数函数描述温度对复氧系数的影响：

$$K_r = K_{ro} \cdot KT_r^{T-20} \tag{2-71}$$

式中，KT_r 为复氧速率的温度修正常数，取 1.04。

2.6 毒性物质动力反应方程

2.6.1 毒性物质模型简介

目前涉及有毒物质模拟的主流水质模型包括 EFDC、WASP、MIKE。其中 WASP 具有独立模拟有毒有机物的模块 TOXI，该模块可模拟有机化合物、重金属等毒性物质。模块模拟的动力反应过程十分复杂，其中考虑了吸附和挥发等迁移过程，转化过程包括水解、光解、电离、氧化还原、生物降解等物理和化学过程。

本节重点对 WASP 模型的毒性物质模拟方法进行详细阐述。WASP 模型构建了两种模拟毒性物质迁移转化特征的计算模块，分别是简化毒物模块和复杂毒物模块 TOXI。其中简化毒物模块适用于不发生反应，或者仅发生吸附或少量物理化学反应的化学品，该模块的模型参数数量少，可以通过快速设定参数预测有毒物质的影响范围和程度。复杂毒物模块对于挥发、水解、光解、氧化还原、生物降解等物理、化学过程，分别采用

不同的公式进行预测计算，适用于在水体中发生较多物理、化学反应的化学品。

2.6.2　动力学反应方程

多个环境过程能够影响毒性物质在水生环境里的迁移和归宿。物理过程包括吸附、挥发和沉积作用；化学过程包括电离、沉淀、溶解、水解、光解、氧化和还原作用；生物过程比如生物降解和生物富集。本节主要对影响化学品水环境迁移转化的主要物理、化学和生物过程进行介绍，包括吸附、挥发、水解、氧化、生物降解。

2.6.2.1　吸附

化学品在水环境中存在溶解态、吸附态 2 种形态，各种化学品在各相的分布比例由其分配系数决定。有些情况还要模拟影响化学品迁移和变化的其他因素。例如，水温影响反应动力学速率。

模型考虑吸附作用对污染物转化过程的影响，吸附是溶解态化学品与固相结合的过程。比如水底和悬浮的底泥、生物介质、溶解态或胶体态有机质。吸附会导致化学品在沉积物中积累或在鱼类等生物体富集。相对其他环境过程，吸附反应通常较快，可以快速达到平衡。一般认为，平衡吸附与溶解态的化学品浓度是线性相关的。

$$C_s' = K_{ps} \cdot C_w' \tag{2-72}$$

式中，C_s' 为吸附态化学品浓度，mg/kg；K_{ps} 为化学品的分配系数，L/kg；C_w' 为溶解态化学品浓度，mg/L。

吸附平衡时，其在不同相态中的分布由分配系数 K_{ps} 控制。研究表明，有机化学品的分配系数与化学品的疏水性和底泥的有机质组分和含量有关。分配系数取值可根据实验室测定或现场数据获得，也可以通过经验方法估算。模型采用以下经验公式计算有机物分配系数：

$$K_{ps} = f_{ocs} K_{oc} \tag{2-73}$$

式中，K_{oc} 为有机碳标化的分配系数，L/kg；f_{ocs} 为沉积物有机碳含量，%。

研究表明，K_{oc} 与化学品的辛醇-水分配系数 K_{ow} 相关。因此，如果没有化学品的 K_{oc} 值，可以利用以下关系预测其 K_{oc} 值：

$$\lg K_{oc} = a_0 + a_1 \lg K_{ow} \tag{2-74}$$

式中，a_0 和 a_1 一般分别取 lg0.6 和 1.0。

在平衡状态下，各相分配由分配系数 K_{ps} 控制。化学品在各相的总质量由 K_{ps} 和固相浓度决定。溶解态和吸附态质量所占比例按下式计算：

$$f_D = \frac{n}{n + K_{ps} M_s} \tag{2-75}$$

$$f_s = \frac{K_{ps} M_s}{n + K_{ps} M_s} \tag{2-76}$$

式中，f_D 和 f_s 分别为溶解态和吸附态化学品的质量百分比；n 为孔隙或水的体积占计算单元总体积的比例；M_s 为固相物质浓度，kg/L。

这些比例的时空变化过程在模拟过程中根据分配系数、孔隙率和固相物质浓度确定。根据单元体化学品的总浓度和各相比例，溶解态和吸附态的浓度可按下式唯一确定：

$$C_w = C \cdot f_D \tag{2-77}$$

$$C_s = C \cdot f_s \tag{2-78}$$

式中，C_w 和 C_s 分别为以体积表示的溶解态和吸附态化学品浓度，mg/L。

2.6.2.2 挥发

1. 挥发速率方程

WASP 模型中溶解态化学品挥发速率方程可表示为

$$\left. \frac{\partial C}{\partial t} \right|_{\text{volat}} = \frac{K_v}{D} \left(f_d C - \frac{C_a}{\dfrac{H}{RT_K}} \right) \tag{2-79}$$

式中，C 为化学品浓度，μg/L；K_v 为传质速率，m/d；D 为单元深度，m；f_d 为溶解态化学品的比例；C_a 为大气浓度，μg/L；R 为通用气体常数，取 8.206×10^{-5} atm·m³/(mol·K)①；T_K 为水温，K；H 为化学品气-水分配的亨利定律常数，atm·m³/mol。

2. 传质速率 K_v

溶解态化学品的挥发速率采用双膜阻力模型确定。该模型假定，在完全混合物质的旁边有两个稳定的膜，浓度差异是水层扩散的驱动力，压力差是气层扩散的推动力。考虑到质量平衡，通过两层膜的物质质量显然是相等的，将阻力进行叠加，得到传质总阻力为

$$K_v = (R_L + R_G)^{-1} = \left[K_L^{-1} + \left(K_G \frac{H}{RT_K} \right)^{-1} \right]^{-1} \tag{2-80}$$

式中，R_L 为液相阻力，d/m；K_L 为液膜传质系数，m/d；R_G 为气相阻力，d/m；K_G 为气膜传质系数，m/d；

传质速率 K_v 值取决于水体和大气的紊流程度。水中 K_v 值主要由紊流强度确定。当亨利定律常数增加时，水体传质系数受紊流强度影响有增大的趋势。当亨利定律常数减少，大气传质系数受紊流强度影响有增大的趋势。高挥发性、低溶解度的化学品的传质阻力局限在水中，而低挥发性、高溶解度化学品的传质阻力局限在空气中。湖泊和水库的挥发速率通常比河道和溪流小。

传质速率受水温影响，可通过下式进行温度修正：

$$K_{v,T} = K_{20} \Theta^{T-20} \tag{2-81}$$

---

① atm 为非法定单位，1atm=1.01325×10^5Pa。

式中，Θ 为传质速率的温度修正系数；T 为水温，℃。

3. 液膜和气膜传质系数（K_L/K_G）

由于挥发速率在水体中受紊流强度控制，其估算可根据实验室的实验成果获得。无论水体的紊流状况如何，污染物和氧气传质系数的比值是恒定的。因此，如果已知水体的复氧系数，并且通过实测得到污染物传质系数与复氧系数之比，那么液膜传质系数 K_L 就可以采用下式估算得到：

$$K_L = K_a \cdot K_{vo} \tag{2-82}$$

式中，K_a 为复氧速度，m/d；K_{vo} 为挥发速率与复氧速率之比。其中 K_{vo} 可根据氧气和化学品的分子量按下式计算：

$$K_L = K_a \sqrt{32/M_w} \tag{2-83}$$

式中，M_w 为化学品的分子量，g/mol。

复氧速率与水体的水动力条件有关。在河流等流动水体中，水动力主要来自河流流速，而湖泊、水库等平静水体主要受风剪切力的驱动。

（1）流动的小溪或河流。传质系数主要受水流紊动条件控制。液膜传质系数（K_L）根据方程（2-82）或（2-83）计算。

复氧速度考虑水流紊动和表面风应力的影响，采用下式计算。

$$\begin{cases} K_a = \left(\dfrac{3.93u^{0.5}}{h^{0.5}} + W_r \right) \times \mathrm{KT_r}^{(T-20)} \\ W_r = 0.728\sqrt{U_w} - 0.317U_w + 0.0372U_w^2 \end{cases} \tag{2-84}$$

式中，u 为断面平均流速，m/s；h 为断面平均水深，m；W_r 为风应力引起的复氧速度，m/d；U_w 为水面上 10m 处的风速，m/s；$\mathrm{KT_r}$ 为复氧速度的温度修正常数。

对于河流等流动水体，气相传质系数 K_G 为 100m/d 的常数。

（2）平静湖泊或池塘。传质系数主要受风剪切力的控制。使用 O'Connor 方程计算液膜传质系数（K_L）：

$$K_L = u^* \left(\frac{\rho_a}{\rho_w} \right)^{0.5} \frac{\kappa^{0.33}}{\lambda_2} S_{cw}^{-0.67} \tag{2-85}$$

$$K_G = u^* \frac{\kappa^{0.33}}{\lambda_2} S_{ca}^{-0.67} \tag{2-86}$$

式中，ρ_a 为大气密度，根据气温估算，kg/m³；ρ_w 为水的密度，根据水温估算，kg/m³；κ 为卡门常数，取 0.74；λ_2 为无量纲黏性亚层厚度，取 4；u^* 为剪切速率，m/s，采用下式计算：

$$u^* = C_d^{0.5} U_w \tag{2-87}$$

式中，C_d 为拖曳系数，取 0.0011；U_w 为水面上 10m 处的风速，m/s。

S_{ca} 和 S_{cw} 为大气和水体的 Schmidt 数，采用下式计算：

$$S_{ca} = \frac{\mu_a}{\rho_a D_a} \tag{2-88}$$

$$S_{cw} = \frac{\mu_w}{\rho_w D_w} \tag{2-89}$$

式中，D_a 为化学品在大气中的扩散系数，m^2/s；D_w 为化学品在水中的扩散系数，m^2/s；μ_a 为大气黏度，根据气温估算，$kg/(m \cdot s)$；μ_w 为水的黏度，根据水温估算，$kg/(m \cdot s)$；

化学品在水中的扩散系数 D_w 采用下式计算：

$$D_w = \frac{22 \times 10^{-9}}{M_w^{2/3}} \tag{2-90}$$

化学品在空气中的扩散系数 D_a 采用下式计算：

$$D_a = \frac{1.9 \times 10^{-4}}{M_w^{2/3}} \tag{2-91}$$

2.6.2.3　水解

WASP 模型使用一级反应模拟水解过程，分别用 K_{HN}、K_{HH}、K_{HOH} 表示化学品的中性、酸性和碱性水解速率常数。

水解反应速率也受到温度的影响，模型采用 Arrhenius 函数进行温度修正：

$$k(T_K) = k(T_R) \cdot \exp\left[1000 E_{aH}(T_K - T_R)/(RT_K T_R)\right] \tag{2-92}$$

式中，T_K 为水温，K；T_R 为反应速率的参考温度，K；E_{aH} 为水解反应的活化能，$kcal/(mol \cdot K)$；R=1.99$cal/(mol \cdot K)$；1000 为单位转换系数，$cal/kcal$。

2.6.2.4　氧化

水生生态系统中有机污染物的化学氧化作用是自由基和污染物之间相互作用的结果。自由基由光化学反应而产生。值得关注的自由基包括 RO_2、OH 自由基、氧自由基。模型中，各种化学品的氧化作用采用二级过程模拟：

$$K_o = [RO_2] \cdot k_o \tag{2-93}$$

式中，K_o 为氧化速率常数，d^{-1}；$[RO_2]$ 为氧化剂摩尔浓度，mol/L；k_o 为化学品的二级氧化速率常数，$L/(mol \cdot d)$。

模型采用 Arrhenius 温度函数对速率常数 k 进行修正：

$$k(T_K) = k(T_R) \cdot \exp\left[1000 E_{ao}(T_K - T_R)/(RT_K T_R)\right] \tag{2-94}$$

式中，T_K 为水温，K；T_R 为反应速率的参考温度，K；E_{ao} 为氧化反应的 Arrhenius 活化能，$kcal/(mol \cdot K)$；R=1.99$cal/(mol \cdot K)$；1000 为单位转换系数，$cal/kcal$。

除估算速率系数之外，必须进行自由基浓度的估算。监测表明，水体中 RO_2 浓度大约为 $10^{-9}mol/L$，OH 自由基浓度大约 $10^{-17}mol/L$，氧自由基的浓度大约为 $10^{-12}mol/L$。在天然水体中自由基的来源是有机分子发生的光解。如果水体混浊或深度较大，自由基可能只产生于气-水界面附近，因此，化学氧化作用相对不太重要。

2.6.2.5 生物降解

对细菌种群降解有毒化学品的生长动力学的研究比较少。竞争性的基质和其他细菌的出现、化学品对降解细菌的毒性、细菌对化学品的适应时间或共代谢可能性等因素，使得量化细菌种群的变化较为困难。因此，毒性物质模型模拟生物活性，而不是直接模拟细菌，WASP 模型采用一阶反应速率常数模拟生物降解。此外，生物降解速率按下式进行温度修正：

$$k_B(T) = k_B Q_T^{(T-20)/10} \tag{2-95}$$

式中，Q_T 为化学品生物降解的温度修正因子；T 为水温，℃。温度修正因子表示随着温度增加 10℃，生物降解速率的增加值，通常取 1.5～2.0。

第3章　污染负荷模型

　　污染负荷模型是对流域或区域各类污染源及各种污染物的产生、处理、排放进行分析估算的一种数学模型，是开展水环境模拟预测的前提和关键，也是流域或区域污染治理的重要基础性工作。污染源按照排放方式可分为点源污染和非点源污染，其中点源污染指有固定排放点的污染源，在数学模型中常用"点"表示以简化计算，包括工业废水和城镇生活污水，这类污染源主要由排放口集中汇入江河湖泊；非点源污染又称面源污染，其没有固定的污染排放点，主要包括通过降雨径流、土壤侵蚀、农田排水等方式进入水环境的污染源、农村生活污染、畜禽养殖及水产养殖污染。

　　对于污染负荷估算，除点源可直接采用现场监测或排污口调查获取源强数据以外，其他类型污染源的污染负荷均需要采用特定的方法或模型进行计算。对于农村生活、畜禽养殖、水产养殖等类型的非点源污染，通常采用产排污系数法计算其污染物产生量和排放量。而对于随降雨径流、土壤侵蚀、农田排水产生的各类非点源污染，由于其发生的随机性、机理过程的复杂性、排放途径的不确定性以及时空分布的差异性，造成难以在较大的时间和空间尺度上通过现场调查和野外监测等手段获取其排放量，因此，通常采用构建数学模型方法估算污染负荷。这对于识别非点源污染的主要来源，评价非点源污染对不同土地利用和管理措施的响应，预测其对水生态环境的影响，制定水资源规划的战略决策都有重要的意义。

　　目前，国际上比较成熟的非点源污染模型主要包括有 SWAT、AGNPS、HSPF、SWMM等，这类模型通过模拟与非点源污染相关的水文、泥沙和污染物迁移和转化过程，构建面向物理、化学和生物等机理过程的确定性模型系统，被广泛应用于非点源污染负荷计算。然而，这类模型参数众多，操作十分复杂，在缺乏充足的基础资料和试验数据的情况下，难以在较大的空间尺度上加以运用。此外，这些模型依据地形特征进行水系和流域划分，适用于流域界限清晰的山地和丘陵地区。然而，我国长江、淮河、珠江流域的下游平原地区分布有大量河网水系，该类地区地势较低，地面高程差别小，并且该地区河道纵横交错，形成网状结构，独特的地形特征及水系结构决定了平原河网区的非点源汇流区界限难以划分。此外，由于历史上人口和赋税的增加，造成耕地不足，平原河网地区出现了大规模的侵湖占江、垦殖圩田的现象。圩也称圩田、圩子、围田、垸或圩垸，它是利用地形，或沿自然河道，筑起道道堤坝，建设闸门和泵站，将堤坝内的土地与外部河道隔离开。圩区是排除积涝并兼有灌溉、通航的水利工程形式，主要分布在长江中下游滨江及洞庭湖、鄱阳湖、太湖流域和珠江三角洲等滨江滨湖低地。圩区特有的水量交换方式决定了污染物向河网迁移的空间位置及时间过程，受到闸、泵等水利设施的高度控制。造成主流非点源污染模型无法直接应用于该地区的污染负荷计算。

　　本章根据流域或区域地形地貌特征，将污染负荷计算分为山丘区与平原河网区两大类。对于山丘区污染负荷，以 SWAT 模型为例，系统介绍其模型构成、计算原理和计算方法。对于平原河网区污染负荷，结合该地区非点源污染产生、迁移和排放的特征，在阐明污染负荷产生量及入河量计算方法的基础上，重点对非点源污染的时间和空间分配方法进行详细介绍。

3.1 山丘区污染负荷模型

SWAT(soil and water assessment tool)模型是 Dr Jeff Arnold 为美国农业部(USDA)农业研究服务中心(Agricultural Research Service，ARS)开发的流域或区域尺度模型。主要用来预测在较长的时间段内，复杂流域在不同土壤类型、土地利用与管理方式条件下产生的水量、泥沙与污染负荷。该模型有以下 4 个特点：

(1)物理概念模型。SWAT 模型没有利用回归公式描述输入、输出变量的关系，它需要的信息包括流域的天气状况、土壤性质、地形、植被覆盖与土地管理状况。SWAT 模型利用这些数据来模拟流域内的水流、泥沙运动、作物生长与营养物质循环。因此，SWAT 模型具有两大优点：可以模拟无任何实测数据的流域、可以定量化输入参数对水质或其他变量的影响。

(2)输入变量简单、易于获取。当用户使用 SWAT 模型研究特定的过程时，容易从政府机构获得需要的输入数据。

(3)计算效率高。用户只花费少许时间和费用，就可对复杂流域或区域进行计算模拟。

(4)可以对流域或区域进行长期模拟。污染物的累积效应及其对下游水体的影响是当前研究的难点，用户可利用 SWAT 模型模拟数十年后的结果。

3.1.1 SWAT 模型发展历程

SWAT 模型是从 SWRRB(simulator for water resources in rural basins)模型发展而来的，它在发展过程中还吸收了 ARS 其他模型的优点，如 GREAMS(chemicals, runoff, and erosion from agricultural management systems)模型、GLEAMS(groundwater loading effects on agricultural management systems)模型和 EPIC(erosion-productivity impact calculator)模型。

由于 SWRRB 模型最多只能划分 10 个子流域，并且模型将各子流域产流和产沙直接输送到整个流域出口。因此，ROTO(routing outputs to outlet)模型发展了起来，该模型可以从 SWRRB 的多次运行中获取计算结果，还可以通过河道和水库将子流域计算结果"连接"起来，克服了 SWRRB 模型对子流域的限制。尽管这种方法很有效，但是多个 SWRRB 文件的输入和输出仍然非常烦琐，需要占用较大的计算机存储空间。此外，所有 SWRRB 运行都必须独立完成，然后再输入给 ROTO 模型进行河道和水库汇流计算。为了克服上述缺点，SWRRB 模型和 ROTO 模型被整合到一个模型中，即 SWAT 模型。

SWAT 模型创建于 20 世纪 90 年代初期，经历了多次修改和补充。SWAT 94.2 可以生成多个水文响应单元(hydrologic response units, HRUs)。SWAT 96.2 增加了自动施肥与自动灌溉的农田管理选项；增加植物冠层截留；作物生长模块增加了 CO_2 指标，用于气候变化研究；增加了 Penman-Monteith 潜在蒸散方程；增加基于运动存储模型的壤中流方程；增加了 QUAL2E 的河道营养盐水质方程；增加了河道杀虫剂输运方程。SWAT 98.1 增加雪融模块；改进河道水质方程；扩充了营养物循环模块；将放牧、施肥及管道排水加入管理选项；修正模型以适用于南半球。SWAT 99.2 改进了营养物循环模块及稻田/湿地输运模块，增加了水库/池塘/湿地沉淀作用导致的污染物去除模块；考虑了河岸对污染物的吸收作用；考虑了河道中重金属的迁移、转化；模型模拟时间表达方式从两位数增加到四位数；增加了 SWMM 模型中的污染物累积/冲刷方程。SWAT2000 增加了细菌输运方程，Green & Ampt 下渗方程；改进了天气生成器；允许日照强度、相对湿度和风速通过实测输入或用天气生成器生成；允许流域潜在蒸散值通过实测输入或计算获得；水库数量无限制；改进了高度带的处理方式；增加了马斯京根河道流量演进计算方法，修正了热带地区植物休眠的模拟方法。SWAT2009 改进了细菌输运方程，增加了天气预报情景、亚日尺度降水生成器，每日 CN 值计算中使用的保持系数可以是土壤含水量或植物蒸散量的函数，更新了植物过滤带模型，改进了硝态氮和氨氮的干湿沉降计算方法，模拟原位污水系统(on-site wastewater systems，OWSs)。除了上述变化之外，模型在 Windows（Visual Basic）、GRASS 和 ArcView 中开发了相应接口，并经过了广泛验证。

3.1.2　SWAT 概述

SWAT 可以模拟流域或区域内一系列复杂的物理过程。首先需要将整个流域划分成若干个子流域。当流域内不同区域的土地利用或者土壤性质具有较大差异，足以影响水文特性时，子流域的划分是非常必要的。通过划分子流域，用户可以方便地对比流域内不同区域的特征。

子流域的输入信息可分为以下种类：气象资料、水文响应单元(HRU)、池塘/湿地、地下水、主河道或河流。水文响应单元是子流域内具有唯一土地覆被、土壤特性及管理方法组合的区域。

无论用 SWAT 研究何种类型的问题，水量平衡是流域所有过程的驱动力。为了准确预测农药、泥沙或营养盐的迁移，模型模拟的水文循环必须与流域实际发生情况相符。流域的水文模拟可以分为两个主要部分。第一个部分是水文循环的坡面汇流阶段，如图 3-1 所示，该过程控制汇入主河道的水流、泥沙、营养盐和农药负荷。第二个部分是水文循环的河道汇流阶段，定义为水量、泥沙等通过流域河网汇集到流域出口的过程。

3.1.3　坡面汇流阶段

SWAT 模型的水文循环基于下列水量平衡方程：

$$SW_t = SW_0 + \sum_{i=1}^{t} \left(R_{day} - Q_{surf} - E_a - w_{seep} - Q_{gw} \right) \tag{3-1}$$

式中，SW_t 为最终土壤含水量，mm；SW_0 为第 i 天的初始土壤含水量，mm；t 为时间，d；R_{day} 为降水量，mm；Q_{surf} 为第 i 天的地表径流量，mm；E_a 为第 i 天的蒸发量，mm；w_{seep} 为第 i 天从土壤剖面进入包气带的水量，mm；Q_{gw} 为第 i 天的回归流水量，mm。

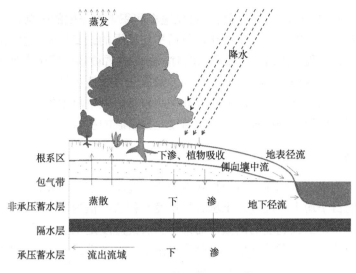

图 3-1　SWAT 模型水循环示意图

3.1.3.1　气候

SWAT 模型将"天气生成器"、"雪"的处理、"土壤温度"计算归入气候模块。

1. 天气生成器

每日天气数据由每月的平均值生成。模型可以为每个子流域生成一系列的天气数据。任意一个子流域的数据相互独立,不同子流域的生成结果不存在空间相关性。

(1)降水。降水生成器使用一阶马尔科夫链模型,通过对比模型生成的随机数(0.0~1.0)与用户输入的月干湿概率,定义某日是雨天还是晴天。如果某天被确定为雨天,则根据偏态分布或修正指数分布函数生成降雨量。

(2)大气水分和太阳辐射。最高气温、最低气温和太阳辐射值根据正态分布函数生成。生成器集成了一个连续性方程,考虑由于干湿条件引起的温度和辐射的变化。当模拟降雨条件时,向下调整最高气温和太阳辐射,模拟晴天时,则向上调整,确保经过调整的长期月均最高气温和月均太阳辐射值与输入的平均值相吻合。

(3)风速。在给定月平均风速的情况下,利用修正指数方程生成日平均风速。

(4)相对湿度。相对湿度模型使用三角形分布函数,根据月平均值生成日平均相对湿度。与温度和辐射相同,日平均相对湿度考虑雨天和晴天修正。

2. 雪

SWAT 根据日平均温度将降水分为降雨或冻雨/雪。

(1)积雪。SWAT 的积雪模拟已经从一个简单的、均匀的积雪模型更新为一个更加复杂的模型,可以模拟遮挡、漂移、地形和土地覆被引起的非均匀覆盖。用户可以定义一个临界雪深,当实际积雪深度超过它时,积雪覆盖度始终为 100%。当子流域的雪深减少到该值以下,积雪覆盖度可以按照面积消耗曲线非线性地减少。

(2)融雪。融雪受气温、积雪温度、融化速率和积雪覆盖度的影响。如果出现降雪，则在最高气温超过 0℃的那天发生融化，使用平均积雪的最高气温与融雪临界温度差值的线性函数描述该过程。在估算径流和渗漏时，融化的雪被当作降雨来处理。对于融雪，降水能量设为零，并且假设24h内发生非均匀融雪估算峰值流量。

(3)高程带。子流域最多可以划分为 10 个高程带，模型单独模拟每个高程带的积雪和融雪过程，用于评价不同高程的降水和温度差异引起的积雪和融雪变化。

3. 土壤温度

土壤温度影响水分运动和土壤作物残茬的降解速率。模型需要估算土壤表层和每个土层中心位置的日平均土壤温度。土壤表层温度是积雪、植物覆盖度、残茬覆盖度、裸土表面温度和前一日土表温度的函数，而某一土层的温度是土壤表层温度、年平均气温和土层深度的函数，不考虑某土层深度范围内由于气象条件改变而引起的温度变化。这个深度称为阻尼深度，取决于容重和土壤含水量。

3.1.3.2　水文过程

降水下落过程中，可能被植物冠层拦截或直接落到土壤表层。土表水分将渗入土壤剖面或形成地表径流。径流相对较快地在河道中的流动，有助于短期流量响应。下渗水分可能保持在土壤中，随后蒸发，或者通过地下通道缓慢进入地表水系统。

1. 冠层储水

冠层储水是指水分被植被冠层拦截和蒸发。当使用曲线数法计算地表径流时，要考虑冠层储水。如果使用 Green & Ampt 法模拟下渗和径流，冠层储水必须单独模拟。SWAT允许用户输入冠层在最大叶面积指数条件下的最大储水量。模型使用这个值和叶面积指数计算土地覆被/作物生长周期任意时刻的最大储水量。计算蒸发时，这部分水首先从冠层储水中去除。

2. 下渗

下渗指水分从土壤表面进入土壤剖面。当渗漏持续发生，土壤将变得越来越湿润，下渗速率随时间逐渐变小直到达到稳定状态。初始下渗率取决于水分从土壤表层进入前的土壤水分含量。最终下渗率等价于土壤饱和水力传导率。由于用于估算地表径流的曲线数法以天为时间步长，无法直接模拟下渗，下渗水量为降雨量与地表径流量之差。Green & Ampt 渗透法可以直接模拟渗透，但是需要更小时间尺度的降水数据。

3. 再分配

再分配指水分通过降水或灌溉在土壤表面停止输入后，通过土壤剖面的连续移动。再分配由土壤剖面水分含量的差别引起。一旦整个剖面的水分含量一致，再分配将停止发生。SWAT 的水量再分配使用存储演进技术预测根区各土层的流动。当超过田间持水量且下方土层非饱和时，发生向下的流动或渗漏。流量由土层的饱和传导率决定。再分配受土壤温度影响，如果某土层的温度小于等于 0℃，那么该层不发生再分配。

4. 蒸发蒸腾

蒸发蒸腾是指在地球表面或其附近的液相或固相水变成大气水蒸气的所有过程的总称。蒸发蒸腾包括河流、湖泊、裸地和植被表面的蒸发，植物叶片内部的蒸发(蒸腾)，冰和雪表面的升华。模型分别计算土壤和植物的蒸发。潜在土壤水分蒸发是潜在蒸发蒸腾和叶面积指数的函数(植物叶片面积与 HRU 面积之比)。土壤水分实际蒸发量使用土壤深度和水分含量的指数函数估算。植物蒸腾是潜在蒸发蒸腾和叶面积指数的线性函数。

潜在蒸发蒸腾量是指在被植被完全均匀地覆盖、并可获得无限土壤水分的区域内蒸发蒸腾速率。假设这个速率不受微气候过程的影响，例如对流或热存储效应，模型提供估算潜在蒸发蒸腾的三种方法：Hargreaves、Priestley-Taylor 及 Penman-Monteith。

5. 侧向潜流

侧向潜流(或称内部流)是源于地表以下，但在岩石被水饱和的区域之上的水流贡献。土壤剖面(0~2m)的侧向潜流与再分配同时估算。使用运动存储模型预测每个土层的侧向流动。模型考虑传导率、坡度和土壤水分含量的变化。

6. 地表径流

地表径流(或称坡面流)是沿着倾斜表面产生的水流。SWAT 模型使用日或亚日降雨量模拟每个 HRU 中的地表径流量和峰值流量。

地表径流量使用修正的 SCS 曲线数法或 Green & Ampt 渗透法估算。对于曲线数法，曲线数随土壤水分含量呈非线性变化。当土壤含水率接近枯萎点时，曲线数下降；当土壤含水率接近饱和时，曲线数增加到 100 左右。Green & Ampt 法需要用亚日降雨数据估算渗透量，作为润湿锋矩阵势和有效水力传导率的函数，不下渗的水量成为地表径流量。SWAT 还提供了一种估算冻土径流的方法，当第一土层的温度低于 0℃，则将土壤定义为冻土。模型增加了冻土的径流量，但在冻土干燥时仍允许发生显著的入渗。SCS 曲线数方程为

$$Q_{surf} = \frac{\left(R_{day} - I_a\right)^2}{\left(R_{day} - I_a + S\right)} \tag{3-2}$$

式中，Q_{surf} 为累积径流或过剩降雨，mm；R_{day} 为某日的降雨深度，mm；I_a 为径流产生前，包括地表存储量、截留和渗透的初始水深，mm；S 为保持参数，mm，在空间上受土壤性质、土地利用、管理措施和坡度影响，在时间上受土壤含水量变化的影响，按下式计算：

$$S = 25.4\left(\frac{1000}{CN} - 10\right) \tag{3-3}$$

式中，CN 为某日的曲线数。

7. 池塘

池塘是子流域中截留地表径流的储水结构。池塘的汇水面积定义为子流域面积的比例。模型假设池塘位于子流域的主河道外，不会接纳子流域上游的来流。池塘储存的水量是池塘容量、日入流量和日出流量、下渗和蒸发的函数。输入条件为池塘容量和对应的水面面积。水面面积采用池塘容量的非线性函数估算。

8. 支流河道

子流域定义了两种类型的河道：主河道和支流河道。支流河道是子流域中较小的河道或主河道的下一级分支。子流域中的每条支流河道仅排泄子流域的一部分水量，并且不接纳地下水。所有支流河道的水流都通过子流域的主河道排泄。SWAT 使用支流河道的属性决定子流域的汇流时间。

传输损失是地表径流通过河床下渗的损失。这种损失发生在短暂或间歇性河流中，地下水的贡献仅发生在一年的某特定时段或者根本不发生。SWAT 使用 SCS 水文学手册介绍的 Lane's 法估算传输损失。河道水量损失是河宽、河长和流动持续时间的函数。当支流河道发生传输损失时，需要修正径流量和峰值流量。

9. 回归流

回归流或基流，是源自地下水的水量。SWAT 将地下水分成两个系统，一个是浅层非承压含水层，其对流域内河流的回归流有贡献；另一个为深层承压含水层，其对流域外河流的回归流有贡献。渗透过根区底部的水量分成两个部分，每个部分分别成为两个含水层的补给量。除了回归流，储存在浅层地下水的水量可以在非常干燥的条件下补充土壤剖面水分，或者直接被植物吸收。浅层或深层地下水的水量都可以通过水泵抽水的方式抽走。

3.1.3.3 土地覆被/植物生长

SWAT 使用单一植物生长模型模拟所有土地覆被类型。模型能够区分一年生和多年生植物。一年生植物的生长从种植期开始，到收获期结束，或者直到累积热单元等于植物的潜在热单元为止。多年生植物常年保持根系存活，在冬季处于休眠状态。当日平均气温超过植物生长所需的最低或基本温度时，它们就会恢复生长。植物生长模型用于评价水分和营养盐从根区的流失量、蒸腾量和生物量/产量。

某日植物生物量的潜在增加定义为理想生长条件下增加的生物量，它是能量拦截和植物将能量转化为生物量效率的函数，能量拦截是太阳辐射和植物叶面积指数的函数。潜在和实际蒸腾用于估算潜在植物蒸腾量，而实际蒸发蒸腾是潜在蒸发蒸腾和土壤可利用水量的函数。对于营养盐吸收，SWAT 模型使用供给和需求法估算植物对氮、磷的吸收，根据植物体元素实际浓度与最佳浓度之差，估算植物每日对氮、磷的需求量。植物体元素的最佳浓度随生长阶段而变。此外，由于环境条件的限制，植物的潜在生长和产量通常无法达到，SWAT 模型考虑水、营养盐和温度对植物生长的胁迫作用。

3.1.3.4　侵蚀

模型使用修正的通用土壤流失方程(modified universal soil loss equation，MUSLE)估算每个 HRU 的泥沙侵蚀量。USLE 使用降雨作为侵蚀能量的指标，MUSLE 使用径流量模拟侵蚀和泥沙量。这种替代的结果有很多好处，模型的预测精度提高了，不需要给定输移比，能够估算单次暴雨事件产生的泥沙量。水文模型提供了径流量和峰值流量，与子流域面积结合，可用于计算径流侵蚀能变量。径流发生日的作物管理因子需要重新计算，它是地上生物量、土壤表面残茬量和植物最小 C 因子的函数。MUSLE 方程如下：

$$\text{sed} = 11.8 \cdot \left(Q_{\text{surf}} \cdot q_{\text{peak}} \cdot \text{area}_{\text{hru}} \right)^{0.56} \cdot K_{\text{USLE}} \cdot C_{\text{USLE}} \cdot P_{\text{USLE}} \cdot \text{LS}_{\text{USLE}} \cdot \text{CFRG} \tag{3-4}$$

式中，sed 为某日的泥沙侵蚀量，t；Q_{surf} 为地表径流量，mm/hm^2；q_{peak} 为峰值流量，m^3/s；area$_{\text{hru}}$ 是 HRU 的面积，hm^2；K_{USLE} 为土壤侵蚀因子；C_{USLE} 为植被覆盖和管理因子；P_{USLE} 为水土保持措施因子；LS$_{\text{USLE}}$ 为地形因子；CFRG 为粗糙度因子。

3.1.3.5　营养盐

SWAT 可以模拟土壤中多种氮素和磷素形态的迁移和转化过程，如图 3-2 和图 3-3 所示。营养盐可以通过地表径流和侧向潜流进入主河道，并向下游运动。

SWAT 模拟氮素的不同转化过程及土壤中的各种氮库，如图 3-2 所示。植物对氮素的吸收使用供应需求法估算。除了植物吸收，硝态氮和有机氮可以随水流从土壤中流失。地表径流、侧向潜流和下渗水流的 $\text{NO}_3^-\text{-N}$ 负荷，可根据水的体积和土层中营养盐的平均浓度估算。有机氮随泥沙的迁移采用修正的负荷函数估算，该方法适用于单次径流事件。估算每日有机氮径流损失的负荷函数取决于表土的有机氮浓度、泥沙量和富集率，富集率为泥沙中的有机氮浓度除以土壤中的有机氮浓度。

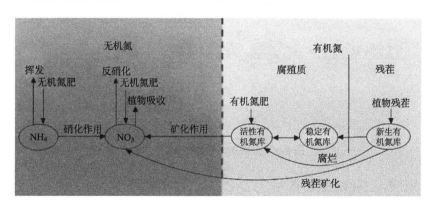

图 3-2　土壤氮素迁移和转化过程

地表径流中硝态氮的迁移采用下式估算：

$$\text{NO3}_{\text{surf}} = \beta_{\text{NO3}} \cdot \text{conc}_{\text{NO3,mobile}} \cdot Q_{\text{surf}} \tag{3-5}$$

式中，NO3$_{\text{surf}}$ 为随地表径流流失的硝态氮，kg/hm^2；β_{NO3} 为硝态氮渗透系数；conc$_{\text{NO3,mobile}}$

为 10mm 表土中流动水体的硝态氮浓度，kg/mm；Q_{surf} 为某日产生的地表径流量，mm。硝态氮渗透系数为地表径流中的硝态氮浓度与下渗水流中硝态氮浓度的比值。

随泥沙输运的有机氮负荷采用下式计算：

$$orgN_{surf} = 0.001 \cdot conc_{orgN} \cdot \frac{sed}{area_{hru}} \cdot \varepsilon_{N:sed} \tag{3-6}$$

式中，$orgN_{surf}$ 为有机氮随地表径流向主河道的输运量，kg/hm^2；$conc_{orgN}$ 为 10mm 表土中的有机氮含量，g/t；sed 为某日的泥沙侵蚀量，t；$area_{hru}$ 为 HRU 的面积，hm^2；$\varepsilon_{N:sed}$ 为氮素富集率。

表土中的有机氮含量为

$$conc_{orgN} = 100 \cdot \frac{\left(orgN_{frsh,surf} + orgN_{sta,surf} + orgN_{act,surf} \right)}{\rho_b \cdot depth_{surf}} \tag{3-7}$$

式中，$orgN_{frsh,surf}$ 为 10mm 表土中新生有机库(fresh)的氮素含量，kg/hm^2；$orgN_{sta,surf}$ 为稳定有机库(stable)的氮素含量，kg/hm^2；$orgN_{act,surf}$ 为 10mm 表土中活性有机库(active)的氮素含量，kg/hm^2；ρ_b 为第一土层的容重，t/m^3；$depth_{surf}$ 为表层土厚度，取 10mm。

各形态磷素的转化过程及土壤中的各种磷库，如图 3-3 所示。与氮素相同，植物对磷素的吸收使用供应需求法估算。除了植物吸收，溶解态磷和有机磷可以通过水流从土壤中流失。磷素不是一种可流动的养分，地表径流与 10mm 表土中溶解态磷间的相互作用不完全，模型使用 10mm 表土中的溶解态磷浓度、径流量和分配系数预测随径流流失的溶解态磷负荷，用有机磷输运中描述的负荷函数法模拟磷随泥沙的输运。

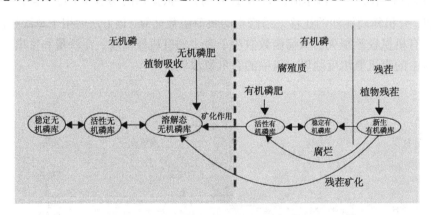

图 3-3　土壤磷素迁移和转化过程

随地表径流迁移的溶解态磷为

$$P_{surf} = \frac{P_{solution,surf} \cdot Q_{surf}}{\rho_b \cdot depth_{surf} \cdot k_{d,surf}} \tag{3-8}$$

式中，P_{surf} 为地表径流中溶解态磷流失量，kg/hm^2；$P_{solution,surf}$ 为 10mm 表土中的溶解态磷含量，kg/hm^2；Q_{surf} 为某日地表径流量，mm；ρ_b 为 10mm 表土的容重，t/m^3，等价于第一土层的容重；$depth_{surf}$ 为表土厚度，取 10mm；$k_{d,surf}$ 为土壤磷的分配系数，m^3/t，等于 10mm 表土中的溶解态磷含量与地表径流溶解态磷浓度的比值。

随地表径流迁移的颗粒吸附态磷采用下式计算：

$$sedP_{surf} = 0.001 \cdot conc_{sedP} \cdot \frac{sed}{area_{hru}} \cdot \varepsilon_{P:sed} \tag{3-9}$$

式中，$sedP_{surf}$ 为地表径流中随颗粒吸附态磷素，kg/hm^2；$conc_{sedP}$ 为 10mm 表土中吸附在泥沙上的磷素含量，g/t；sed 为某日的泥沙侵蚀量，t；$area_{hru}$ 为 HRU 的面积，hm^2；$\varepsilon_{P:sed}$ 为磷素富集率。

表土中吸附在泥沙上的磷素含量 $conc_{sedP}$ 为

$$conc_{sedP} = 100 \cdot \frac{\left(minP_{act,surf} + minP_{sta,surf} + orgP_{hum,surf} + orgP_{frsh,surf} \right)}{\rho_b \cdot depth_{surf}} \tag{3-10}$$

式中，$minP_{act,surf}$ 为 10mm 表土中活性矿物库(active)的磷素含量，kg/hm^2；$minP_{sta,surf}$ 为 10mm 表土中稳定矿物库(stable)的磷素含量，kg/hm^2；$orgP_{hum,surf}$ 为 10mm 表土中腐质有机库的磷素含量，kg/hm^2；$orgP_{frsh,surf}$ 为 10mm 表土中新生有机库(fresh)的磷素含量，kg/hm^2；ρ_b 为第一土层的容重，t/m^3；$depth_{surf}$ 为表土厚度，取 10 mm。

3.1.3.6 农药

虽然 SWAT 不能模拟由于杂草、破坏性昆虫和其他害虫对植物生长的影响，但是可以模拟 HRU 中农药等化学品的迁移。SWAT 模拟农药通过地表径流(在径流中以溶解态和吸附态迁移)向河网，以及通过下渗向土壤剖面和地下水的移动(溶解态)，其在农田中的迁移和归宿如图 3-4 所示。采用 GLEAMS 模型中的方程模拟农药在坡面汇流阶段的迁移，农药迁移受其溶解度、半衰期和土壤有机碳吸附系数的影响。植物叶片上和土壤中的农药含量按一定的半衰期呈指数衰减，计算每一场径流事件农药随水和泥沙的输运，并且估算下渗过程中每一土层的农药淋溶量。

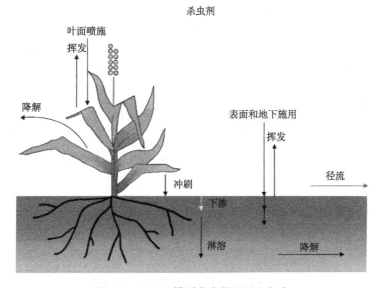

图 3-4　SWAT 模型中农药迁移和归宿

3.1.3.7 管理

SWAT 允许用户定义每个 HRU 的管理措施，可以定义生长季节的起始和终止时间，指定施肥时间、施肥量、施药量、灌溉量以及耕作时间。在生长季节后期，生物量作为作物产量从 HRU 中去除，或者作为残茬留在地表。除了上述基本管理措施，还可以设置放牧、自动施肥、施药以及水分利用等各种管理措施。土地管理措施的最新改进是纳入了城市地区泥沙和营养盐负荷计算方法。

轮作是指在一块土地上按一定的顺序连续种植不同的作物，SWAT 中的轮作代表每年管理措施的变化。轮作中不同管理措施的年数没有限制，SWAT 也不限制一年内 HRU 土地覆被/作物的数量，但是，同一时间内只能定义一种土地覆盖类型。

水的两种最典型用途包括农业用水或城镇供水，SWAT 允许从流域内或流域外的任何水源向 HRU 供水，水可以在水库、河段和子流域之间流动，也可以向流域外输出。

3.1.4 河道汇流阶段

3.1.4.1 主河道迁移

主河道迁移可以分为 4 个部分：水分、泥沙、营养盐和有机化学品。对于洪水演进，水流向下游流动过程中，一部分水量会由于蒸发和通过河床传输而损失，另一部分潜在损失是农业和人类需求造成的，水流可通过直接降落到河道的雨水和点源排放得到补充，河道中的水流运动可使用动态存储系数法或马斯京根法计算。

河道泥沙输移是由沉积和冲刷两个过程同时控制的。SWAT 的早期版本使用河流能量估算河道中的沉积/冲刷，河流能量定义为水密度、流量和水面比降的乘积。模型将冲刷作为河道比降和流速的函数。在 SWAT 的新版本中，河道泥沙输移方程已经得到简化，来自某河道的最大可输运泥沙量定义为河道峰值流速的函数。

河流中的营养盐转化受河流水质指标的影响。SWAT 使用的营养盐迁移河流动力学采用了 QUAL2E 模型，模型可以模拟溶解在水中的营养盐和吸附在泥沙上的营养盐，其中溶解态营养盐随水流输运，而吸附态营养盐随泥沙沉积到河床上。

HRU 施用的农药种类不受限制，但是由于模拟过程的复杂性，模型仅能模拟一种农药随河道的迁移过程。与营养盐相同，河道中的农药负荷可分为溶解态和吸附态。溶解态农药随水流输运，而吸附态农药受泥沙输运和沉积过程的影响，溶解态和吸附态农药的转化遵循一阶反应动力学，模型模拟的主要河流过程包括沉降、掩埋、再悬浮、挥发、扩散和转化。

3.1.4.2 水库输运过程

水库的水量平衡包括入流、出流、降雨、蒸发、水库底部的下渗和取水，水量平衡方程为

$$V = V_{stored} + V_{flowin} + V_{flowout} + V_{pcp} - V_{evap} - V_{seep} \tag{3-11}$$

式中，V 是时段末水库蓄水量，m^3；V_{stored} 是时段初水库蓄水量，m^3；V_{flowin} 是入流量，m^3；$V_{flowout}$ 是出流量，m^3；V_{pcp} 是降水量，m^3；V_{evap} 是蒸发量，m^3；V_{seep} 是下渗量，m^3。

模型采用三种方法估算水库出流。第一种方案允许用户输入实测出流量。第二种方案是为小型和不受控制的水库设计的，要求用户设置一个排水流量。当水库蓄量超过库容时，多余的水以指定的速率排放，超过紧急泄洪道的流量在一天内排放。第三种方案是为大型调控水库设计的，用户需要设置月目标水量。

泥沙流入可能来自上游河段的输运，也可能来自子流域内的地表径流。使用连续性方程估算水库中的泥沙浓度，该方程根据水库的流入、流出和蓄量的体积和浓度建立。水库中泥沙的沉降受平衡泥沙浓度和泥沙中值粒径控制。水库出流的泥沙量等于水库出流量和水库悬沙浓度的乘积。

采用氮素和磷素质量平衡简化模型计算水库营养盐浓度。模型假设：①湖泊营养盐充分掺混；②磷素是限制性营养盐；③总磷是衡量湖泊营养状态的指标。第一个假设忽略了湖泊的分层现象和热分层湖泊顶层中浮游植物的聚集。第二个假设在非点源为主的情况下是正确的。第三个假设意味着在总磷和生物量间存在定量关系。磷素的质量平衡方程包括湖体、入流和出流的浓度以及总损失率。

在充分掺混假设下，采用湖泊农药平衡模型预测水库农药浓度。这个系统分为充分掺混的地表水层和充分掺混的沉积物层，将农药分为地表水层和沉积物层的溶解态和颗粒态。模型模拟的主要过程是负荷、出流、转化、挥发、沉降、扩散、再悬浮和掩埋。

3.2　平原河网区污染负荷模型

如前所述，平原河网区污染负荷模型主要针对具有独特地形及水系结构特征的平原河网地区开发。该地区地势较低，地面高程差别小，非点源汇流区界限难以划分；圩区特有的水量交换方式决定了污染物向河网迁移的空间位置及时间过程，受到闸、泵等水利设施的高度控制。本节结合该地区非点源污染产生、迁移和排放的特征，在阐明污染负荷产生量及入河量计算方法的基础上，重点对平原河网区非点源污染的时间和空间分配方法进行详细介绍。

图 3-5 是某平原地区的污染负荷迁移路径框图。从结构上看，污染负荷模型包括污染物产生模块和处理模块，分别用于计算各类污染源的产生量和入河量。

3.2.1　污染负荷产生量

分别采用 4 种模式计算污染物产生量，分别是产排污系数法(PROD)、城镇降雨产污计算模式(UNPS)、旱地降雨产污计算模式(DNPS)和水田降雨产污计算模式(PNPS)。

3.2.1.1　PROD 模式

PROD 模式用于计算与降雨无关的污染负荷产生量，包括农村居民、畜禽养殖和水产养殖。具体计算公式如下：

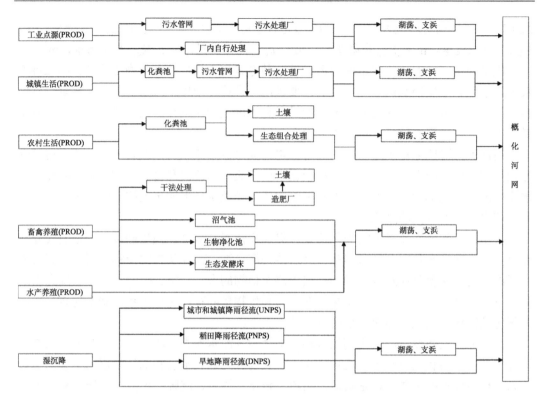

图 3-5 某平原河网区污染负荷路径框图

$$W_{\beta i}^{j} = N_i \times R_i^{j} \tag{3-12}$$

式中，$W_{\beta i}^{j}$ 为第 i 种污染源第 j 种污染物的产生量；N_i 为第 i 种污染源的数量；R_i^{j} 为第 i 种污染源第 j 种污染物的污染负荷量。

农村居民：N_i 为农村人口数量，R_i^{j} 为农村人口产污当量。畜禽养殖：将畜禽分成牛、猪、羊和家禽 4 种分别统计，N_i 为畜禽养殖数量，R_i^{j} 为畜禽排污当量。水产养殖：N_i 为水产养殖面积，R_i^{j} 为单位养殖面积的产污量。

3.2.1.2　UNPS 模式

UNPS 用于计算城市和城镇降雨产污。采用污染物累积-径流冲刷模型计算随降雨径流进入地表水体的污染负荷。

1. 污染物累积模型

暴雨径流携带的污染物数量与暴雨量、径流量及污染物累积数量等因素有关。美国《水质管理规划手册》指出，径流冲刷率与总降雨量有关，与降雨强度的关系很小；当日降雨量大于 12.7mm 时，对地表累积污染物的冲刷率大于或等于 90%，所以引入"每日临界降水量"概念——当日降雨量等于"每日临界降水量"时，地表累积污染物冲刷率达到 90%。

地表污染物的累积量按各种土地利用类型，分别计算单位面积单位时间所产生的污染负荷，然后再求得总的污染负荷量，计算公式为

$$P = \sum_{i=1}^{n} P_i = \sum_{i=1}^{n} X_i A_i \tag{3-13}$$

式中，P 为各种土地类型的污染物累积速率，kg/d；P_i 为第 i 种土地类型的污染物累积速率，kg/d；X_i 为第 i 种土地类型单位面积污染物累积速率，kg/(km²·d)；A_i 为第 i 种土地类型的总面积，km²；n 为土地类型个数。其中，X_i 采用下式计算：

$$X_i = \alpha_i F_i \gamma_i R_{cl} / 0.9 \tag{3-14}$$

式中，α_i 为降雨径流污染物浓度参数，mg/L；F_i 为人口密度参数；γ_i 为地面清扫频率参数；R_{cl} 为城市临界降水量，mm/d。其中，

$$\gamma_i = N_i / 20 \qquad （清扫间隔 N_i < 20h） \tag{3-15}$$

$$\gamma_i = 1 \qquad （清扫间隔 N_i \geqslant 20h） \tag{3-16}$$

根据各地区城市降雨径流现场试验观测数据统计，污染物质浓度参数 α_i 取值见表 3-1，人口密度参数见表 3-2。

表 3-1　城市地表径流污染物浓度参数

土地利用类型	污染物浓度参数/(mg/L)				
	COD	BOD₅	TP	TN	NH₃-N
生活区	14	3.5	0.15	0.58	0.174
商业区	56.4	14.1	0.33	1.31	0.393
工业区	21.2	5.3	0.31	1.22	0.366

表 3-2　人口密度参数 F

城市土地利用类型	F
生活区	$0.142 + 0.111 D_P^{0.54}$（D_P 为人口密度，人/km²）
商业区	1
工业区	1
其他	0.142

若 $R_c = 0$，则地表污染物每日的累积量按式(3-13)计算；若 $R_c > 0$，则地表污染物的累积量为 0。其中，R_c 为城市日降水量，mm/d。

2. 径流冲刷模型

径流冲刷量的大小与降雨强度、历时和清扫规律等因素有关，可用一级反应动力概念来计算城市地区降雨径流的冲刷量，模型为

$$\frac{dP}{dt} = -kR_s P \tag{3-17}$$

式中，P 为城市地表物的累积速率，kg/d；k 为降雨径流冲刷系数，mm^{-1}，城市地区取 0.14～0.19；R_s 为城市地区净雨强度，mm/h。对上式积分可得

$$P_t = P\left(1 - e^{-kR_s t}\right) \tag{3-18}$$

式中，P_t 为降雨历时 t 的地表物冲刷速率，kg/d；

对于连续多天的降雨，降雨第一天地表污染物剩余量作为第二天的地表污染物累积量连续计算。

3.2.1.3　DNPS 模式

DNPS 用于计算随旱地降雨径流流失的污染负荷量。模型考虑不同分区年施肥量的差异对随降雨径流流失的旱地污染负荷流失量的影响。具体计算方法为首先建立单位面积农田肥料年流失量与年流失率和施肥量的经验关系，计算得到年流失量；然后根据农田单位面积年径流量(净雨深)，计算出径流中各种污染物的年平均浓度，再根据农田逐日净雨深，计算旱地污染物随降雨径流的流失过程。

1. 营养盐流失量与径流量的关系

旱地降雨径流污染负荷的估算主要考虑营养盐流失通量与径流深与施肥量的关系。大量野外田间试验表明，肥料用量对随径流流失的营养盐负荷具有非常显著的影响。以肥料施用量为横坐标，流失的营养盐负荷为纵坐标，绘制两者的相关关系，并采用下式的函数关系对其进行线性拟合：

$$W_f = m_f \eta + W_0 \tag{3-19}$$

式中，W_f 为某一施肥水平下单位面积肥料年流失量，kg/hm^2；m_f 为单位面积年施肥量，kg/hm^2；η 为肥料年流失率，%；W_0 为零施肥条件下单位面积肥料年流失量，kg/hm^2。

2. 污染物流失量估算

首先按式(3-19)根据旱地年施肥量估算旱地在某一施肥水平下的单位面积肥料年流失量 W_f。

若 $R_d = 0$，即旱地产流量为零，则污染物流失量 $W_d = 0$；

若 $R_d > 0$，即旱地产流，相应污染物日流失量按式(3-20)计算：

$$W_d = \frac{W_f}{H_s} \times R_d \times A_d \tag{3-20}$$

式中，W_d 为旱地污染物日流失量，kg；H_s 为旱地标准年净雨深，mm；R_d 为旱地日净雨深，mm；A_d 为计算单元内的旱地面积，hm^2。

3.2.1.4　PNPS 模式

PNPS 模式用于计算随稻田降雨径流流失的污染负荷量。根据水田产流产污的特点，以"水箱"掺混模型模拟水田的产污过程。根据稻田田面水污染物浓度随施肥量的变化

特征，从质量守恒原理出发，考虑影响田面水污染物浓度变化的各种因素，尤其是稻季不同阶段施肥量对田面水污染物浓度的影响，建立稻田营养盐运移转化模型，预测稻田营养盐的径流损失量。

1. 稻田营养盐运移特征

1) 稻田氮素运移特征

农田生态系统中化肥氮的去向可分为三个方面，即被作物吸收利用、残留在土壤中和迁移到大气和水体。稻田氮素损失途径主要包括氨挥发、硝化-反硝化、淋溶和径流等。天然降水和不适当的灌溉形成地表径流，将农田氮素转移并带入水体中，造成土壤氮素大量损失，主要包括溶解于径流的矿质氮和吸附于泥沙颗粒表面的无机和有机态氮。径流携带的氮负荷量取决于降雨量、地表植被、土壤类型、地形、肥料施用量和农田管理措施等。

稻田生态系统中，氮素和水-土-气界面中的转化和迁移是一个多种反应的复杂动力学过程。氨挥发是造成稻田氮素损失的主要途径，其挥发速率主要受气象条件(温度、湿度、气压、光照以及风速)、氨的大气分压、土壤质地、pH、化肥品种和施用方式等因素影响。淋溶是稻田氮素损失的另一途径，由于氨氮易被土壤吸附，主要分布于稻田表层，因此，淋洗量极少；而土壤剖面硝态氮浓度呈上低下高的分布特征，是稻田氮素淋失的主要形态，影响氮素淋溶损失的因素主要包括施肥量、土壤质地、降水和灌溉情况。

作物生长所需的氮源大部分来源于土壤和肥料，部分来自非共生固氮、降水和灌溉水。据统计，水稻生长所需的氮源有约 20% 来自肥料，大部分来自土壤，肥料有约 30% 被水稻吸收。以尿素为例，尿素施入土壤后，一部分以分子形态被土壤胶体吸附，其余部分以极性很弱的分子状态存于土壤溶液中，在脲酶作用下水解转化成氨氮，其水解速率受土壤温度、水分、尿素浓度和土壤质地等因素的影响。除施肥外，大气氮干湿沉降是稻田氮素的另一个主要来源，从农田挥发的氨在大气中滞留时间短，易于以干湿沉降的形式重返稻田及周边地区，其湿沉降量主要取决于稻田前一时期的施肥量和降雨量的大小。

2) 稻田磷素运移特征

稻田土壤中磷素的运移主要发生在田面水和土壤之间，包括大气干湿沉降、土壤吸附和解吸、田面水排水损失、作物吸收、淋溶渗漏等。磷肥施入土壤后，很快被吸附到土壤胶体表面与土壤中的 Fe、Al、Ca 等离子生成难溶的磷酸盐，使得磷易被土壤吸附而固定下来，不易被淋溶。研究发现，淹水还原条件下，由于形成的 Fe^{3+}-Fe^{2+} 混合氢氧化物具有比 Fe^{3+} 氢氧化物更大的比表面积和更多的磷吸附位，大部分水稻土对磷的固定能力较淹水前有所提高。与氮素类似，稻株全生育期吸磷总量的约 20% 来自肥料，剩余 80% 来源于土壤，磷肥的当季表观利用率大多在 10%～25 %，剩余的磷肥在土壤中由有效磷转化为无效磷，但在作物根系分泌的有机酸作用下可提高磷的有效性。作为稻田磷素的另一来源，降水中磷的浓度不高，且变化不大，通常可以达到地表水 Ⅱ 类水质要求。

2. 稻田营养盐流失模型构建

1) 稻田氮素流失模型

从质量平衡观点出发，抓住田面水污染物浓度变化的各影响因素建立稻田氮素流失模型，预测稻田氮素随田面排水的损失量。对于田面水中的 NH_4^+-N，考虑肥料水解、氨挥发、硝化-反硝化以及田面水蒸发、渗漏、降水、灌溉和排水等因素，经过推导，建立如下氮素平衡方程：

$$\frac{d(h_1 C_1)}{dt} = R_i C_{i1} + R_r C_{r1} + 100\Phi_n - (R_d + R_l)C_1 - (k_v + k_n)h_1 C_1 \tag{3-21}$$

$$\frac{d(h_1 C_2)}{dt} = R_i C_{i2} + R_r C_{r2} + 100\Phi_n - (R_d + R_l)C_2 - (k_v + k_{dn})h_1 C_2 \tag{3-22}$$

$$F_{nc}^1 = \left(F_{nc}^0 + F_n R_n\right)\exp(-k_{hn}\Delta t) \tag{3-23}$$

$$\Phi_n = \left(F_{nc}^0 + F_n R_n\right)(1 - \exp(-k_{hn}\Delta t))/\Delta t \tag{3-24}$$

式中，h_1 为田面水深度，mm；C_1 和 C_2 为田面水 NH_3-N 和 TN 浓度，mg/L；R_i 为稻田灌溉速率，mm/d；C_{i1} 和 C_{i2} 为稻田灌溉水 NH_3-N 和 TN 浓度，mg/L；R_r, R_d, R_l 分别为降水强度、实际排水速率及渗漏速率，mm/d；C_{r1} 和 C_{r2} 为降水中 NH_3-N 和 TN 浓度，mg/L；Φ_n 为氮肥向田面水的释放通量，kg/(hm²·d)；k_v 为溶液中 NH_3-N 的挥发速率常数，d⁻¹；k_n 和 k_{dn} 为水土界面的硝化和反硝化速率常数，d⁻¹；F_n 为单位面积施氮量，kg/hm²；F_{nc}^0 为前一计算时刻单位面积土地的氮肥存量，kg/hm²；F_{nc}^1 为后一计算时刻单位面积土地的氮肥存量，kg/hm²；R_n 为氮肥溶解于田面水的比例，%；k_{hn} 为氮肥水解速率，d⁻¹。

式(3-21)描述了田面水中 NH_3-N 的质量守恒，等号左边代表单位面积田面水 NH_3-N 的质量变化率；等号右边第一和第二项分别表示单位时间稻田灌溉水和降雨带入的 NH_3-N；第三项表示单位时间氮肥水解产生的 NH_3-N；第四项表示单位时间田面排水和渗漏带走的 NH_3-N 质量，最后一项是单位时间田面水由于氨挥发和硝化而减少的 NH_3-N。

式(3-22)描述了田面水中 TN 的质量守恒，等号左边代表单位面积田面水 TN 的质量变化率；等号右边第一和第二项分别表示单位时间稻田灌溉水和降雨带入的 TN；第三项表示单位时间氮肥水解产生的 TN；第四项表示单位时间田面排水和渗漏带走的 TN 质量，最后一项是单位时间田面水由于氨挥发和反硝化而减少的 TN。

对式(3-21)和式(3-22)进行离散求解得到 TN 和 NH_3-N 田面水浓度变化过程：

$$\begin{aligned} C_1^1 &= \frac{A_1\Delta t + h_1^0 C_1^0}{h_1^1 + B_1\Delta t} \\ A_1 &= R_i C_{i1} + R_r C_{r1} + 100\Phi_n \\ B_1 &= R_d + R_l + (k_v + k_n)h_1^1 \end{aligned} \tag{3-25}$$

$$C_2^1 = \frac{A_2 \Delta t + h_1^0 C_2^0}{h_1^1 + B_2 \Delta t}$$

$$A_2 = R_i C_{i2} + R_r C_{r2} + \Phi_n \tag{3-26}$$

$$B_2 = R_d + R_l + (k_v + k_{dn})h_1^1$$

2) 稻田磷素流失模型

模型从质量平衡观点出发，建立稻田磷素运移转化模型，以预测稻田磷素随排水的流失量。对于田面水中的 TP，考虑磷肥水解、吸附-解吸以及田面水蒸发、渗漏、降水、灌溉和排水等因素，经推导，建立了如下平衡方程：

$$\frac{d(h_1 C_3)}{dt} = R_i C_{i3} + R_r C_{r3} + 100\Phi_p - (R_d + R_l)C_3 - k_a h_1 C_3 \tag{3-27}$$

$$F_{pc}^1 = \left(F_{pc}^0 + F_p R_p \right) \exp(-k_{hp}\Delta t) \tag{3-28}$$

$$\Phi_p = \left(F_{pc}^0 + F_p R_p \right)\left(1 - \exp(-k_{hp}\Delta t)\right) / \Delta t \tag{3-29}$$

式中，C_3 为田面水 TP 的质量浓度，mg/L；R_i 为灌溉速率，mm/d；C_{i3} 为灌溉水中 TP 的质量浓度，mg/L；C_{r3} 为降水中 TP 的质量浓度，mg/L；k_a 为土壤对 TP 的吸附速率常数，d^{-1}；Φ_p 为磷肥向田面水的释放通量 kg/(hm²·d)；F_p 为单位面积施磷量，kg/hm²；F_{pc}^0 为前一计算时刻单位面积土地的磷肥存量，kg/hm²；F_{pc}^1 为后一计算时刻单位面积土地的磷肥存量，kg/hm²；R_p 为磷肥溶解于田面水的比例，%；k_{hp} 为磷肥水解速率，d^{-1}。

式 (3-27) 描述了田面水中 TP 的质量平衡，等号左边代表单位面积田面水中 TP 的质量变化率；等号右边第一和第二项分别表示单位时间灌溉水和降雨带入的 TP；第三项表示单位面积田面水中肥料的溶解速率；第四项表示单位时间田面排水和渗漏带走的 TP；最后一项描述了土壤对 TP 的吸附速率。

对式 (3-27) 进行求解得到 TP 田面水浓度变化过程：

$$C_3^1 = \frac{A_3 \Delta t + h_1^0 C_3^0}{h_1^1 + B_3 \Delta t}$$

$$A_3 = R_i C_{i3} + R_r C_{r3} + 100\Phi_p \tag{3-30}$$

$$B_3 = R_d + R_l + k_a h_1^1$$

3) 稻田耗氧有机物 (COD、BOD₅) 流失模型

稻田 COD 流失过程不同于氮素和磷素，其浓度变化与施肥关系不大，假定在田面水中存在 COD 和 BOD₅ 的浓度上限，采用水箱掺混模型估算田面水中的 COD 和 BOD₅ 的浓度变化过程，其平衡方程如下：

$$\frac{d(h_1 C_4)}{dt} = R_i C_{i4} + R_r C_{r4} + \Phi_c - (R_d + R_l)C_4 \tag{3-31}$$

$$\Phi_c = \frac{h_1 \left(C_{max} - C_4 \right)}{T} \tag{3-32}$$

式中，C_4 为田面水有机物的质量浓度，mg/L；R_i 为灌溉速率，mm/d；C_{i4} 为灌溉水中有机物的质量浓度，mg/L；C_{r4} 为降水中有机物的质量浓度，mg/L；Φ_c 为有机物向田面

水的释放通量，$(mg·mm)/(L·d)$；C_{max} 为田面水有机物浓度上限，mg/L；T 为田面水有机物释放周期，d。

式(3-31)描述了田面水中有机物的质量平衡，等号左边代表单位面积田面水中有机物的质量变化率；等号右边第一和第二项分别表示单位时间灌溉水和降雨带入的有机物；第三项表示单位面积田面水中有机物的释放速率；第四项表示单位时间田面排水和渗漏带走的有机物。

对式(3-31)进行求解得到 TP 田面水浓度变化过程：

$$C_4^1 = \frac{h_1^0 C_4^0 + \left(R_i C_{i4} + R_r C_{r4} + \dfrac{h_1^0 \left(C_{max} - C_4^0 \right)}{T} \right) \cdot \Delta t}{h_1^1 + \left(R_d + R_l \right) \Delta t} \tag{3-33}$$

4)稻田径流污染物流失量

计算得到田面水污染物浓度随时间的变化过程后，即可根据稻田的排水量按下式计算随径流流失的污染物负荷量。

若 $R_d \leqslant 0$，即水田产流量为零，则产污量 $W_p = 0$。

若 $R_d > 0$，即水田产流，产污量按下式计算：

$$W_p = 0.01 C_a \times R_p \times A_p \tag{3-34}$$

式中，W_p 为水田日产污量，kg；C_a 为田面水污染物浓度，mg/L；R_p 为水田日净雨深，mm；A_p 为计算单元内的水田面积，hm^2。

3.2.2 污染负荷入河量

由污染负荷模型路径框图(图 3-5)可见，各类污染源产生的污染物沿各条污染迁移路径流动，流经各个污染处理单元，通过处理单元净化后的污染负荷得到了不同程度的削减，最终流入河网的污染负荷即为入河量。

污染负荷处理模块即是根据各种污染源的排放路径、相应比例以及各处理单元对污染物的去除效率，计算各类污染源的污染负荷入河量，具体计算公式如下：

$$W_{ei} = W_{pi} \cdot \sum_{j=1}^{m} \left(p_{ij} \prod_{k=1}^{n} \left(1 - f_k \right) \right) \tag{3-35}$$

式中，W_{ei} 为第 i 种污染源的污染物入河量，kg/d；W_{pi} 为第 i 种污染源的污染物产生量，kg/d；p_{ij} 为第 i 种污染源第 j 条入河路径的比例系数；m 为第 i 种污染源入河路径的数量；f_k 为第 k 种处理单元的处理效率，处理单元包括化粪池、污水管网、污水处理厂、农村生活污染、种植业污染、养殖业污染、城镇地表径流污染的各类处理设施和措施，可结合研究区实际情况进行扩充和细化；n 为第 i 种污染源第 j 条入河路径对应的处理单元数量。

3.2.3　污染负荷时空分配

平原河网区独特的地形和水系特征，使得污染物尤其是非点源污染物的迁移规律不同于其他地区。污染物时空分配的目的在于将模型计算得到的污染物入河量按一定的空间比例和时间过程分配到各条概化河道上，作为河网水质模型的污染源计算条件。

3.2.3.1　污染负荷时空迁移特征

结合平原河网地区的地形特征、水系结构及水量交换方式，可将其非点源污染物迁移规律的特殊性概括为以下几个方面：

(1)平原河网区的地势相对低平，河道比降小，水流流向不定，往往呈现双向往复流。同时这类地区一般位于河口附近，水流受潮汐的顶托作用比较明显，运动规律更加复杂。

(2)这类地区的工农业生产水平一般比较发达，城市化率较高，人口密度较大。此外，该地区地势较低，容易遭受洪涝灾害侵袭。为了保护人民生命财产安全，需要建设大量的闸、泵等水利工程设施进行防洪排涝，使得平原河网区的水流运动受到人工调控影响。

(3)平原河网地区的圩堤一般是闭合的，利用节制闸或泵站控制圩内与圩外水量的交换，因此圩区非点源污染物向河网迁移的空间位置及时间过程均受到人为控制，导致圩区污染物的时空迁移特征与非圩区存在显著差异。

根据上述对平原河网区非点源污染物迁移规律的分析，将污染物迁移计算分为空间分配和时间分配两个步骤，其中污染物迁移的空间分配体现出污染物以何种空间比例进入概化河道，时间分配指的是经过空间分配的污染物以何种时间过程汇入河道。由于圩区污染物的迁移过程受人工调控，因此，污染物迁移的时间分配又分为非圩区和圩区污染物的时间分配两种。通过对污染负荷进行时空分配后，就可以得到每条河道的污染物入河过程，从而为水质模型计算提供边界条件。

3.2.3.2　污染负荷空间分配

1. 点源污染的空间分配

点源污染物的空间分配分成两种情况，对于有明确排放去向的点污染源，通过设置排污口与受纳水体的关联关系即可；对于不掌握具体排放去向的点污染源，按照就近入河原则排入受纳水体，即排污口距离哪条河道最近，就假设排入该条河道。

2. 非点源污染的空间分配

平原河网区独特的水系特征决定了其水系结构不同于丘陵地区，形成了平原河网区水系典型的网状结构，如图 3-6 所示，该网状结构为由河道包围所形成的多边形，多边形内产生的污染物必然汇入包围多边形的周边河道内。例如，图 3-6 中多边形 S_1 内产生的污染物将汇入 L_1、L_2、L_3 和 L_4，因此要按一定的比例将多边形内产生的污染物分配到周边河道上。然而，平原河网区特殊的地貌特征决定了难以采用数字地形高程模型(digital elevation model, DEM)来确定多边形内非点源污染物的流向。这是因为平原河网区的地势低平，地面高程差别和河道比降均较小，河道的汇流区界限难以确定且水动力条件复杂。因此需要结合水系结构特征及非点源污染迁移特征，提出适合这类地区的非点源污染空间分配方法。

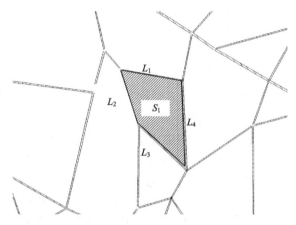

图 3-6　平原河网地区网状水系结构

将污染负荷模型与 GIS 技术相结合，充分利用 GIS 的空间运算能力以及"栅格"化处理技术，实现圩区和非圩区各种土地利用下非点源污染负荷向周边河道的自动分配。具体实现方法如下。

1）计算域栅格化及空间运算

如图 3-7 所示，首先将圩区分布图层、土地利用图层和栅格图层相叠加，采用空间运算技术对上述图层进行空间叠合分析，生成每个网格单元圩区及非圩区不同土地利用类型的范围，统计相应土地利用的面积，A_{iw}^{j} 为河网多边形第 i 个网格第 j 种土地利用的面积，km^2。

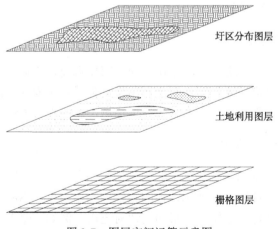

圩区分布图层

土地利用图层

栅格图层

图 3-7　图层空间运算示意图

2)计算汇流权重因子

在将栅格面积分配到周边河道之前，需要计算汇流权重因子。图 3-8 为某平原河网与栅格图层的叠加示意图。以其中一个栅格为例，假设该栅格到周边河道的距离分别为 d_1、d_2、d_3 和 d_4，周边河道的长度和断面面积分别为 L_1、L_2、L_3 和 L_4 以及 A_1、A_2、A_3 和 A_4。以河道断面面积与栅格到周边河道的距离之比为权重计算权重因子。

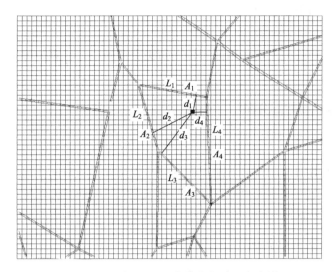

图 3-8 平原河网区污染物空间分配示意图

$$P_i^k = \frac{A_k / d_i^k}{\sum_{k=1}^{m}\left(A_k / d_i^k\right)} \qquad (3\text{-}36)$$

式中，P_i^k 为第 i 个栅格到第 k 条河道上的权重因子，%；d_i^k 为第 i 个栅格到第 k 条河道的距离，km；A_k 为第 k 条河道的断面面积，m^2；m 为包围该栅格的河道数量。

该权重因子综合考虑了河道过流能力以及河道多边形结构特征对非点源污染物空间分配的影响，能够更加全面地反映平原河网地区非点源污染物的迁移特点。

3)确定非点源污染流向

统计每个网格到第 k 条河道的最大权重因子，按式(3-37)计算为

$$M_i = \max\{P_i^k, k = 1,\cdots,m\} \qquad (3\text{-}37)$$

式中，M_i 为某个河网多边形的第 i 个网格汇流入第 k 条河道的最大权重因子，%。

如果第 i 个网格到第 k 条河道的权重因子最大，那么该网格的非点源污染负荷全部汇入第 k 条河道。

4)非点源污染汇流区划分

依次计算河网多边形内每个网格的非点源污染汇入周边河道的最大权重因子，所有汇入同一条河道的网格即构成该河道的汇流区。

5)统计汇流区土地利用类型面积

按式(3-38)统计河网多边形不同土地利用类型的面积为

$$A_j = \sum_{i=1}^{n} A_i^j \tag{3-38}$$

式中，A_j 为河网多边形第 j 种土地利用类型的面积，km^2；A_i^j 为某河道汇流区第 i 个网格第 j 种土地利用类型的面积，km^2；n 为某河道汇流区的栅格数量。

依次对所有河网多边形重复上述计算过程，得到计算区域全部河道的汇流区范围及对应的各种土地利用类型面积。

6) 计算非点源污染入河量

将河道汇流区的各类土地利用面积输入污染负荷模型，计算与每条河道对应的非点源污染入河量 WL_k。

3.2.3.3 污染负荷时间分配

1. 点源污染的时间分配

点源污染物的时间分配既可以随时间变化，也可以不随时间变化。如果污染源入河过程随时间变化，则需要给定点源污染物的排放量随时间的变化过程；若点源污染排放量不随时间变化，则仅需给出污染物年排放量即可。

2. 非点源污染的时间分配

随降雨径流迁移的污染物是通过支流逐级汇入到概化河网的，因此，通过空间分配后得到的产污过程不等于汇污过程，还需要根据圩区和非圩区污染物的汇集特征，计算相应的汇污过程。非点源污染物的时间分配就是解决被河道包围的多边形内产生的污染物以何种时间过程进入概化河道的。

由于圩区与概化河道的水量交换要受到节制闸和泵站调控的影响，因此圩区与非圩区非点源污染物的时间分配需要分开处理。

1) 非圩区污染物的时间分配

非点源污染物时间分配的关键在于考虑河道支流过流能力的限制，因此引入"虚拟联系"的概念。"虚拟联系"相当于带有闸门和泵站等水利设施的宽顶堰，其宽度等于与河道相连的所有支流的宽度之和，如图 3-9 所示。由于非圩区内的支流与河道直接相通，水量交换不受人工控制，因此在计算过程中假设"虚拟联系"的闸门始终敞开。

首先，根据质量守恒定律建立非圩区内非点源污染物质量平衡方程，如式 (3-39) 所示：

$$(W_o - S_o) \times \Delta t = A_o(Z_o C_o - Z_o^0 C_o^0) \tag{3-39}$$

式中，W_o 为非圩区的产污过程，kg/d；S_o 为非圩区的汇污过程，kg/d；Δt 为时间步长；A_o 为非圩区的水面面积，km^2；Z_o^0 和 Z_o 分别为时段初和时段末非圩区水面的水位，m；C_o^0 和 C_o 分别为时段初和时段末非圩区的污染物平均浓度，mg/L。

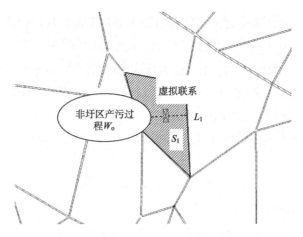

图 3-9 非圩区污染物时间分配示意图

同时根据宽顶堰的堰流公式，当出流为自由出流时有

$$q_o = m \cdot \alpha \cdot L \cdot \sqrt{2g} \cdot (Z_o - Z_1)^{1.5} \qquad (3\text{-}40)$$

当出流为淹没出流时有

$$q_o = \varphi_m \cdot \alpha \cdot L \cdot (Z_r - Z_d)\sqrt{2g(Z_o - Z_r)} \qquad (3\text{-}41)$$

式中，q_o 为非圩区的出流量，m^3/s；m 为自由出流系数；φ_m 为淹没出流系数；L 为与虚拟联系相对应的河道长度，km；α 为河道的旁侧过水率，等于支流的宽度与河道长度之比；Z_1 为虚拟联系的底高程，m；Z_r 为河道的水位，m；Z_d 为河道的底高程，m。

将式(3-39)与式(3-40)或式(3-41)联立求解，即可解得非圩区的汇污过程 S_o。

2)圩区污染物的时间分配

圩区污染物的时间分配方法与非圩区相似，差别在于圩区的"虚拟联系"需要考虑闸门和泵站在不同水情条件下的调度，如图 3-10 所示。

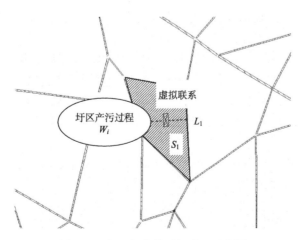

图 3-10 圩区污染物时间分配示意图

首先，根据质量守恒定律建立圩区非点源污染物平衡方程，如式(3-42)所示：

$$(W_w - S_w) \times \Delta t = A_w (Z_w C_w - Z_w^0 C_w^0) \tag{3-42}$$

式中，W_w 为圩区的产污过程，kg/d；S_w 为圩区的汇污过程，kg/d；Δt 为时间步长；A_w 为圩区的水面面积，km^2；Z_w^0 和 Z_w 分别为时段初和时段末圩区水面的水位，m；C_w^0 和 C_w 分别为时段初和时段末圩区的污染物平均浓度，mg/L。

再次，需要计算闸门开启条件下圩区出流过程。根据宽顶堰的堰流公式，当出流为自由出流时有

$$q_w = m \cdot \alpha \cdot L \cdot \sqrt{2g} \cdot (Z_w - Z_l)^{1.5} \tag{3-43}$$

当出流为淹没出流时有

$$q_w = \varphi_m \cdot \alpha \cdot L \cdot (Z_r - Z_d) \sqrt{2g(Z_w - Z_r)} \tag{3-44}$$

式中，q_w 为圩区出流量，m^3/s；m 为自由出流系数；φ_m 为淹没出流系数；L 为与虚拟联系相对应的河道长度，km；α 为河道的旁侧过水率，等于支流的宽度与河道长度之比；Z_l 为虚拟联系底高程，m；Z_r 为河道水位，m；Z_d 为河道底高程，m。

将式(3-42)与式(3-43)或式(3-44)联立求解，即可解得圩区的汇污过程 S_w。

由于圩区内的沟、塘等水面具有一定的水量调蓄能力，因此对于圩区内的泵站调度原则，当圩区内的降雨量不大，调蓄水深较小时，一般不开泵排水；当圩区降雨量较大，调蓄水深超过一定阈值后，则需要开泵排涝，降低圩区水位。对于圩区，还需要考虑圩区水利工程的调度原则以及泵站的排涝模数。

根据对平原河网圩区水利工程调控情况的分析，按以下调控原则控制圩区"虚拟联系"的启闭。

(1) 当圩区水位高于河道水位，或者河网水位处于枯水季节时，开启虚拟联系的闸门，按上述方法计算圩区汇污过程；

(2) 当圩区水位高于或等于河道水位，并且圩区的调蓄水深为负时，关闭虚拟联系的闸门，同时通过泵站从河道向圩区引水，使圩区调蓄水深达到20cm，此时没有污染负荷向河道汇集；

(3) 当圩区水位低于河道水位，并且圩区的调蓄水深为负时，开启虚拟联系的闸门从河道自流引水，使圩区调蓄水深达到20cm，此时没有污染负荷向河道汇集；

(4) 当圩区水位低于河道水位，并且圩区调蓄水深超过40cm时，关闭虚拟联系的闸门，同时通过泵站排涝，使圩区调蓄水深保持在40cm，此时按泵站排涝模数和污染物浓度计算污染排放量；

(5) 当圩区水位低于河道水位，并且圩区调蓄水深在40cm以内，关闭虚拟联系的闸门，此时没有污染负荷向河道汇集。

3.2.4 模型参数估值方法

3.2.4.1 参数获取途径

污染负荷模块中与降雨无关的农村生活、畜禽养殖、水产养殖等非点源污染负荷采

用 PROD 模式计算；城镇地表径流污染采用 UNPS 模式计算；旱地径流污染采用 DNPS 模式计算；水田径流污染采用 PNPS 模式计算。根据各模式的计算原理和方法，选取如下重要参数如表 3-3 所示。

表 3-3　污染负荷模型重要参数获取方式

计算模式	参数	获取方式
PROD 模式	产污系数	农村生活污水产排污系数测算、全国污染源普查畜禽养殖业、水产养殖业等产污系数手册
UNPS 模式	城市地表径流污染物浓度参数/(mg/L)	参考已有研究成果及相关文献，或开展城市降雨径流原位试验研究
DNPS 模式	施肥水平/(kg/hm²)	统计年鉴、资料收集与现场调研
	营养盐流失量与施肥量关系	全国污染源普查农业污染源肥料流失系数手册
PNPS 模式	肥料种类、施肥时间、施肥水平	统计年鉴、资料收集与现场调研
	稻田氨挥发通量	参考已有研究成果及相关文献，或开展水田氨挥发现场观测试验

3.2.4.2　污染源产污系数

根据污染负荷模型 PROD 模式的计算方法，排污系数主要包括人口、牛、猪、羊、家禽、水产养殖等污染源的排污系数。数据来源主要为全国污染源普查系数手册。其中人口排污系数参考《全国污染源普查城镇生活源产排污系数手册》，按照所在地域分区、城市类别确定城镇居民的产排污系数。畜禽养殖排污系数参考《畜禽养殖业源产排污系数手册》，按照所在区域、动物种类和饲养阶段确定畜禽养殖的平均排污系数。对于牛的排污系数，以奶牛和肉牛比例为权重加权计算。对于禽类，分别收集肉禽和蛋禽的排污系数。水产养殖排污系数参考《水产养殖业污染源产排污系数手册》，按照所在区域、养殖水体、养殖模式和养殖品种确定水产养殖排污系数。由于各类水产养殖品种繁多，排污系数差别较大，因此综合考虑水产养殖品种的特点，可将其划分为三种类型，分别为鱼类、甲壳类及贝类，以各水产养殖品种的养殖量为权重分类统计相应产污系数。

3.2.4.3　入河路径及比例

为了计算各类污染源的污染负荷入河量，需要确定各种污染源的入河路径、相应的比例系数，以及各种处理单元的污染物去除率。

入河路径及比例系数的获取需要在研究地区开展现场调查工作，包括相关污染源入河途径、处理方式、入河路径比例等。结合国家、各省、流域机构、各地区出台的城镇生活污染、农村生活污染、畜禽和水产养殖污染治理的专项规划、实施方案及相关标准，综合确定非点源污染入河路径和比例系数。

1. 农村生活污染

村庄生活污水治理是农村水环境治理及人居环境改善的重点和难点所在，对于提升乡村基本公共服务水平、建设美丽宜居乡村、转变农村居民生活方式、推进城乡发展一体化具有重要意义。

对于农村生活污染，首先需要调查农村生活污染源的产生、迁移和排放途径，绘制相应的污染源入河路径框图。然后，收集研究区所在地的村庄生活污水治理专项规划、行动计划、工作方案、污水处理技术指南、排放标准等资料，掌握村庄生活污水治理的实施计划与目标任务，梳理各村庄采用的污水处理技术和设施，执行的尾水排放标准。最后，统计各污水处理设施服务范围的人口数量、建设进度、完成情况及运维情况，计算现状年份及规划年份农村生活污染各条入河路径的比例系数。

2. 畜禽养殖污染

与农村生活污染类似，畜禽养殖污染也是非点源污染的重要来源之一，加强畜禽养殖污染防治和综合利用，对于深化面源污染治理、促进畜牧业健康发展、推动生态文明建设具有重要作用。

按照畜禽养殖污染治理要求，各地区普遍制定了养殖业布局规划，划定了畜禽养殖的禁养区、限养区、适养区，编制了畜禽养殖污染防治及综合利用专项整治的实施方案。调查过程中，需要结合畜禽养殖污染的专项规划、行动计划、工作方案、处理技术指南、排放标准等资料，调查养殖业发展和废弃物综合利用模式，梳理禁养区、限养区畜禽养殖场的关闭、搬迁、整改名单，统计各类污染处理设施的畜禽养殖数量、建设进度及完成情况，计算现状年份及规划年份各条畜禽养殖污染入河路径的比例系数。

3. 水产养殖污染

目前，我国的水产养殖绝大部分仍然以粗放式人工养殖为主。这种养殖方式经济效益较低，抵御风险能力差，饲料、药物投入缺乏科学性，水体质量差，造成池塘污染严重，水产品质量不过关。因此，采用工厂化循环水养殖模式取代粗放型养殖模式，将现代工业技术与现代生物养殖技术相结合成为发展趋势。循环水养殖模式的水处理技术先进，水体利用率高，资源消耗低，污染物排放量少，将循环经济中减量化、再利用、再循环原则与水产养殖高效结合，经济效益和环境效益十分显著。

因此，在水产养殖污染入河路径及比例调查过程中，需要调查各类水产养殖的养殖水体、养殖模式、养殖面积、养殖品种和产量，结合研究区池塘循环水养殖工程建设的专项规划、工作方案、排放标准等资料，统计池塘循环水养殖工程的养殖面积、品种和产量、建设进度及完成情况，计算水产养殖污染入河路径的比例系数。

3.2.4.4　处理单元污染物去除率

从研究区点源和面源的具体种类分析，污染物处理单元包括化粪池、污水管网、污水处理厂、农村生活污染、种植业污染、养殖业污染、城镇地表径流污染的各类处理设施和措施。对于某地区的污染负荷计算问题，应根据项目所在地的水环境综合治理总体方案、实施方案、专项规划、行动计划的具体要求，对典型污水处理设施和治理措施开展现场调查，将其概化为污染负荷模型的处理单元，通过分析其处理工艺和实际处理效果，合理确定各类处理单元的污染物去除率。同时，可以结合各类污染源的产生量、污染物浓度、排放标准，进一步验证各类处理单元污染物去除率取值的合理性。

3.3　算例——上海市非点源污染负荷计算

3.3.1　研究背景

上海市位于长江口三角洲前缘，太湖流域下游，北枕长江，东临东海，南濒杭州湾，西与江苏、浙江两省相接，陆域面积 6340.5km²。上海市属于太湖流域的面积为 5193.04km²，占全市总面积的 81.9%；属于长江流域的河口岛屿面积为 1147.46km²，占 18.1%，涉及的水资源四级分区包括通南及崇明岛诸河、浦东区、浦西区、杭嘉湖区和阳澄淀泖区 5 个部分。

随着全球气候变化影响加剧、土地利用和城镇化建设等人类活动对下垫面条件的改变，上海作为全球超大城市，其水循环及水文过程、非点源污染迁移特征及污染负荷量发生了显著变化，有必要对上海市非点源污染物产生量和入河量进行调查和估算。非点源污染包括农村生活、农田、分散式畜禽养殖、水土流失和城镇地表径流，调查及污染负荷计算年份为 2016 年，污染物包括化学需氧量、氨氮、总磷和总氮。

3.3.2　基础数据

3.3.2.1　基础资料收集

根据污染负荷模型计算原理，与非点源污染有关的社会经济资料主要包括农村人口、牛、猪、羊、家禽养殖量、水产养殖量和养殖面积、氮肥和磷肥施用量。数据来源主要包括 2017 年上海市及各行政区统计年鉴。

工作步骤如下：

(1)收集 2017 年上海市辖区范围内的各地区统计年鉴。

(2)以县级行政区为单位，从年鉴中摘录相关社会经济数据。其中人口数据摘录年鉴中的农村人口数量。

(3)从年鉴中摘录各县级行政区的牛、猪、羊、家禽的存栏量和出栏量。

(4)将水产养殖品种分为鱼类、甲壳类和贝类，摘录三类水产品的养殖量和水产养殖总面积。

(5)收集各地氮肥、磷肥和复合肥的折纯量和耕地面积，如果只有肥料总折纯量，则按照相邻地区各类肥料的施用比例进行拆分。

3.3.2.2　数据处理

根据收集到的基础资料，按如下工作步骤开展数据预处理工作。首先，将家禽分为肉禽和蛋禽两类，肉禽平均饲养天数取 45d，蛋禽平均饲养天数取 361d。根据年鉴中家禽的存栏量和出栏量，推算出肉禽和蛋禽的存栏量，作为禽类污染负荷的计算依据。

生猪平均饲养天数以 120d 计,将出栏量按饲养天数折算为平均存栏量作为污染负荷计算依据。

此外,由于非点源污染以水资源四级区套行政区作为最小统计单元,因此还需要对各行政区的社会经济数据进行拆分。对于人口数量和畜禽养殖量,按四级区套行政区陆域面积占行政区陆域总面积的比例进行拆分,对于水产养殖量和养殖面积,按四级区套行政区水域面积占行政区水域总面积的比例进行拆分。

3.3.2.3　社会经济数据

经过空间拆分和整理后的上海市社会经济数据见表 3-4。

表 3-4　2016 年上海市社会经济数据

行政区名称	农村人口/万人	牛/万头	猪/万只	羊/万只	家禽/万只	水产养殖面积/hm²
阳澄淀泖区青浦区	4.16	0.00	0.36	0.17	0.64	412.51
杭嘉湖区金山区	8.86	0.13	1.59	0.00	46.71	323.09
杭嘉湖区松江区	3.12	0.00	1.49	0.00	4.47	110.68
杭嘉湖区青浦区	3.46	0.00	0.30	0.14	0.53	342.90
浦东区闵行区	4.49	0.00	0.00	0.00	0.00	15.25
浦东区浦东新区	75.05	0.00	11.77	0.00	107.45	2528.00
浦东区金山区	20.72	0.30	3.73	0.00	109.28	755.91
浦东区松江区	0.92	0.00	0.44	0.00	1.31	32.56
浦东区奉贤区	26.51	0.00	12.24	16.74	62.47	3068.00
浦西区闵行区	12.00	0.00	0.00	0.00	0.00	40.75
浦西区宝山区	10.91	0.28	0.12	0.00	0.00	89.00
浦西区嘉定区	12.38	0.08	0.86	0.00	4.90	191.00
浦西区松江区	9.99	0.00	4.77	0.00	14.32	354.75
浦西区青浦区	15.57	0.00	1.35	0.63	2.38	1543.59
浦西区上海市中心区	0.00	0.00	0.00	0.00	0.00	0.00

3.3.3　模型参数

污染负荷模型参数主要包括各类污染源的排污系数,入河路径和比例,城市、旱地、稻田降雨产污模型相关参数等。

3.3.3.1　污染源产污系数

根据污染负荷模型计算原理,排污系数主要包括农村人口、牛、猪、羊、家禽、水产养殖的排污系数。数据来源主要包括全国污染源普查系数手册和太湖流域典型调查和试验数据。

其中农村人口排污系数主要根据流域内典型农村生活污水排放系数调查数据,参考生态环境部南京环境科学研究所《太湖流域农村生活污水产排污系数测算》确定。畜禽养殖排污系数参考《畜禽养殖业源产排污系数手册》，按照所在区域、动物种类和饲养阶段确定畜禽养殖的平均排污系数。对于牛的排污系数，以奶牛和肉牛比例为权重计算。对于禽类，分别收集蛋禽和肉禽的排污系数。水产养殖排污系数参考《水产养殖业污染源产排污系数手册》，按照所在区域、养殖水体、养殖模式和养殖品种确定水产养殖排污系数。太湖流域水产养殖业发达，养殖水体主要为淡水养殖，养殖模式有池塘养殖、网箱、围栏等多种方式，养殖品种繁多。由于各水产养殖品种的排污系数差别较大，并且各地水产养殖品种的养殖量也存在较大差异，因此综合考虑水产养殖品种的特点，将其划分为 3 种类型，分别为鱼类、甲壳类及贝类，分别统计各类别的平均产污系数。各类污染源产污系数见表 3-5。

表 3-5 各类污染源产污系数

污染源	COD	TN	TP	NH₃-N
农村人口/[kg/(人·a)]	9.125	1.825	0.161	1.46
牛/[kg/(人·a)]	1541.687	58.676	9.196	24.057
猪/[kg/(人·a)]	118.641	9.289	1.187	4.273
羊/[kg/(人·a)]	39.547	2.280	0.450	0.570
蛋禽/[kg/(人·a)]	5.962	0.347	0.153	0.158
肉禽/[kg/(人·a)]	15.450	0.372	0.183	0.169
鱼类/[kg/(t·a)]	25.543	2.742	0.553	1.913
甲壳类/[kg/(t·a)]	19.523	1.875	0.343	1.309
贝类/[kg/(t·a)]	44.274	8.91	0.767	6.218

3.3.3.2 入河路径及比例

收集上海市农村生活、畜禽养殖、水产养殖等非点源污染的污染物入河途径、处理方式、入河路径比例。结合上海农村生活污染、畜禽和水产养殖污染治理的专项规划、实施方案及相关标准，确定非点源污染入河路径和比例系数。

1. 农村生活污染

通过调研，目前上海市各区普遍开展了农村生活污水处理设施建设工作。为了推进上海市农村生活污水处理工作，进一步规范和加强农村生活污水处理工程项目建设和资金管理，上海市水务局先后制定了《上海市农村生活污水处理工程项目和资金管理暂行办法》和《上海市农村生活污水处理工程建设绩效考评暂行办法》。为了优化完善农村生活污水处理设施出水排放标准，专门制定了《上海市农村生活污水处理设施出水水质规定(试行)》。标准规定Ⅲ类及以上水质控制区执行《城镇污水处理厂污染物排放标准》(GB 18918—2002)的一级 A 排放标准，其他地区执行一级 B 排放标准。

据统计，2016 年上海市农村生活污水处理率达到 49%。农村居民生活污染的入河路径取值范围见表 3-6。

表 3-6 农村居民生活污染的入河路径比例

编号	路径去向	比例系数
1	农村生活污染—化粪池—生态组合处理—湖荡	0.49
2	农村生活污染—污水管网—污水处理厂	0
3	农村生活污染—化粪池—湖荡	0.41
4	农村生活污染—化粪池—农肥还田	0.05
5	农村生活污染—湖荡	0.05

2. 畜禽养殖污染

根据调研，上海市于 2016 年出台了调整优化畜禽养殖布局的相关规划。根据《上海市养殖业布局规划(2015—2040 年)》，到 2020 年，畜禽养殖规模为出栏标准猪不高于 200 万头；到 2040 年，畜禽养殖规模为出栏标准猪不高于 160 万头。进一步加大对不规范养殖场的整治力度，由市农委牵头，市环保局、市规划国土资源局配合指导区县制定整治计划，落实整治措施。

据统计，2016 年上海市畜禽养殖废弃物资源化利用率达到 90%，2020 年达到 95%。经过测算，畜禽养殖污染的入河路径比例取值范围见表 3-7。

表 3-7 畜禽养殖污染的入河路径比例

编号	路径去向	比例系数
1	畜禽养殖污染—还田利用或加工成有机肥	0.75
2	畜禽养殖污染—污水处理设施—湖荡	0.20
3	畜禽养殖污染—湖荡	0.05

3.3.3.3 污染物去除率

污染物处理单元包括化粪池、雨污水管网、农村生活及畜禽养殖污染处理设施、粪肥还田及湖荡。根据文献资料、现场调研及实测数据，确定各处理单元的污染物去除率。

化粪池对污染物的去除率计算主要参考《全国污染源普查城镇生活源产排污系数手册》，该手册将全国分为 5 个区，各区按照 5 类城市有 5 种不同的排污系数，每种污染物的排污系数又划分为直排和化粪池两类，通过计算两类排放系数的变化率，即可得到化粪池对污染物的去除率。

农村生活污水和畜禽养殖污染处理设施的处理率，主要依据实地调研成果及各地农村生活污水和畜禽养殖废水的排放标准。对于农村生活污水，调研发现 COD 和氨氮的处理率普遍较高，可以达到 60%~85%，其次为总磷，总氮的去除率相对较低，介于 50%~70%。

各处理单元的污染物去除率见表 3-8。

表 3-8　处理单元污染物去除率

序号	处理单元	污染物去除率/%			
		COD	氨氮	总氮	总磷
1	化粪池	18.8	2.5	15.5	14.7
2	雨污水管网	5	5	5	5
3	农村生活污水处理	60~85	60~85	50~70	56~80
4	畜禽养殖污染处理	85	85	70	80
5	湖荡	20	25	10	15

3.3.3.4　UNPS 模型参数

城镇降雨径流的产污过程采用地表污染物累积和降雨径流冲刷两个阶段加以描述，其中地表污染物累积量和冲刷量分别采用污染物累积模型和降雨径流冲刷模型进行估算。采用资料收集和城市降雨产污现场观测相结合的方法，确定流域城市和城镇地表径流污染物浓度范围。

模型取值参考 2017 年在常州和常熟进行的城市地表径流污染野外监测成果。该试验将城市下垫面分为两大类，一类为数量较少、面积较大的大城市，另一类为面积相对较小但数量众多的小城镇，选择常州市和常熟沙家浜分别作为城市和城镇代表，分别针对工业区、商业区和居住区 3 种土地利用类型，开展城镇地表径流污染物浓度参数的野外监测。分析不同土地利用典型降雨事件污染物浓度变化过程、平均浓度和影响因素，提出模型参数污染物浓度取值参考范围。

为了调查不同土地利用类型的汇水特征，选取具有代表性的城市或城镇道路高程较低的雨水口处为采样点，调查采样点汇水面积、道路材质、交通量和清扫方式。调查时间为 2016 年 10 月~2017 年 9 月，针对 4 次典型较大降雨事件开展野外试验，共设置了 6 个监测点位，具体位置详见表 3-9。

表 3-9　城市地表径流污染物浓度监测点位

编号	区域	土地利用类型	采样点位置	坐标
C1	常州	工业区	阳光工业园	E 119.951070°, N 31.8365580°
C2		商业区	万达广场	E 119.969377°, N 31.818426°
C3		居住区	兰翔新村	E 119.979760°, N 31.820780°
S1	沙家浜	工业区	常昆工业园	E 120.847690°, N 31.560728°
S2		商业区	唐市街道	E 120.848560°, N 31.546178°
S3		居住区	万安小区	E 120.848714°, N 31.549240°

监测数据表明，降雨强度对城镇地表污染物的冲刷影响较大，地表径流污染物浓度峰值会伴随降雨强度峰值的出现而出现。这主要是因为降雨强度的大小表征着径流冲刷路面沉积物的能量大小，雨强越大，径流冲刷路面的能力越强，常见的降雨过程多为雨强先小后大再小，降雨初期径流冲刷地表的能量有限，只能将部分溶解的或细小的固体

物质从地表冲刷带入径流中，故径流初期污染物的浓度较小；随着降雨过程的进行，地表污染物在降雨冲击、雨水浸泡和降雨径流推移的作用下，与地表附着力逐渐减小，变得更易于被径流冲刷，若此时雨强增大，则径流对污染物的冲刷力大大增强，径流中所携带的各污染物浓度也会有较大的增加。

由于污染物存在可溶和不可溶两种不同的状态，在径流形成初期，径流对颗粒的冲刷力较小；且在径流形成之前，降落到路面的雨水与路面沉积物的接触时间较长，因此可溶性污染物在径流初期可在长时间的接触下被溶解带入径流雨水中，故径流中携带的主要是可溶性的污染物；非溶解性污染物主要通过径流初期之后，在具有较高冲刷能力的大强度降雨以及大流量的径流的机械搬移作用下被带入径流中。一般情况下，在道路雨水径流形成后 30min，径流雨水中的污染浓度将降低到其初期污染物浓度的 20%～50%。

3.3.3.5　DNPS 模型参数

旱地降雨产污模型相关参数估值主要参考《第一次全国污染源普查：农业污染源 肥料流失系数手册》。该调查在综合考虑肥料污染的发生规律和主要影响因素(如地形、气候、土壤、作物种类与布局、种植制度、耕作方式、灌排方式等)的基础上，依据地形和气候特征，将全国种植业污染源划分为 6 大区域。结合各个分区的所辖县(市)、耕地面积、作物种类、土壤类型、种植制度以及肥料污染特征，全国共设置地下淋溶和地表径流定位监测试验点 372 个。

依据《第一次全国污染源普查：农业污染源 肥料流失系数手册》，按照上海市所在区域、地形条件、土地利用类型、种植方式等因素，选取了地表径流-南方湿润平原区-平地-旱地-露地蔬菜、地表径流-南方湿润平原区-平地-旱地-大田一熟、地表径流-南方湿润平原区-平地-旱地-大田两熟及以上、地表径流-南方湿润平原区-平地-旱地-园地等 4 种模式，为旱地降雨径流模型提供相关参数取值依据。相关流失系数取值见表 3-10～表 3-13。

表 3-10　地表径流-南方湿润平原区-平地-旱地-露地蔬菜

流失量 /(kg/亩)[①]	总氮(TN)	常规施肥区	1.233
		不施肥区	0.760
	硝态氮（NO_3^--N）	常规施肥区	0.663
		不施肥区	0.363
	铵态氮（NH_4^+-N）	常规施肥区	0.107
		不施肥区	0.070
	总磷(TP)	常规施肥区	0.389
		不施肥区	0.336
	可溶性总磷(DTP)	常规施肥区	0.088
		不施肥区	0.073

---

① 亩，非法定单位，1 亩≈666.67m²

续表

肥料流失系数	总氮/%	1.464
	总磷/%	0.873
	硝氮/%	0.959
	铵氮/%	0.165
	可溶性总磷/%	0.235
总施氮量(N)：37.83(kg/亩)(含有机肥氮和化肥氮)		
总施磷量(P₂O₅)：21.86(kg/亩)(含有机肥磷和化肥磷)		

表 3-11　地表径流-南方湿润平原区-平地-旱地-大田一熟

流失量/(kg/亩)	总氮(TN)	常规施肥区	0.951
		不施肥区	0.776
	硝态氮(NO$_3^-$-N)	常规施肥区	0.531
		不施肥区	0.437
	铵态氮(NH$_4^+$-N)	常规施肥区	0.092
		不施肥区	0.061
	总磷(TP)	常规施肥区	0.063
		不施肥区	0.049
	可溶性总磷(DTP)	常规施肥区	0.033
		不施肥区	0.020
肥料流失系数	总氮/%		0.959
	总磷/%		0.867
	硝氮/%		0.608
	铵氮/%		0.025
	可溶性总磷/%		0.626
总施氮量(N)：21.01(kg/亩)(含有机肥氮和化肥氮)			
总施磷量(P₂O₅)：6.99(kg/亩)(含有机肥磷和化肥磷)			

表 3-12　地表径流-南方湿润平原区-平地-旱地-大田两熟及以上

流失量/(kg/亩)	总氮(TN)	常规施肥区	0.668
		不施肥区	0.477
	硝态氮(NO$_3^-$-N)	常规施肥区	0.384
		不施肥区	0.251
	铵态氮(NH$_4^+$-N)	常规施肥区	0.068
		不施肥区	0.052
	总磷(TP)	常规施肥区	0.037
		不施肥区	0.027
	可溶性总磷(DTP)	常规施肥区	0.019
		不施肥区	0.014

续表

肥料流失系数	总氮/%	1.052
	总磷/%	0.410
	硝氮/%	0.655
	铵氮/%	0.112
	可溶性总磷/%	0.118
总施氮量(N)：22.22(kg/亩)(含有机肥氮和化肥氮)		
总施磷量(P₂O₅)：7.91(kg/亩)(含有机肥磷和化肥磷)		

表 3-13　地表径流-南方湿润平原区-平地-旱地-园地

	总氮(TN)	常规施肥区	1.331
		不施肥区	1.147
流失量/(kg/亩)	硝态氮(NO_3^--N)	常规施肥区	0.942
		不施肥区	0.679
	铵态氮(NH_4^+-N)	常规施肥区	0.079
		不施肥区	0.093
	总磷(TP)	常规施肥区	0.107
		不施肥区	0.081
	可溶性总磷(DTP)	常规施肥区	0.006
		不施肥区	0.005
肥料流失系数	总氮/%		0.855
	总磷/%		0.514
	硝氮/%		0.548
	铵氮/%		0.041
	可溶性总磷/%		0.008
总施氮量(N)：27.89(kg/亩)(含有机肥氮和化肥氮)			
总施磷量(P₂O₅)：12.89(kg/亩)(含有机肥磷和化肥磷)			

3.3.3.6　PNPS 模型参数

采用稻田试验小区原位观测方法，获取不同施肥水平下的稻田氨挥发通量。同时收集上海市及周边其他相关稻田营养盐流失试验研究成果和资料，对稻田产污模型参数进行估值。

稻田氨挥发观测试验于 2017 年在中国科学院常熟生态农业试验站进行。该实验站始建于 1987 年 6 月，隶属于中国科学院南京土壤研究所。实验站位于长江三角的洲腹地江苏省常熟市辛庄镇(E 120°41′88″, N 31°32′93″)，是中国生态系统研究网络的基本台站。

在水稻生长的不同时期分施基肥、分蘖肥、穗肥三种肥料，且肥料按含氮量分为不施氮肥(CK)、含氮量 210kg/hm² 的普通尿素(N210)、含氮量 240kg/hm² 的普通尿素(N240)、含氮量 270kg/hm² 的普通尿素(N270)、含氮量 300kg/hm² 的普通尿素(N300)、含氮量 270kg/hm^2 的硫包尿素 (SCU270),六种肥料处理情况下的稻田氨挥发通量结果如表 3-14。

表 3-14 不同肥料水平稻田氨挥发通量表(按 N 计)

处理	基肥期氨挥发			分蘖肥期氨挥发			穗肥期氨挥发			累计氨挥发 /(kg/hm^2)
	范围 /[kg/(hm^2·d)]	均值 /[kg/(hm^2·d)]	累计值 /(kg/hm^2)	范围 /[kg/(hm^2·d)]	均值 /[kg/(hm^2·d)]	累计值 /(kg/hm^2)	范围 /[kg/(hm^2·d)]	均值 /[kg/(hm^2·d)]	累计值 /(kg/hm^2)	
CK	0.21~0.60	0.33	2.67	0.24~0.52	0.62	4.35	0.39~0.68	0.53	3.73	8.95
N210	0.56~4.86	2.09	16.68	0.65~4.9	2.23	15.64	0.31~4.29	2.09	14.61	46.93
N240	0.68~7.98	2.91	23.27	0.31~6.63	2.29	16.03	0.31~6.35	2.24	15.67	54.97
N270	0.45~9.93	3.50	28	0.54~8.35	3.46	24.19	0.39~7.63	2.52	17.65	69.84
N300	0.87~12.36	4.41	35.3	0.72~10.56	4.52	31.63	0.56~11.81	3.92	27.46	94.39
SCU270	0.86~6.21	2.51	20.1	0.89~6.68	3.02	21.14	0.48~1.56	1.10	7.73	48.97

田间试验结果表明,施肥是引起稻田氨挥发最为主要的原因,氨挥发量随施肥量快速增加,两者呈指数函数关系。这表明,过量的氮素无法被植物所吸收利用,导致挥发量大幅增加。对不同处理水平氨挥发进行统计,结果表明,在基肥期、分蘖肥期和穗肥期时 N300 处理的氨挥发通量均值最大,CK 情况下,氨挥发通量均值最小。从氨挥发范围看,基肥期和分蘖肥期出现最小氨挥发通量值为 CK 情况下,穗肥期最小氨挥发通量值出现在 N210 和 N210 情况下,基肥期、分蘖肥和穗肥期出现最大氨挥发通量值均为 N300 情况下。

数据分析结果表明,不同施肥水平条件下由氨挥发引起的田面水污染物浓度下降速率常数为 0.064~0.326d^{-1},随着施肥量的增加,氨挥发引起的田面水污染物浓度降解速率显著增加。经调查,太湖地区氮肥施用量普遍在 240~280kg/hm^2,270kg/hm^2 为典型高产施肥量,对应的速率常数为 0.192~0.286。

3.3.4 非点源污染负荷计算成果

将上海市各分区社会经济数据、各类污染源产排污系数、污染负荷路径比例系数及其他相关参数输入污染负荷模型,计算得到 2016 年上海市各四级区套地级行政区各类非点源污染的产生量和入河量。

3.3.4.1 非点源污染空间分布特征

按行政区分区统计 COD、氨氮、总氮、总磷等 4 种污染物的入河量,结果如图 3-11~图 3-14。

由图可见,浦东新区、金山区、奉贤区是上海市非点源污染 COD、氨氮、总氮、总磷的主要来源,此外,松江区、青浦区、崇明区各类污染物的产生量也较大,而上海市中心区非点源污染产生量相对较小。

将上海市各分区各种污染物的入河量按水利区分区统计,得到各水利分区 COD、氨氮、总氮、总磷等 4 种污染物的入河量,如图 3-15~图 3-18。

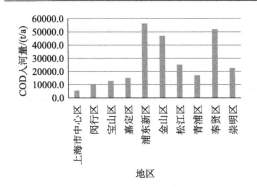

图 3-11　各行政分区 COD 的污染入河量

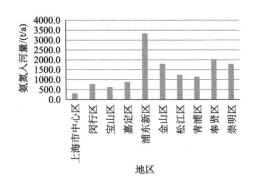

图 3-12　各行政分区氨氮的污染入河量

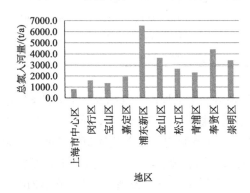

图 3-13　各行政分区总氮的污染入河量

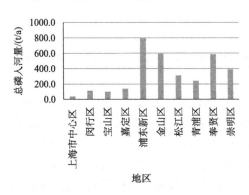

图 3-14　各行政分区总磷的污染入河量

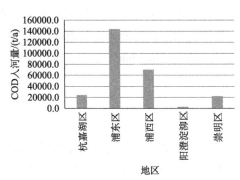

图 3-15　各水利分区 COD 的污染入河量

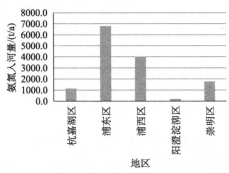

图 3-16　各水利分区氨氮的污染入河量

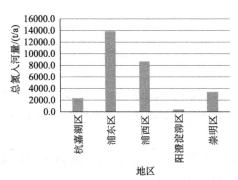

图 3-17　各水利分区总氮的污染入河量

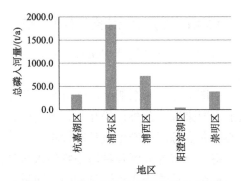

图 3-18　各水利分区总磷的污染入河量

由图可见,浦东区、浦西区是上海市非点源污染中 COD、氨氮、总氮、总磷的主要来源,而崇明区各类污染物的产生量也较大,阳澄淀泖区的污染产生量最小。

3.3.4.2　非点源污染构成解析

将上海市各分区非点源污染物按污染源类型进行汇总,统计得到 COD、氨氮、总氮、总磷等 4 种污染物的污染来源构成比例,如图 3-19 所示。

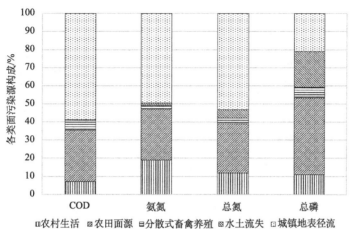

图 3-19　上海市各分区非点源污染物构成

由图 3-19 可见,城镇地表径流和农田面源是上海市非点源污染中 COD、氨氮和总氮的主要来源,分别占相应污染负荷的 87%、78% 和 80%。农田面源、水土流失和城镇地表径流是总磷的主要来源,占总磷负荷总量的 83%。上海市非点源污染负荷构成与该地区的土地利用方式密切相关。根据 2015 年开展的太湖流域下垫面解译成果及统计年鉴数据,该地区城镇面积约 2832km^2,农田面积约 2983km^2,城镇和农田降雨径流污染已成为该地区主要的非点源污染形式。随着上海市对养殖规模控制和非点源污染整治力度的加大,畜禽养殖废弃物资源化利用率和农村生活污水处理率不断提高,使得畜禽养殖和农村生活污染在非点源污染负荷中的比重不断下降。

3.3.4.3　非点源污染入河系数

入河系数代表污染物入河量与污染物产生量之比,可以反映不同污染源的入河路径及其比例系数与处理单元去除率对污染物迁移过程的综合影响。为了分析不同非点源污染入河系数的差异性,按非点源污染类型对入河系数进行统计,计算得到不同污染源 COD、氨氮、总氮、总磷等 4 种污染物的入河系数,如图 3-20~图 3-23。

由图可见,城镇地表径流各类污染物的入河系数最大,其次是农田面源、水土流失污染和农村生活污染,畜禽养殖污染的入河系数最小。这与各种非点源污染的入河途径及各类污染治理措施的污染物去除率密切相关,城镇地表径流主要通过雨水管网汇入各类水体,从源头、迁移和末端采取污染管控、实施治理措施的难度相对较大,造成污染产生量与入河量之间的差距较小，入河系数较高。而近年来，上海市对畜禽养殖污染的整治力度逐步加大，出台了调整优化畜禽养殖布局的相关规划，畜禽养殖废弃物的资源化利用率大幅提高，导致畜禽养殖污染的入河量显著降低，入河系数明显下降。

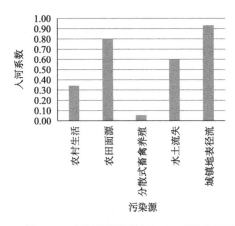

图 3-20　上海市各污染源 COD 的入河系数

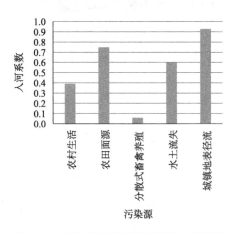

图 3-21　上海市各污染源氨氮的入河系数

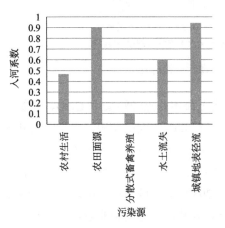

图 3-22　上海市各污染源总氮的入河系数

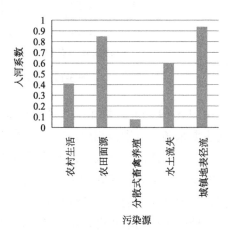

图 3-23　上海市各污染源总磷的入河系数

第4章　河网一维水环境数学模型

自然水体中的中小型河流，其宽度与水深通常远小于其长度，污染物很容易在横向与垂向达到均匀混合状态，即污染物在河流横断面上的浓度近似相等。因此，水量水质模型仅需模拟沿河流纵向的断面平均水动力及水质特征(水位、流量、浓度)即可，采用圣维南方程组描述河流一维水动力特征，用一维物质输运扩散方程描述污染物随时间沿河流纵向的变化状况。

同时，在天然状态下，流域水系一般都呈网状，故将这种网状水系结构称作河网。根据河网的形态特征，可分为树状河网和环状河网，如图 4-1 所示。在地形高程变化较大的山地和丘陵地区，流域上游水系通常有干流和支流之分，支流如树枝，干流如树干，故整个流域水系结构如树枝到树干的结构，这种河系称之为树状河网；在平原地区，河道水系纵横交错，水流没有固定流向，水系呈环形结构，这种水系称之为环状河网，流域下游的平原地区水系通常呈现环状河网。

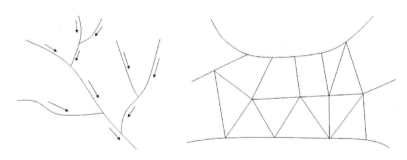

图 4-1　树状河网及环状河网结构示意图

对于一维稳态水流问题，可以采用水力学方法计算河流沿程水位及断面平均流速，采用环境水力学方法得到污染物浓度沿程变化的解析解。但是，对于大多数非稳态水流或污染物源强的非恒定问题，通常需要采用数值解法计算河流水量及水质要素的时空变化特征。对于单一河流或由众多河流构成的河网，描述其水流运动及污染物迁移转化特征的基本方程是相同的，但是其求解方法有所差异。

4.1　河网一维水量模型

4.1.1　基本方程

为求解水流在河网中的运移过程，需要借助一维水动力学模型。根据质量守恒定律与动量守恒定律，推导得到描述河道一维水流运动的连续方程和动量方程，称为圣维南方程组：

$$\begin{cases} B\dfrac{\partial Z}{\partial t} + \dfrac{\partial Q}{\partial x} = q \\[3mm] \dfrac{\partial Q}{\partial t} + \dfrac{\partial}{\partial t}\left(\dfrac{\alpha Q^2}{A}\right) + gA\dfrac{\partial Z}{\partial x} + gA\dfrac{|Q|Q}{K^2} = qV_x \end{cases} \tag{4-1}$$

式中，q 为旁侧入流；Q、A、B、Z 分别为河道断面流量、过水面积、河宽和水位；V_x 为旁侧入流流速在水流方向上的分量，一般可以近似为零；K 为流量模数，反映河道的实际过水能力；α 为动量校正系数，是反映河道断面流速分布均匀性的系数。

　　圣维南方程组是双曲线型偏微分方程组，有两类基本求解方法。一是基于该方程的特征线形式的特征线法，二是基于最初导出的偏微分方程的有限差分法。特征线法出现于 20 世纪初，由马索(Massau Jumus)对浅水方程式进行图解积分时提出。该方法通过在 $x\text{-}t$ 平面上绘制特征线，并在交点上确定因变量来依次求解。特征线法将时间离散和空间离散一起处理，优点是能反映问题中信息沿特征传播，算法符合水流运动的物理机理，稳定性好，计算精度高，较适合双曲型和抛物型问题，对于求解周期短、变化急剧的问题效果较好。但是，由于特征性往往不在所需位置上相交，通常需要在特定的位置上采用差值技术，给数值计算带来不少困难。特征线法求解格式复杂，尤其对高维问题更为烦琐，目前很少用于数值计算，多作为其他数值求解方法的基础。

　　有限差分法可分为显式差分法和隐式差分法，显式方法由于计算稳定性要求而存在时间步长限制，而隐式差分格式的数值稳定性和精度较高，被广泛应用于非恒定流计算问题。适用于一维河道水流计算的有限差分法包括蛙跳格式、Lax-Wendroff 格式、Abbott 隐式格式、Preissman 隐式格式。本书重点对 Preissmann 隐式差分格式进行介绍。

4.1.2　单一河道水流计算

4.1.2.1　Preissmann 离散格式

Preissmann 隐式差分格式的离散方式见式(4-2)和图 4-2，属于四点隐格式：

$$\begin{cases} f\big|_M = \dfrac{\theta}{2}(f_{j+1}^{n+1} + f_j^{n+1}) + \dfrac{(1-\theta)}{2}(f_{j+1}^n + f_j^n) \\[3mm] \dfrac{\partial f}{\partial x}\bigg|_M = \theta\left(\dfrac{f_{j+1}^{n+1} - f_j^{n+1}}{\Delta x}\right) + (1-\theta)\left(\dfrac{f_{j+1}^n - f_j^n}{\Delta x}\right) \\[3mm] \dfrac{\partial f}{\partial t}\bigg|_M = \dfrac{f_{j+1}^{n+1} + f_j^{n+1} - f_{j+1}^n - f_j^n}{2\Delta t} \end{cases} \tag{4-2}$$

式中，θ 为加权系数，$0 \leqslant \theta \leqslant 1.0$。通过对圣维南方程进行离散，得到以增量表达的非线性方程组，忽略二阶微量简化成为线性代数方程组，即可直接求解。式(4-2)是 Preissmann 原始离散格式，通常采用以下简化格式对圣维南方程进行离散：

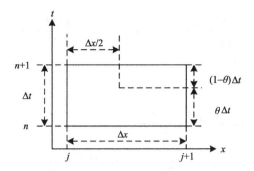

图 4-2　Preissmann 四点隐式格式离散示意图

$$\begin{cases} f\big|_M = \dfrac{(f_{j+1}^n + f_j^n)}{2} \\[2mm] \dfrac{\partial f}{\partial x}\bigg|_M = \theta\left(\dfrac{f_{j+1}^{n+1} - f_j^{n+1}}{\Delta x}\right) + (1-\theta)\left(\dfrac{f_{j+1}^n - f_j^n}{\Delta x}\right) \\[2mm] \dfrac{\partial f}{\partial t}\bigg|_M = \dfrac{f_{j+1}^{n+1} + f_j^{n+1} - f_{j+1}^n - f_j^n}{2\Delta t} \end{cases} \tag{4-3}$$

按上述离散格式对连续方程进行离散：

$$\begin{cases} B\dfrac{\partial Z}{\partial t} + \dfrac{\partial Q}{\partial x} = q \\[2mm] \dfrac{\partial Z}{\partial t} = \dfrac{Z_{j+1}^{n+1} - Z_{j+1}^n + Z_j^{n+1} - Z_j^n}{2\Delta t} \\[2mm] \dfrac{\partial Q}{\partial x} = \theta\left(\dfrac{Q_{j+1}^{n+1} - Q_j^{n+1}}{\Delta x_j}\right) + (1-\theta)\left(\dfrac{Q_{j+1}^n - Q_j^n}{\Delta x_j}\right) \end{cases} \tag{4-4}$$

将以上关系式代入连续方程得

$$\frac{B_{j+\frac{1}{2}}^n}{2\Delta t}(Z_{j+1}^{n+1} - Z_{j+1}^n + Z_j^{n+1} - Z_j^n) + \theta\left(\frac{Q_{j+1}^{n+1} - Q_j^{n+1}}{\Delta x_j}\right) + (1-\theta)\left(\frac{Q_{j+1}^n - Q_j^n}{\Delta x_j}\right) = q_{j+\frac{1}{2}} \tag{4-5}$$

上式可改写为

$$Q_{j+1}^{n+1} - Q_j^{n+1} + C_j Z_{j+1}^{n+1} + C_j Z_j^{n+1} = D_j \tag{4-6}$$

其中，

$$\begin{cases} C_j = \dfrac{B_{j+\frac{1}{2}}^n \Delta x_j}{2\Delta t\theta} \\[3mm] D_j = \dfrac{q_{j-\frac{1}{2}}\Delta x_j}{\theta} - \dfrac{1-\theta}{\theta}(Q_{j+1}^n - Q_j^n) + C_j(Z_{j+1}^n + Z_j^n) \end{cases} \tag{4-7}$$

对动量方程进行离散有

$$\frac{\partial Q}{\partial t} + \frac{\partial}{\partial x}\left(\frac{\alpha Q^2}{A}\right) + gA\frac{\partial Z}{\partial x} + g\frac{|Q|Q}{c^2 AR} = 0 \tag{4-8}$$

$$\begin{cases} \dfrac{\partial Q}{\partial t} = \dfrac{Q_{j+1}^{n+1} - Q_{j+1}^{n} + Q_{j}^{n-1} - Q_{j}^{n}}{2\Delta t} \\[3mm] \dfrac{\partial Z}{\partial x} = \theta\left(\dfrac{Z_{j+1}^{n+1} - Z_{j}^{n-1}}{\Delta x_j}\right) + (1-\theta)\left(\dfrac{Z_{j+1}^{n} - Z_{j}^{n}}{\Delta x_j}\right) \\[3mm] \dfrac{\partial}{\partial x}\left(\dfrac{\alpha Q^2}{A}\right) = \dfrac{\partial}{\partial x}(\alpha u Q) = \dfrac{\theta\left[(\alpha u)_{j+1}^{n} Q_{j+1}^{n+1} - (\alpha u)_{j}^{n} Q_{j}^{n+1}\right]}{\Delta x_j} + \dfrac{(1-\theta)\left[(\alpha u)_{j+1}^{n} Q_{j+1}^{n} - (\alpha u)_{j}^{n} Q_{j}^{n}\right]}{\Delta x_j} \\[3mm] g\dfrac{|Q|Q}{c^2 AR} = \left(\dfrac{g|u|}{2c^2 R}\right)_{j}^{n} Q_{j}^{n+1} + \left(\dfrac{g|u|}{2c^2 R}\right)_{j+1}^{n} Q_{j+1}^{n+1} \end{cases} \tag{4-9}$$

将以上关系式代入动量方程得

$$E_j Q_j^{n+1} + G_j Q_{j+1}^{n+1} + F_j Z_{j+1}^{n+1} - F_j Z_j^{n+1} = \Phi_j \tag{4-10}$$

其中,

$$\begin{cases} E_j = \dfrac{\Delta x_j}{2\theta\Delta t} - (\alpha u)_j^n + \left(\dfrac{g|u|}{2\theta c^2 R}\right)_j^n \Delta x_j \\[3mm] G_j = \dfrac{\Delta x_j}{2\theta\Delta t} + (\alpha u)_{j+1}^n + \left(\dfrac{g|u|}{2\theta c^2 R}\right)_j^n \Delta x_{j+1} \\[3mm] F_j = (gA)_{j+\frac{1}{2}}^n \\[3mm] \Phi_j = \dfrac{\Delta x_j}{2\theta\Delta t}(Q_{j+1}^n + Q_j^n) - \dfrac{1-\theta}{\theta}\left[(\alpha u Q)_{j+1}^n - (\alpha u Q)_j^n\right] - \dfrac{1-\theta}{\theta}(gA)_{j+\frac{1}{2}}^n (Z_{j+1}^n - Z_j^n) \end{cases} \tag{4-11}$$

为书写方便, 忽略上标 $n+1$, 可把式(4-6)、式(4-10)的任一河段差分方程写成

$$\begin{cases} Q_{j+1} - Q_j + C_j Z_{j+1} + C_j Z_j = D_j \\ E_j Q_j + G_j Q_{j+1} + F_j Z_{j+1} - F_j Z_j = \Phi_j \end{cases} \tag{4-12}$$

其中, $C_j, D_j, E_j, F_j, G_j, \Phi_j$ 均由初值计算, 所以方程组为常系数线性方程组。对一条具有 $L_2 - L_1$ 个河段的河道(图4-3), 有 $2\times(L_2 - L_1 + 1)$ 个未知变量, 可以列出 $2\times(L_2 - L_1)$ 个方程, 加上河道两个端点处的边界条件, 形成封闭的代数方程组。

L_1 L_1+1 $\cdots$ L_2

图 4-3 计算河段示意图

假设上边界条件为

$$Q_{L_1} = f_1(Z_{L_1}) \tag{4-13}$$

$$\begin{cases}
-Q_{L_1} + Q_{L_1+1} + C_{L_1}Z_{L_1} + C_{L_1}Z_{L_1+1} = D_{L_1} \\
E_{L_1}Q_{L_1} + G_{L_1}Q_{L_1+1} - F_{L_1}Z_{L_1} + F_{L_1}Z_{L_1+1} = \Phi_{L_1} \\
-Q_{L_1+1} + Q_{L_1+2} + C_{L_1+1}Z_{L_1+1} + C_{L_1+1}Z_{L_1+2} = D_{L_1+1} \\
E_{L_1+1}Q_{L_1+1} + G_{L_1+1}Q_{L_1+2} - F_{L_1+1}Z_{L_1+1} + F_{L_1+1}Z_{L_1+2} = \Phi_{L_1} \\
\qquad\qquad\qquad\qquad\vdots \\
-Q_{L_2-1} + Q_{L_2} + C_{L_2-1}Z_{L_2-1} + C_{L_2-1}Z_{L_2} = D_{L_2-1} \\
E_{L_2-1}Q_{L_2-1} + G_{L_2-1}Q_{L_2} - F_{L_2-1}Z_{L_2-1} + F_{L_2-1}Z_{L_2} = \Phi_{L_2-1}
\end{cases} \tag{4-14}$$

假设下边界条件为

$$Q_{L_2} = f_2(Z_{L_2}) \tag{4-15}$$

由此可唯一求解未知量 $Q_j, Z_j (j = L_1, L_1+1, \cdots, L_2)$。

Preissmann 格式的稳定条件和精度如下：

(1) $0.5 \leqslant \theta \leqslant 1.0$ 格式无条件稳定；$\theta \leqslant 0.5$ 格式有条件稳定。

(2) 对于任意的 θ 值，精度是一阶的 $O(\Delta x, \Delta t)$；对于 $\theta = 0.5$，精度是 $O(\Delta x^2, \Delta t^2)$。

(3) 由于数值弥散，当 $\sqrt{\dfrac{gA}{B}}\dfrac{\Delta t}{\Delta x} \leqslant 1$ 或 $\sqrt{\dfrac{gA}{B}}\dfrac{\Delta t}{\Delta x} \gg 1$ 时，相位误差较大。从实用的观点，θ 宜选大于 0.5 的值。

根据不同的边界条件，可设置不同的递推关系，用追赶法直接求解方程组。对于河道边界条件类型，一般有如下三种情况。

水位边界条件：

$$Z_{L_1} = Z_{L_1}(t) \tag{4-16}$$

流量边界条件：

$$Q_{L_1} = Q_{L_1}(t) \tag{4-17}$$

水位流量关系边界条件：

$$Q_{L_1} = f(Z_{L_1}) \tag{4-18}$$

4.1.2.2　水位边界条件

对于水位已知的边界条件，可假设如下的追赶方程：

$$\begin{cases}
Q_j = S_{j+1} - T_{j+1}Q_{j+1} \\
Z_{j+1} = P_{j+1} - V_{j+1}Q_{j+1}
\end{cases} \quad (j = L_1, L_1+1, \cdots, L_2-1) \tag{4-19}$$

因为 $Z_{L_1}(t) = Z_{L_1}(t) = P_{L_1} - V_{L_1}Q_{L_1}$，所以 $P_{L_1} = Z_{L_1}(t)$，$V_{L_1} = 0$。

把式 (4-19) 的 Z_j 表达式代入式 (4-12) 得

$$\begin{cases} -Q_j + C_j(P_j - V_jQ_j) + Q_{j+1} + C_jZ_{j+1} = D_j \\ E_jQ_j - F_j(P_j - V_jQ_j) + G_jQ_{j+1} + F_jZ_{j+1} = \Phi_j \end{cases} \quad (4\text{-}20)$$

以 Q_{j+1} 为自由变量可解得

$$\begin{cases} Q_j = S_{j+1} - T_{j+1}Q_{j+1} \\ Z_{j+1} = P_{j+1} - V_{j+1}Q_{j+1} \end{cases} \quad (4\text{-}21)$$

式中，

$$\begin{cases} S_{j+1} = \dfrac{C_jY_2 - F_jY_1}{F_jY_3 + G_jY_4} \\[2mm] T_{j+1} = \dfrac{C_jG_j - F_j}{F_jY_3 + C_jY_4} \\[2mm] P_{j+1} = \dfrac{Y_1 + Y_3S_{j+1}}{C_j} \\[2mm] V_{j+1} = \dfrac{Y_3T_{j+1} + 1}{C_j} \end{cases} \quad (4\text{-}22)$$

$$\begin{cases} Y_1 = D_j - C_jP_j \\ Y_2 = \Phi_j + F_jP_j \\ Y_3 = 1 + C_jV_j \\ Y_4 = E_j + F_jV_j \end{cases} \quad (4\text{-}23)$$

由此递推关系可得 $Z_{L_2} = P_{L_2} - V_{L_2}Q_{L_2}$，与下边界 $Q_{L_2} = f(Z_{L_2})$ 联立的求得 Q_{L_2}，回代可求出 $Q_j, Z_j(j = L_2, L_2 - 1, \cdots, L_1)$。

4.1.2.3 流量边界条件

对于流量已知的边界条件，可假设如下追赶关系：

$$\begin{cases} Z_j = S_{j+1} - T_{j+1}Z_{j+1} \\ Q_{j+1} = P_{j+1} - V_{j+1}Z_{j+1} \end{cases} \quad (j = L_1, L_1 + 1, \cdots, L_2 - 1) \quad (4\text{-}24)$$

因为

$$Q_{L_1} = Q_{L_1}(t) \quad (4\text{-}25)$$

所以

$$P_{L_1} = Q_{L_1}(t), \quad V_{L_1} = 0 \quad (4\text{-}26)$$

将式 (4-24) 的 Q_j 表达式代入式 (4-12) 得

$$\begin{cases} -(P_j - V_jZ_j) + C_jZ_j + Q_{j+1} + C_jZ_{j+1} = D_j \\ E_j(P_j - V_jZ_j) - F_jZ_j + G_jQ_{j+1} + F_jZ_{j+1} = \Phi_j \end{cases} \quad (4\text{-}27)$$

解得式(4-24)中的追赶系数表达式为

$$
\begin{cases}
S_{j+1} = \dfrac{G_j Y_3 - Y_4}{Y_1 G_j + Y_2} \\[2mm]
T_{j+1} = \dfrac{G_j C_j - F_j}{Y_1 G_j + Y_2} \\[2mm]
P_{j+1} = Y_3 - Y_1 S_{j+1} \\[1mm]
V_{j+1} = C_j - Y_1 T_{j+1}
\end{cases}
\tag{4-28}
$$

$$
\begin{cases}
Y_1 = V_j + C_j \\
Y_2 = F_j + E_j V_j \\
Y_3 = D_j + P_j \\
Y_4 = \varPhi_j - E_j P_j
\end{cases}
\tag{4-29}
$$

可见，由上述递推关系，可依次求得 $S_{j+1}, T_{j+1}, P_{j+1}, V_{j+1}$，最后得到

$$
Q_{L_2} = P_{L_2} - V_{L_2} Z_{L_2}
\tag{4-30}
$$

与下边界条件 $Q_{L_2} = f(Z_{L_2})$ 联立可得 Z_{L_2}，依次回代可求得 $Z_j, Q_j (j = L_2, L_2 - 1, \cdots, L_1)$。

4.1.2.4　水位-流量关系边界

对于水位-流量关系 $Q_{L_1} = f(Z_{L_1})$，可线性化处理成 $Q_{L_1} = P_{L_1} - V_{L_1} Z_{L_1}$，即可同流量边界条件一样处理。

$$
\begin{cases}
\mathrm{d}Q_{L_1} = f'(Z_{L_1})\mathrm{d}Z_{L_1} \\
Q_{L_1} - f(Z_{L_1}^0) = f'(Z_{L_1}^0)(Z_{L_1} - Z_{L_1}^0) \\
Q_{L_1} = f(Z_{L_1}^0) + f'(Z_{L_1}^0)(Z_{L_1} - Z_{L_1}^0) = f(Z_{L_1}^0) - f'(Z_{L_1}^0)(Z_{L_1} - Z_{L_1}^0) \\
P_{L_1} = f(Z_{L_1}^0) - f'(Z_{L_1}^0)Z_{L_1}^0 \\
V_{L_1} = -f'(Z_{L_1}^0)
\end{cases}
\tag{4-31}
$$

4.1.3　河网水流计算

4.1.2 节重点介绍了单一河道水流的模拟计算问题。在实际的工程问题中，单一河道的情况相对比较少见，流域或区域通常是由众多支流自上而下汇合形成的河流及湖泊水系，流域或区域水系的水流运动形成河网水流问题。尤其对于平原地区的环状河网水系结构，由于河道比降小，无严格区分的上下游关系，流动方向往复不定，且河网水流通常受水利工程调度及潮汐涨落的影响，水动力过程更为复杂。本节按照河网水系结构特征，分别介绍树状河网和环状河网的水流计算方法。

4.1.3.1　河网基本概念

在开展河网水流计算之前，需要对河网结构的相关基本概念进行定义。如图 4-1 所示，河道的两端点称之为河网节点。

对于河网节点，按节点处的蓄水面积大小可分为两类：一类是节点处有较大的蓄水面积，节点水位变化产生的蓄水量变化不可忽略，这一类节点称之为有调蓄节点；另一类是节点处的蓄水面积较小，水位变化产生的节点蓄水量变化可以忽略不计，这一类节点称之为无调蓄节点。

按节点处是否有边界条件也可将其分为两类：一类是节点处具有边界条件，称为外节点；另一类是节点处的水力要素全部未知，即没有边界条件，称为内节点。在环状河网计算中将内节点简称为节点，这时的节点是任意两条河道的交汇点。

根据河道节点特征，可把河道分为外河道和内河道两类。外河道是一端具有已知边界条件的河道，即一端为外节点的河道；内河道是两端均为内节点的河道。在树状河网水流计算中，这两类河道的水流计算方法没有区别。而对于环状河网，这两类河道的水流计算方法有很大区别。

此外，在河网水流计算中，还需要定义河道流向。在河道比降较大的流域，水流从上游流向下游，河道流向明确。而在平原地区河网，由于河道比降较小，河道流向还取决于水流条件，实际流向会随水流条件的变化而改变，因此，需要对计算流向进行定义。通常假定河道流向为水流从编号较小的断面流向编号较大的断面流动，实际流向由流量计算结果确定。如果流量计算结果为正，表示实际流向与假定流向一致；如果流量计算结果为负，表示实际流向与假定流向相反。

4.1.3.2　树状河网水流计算

根据树状河网结构的定义，其基本特征是任意河道都不会组成环形回路。根据这种结构特征，只要按照一定的计算顺序，即可把河网水流计算分解为一系列的单一河道水流求解问题，用上节的追赶法求解。

树状河网计算的关键是确定计算顺序。计算顺序应遵循从支流到干流，从上游到下游的原则。把河网依次分解为一系列的单一河道，用单一河道水流计算方法求解。以三条河道组成的 Y 形河网为例加以说明，如图 4-4 所示。该河网共有 4 个节点，其中①、

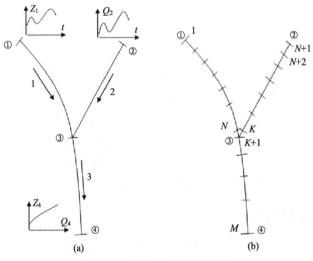

图 4-4　树状河网求解示意图

②、④节点处有边界条件，称为外节点；③为内节点。外节点①处给出的边界条件为水位过程；外节点②处给出的边界条件是流量过程；外节点④处给出的是水位流量关系。

根据河道断面变化情况和计算精度要求，在每条河道上划分若干个计算断面，如图 4-4(b) 所示。为清楚起见，下面统一用上标 1、2、3、…表示河道编码；下标 1、2、3、…表示计算断面编码；①、②、③、④、…表示节点编码。就河道 1 来说，因为已知边界条件是水位，故可利用 4.1.2 节所述的方法写出河道 1 各计算断面水位和流量的追赶方程式。

$$Z_1^1 = P_1^1 - V_1^1 Q_1^1 \quad (P_1^1 = Z_1(t); V_1^1 \equiv 0 边界条件) \tag{4-32}$$

$$\begin{cases} Q_1^1 = S_2^1 - T_2^1 Q_2^1 \\ Z_2^1 = P_2^1 - V_2^1 Q_2^1 \\ Q_2^1 = S_3^1 - T_3^1 Q_3^1 \\ Z_3^1 = P_3^1 - V_3^1 Q_3^1 \\ \quad\quad \vdots \\ Q_{N-1}^1 = S_N^1 - T_N^1 Q_N^1 \\ Z_N^1 = P_N^1 - V_N^1 Q_N^1 \end{cases} \tag{4-33}$$

式中，追赶系数及水力要素值下标数字代表断面序号，上标表示河道号。由 4.1.2 节的讨论可知，只要求得起始断面上的追赶系数（P_1^1 及 V_1^1），就可利用递推公式计算整条河道各断面的追赶系数。而起始断面上的追赶系数可由已知的边界条件确定。

同理，对于河道 2 也可以利用节点②给出的边界条件计算该河道各断面的追赶系数：

$$Q_{N+1}^2 = P_{N+1}^2 - V_{N+1}^2 Z_{N+1}^2 \quad (P_{N+1}^2 \equiv Q_2(t); V_{N+1}^2 \equiv 0 边界条件) \tag{4-34}$$

$$\begin{cases} Z_{N+1}^2 = S_{N+2}^2 - T_{N+2}^2 Z_{N+2}^2 \\ Q_{N+2}^2 = P_{N+2}^2 - V_{N+2}^2 Z_{N+2}^2 \\ Z_{N+2}^2 = S_{N+3}^2 - T_{N+3}^2 Z_{N+3}^2 \\ Q_{N+3}^2 = P_{N+3}^2 - V_{N+3}^2 Z_{N+3}^2 \\ \quad\quad \vdots \\ Z_{K-1}^2 = S_K^2 - T_K^2 Z_K^2 \\ Q_K^2 = P_K^2 - V_K^2 Z_K^2 \end{cases} \tag{4-35}$$

河道 1、2 各断面的追赶系数是分别独立计算的，直到各自的末断面为止。

对于无调蓄节点，节点③的相容方程为

$$Z_N^1 = Z_K^2 = Z_{K+1}^3 \tag{4-36}$$

$$Q_N^1 + Q_K^2 = Q_{K+1}^3 \tag{4-37}$$

将上面已求得的河道 1、2 末断面的追赶方程

$$\begin{cases} Z_N^1 = P_N^1 - V_N^1 Q_N^1 \\ Q_K^2 = P_K^2 - V_K^2 Z_K^2 \end{cases} \tag{4-38}$$

代入(4-37)式消去 Q_N^1 和 Q_K^2。再利用式(4-36)消去 Z_N^1 和 Z_K^2，经整理后得

$$Q_{K+1}^3 = P_{K+1}^3 - V_{K+1}^3 Z_{K+1}^3 Q_{K+1}^3 = P_{K+1}^3 - V_{K+1}^3 Z_{K+1}^3 \tag{4-39}$$

$$\begin{cases} P_{K+1}^3 = P_K^2 + \dfrac{P_N^1}{V_N^1} \\ V_{K+1}^3 = V_K^2 + \dfrac{1}{V_N^1} \end{cases} \tag{4-40}$$

式(4-39)即为河道 3 首断面的追赶方程式，其追赶系数可由式(4-40)计算。因此利用递推公式可以计算河道 3 各断面的追赶系数。

$$\begin{cases} Z_{K+1}^3 = S_{K+2}^3 - T_{K+2}^3 Z_{K+2}^3 \\ Q_{K+2}^3 = P_{K+2}^3 - V_{K+2}^3 Z_{K+2}^3 \\ Z_{K+2}^3 = S_{K+2}^3 - T_{K+2}^3 Z_{K+2}^3 \\ Q_{K+3}^3 = P_{K+3}^3 - V_{K+3}^3 Z_{K+3}^3 \\ \qquad\qquad \vdots \\ Z_{M-1}^3 = S_M^3 - T_M^3 Z_M^3 \\ Q_M^3 = P_M^3 - V_M^3 Z_M^3 \end{cases} \tag{4-41}$$

由式(4-41)后一个方程式与节点④处的边界条件联立：

$$\begin{cases} Q_M^3 = P_M^3 - V_M^3 Z_M^3 \\ Q_M^3 = f(Z_M^3) \end{cases} \tag{4-42}$$

求解 Q_M^3 和 Z_M^3 后，再逐步回代到式(4-41)计算出河道 3 各断面的水位和流量。并回代计算得到河道 3 的首断面的水位 Z_{K+1}^3，由式(4-36)求得 Z_N^1 和 Z_K^2，回代到式(4-33)和式(4-35)，得到河道 1、2 各断面的水位和流量。

若内节点③是一个有调蓄节点，则有

$$Z_N^1 = Z_K^2 = Z_{K+1}^3 \tag{4-43}$$

$$Q_N^1 + Q_K^2 - Q_{K+1}^3 = A\frac{Z_{K+1}^3 - Z_{K+1}^{3(0)}}{\Delta t} \tag{4-44}$$

式中，$Z_{K+1}^{3(0)}$ 表示计算时段初的已知水位。经整理得

$$Q_N^1 + Q_K^2 - \alpha Z_{K+1}^3 + \beta = Q_{K+1}^3 \tag{4-45}$$

$$\begin{cases} \alpha = \dfrac{A}{\Delta t} \\ \beta = \dfrac{A}{\Delta t} Z_{K+1}^{3(0)} \end{cases} \tag{4-46}$$

将式(4-38)代入式(4-45)消去 Q_N^1 和 Q_K^2，再利用式(4-43)消去 Z_N^1 和 Z_K^2，得

$$Q_{K+1}^3 = P_{K+1}^3 - V_{K+1}^3 Z_{K+1}^3 \tag{4-47}$$

$$\begin{cases} P_{K+1}^3 = P_K^2 + \dfrac{P_N^1}{V_N^1} + \beta \\[2mm] V_{K+1}^3 = V_K^2 + \dfrac{1}{V_N^1} + \alpha \end{cases} \tag{4-48}$$

求得 P_{K+1}^3 和 V_{K+1}^3 后，接下去的计算相同。由此可见，有调蓄节点的计算与无调蓄节点的计算相比，只有节点方程的差别，计算方法相同。所以只讨论无调蓄节点的情况。

对于较复杂的树状河网，当河网只有二河汇一的节点情形，可以把整个河网分解成一系列 Y 形河网，类似于上述的求解。若有多河汇一的节点，追根求源，总可以从有边界条件的外节点开始，顺序追赶求出各汇入河道末断面的水位流量关系式。对该节点建立水量平衡方程，求出唯一的流出河道首断面的水位流量关系式，形成该河道首断面以流量边界类型表达的追赶关系式，采用相同的方法求解。

4.1.3.3　环状河网水流计算

树状分布河网的特点是内节点处只有一条河道的起始断面上的追赶方程式的系数是未知的，因此可以方便地利用节点方程计算唯一未知的首断面追赶系数。如果节点上有两条或更多条河流的首断面追赶系数未知时，上节所介绍的方法就不能适用，环状分布河网就属于这种情况。对于环状河网，可以利用显式差分求解，但实际应用中一般倾向于利用隐式求解。早期针对小型河网，以河道断面的水力要素为基本未知量，采用对所有未知量建立方程组直接求解的一级解法。在这种方法中，方程组系数矩阵过于庞大，难以应用于大型河网。为了适用于大型河网，其后发展了以河道首、末断面的水力要素为基本未知量的二级解法。该法是在一级解法的基础上，对河道中间断面未知量形成的子矩阵先行求解，表达为基本未知量的函数，消去中间断面未知量，从而使得方程组的系数矩阵大大降阶，易于求解。为了进一步降低方程组的阶数，有效求解大型河网，对二级解法的基本未知量再进一步消元，形成以节点水位为基本未知量的三级解法，这就是目前常用的方法。下面我们介绍这种算法。

1. 外河道计算

对于环状河网，内河道和外河道的计算方法是不同的。对于外河道，河道的一端是边界条件已知的外节点，而另一端是水力要素未知的内节点。内节点的变量必须通过河网的联解才能得出。为了减小方程组阶数，通常以内节点构成基本河网。外河道的求解思路是，通过边界条件确定首断面的递推关系，用追赶的方法求解各断面的水位与流量递推关系，得到汇入基本河网的末断面流量与内节点水位的关系。待内节点水位求出后，即可回代求出各断面的水位和流量。

由于边界条件有两类，外河道分为两类：一类为具有水位型边界条件的河道，另一类为具有流量型边界条件的河道。对于任一外河道，设首断面号为 L_1，末断面号为 L_2，采用追赶法求解的递推公式如下。

(1)水位型边界条件，有如下追赶方程。

$$Z_{L_1} = P_{L_1} - V_{L_1}Q_{L_1}\ (P_{L_1} = Z_{L_1}(t), V_{L_1} = 0)$$

$$\begin{cases} Q_i = S_{i+1} - T_{i+1}Q_{i+1} \\ Z_{i+1} = P_{i+1} - V_{i+1}Q_{i+1} \end{cases} \quad (i = L_1, \cdots, L_2 - 1) \tag{4-49}$$

其中，

$$S_{i+1} = \frac{C_iY_2 - F_iY_1}{F_iY_3 + C_iY_4}$$

$$T_{i+1} = \frac{G_iC_i - F_i}{F_iY_3 + C_iY_4}$$

$$P_{i+1} \frac{Y_1 + Y_3S_{i+1}}{C_i}$$

$$V_{i+1} = \frac{Y_3T_{i+1} + 1}{C_i}$$

$$Y_1 = D_i - C_iP_i$$

$$Y_2 = \Phi_i + F_iP_i$$

$$Y_3 = 1 + C_iV_i$$

$$Y_4 = E_i + F_iV_i$$

(2)流量型边界条件，有如下追赶方程：

$$Q_{L_1} = P_{L_1} - V_{L_1}Z_{L_1}\ (P_{L_1} = Q_{L_1}(t), V_{L_1} = 0)$$

$$\begin{cases} Z_i = S_{i+1} - T_{i+1}Z_{i+1} \\ Q_{i+1} = P_{i+1} - V_{i+1}Z_{i+1} \end{cases} \quad (i = L_1, \cdots, L_2 - 1) \tag{4-50}$$

其中，

$$S_{i+1} = \frac{G_iY_3 - Y_4}{Y_iG_i + Y_2}$$

$$T_{i+1} = \frac{G_iC_i - F_i}{Y_iG_i + Y_2}$$

$$P_{i+1} = Y_3 - Y_1S_{i+1}$$

$$V_{i+1} = C_i - Y_iT_{i+1}$$

$$Y_1 = V_i + C_i$$

$$Y_2 = F_i + E_iV_i$$

$$Y_3 = D_i + P_i$$

$$Y_4 = \Phi - E_tP_t$$

可见，无论哪一类型边界条件的外河道，末断面的流量 Q_{L_2} 都可表达成

$$Q_{L_2} = f(Z_{L_2}) = f(Z_{\text{末}}) \tag{4-51}$$

式中，$Z_{\text{末}}$ 为末节点水位。由河网联解求出节点水位 Z_{L_2}，回代即可求得 Z_i 和 Q_i。

2. 内河道计算

对于内河道，由于没有端点边界可供利用，上述方法不能适用。下面讨论内河道的计算方法。

如图 4-5 所示，图中节点 (16)～(22) 为外节点，其余为内节点。图中内河道流向是任意定义的，计算水流方向为正表示沿箭头所指方向；为负表示流向逆箭头方向。任取河道 K 为例，写出该河的各计算河段差分方程。为书写方便起见，这里省略各变量及系数的上标。设河道 K 的首断面号为 L_1，末断面号为 L_2，有如下差分方程：

$$\begin{cases} -Q_i + C_i Z_i + Q_{i+1} + C_i Z_{i+1} = D_i \\ E_i Q_i - F_i Z_i + G_i Q_{i+1} + F_i Z_{i+1} = \Phi_i \end{cases} (i = L_1, L_1+1, \cdots, L_2-1) \qquad (4\text{-}52)$$

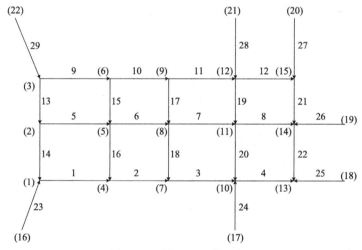

图 4-5　环状河网计算示意图

有 $2(L_2{-}L_1{+}1)$ 个未知量，$2(L_2{-}L_1)$ 个方程，方程的个数总比未知量个数少两个。因此，以首、末断面水位为基本未知量，可利用双追赶方程求解，具体如下。

令

$$Q_i = \alpha_i + \beta_i Z_i + \zeta_i Z_{L_2} \qquad (4\text{-}53)$$

这里的系数由下列递推公式求得

$$\alpha_i = \frac{Y_i(\Phi_i - \alpha_{i+1}G_i) - Y_2(D_i - \alpha_{i+1})}{Y_i E_i + Y_2}$$

$$\beta_i = \frac{Y_2 C_i + Y_1 F_i}{Y_1 E_i + Y_2}$$

$$\zeta_i = \frac{\zeta_{i+1}(Y_2 - Y_1 G_i)}{Y_1 E_i + Y_2}$$

$$Y_1 = C_i + \beta_{i+1}$$

$$Y_2 = G_i \beta_{i+1} + F_i$$

其中，$i = L_2-2, L_2-3, \cdots, L_1$。对于 $i = L_2-1$ 有

$$\alpha_{L_2-1} = \frac{\Phi_{L_2-1} - G_{L_2-1}D_{L_2-1}}{G_{L_2-1} + E_{L_2-1}}$$

$$\beta_{L_2-1} = \frac{C_{L_2-1}G_{L_2-1} + F_{L_2-1}}{G_{L_2-1} + E_{L_2-1}}$$

$$\zeta_{L_2-1} = \frac{C_{L_2-1}G_{L_2-1} - F_{L_2-1}}{G_{L_2-1} + E_{L_2-1}}$$

令

$$Q_i = \theta_i + \eta_i Z_i + \gamma_i Z_{L_1} \tag{4-54}$$

这里的系数由下列递推公式求得

$$\theta_i = \frac{Y_2(D_{i-1} + \theta_{i-1}) - Y_1(\Phi_{i-1} - E_{i-1}\theta_{i-1})}{Y_2 - G_{i-1}Y_1}$$

$$\eta_i = \frac{F_{i-1}Y_1 - C_{i-1}Y_2}{Y_2 - G_{i-1}Y_1}$$

$$\gamma_i = \frac{\gamma_{i-1}(Y_2 + E_{i-1}Y_1)}{Y_2 - G_{i-1}Y_1}$$

$$Y_1 = C_{i-1} - \eta_{i-1}$$

$$Y_2 = E_{i-1}\eta_{i-1} - F_{i-1}$$

其中，$i = L_2 + 2, L_2 + 3, \cdots, L_2$。对于 $i = L_1 + 1$ 有

$$\theta_{L_1+1} = \frac{E_{L_1}D_{L_1} + \Phi_{L_1}}{E_{L_1} + G_{L_1}}$$

$$\eta_{L_1+1} = -\frac{C_{L_1}E_{L_1} + F_{L_1}}{E_{L_1} + G_{L_1}}$$

$$\gamma_{L_1+1} = \frac{F_{L_1} - C_{L_1}E_{L_1}}{E_{L_1}G_{L_1}}$$

因此，由上述递推公式可以得

$$\begin{cases} Q_{L_1} = \alpha_{L_1} + \beta_{L_1}Z_{L_1} + \zeta_{L_1}Z_{L_2} \\ Q_{L_2} = \theta_{L_2} + \eta_{L_2}Z_{L_2} + \gamma_{L_2}Z_{L_1} \end{cases} \tag{4-55}$$

其中，$Z_{L_1} = Z_首$ 为首节点水位，$Z_{L_2} = Z_末$ 为末节点水位，即首、末断面流量表达为首、末节点水位的线性组合。式(4-53)和式(4-54)称为环状河网的河道追赶方程。与单一河道或树状河网河道的追赶方程的形式不同，每个河段具有 6 个需要保存的追赶系数。当首、末断面水位求得后，利用式(4-53)和式(4-54)，对同一断面上的流量有

$$Q_i = \theta_i + \eta_i Z_i + \gamma_i Z_首$$

$$Q_i = \alpha_i + \beta_i Z_i + \zeta_i Z_末$$

联立求解得

$$Z_i = \frac{\theta_i - \alpha_i + \gamma_i Z_首 - \zeta_i Z_末}{\beta_i - \eta_i} \tag{4-56}$$

求得 Z_i 后代入式(4-53)，可求得 Q_i 为

$$Q_i = \alpha_i + \beta_i Z_i + \zeta_i Z_{\text{末}} \tag{4-57}$$

所以关键问题是如何求解节点水位，下面介绍求解节点水位的方法。

3. 节点水位方程

为了求解河网节点水位，必须建立节点水位方程。节点水位方程建立的依据是水量守衡原理，即流进某一节点的水量之和等于该节点蓄水量的变化。

$$\sum_{j=1}^{m} Q_i^j = A_i \frac{\mathrm{d}Z_i}{\mathrm{d}t} \tag{4-58}$$

式中，Q_i^j 为河道 j 汇入节点 i 的流量；A_i 为节点 i 的蓄水面积；Z_i 为节点 i 的水位；m 为汇入节点 i 的河道数。

把流量与节点水位关系式(4-51)、式(4-55)代入上式，得到与节点 i 相邻的节点水位为未知变量的线性代数方程。

$$f_i(Z_{i,j}) = 0 \tag{4-59}$$

式中，$Z_{i,j}$ 为与节点 i 相邻节点水位的集合。对河网每一个节点，都可建立上述的节点水位方程，形成以河网节点水位为基本未知变量的线性代数方程组：

$$AZ = R \tag{4-60}$$

其中

$$A = \begin{bmatrix} a_{11} & a_{12} & \cdots & a_{1n} \\ \vdots & \vdots & & \vdots \\ a_{n1} & a_{n2} & \cdots & a_{nn} \end{bmatrix}$$

为系数矩阵。$Z = [z_1, z_2, \cdots, z_n]^{\mathrm{T}}$ 为节点水位列阵。$R = [r_1, r_2, \cdots, r_n]^{\mathrm{T}}$ 为右端项列阵。以图 4-5 节点(8)为例，同该节点有直接联系的河道有 6、7、17、18 四条，这四条河道在节点(8)处的入流方程为

$$\begin{cases} Q_{(8)}^6 = \theta_{(8)}^6 + \eta_{(8)}^6 Z_{(5)} + \gamma_{(8)}^6 Z_{(5)} \\ Q_{(8)}^7 = \alpha_{(8)}^7 + \beta_{(8)}^7 Z_{(8)} + \zeta_{(8)}^7 Z_{(11)} \\ Q_{(8)}^{17} = \theta_{(8)}^{17} + \eta_{(8)}^{17} Z_{(8)} + \gamma_{(8)}^{17} Z_{(9)} \\ Q_{(8)}^{18} = \alpha_{(8)}^{18} + \beta_{(8)}^{18} Z_{(8)} + \zeta_{(8)}^{18} Z_{(7)} \end{cases} \tag{4-61}$$

节点水量平衡条件为

$$Q_{(8)}^6 + Q_{(8)}^{17} = Q_{(8)}^7 + Q_{(8)}^{18} \tag{4-62}$$

将式(4-61)代入式(4-62)得

$$\gamma_{(8)}^6 Z_{(5)} - \zeta_{(8)}^{18} Z_{(7)} + (\eta_{(8)}^{17} + \eta_{(8)}^{16} - \beta_{(8)}^7 - \beta_{(8)}^{18}) Z_{(8)} + \gamma_{(8)}^{17} Z_{(9)} - \zeta_{(13)}^7 Z_{(1)} = \alpha_{(8)}^7 + \alpha_{(8)}^{18} - \theta_{(8)}^6 - \theta_{(8)}^{17} \tag{4-63}$$

可见方程中的节点水位只包含与该节点有直接联系的节点水位。

4. 基本求解步骤

以图 4-5 所示河网为例，简述环状河网求解的步骤。

(1)确定基本河网。通常为了降低节点水位方程组的阶数，仅考虑内河道和内节点组成的基本河网。包含外河道和外节点的河网可看作基本河网的外延。图 4-5 河网的基本河网如图 4-6 所示。

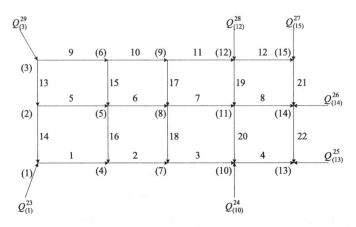

图 4-6　基本河网计算示意图

(2)河网节点编码。节点编码的顺序，必须依据节点水位方程组的求解方法而定。对优化编码解法，编码的优劣直接影响节点水位方程组求解的计算工作量。对矩阵标识法，编码可以任意。

(3)计算河道编码。根据计算方法的不同，分内河道编码和外河道编码。河道编码仅表示计算的顺序，编码可以任意，但以考虑结果整理的方便为好。

(4)计算断面编码。计算断面编码递增的方向，代表河道的计算流向，对于内河道，断面编码以首断面向末断面递增为原则。所以在首断面流量为流出首节点，在末断面流量为流入末节点。对于外河道，断面编码以外节点向内节点递增为原则。所以在外河道末断面上，流量为流入基本河网节点。

(5)根据边界条件，计算外河道的水位流量追赶方程，得出流入基本河网的流量与水位关系表达式。

(6)计算内河道的水位流量追赶方程，得出流入首、末节点的流量与首、末节点水位的关系表达式。

(7)建立节点水位方程，列出图 4-6 中 15 个节点的节点水位方程组。

(8)求解节点水位方程组。

(9)求得各节点水位后，求解内河道各计算断面上的水位和流量。

(10)将节点(1)、(10)、(13)、(14)、(15)、(12)、(3)的水位代入外河道的追赶方程，逐步回代求得外河道各断面的水位和流量。

5. 节点水位方程求解

先考察矩阵 A 的特点：对于一条内河道，在系数矩阵 A 内产生两个非零元素。对于一个具有 m 条内河道，n 个节点的河网，其对应的系数矩阵 A 的非零元素总个数为 $n+2m$，而 A 的元素个数为 n^2。显然，对于较大的 n，$n+2m \ll n^2$，故系数矩阵 A 为高稀疏矩阵。矩阵 A 是主对角占优矩阵，为考察 A 的这一特性，以恒定流动为例来说明。根据河道流向的定义，流量从首节点流入末节点，恒定状态的流量可由谢才公式来表示：

$$Q = K\sqrt{J} = C(Z_{首} - Z_{末}) \tag{4-64}$$

无调蓄节点水位方程为节点的水量平衡方程，即流入节点的流量之和为零。当 i 为首节点时，流入 i 节点的流量为

$$-Q = -C_1 Z_i + C_1 Z_{末} \tag{4-65}$$

当 i 为末节点时，流入 i 节点的流量为

$$Q = C_2 Z_{首} - C_2 Z_i \tag{4-66}$$

由此可见，系数矩阵 A 有如下关系：

$$|a_{ii}| = \sum_{j=1,j\neq i}^{n} |a_{ij}| \tag{4-67}$$

式 (4-67) 表明，系数矩阵 A 为主对角占优矩阵。根据矩阵 A 所具有的特性，可采用迭代法求解。常用的迭代法之一是超松弛法 (SOR)。把矩阵 A 分解为

$$A = -C_U + D - C_L \tag{4-68}$$

其中，

$$C_U = \begin{bmatrix} 0 & -a_{12} & \cdots & -a_{1n} \\ \vdots & \vdots & & \vdots \\ 0 & \cdots & \cdots & -a_{n-1,n} \\ 0 & \cdots & \cdots & 0 \end{bmatrix}$$

$$D = \begin{bmatrix} a_{11} & \cdots & \cdots & \cdots & 0 \\ 0 & a_{22} & \cdots & \cdots & 0 \\ \vdots & \vdots & & \vdots & \vdots \\ 0 & \cdots & \cdots & a_{n-1,n-1} & 0 \\ 0 & \cdots & \cdots & \cdots & a_{nn} \end{bmatrix}$$

$$C_L = \begin{bmatrix} 0 & \cdots & \cdots & 0 \\ -a_{21} & \cdots & \cdots & 0 \\ \vdots & \vdots & & \vdots \\ -a_{n1} & \cdots & -a_{n,n-1} & 0 \end{bmatrix}$$

则 $AZ=R$ 的 SOR 法可写成

$$\begin{cases} Z^{(K+1)} = L_{\mathrm{W}} Z^{(K)} + Q_{\mathrm{W}}^{-1} \cdot R \\ L_{\mathrm{W}} = \left(1 - \omega D^{-1} C_{\mathrm{L}} \right)^{-1} \left[\omega D^{-1} C_{\mathrm{U}} + (1-\omega) I \right] \\ Q_{\mathrm{W}} = \omega^{-1} D - C_{\mathrm{L}} \end{cases} \tag{4-69}$$

式中，ω 为实数，称为松弛因子。若记 $L = D^{-1} C_{\mathrm{L}}, U = D^{-1} C_{\mathrm{U}}$，则有

$$L_{\mathrm{W}} = \left(I - \omega L \right)^{-1} \left[\omega U + (1-\omega) I \right] \tag{4-70}$$

其迭代计算公式为

$$Z_i^{(K+1)} = Z_i^{(K)} - \frac{\omega}{a_{ii}} \left(\sum_{j=1}^{i-1} a_{ij} Z_j^{(K+1)} + \sum_{j=1}^{n} a_{ij} Z_j^{(K)} - r_i \right) \tag{4-71}$$

由式(4-71)可见，如果能避免所有零元素运算，即可提高求解运算的效率。对非零元素随机分布的稀疏矩阵 A，按行将 A 的非零元素依次排成一个元素序列 $\{b\} = \{b_1, b_2, \cdots, b_t\}$，存放于一维系数数组 $B[1{:}t]$ 中。对应的元素列标排成序列 $\{\mathrm{Dr}\} = \{\mathrm{Dr}_1, \mathrm{Dr}_2, \cdots, \mathrm{Dr}_t\}$，存放于标识代码数组 $\mathrm{Dr}[1{:}t]$ 中。同时把每一行的第一个非零元素在 B 中的序号排成系列 $\{\mathrm{Ri}\} = \{\mathrm{Ri}_1, \mathrm{Ri}_2, \cdots, \mathrm{Ri}_n\}$，存放于行代码指示数组 $\mathrm{Ri}[1{:}n]$ 中，其中 t 为矩阵 A 的非零元素的总个数，n 为矩阵 A 的阶。

利用矩阵标识代码数组 Dr，行代码指示数组 Ri 和系数数组 B，可将式(4-71)写成

$$\begin{cases} Z_{\mathrm{e}} = r_i - \sum_{j=\mathrm{Ri}(i), \mathrm{Dr}(j) \neq i}^{\mathrm{Ri}(i+1)-1} b_j Z_{\mathrm{Dr}(j)} \\ Z_i^{(K+1)} = \omega Z_{\mathrm{e}} + (1-\omega) Z_i^{(K)} \\ Z_{\mathrm{Dr}(j)} = \begin{cases} Z_{\mathrm{Dr}(j)}^{(K)} & \mathrm{Dr}(j) > i \\ Z_{\mathrm{Dr}(j)}^{(K+1)} & \mathrm{Dr}(j) < i \end{cases} \end{cases} \tag{4-72}$$

由此可见，如果对系数矩阵的非零元素进行代码标识，完全可以只对非零元素进行运算，避免所有零元素运算，从而高效率求解节点水位方程。

在河网水流模拟计算过程中，方程组的求解运算量占有很大的比重。采用上述方法，由于完全避免零元素的运算，计算工作量正比于 $NM'L$，N 为水位节点数，M' 为平均带宽，L 为平均迭代次数。优化编码方法计算工作量正比于 NM^2，M 为优化带宽。由于系数矩阵的高稀疏性，M' 远小于 M。L 与要求的精度有关。一般来说，M' 和 L 随节点数的增加变化不大，优化带宽 M 随着节点数的增加而增加。

矩阵标识法求解的基本思想是：根据节点水位方程系数矩阵的高稀疏性，对矩阵非零元素进行代码标识。按照代码指示，把非零元素用一维数组存贮，排除零元素，节约内存。求解时，由代码指示，只对非零元素进行运算，从而大大提高方程组求解计算的效率。这种方法具有如下的特点。

(1)由于只存储非零元素，节约计算机的内存资源。

(2)求解只对非零元素进行运算，提高了计算效率。

(3)求解的工作量只取决于河网的结构，与河网节点的编码无关。

(4)采用这种方法求解河网时,河道、节点的编码可以任意,使模型软件具有可扩充性,可移植性和通用性。

为了说明矩阵标识法的求解过程,以图 4-6 的系数矩阵为例来说明数组 Dr、Ri 和 B 的形成:

$$\{b\}=\{a_{1,1},a_{1,2},a_{1,4},a_{2,1},a_{2,2},a_{2,3},a_{2,5},a_{3,2},a_{3,3},a_{3,6},a_{4,1},a_{4,4},a_{4,5},a_{4,7}$$

$$a_{5,2},a_{5,4},a_{5,5},a_{5,6},a_{5,8},a_{6,5},a_{6,6},a_{6,9},a_{7,4},a_{7,7},a_{7,8},a_{7,10},a_{8,5}$$

$$a_{8,7},a_{8,8},a_{8,9},a_{8,11},a_{9,6},a_{9,8},a_{9,9},a_{9,12},a_{10,7},a_{10,10},a_{10,11},a_{10,13},a_{11,8}$$

$$a_{11,10},a_{11,11},a_{11,12},a_{11,14},a_{12,9},a_{12,11},a_{12,15},a_{13,15},a_{13,10},a_{13,13},a_{13,14}$$

$$a_{14,11},a_{14,13},a_{14,14},a_{14,15},a_{15,12},a_{15,14},a_{15,15}\}$$

$$\{\mathrm{Dr}\}=\{1,2,4,1,2,3,5,2,3,6,1,4,5,7,2,4,5,6,8,3,6,9,4,7,8,10,5,7,8,9,11,6,8,9,12,7$$

$$10,11,13,8,10,11,12,14,9,11,12,15,10,13,14,11,13,14,15,12,14,15\}$$

$$\{\mathrm{Ri}\}=\{1,4,8,11,15,20,24,28,33,37,41,46,50,53,57,61\}$$

为了便于寻址,减少判断,提高计算速度,把主元置于每行的首位。则 B、Dr 变为

$$\{b\}=\{a_{1,1},a_{1,2},a_{1,4},a_{2,1},a_{2,1},a_{2,3},a_{2,3},a_{3,2},a_{3,2},a_{3,6},a_{4,4},a_{4,1},a_{4,5},a_{4,7}$$

$$a_{5,5},a_{5,2},a_{5,4},a_{5,6},a_{5,8},a_{6,6},a_{6,5},a_{6,9},a_{7,7},a_{7,4},a_{7,8},a_{7,10},a_{8,8}$$

$$a_{8,5},a_{8,7},a_{8,9},a_{8,11},a_{9,9},a_{9,6},a_{9,8},a_{9,12},a_{10,10},a_{10,7},a_{10,11},a_{10,13},a_{11,11}$$

$$a_{11,8},a_{11,10},a_{11,12},a_{11,14},a_{12,12},a_{12,9},a_{12,11},a_{12,15},a_{13,13},a_{13,10},a_{13,14}$$

$$a_{14,14},a_{14,11},a_{14,13},a_{14,15},a_{15,15},a_{15,12},a_{15,14}\}$$

$$\{\mathrm{Dr}\}=\{1,2,4,2,1,3,5,3,2,6,4,1,5,7,5,2,4,6,8,6,3,5,9,7,4,8,10,8,5,7,9,11,9,6,11,9,6,12,12,10,7$$

$$11,13,11,8,10,12,14,12,9,11,15,13,10,14,14,11,13,15,15,12,14\}$$

这时式(3-56)中仅 Z_e 有变化,其变成

$$Z_e = r_i - \sum_{j=R(i)+1}^{Ri(i+1)-1} b_j \tilde{Z}_{\mathrm{Dr}(j)} \tag{4-73}$$

用矩阵标识法求解与优化编码求解的区别在于节点水位方程的求解,其他计算基本相同。但用矩阵标识法求解必须事先形成标识代码数组和系数矩阵定位数组,对于恒定流计算,这种方法没有优势。但对非恒定流计算,这种附加工作量只是一次性的,与每一个时步长都必须求解方程组的工作量相比是微乎其微的,从而使得求解快速的特点得到体现。在计算过程中,节点水位方程组的形成必须借助两个系数矩阵定位数组 NBE 和 NEB,即每一条内河都必须有增加两个数组,对系数矩阵进行定位,NBE 为首节点在末节点水位方程的位置,NEB 为末节点在首节点水位方程的位置。有了这两个数组可以很容易地形成系数数组 B。

4.2　河网一维水质模型

4.2.1　基本方程

河网一维水质模型的通用方程如下所示:

$$\frac{\partial (AC)}{\partial t}+\frac{\partial (uAC)}{\partial x}=\frac{\partial}{\partial x}\left(AM_x\frac{\partial C}{\partial x}\right)+\frac{AS}{86400}+\frac{S_w}{\Delta L} \tag{4-74}$$

式中，A 为河道断面面积，m^2；C 为水质指标的浓度，mg/L；t 为时间，s；M_x 为纵向混合系数，m^2/s；u 为断面平均流速，m/s；S 为生化动力反应项，$g/(m^3\cdot d)$；S_w 为外部源汇项，g/s；ΔL 为河道长度，m。

　　生化动力反应项 S 指水环境系统内部由于化学和生物过程引起的物质增加或减少，例如硝化反应或生物降解；外部源汇项 S_w 指从水环境系统外部加入或带走的源汇项，例如排污或取水。对于不同的水质指标，基本方程中的生化动力反应项形式各不相同，具体参见 2.4 节。

4.2.2　求解方法

4.2.2.1　传统求解方法

　　目前，一维河网水质模型求解通常采用有限体积法。该方法基于积分形式的守恒方程，而非微分方程，该积分形式的守恒方程描述的是计算网格定义的每个控制体。有限体积法着重从物理观点来构造离散方程，每个离散方程都是有限大小体积上某种物理量守恒的表达形式，推导过程物理概念清晰，离散方程系数具有一定的物理意义，并可保证离散方程具有守恒特性，对于确保物质质量守恒具有重要意义。此外，有限体积法对网格的适应性很好，可以解决复杂的工程问题，在进行流固耦合分析时，能够完美地和有限元法进行融合。

　　然而，在构造离散格式过程中，该方法假定进入某河段(控制体)的污染负荷与河段内的污染物质充分掺混后，作为该河段的污染物浓度流出，这相当于假设污染物质进入河段后，立即以无限速度在河道中扩散。这种充分掺混假定与污染物实际扩散的物理特性不符，其结果是导致污染物计算浓度在输移过程中的迅速坦化。为了要减小充分掺混假定所带来的误差，可以将计算单元的空间尺度缩小，但这会使水质模型的计算工作量增加，并且计算精度不会有较大改善。

　　为了减小充分掺混假定对水质模型计算精度的影响，数值求解中通常采用变量沿程呈直线变化的假定，但对于计算复杂河网水系，计算河道长短不同，计算时段受精度限制不宜太长时，直线变化假定有时会产生"负波"，即污染物浓度为负值等不合理现象。例如，对于某一河段，时段初首末断面的水质浓度分别为 C_{01} 和 C_{02}，设有一污染物质从节点 C_N 流入河道，如图 4-7 所示。断面 1 的浓度等于上边界浓度 C_N，如果采用浓度沿程呈直线变化假定，当浓度波没有传播到断面 2 时，为了保持微段内质量平衡，那么断面 2 的浓度必定小于 C_{02} 值，甚至于出现负值等不合理现象，如图 4-8 中虚线所示。产生这种现象的根本原因是浓度沿程呈直线变化的假定与实际情况不符。实际上浓度沿程是千变万化的，但在模拟计算中不可能模拟浓度沿程的实际变化，只可能采用直线变化假定。

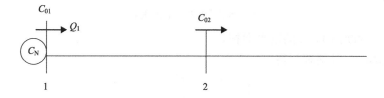

图 4-7　断面浓度与节点浓度关系图

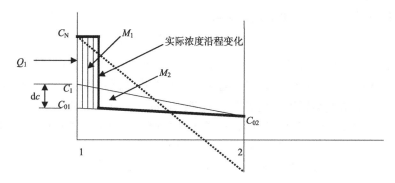

图 4-8　断面计算浓度示意图

4.2.2.2　基于非充分掺混模式的求解方法

为了克服充分掺混假定带来的数值求解对流输运方程耗散误差现象，解决变量沿程直线变化假定导致的浓度负值问题，王船海等(2008)引入断面计算浓度的概念求解河段平均浓度，提出了基于非充分掺混模式的有限控制体积法离散对流输运方程的算法，据此构建了模拟流域内水源组成以及不同水源时空变化情况的流域来水组成模型。通过数值试验与具体案例验证，结果表明非充分掺混模式的新算法可有效地提高流域来水模型的计算精度。目前，该方法已用于求解一维河网水质模型基本方程，并在太湖流域、淮河流域等多个复杂河网水系的水质预测计算中进行了检验，取得了满意的效果。本节重点对该方法进行详细说明和分析。

为了同时满足下列三个假定或条件：

(1)浓度沿程呈直线变化；

(2)下游断面不产生"负波"；

(3)保证质量守衡。

断面 1 的浓度不能直接取边界节点浓度，其浓度值应根据以上三条基本假定反推，称为计算浓度。

经过 Δt 后，通过断面 1 输送到河段的物质增量为

$$M_1 = (C_N - C_{01}) \cdot Q_1 \cdot \Delta t \tag{4-75}$$

M_1 的大小与浓度差 $(C_N - C_{01})$、流量 Q_1 及计算时步长 Δt 有关。

断面 1、2 之间物质浓度假定呈线性变化，断面 2 处又不出负波，同时又要满足质量守恒，因此要求图 4-8 中三角形面积 M_2 表示的物质量必须与 M_1 相等。

$$M_2 = 0.5\Delta x(A_1 + A_2)\mathrm{d}c \tag{4-76}$$

式中，A_1、A_2 为断面 1、2 的过水面积。

令 $M_1=M_2$，并经整理后得

$$\mathrm{d}c = \frac{2(C_N - C_{01})Q_1\Delta t}{V_1} \tag{4-77}$$

式中，$V_1=(A_1+A_2)\Delta t/2$ 为微段蓄水量。

断面 1 的计算浓度 C_1 可由下式计算得

$$C_1 = C_{01} + \mathrm{d}c = (1-\omega_1)C_{01} + \omega_1 C_N \tag{4-78}$$

式中，$\omega_1=2Q_1\Delta t/V_1$ 反映传播速度的一个指标，当 ω_1 小于 1 时，说明波还没有传到下游断面，断面 1 的计算浓度介于初始浓度与边界节点浓度之间；当 $\omega_1=1$ 时，波刚好抵达下游断面，断面 1 的浓度刚好等于边界节点浓度；当 ω_1 大于 1 时，取 $\omega_1=1.0$。

每个断面的水质浓度可以表达成首末节点的浓度，再对每个节点进行质量平衡，将每个节点的浓度表达成与其有联系节点的浓度，构成一组闭合的水质浓度的节点方程组。求解浓度的节点方程组得各节点浓度及断面浓度，其求解思路同水量模型。

1. 控制体出入流为正方程离散

针对通用方程，采用如下离散格式求解。控制体的划分与水量模型一致，如图 4-9 所示断面 $i–1$～断面 i 为相应微段的控制体积。抛弃充分掺混假定，假定物质浓度在控制体内呈直线变化。

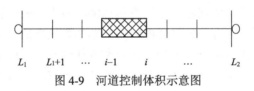

图 4-9 河道控制体积示意图

对于某一断面 i 设有两个浓度，即左右浓度 Cl_i、Cr_i，对于流量为正的情况 Cl_i 为实测浓度，Cr_i 为计算浓度。在控制体积 $i–1$～i 内，时段初断面 $i–1$ 和断面 i 的物质浓度为 Cr_{i-1}^0 和 Cl_i^0，断面流量分别为 Q_{i-1}、Q_i，流量过程由河网水动力学模型求解得。设 $Q_{i-1} > 0$、$Q_i > 0$，时段末上游流入该控制体的浓度为 Cl_{i-1}，如图 4-10 所示。经过 Δt 后，随着水流有物质量 $Q_{i-1} \cdot \mathrm{Cl}_{i-1} \cdot \Delta t$ 从断面 $i–1$ 进入控制体积内，实际上物质浓度沿程变化如图 4-10 中粗线所示。

断面 $i–1$ 的浓度等于入流浓度 Cl_{i-1}，如果采用浓度沿程呈直线变化假定，当波没有传到断面 i，如图 4-10 所示情况，粗线表示为实际浓度沿程变化。为了保持微段内质量守恒，断面 i 的浓度必定小于 Cl_i^0，甚至出现负值等不合理现象。产生这种现象的根本原因是浓度沿程呈直线变化的假定与实际情况不符。实际上浓度沿程变化是难以确定的，在模拟计算中只能采用直线变化假定，同时要求满足下列三个假定。

(1)浓度沿程呈直线变化；

(2)下游断面不产生"负波"；

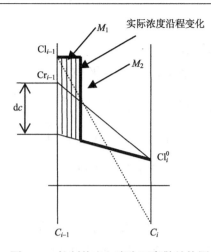

图 4-10　控制体出入流为正离散结构图

(3)满足物质守恒。

满足上述要求的断面 $i\!-\!1$ 的计算浓度不能直接取上游流入的浓度,而应根据上面 3 条基本假定来反推,称为断面计算浓度。经过 Δt 后,通过断面 $i\!-\!1$ 输送到河段的物质增量为

$$M_1 = (\mathrm{Cl}_{i-1} - \mathrm{Cr}_{i-1}^0)Q_{i-1}\Delta t \tag{4-79}$$

M_1 的大小与浓度差 $(\mathrm{Cl}_{i-1} - \mathrm{Cr}_{i-1}^0)$、流量 Q_{i-1} 及计算时段长 Δt 有关。断面 $i\!-\!1$、断面 i 之间物质浓度假定呈线性变化,断面 i 处不出现负波,同时又要满足质量守恒,因此要求图 4-10 中三角形面积 M_2 表示的物质量必须与 M_1 相等。

$$M_2 = 0.5\Delta x(A_1 + A_2)\mathrm{d}c \tag{4-80}$$

式中,A_1、A_2 为断面 $i\!-\!1$、i 的过水面积。令 $M_1 = M_2$ 并经整理后,断面 $i\!-\!1$ 的计算浓度 Cr_{i-1} 可由下式计算得

$$\mathrm{Cr}_{i-1} = a_{i-1} + b_{i-1}\mathrm{Cl}_{i-1} \tag{4-81}$$

式中,$a_{i-1} = (1-\omega)\mathrm{Cr}_{i-1}^0$,$b_{i-1} = \omega$,$\omega = \dfrac{2Q_{i-1}\Delta t}{(A_{i-1} + A_i)\Delta x}$,$\omega$ 为反映波传播速度的一个指标,当 ω 小于 1 时,说明波还没有传到下游断面,断面 $i\!-\!1$ 的计算浓度介于初始浓度与流入断面的浓度之间;当 $\omega=1$ 时,波刚好抵达下游断面,断面 $i\!-\!1$ 的浓度刚好等于流入断面的浓度;当 ω 大于 1 时,取 $\omega=1.0$。断面 $i\!-\!1$ 的计算浓度虽然不是该断面的实际浓度,但用它与下断面浓度按线性变化假定来计算微段内的物质量是正确的,即可用它来计算微段的平均浓度。

对该控制体式(4-81),不考虑源汇,生化反应项以及紊动扩散作用的离散方程如下

$$\frac{\overline{A}_{i-1/2}(\mathrm{Cr}_{i-1} + \mathrm{Cl}_i)}{2\Delta t} - \frac{\overline{A}_{i-1/2}^0(\mathrm{Cr}_{i-1}^0 + \mathrm{Cl}_i^0)}{2\Delta t} + \frac{Q_i\mathrm{Cl}_i - Q_{i-1}\mathrm{Cl}_{i-1}}{\Delta x} = 0 \tag{4-82}$$

式中,$\overline{A}_{i-1/2} = \dfrac{A_{i-1} + A_i}{2}$ 为时段末微段平均过水面积;$\overline{A}_{i-1/2}^0 = \dfrac{A_{i-1}^0 + A_i^0}{2}$ 为时段初微段平均

过水面积，m^2。

经整理后差分方程可以写成

$$\chi Cr_{i-1} + \Phi Cl_i = W + Q_{i-1}Cl_{i-1} \tag{4-83}$$

式中，$\chi = \dfrac{\overline{A}_{i-1/2}\Delta x}{2\Delta t}$，$\Phi = \dfrac{\overline{A}_{i-1/2}\Delta x}{2\Delta t} + Q_i$，$W = \dfrac{\overline{A}_{i-1/2}\left(Cr_{i-1}^0 + Cl_i^0\right)\Delta x}{2\Delta t}$。

利用式(4-81)消去式(4-83)中的 Cr_{i-1}，经整理后得

$$Cl_i = \theta_i + \lambda_i Cl_{i-1} \tag{4-84}$$

式中，$\theta_i = \dfrac{W - a_{i-1}\chi}{\Phi}$，$\lambda_i = \dfrac{Q_{i-1} - b_{i-1}\chi}{\Phi}$。

用式(4-84)求得的 Cl_i 不会出现"负波"等不合理现象。式(4-84)的形式与式(4-81)相同，控制体下断面浓度亦是上游流入浓度的简单线性方程。

2. 控制体出入流为负

如图 4-11 所示对于控制体出入流为负的情况类似的处理，可以得下面两关系式

$$\begin{cases} \& Cl_i = a_i'' + b_i'' Cr_i \\ \& Cr_{i-1} = \theta_{i-1}'' + \lambda_{i-1}'' Cr_i \end{cases} \tag{4-85}$$

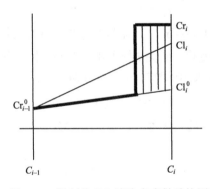

图 4-11　控制体出入流为负离散结构图

3. 控制体水流从二端流进

如图 4-12 所示控制体水流从二端进的情况，可直接得到如下两个方程：

$$\begin{cases} \& Cr_{i-1} = a_{i-1} + b_{i-1}Cl_i \\ \& Cl_i = a_i'' + b_i'' Cr_i \end{cases} \tag{4-86}$$

4. 控制体水流从二端流出

对控制体水流从二端流出的情况，控制体河段在计算时段内，没有从上、下断面流入的通量，在没有源或汇的情况下，该河段的浓度是不变化的。因此时段末物质浓度取决于已知条件，即时段初物质量及计算时段增减的源或汇，控制体河段浓度可取平均浓

度 $\overline{C}$，即

$$\begin{cases} \&Cr_{i-1} = \overline{C} \\ \&Cl_i = \overline{C} \end{cases} \qquad (4\text{-}87)$$

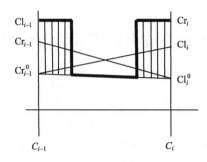

图 4-12　控制体水流从二端进离散结构图

第5章 河网一维水环境数学模型应用案例

5.1 太湖流域平原河网水量水质模拟

太湖流域地处我国东部长江河口段南侧与钱塘江、杭州湾之间。流域内江湖相连，水系沟通，犹如瓜藤相接，依存关系密切，形成了我国最具代表性的复杂环状河网水系。太湖流域作为长三角地区的核心区，是我国经济最具活力、开放程度最高、创新能力最强的地区之一。流域内有超大城市上海市及特大城市杭州市，拥有上海、苏州、杭州、无锡等 4 座 GDP 超万亿的城市以及 14 座百强县。2019 年流域总人口 6164 万人，占全国总人口的 4.4%；GDP 达到 96847 亿元，占全国 GDP 的 9.8%；人均 GDP是全国的 2.2 倍。经济的快速发展及高强度的人类活动干扰，使太湖流域的水安全、水资源、水环境、水生态形势面临非常严峻的挑战。通过构建流域水量水质数学模型，可为水文过程演变、洪水预报调度、水环境治理方案优化、突发水污染事故预警提供决策支持，为建设智慧太湖提供关键手段，为实现水利治理体系和治理能力现代化提供技术支撑。

太湖流域水面面积 5551km²，水面率为 15%；河道总长约 12 万 km，河道密度达3.3km/km²；流域河道水面比降小，平均坡降约十万分之一；水流流速缓慢，汛期一般仅为 0.3～0.5m/s；河网尾闾受潮汐顶托影响，流向表现为往复流；加之受众多水利工程调度控制，其水文和水动力特征十分复杂。开展流域水量水质模型构建和应用的难度非常大。

河海大学早在"七五"期间就开展了太湖流域水量水质耦合模型及决策支持平台建设等领域的研究，建立了北至长江，南临太湖，西至漏湖，东至上海青松大包围区域的水量水质耦合模型。随着太湖流域社会经济的快速发展，流域河网水系格局发生了巨大变化。河海大学于 1994 年首次建立了覆盖太湖流域平原河网的 HOHY 水量模型，在水量预测计算中取得了非常好的效果，得到了国内国际的一致认同和高度评价。之后随着流域社会经济的发展，对模型进行了不断的改进和完善，形成了太湖流域一代、二代和三代模型。其后，利用世界银行贷款，由河海大学与荷兰 Delft 水力学研究所共同开展了"太湖流域三年水质研究"课题，合作进行太湖流域河网水质模型(DELWAQ)的开发，并首次将污染负荷模型(WLM)应用于太湖流域污染物的定量化研究，研制了太湖流域水量水质决策支持管理系统(TaihuDSS)，实现了河网水量模型及水质模型的耦合计算，为流域水污染控制、水资源规划的编制提供了有力的技术支撑。

2000 年以来，在 TaihuDSS 决策支持管理系统基础上，河海大学开发了基于双对象共享结构的"数字流域系统平台"，从数据结构层面实现了模型对象与 GIS 对象的完全融合，对于地理对象和模型对象数量庞大的太湖流域等大型流域水量水质数值模拟问题，该系统可以显著提升系统平台的整体运行效率。同时，以双对象共享结构为支撑，提出了"地理对象-模型要素-方案管理"三层数据架构建模流程,极大简化了模型构建过程,提高了方案生成的灵活性,降低了方案管理难度。该系统将水量水质模拟技术、GIS 技术和数据库技术相结合,实现流域自然水循环过程的全流程数值模拟及可视化展示,可对降雨-径流驱动下的流域产汇流、河网及湖泊水体的水流运动等水循环物理过程进行模拟,还能够对营养盐、藻类、重金属、有机毒物和石油类等污染物的迁移、转化和归宿进行预测。除太湖流域外,该系统已成功应用于长江流域、淮河流域、海河流域、秦淮河流域、三峡水利枢纽等多个大中型流域和水利工程的洪水预报调度、水资源优化配置、水环境综合治理方案评估、防洪-供水-环境-生态多目标调控、突发水污染预警等领域,均取得了令人满意的预测和预报效果。本节以太湖流域平原河网水系为例,系统介绍环状河网水量水质模型构建方法。

5.1.1　流域概况

太湖流域三面滨江临海,一面环山,其北滨长江,南接钱塘江,东临东海,西以天目山、茅山为界。太湖流域分属江苏、浙江、上海和安徽三省一市,流域总面积 36895km^2,其中江苏 19399km^2,占 52.6%;浙江 12095 km^2,占 32.8%;上海 5176km^2,占 14.0%;安徽 225km^2,占 0.6%。流域地形特点为周边高、中间低,呈碟状。流域地貌分为山丘区和平原区,西部山丘区面积 7338km^2,山区高程一般为 200~500m,丘陵高程一般 12~32m,约占总面积的 20%;中部平原区 19350 km^2,高程一般低于 5m,约占总面积的 52%;沿江滨海平原区 7015km^2,高程一般 5~12m,约占总面积的 19%;太湖湖区 3192km^2,占总面积的 9%。

太湖流域是长江水系最下游的支流水系,长江水量丰沛,多年平均地表径流量 9856 亿 m^3,最小月平均流量达 5000m^3/s,是太湖流域的重要补给水源,也是流域排水的主要出路之一。流域现有 75 处沿长江口门,水量交换频繁,多年平均引长江水量为 62.6 亿 m^3,排长江水量 49.3 亿 m^3。流域湖泊面积 3159km^2(按水面积大于 0.5km^2 的湖泊统计),占流域平原面积的 10.7%,湖泊总蓄水量 57.68 亿 m^3,是长江中下游 7 个湖泊集中区之一。流域湖泊均为浅水型湖泊,平均水深不足 2.0m,个别湖泊最大水深达 4.0m。流域湖泊以太湖为中心,形成西部洮滆湖群、南部嘉西湖群、东部淀泖湖群和北部阳澄湖群。流域内面积大于 10km^2 的湖泊有 9 个,分别为太湖、滆湖、阳澄湖、洮湖、淀山湖、澄湖、昆承湖、元荡、独墅湖。太湖是流域内最大的湖泊,也是流域洪水和水资源调蓄中心。太湖湖区面积 3192km^2,其中水面积 2338km^2,岛屿面积 89km^2,湖岸山丘地面积 765km^2。西部山丘区来水汇入太湖后,经太湖调蓄,从东部流出。太湖出入湖河流 228 条,环湖河道多年平均入湖水量 80.94 亿 m^3,多年平均出湖水量 88.97 亿 m^3,多年平均蓄水量 44.28 亿 m^3。

流域水系以太湖为中心,分上游水系和下游水系。上游水系主要为西部山丘区独立水系,包括苕溪水系、南河水系及洮滆水系;下游主要为平原河网水系,包括东部黄浦江水系、北部沿长江水系和东南部沿长江口、杭州湾水系。京杭运河贯穿流域腹地及下游诸水系,起水量调节和承转作用。

太湖流域属亚热带季风气候区，四季分明，雨水丰沛，热量充裕。冬季受大陆冷气团侵袭，盛行偏北风，气候寒冷干燥；夏季受海洋气团控制，盛行东南风，气候炎热湿润。太湖流域多年平均气温15～17℃，气温分布特点为南高北低，极端最高气温为41.2℃，极端最低气温为–17.0℃；流域多年平均降水量1177mm，空间分布自西南向东北逐渐递减；太湖流域多年平均年水面蒸发量为821.7mm，变化幅度为750～900mm，空间分布为东部大于西部、平原大于山区；太湖流域多年平均天然年径流量为160.1亿 m^3，折合年径流深438mm，多年平均年径流系数为0.37；太湖流域主要引排水口门分布在长江和杭州湾沿岸，各口门引排水均受东海潮汐影响。

5.1.2　河网模型构建

为了提升流域在水资源保护、水环境治理等方面的管理水平和决策能力，经过二十多年的研制和不断完善，以基于双对象共享结构的数字流域系统为支撑，开发了"太湖流域水量水质决策支持系统"。系统模型库由水文模型、污染负荷模型、水动力模型、水质模型组成，可对流域产汇流过程、污染物在陆域和水体的迁移和转化过程进行模拟。

5.1.2.1　下垫面概化

模型研究范围为太湖流域平原河网地区，不包括浙西山丘区、湖西山丘区、以及 4 个自排区(滨江自排区、江阴自排区、沙洲自排区，上塘自排区)。根据流域地形特征，河网水系、水资源特点和流域治理总体布局等多种因素，太湖流域可划分 8 个水利分区，即湖西区、武澄锡虞区、阳澄淀泖区、太湖区、杭嘉湖区、浙西区、浦东区和浦西区。在此基础上，结合数值模拟的需要，进一步细分为36 个水利计算分区和 4 个自排区，36 个计算分区包括 16 个平原区分区，10 个湖西山丘区分区，10 个浙西山区分区。

根据流域土地利用的主要类型，结合水文模型和污染负荷模型的计算原理和方法，将太湖流域平原河网地区(圩外及圩内)土地利用方式分为水面、水田、旱地及非耕地、城镇及道路四类。

根据 3.3.3.2 节提出的平原河网区污染负荷空间分配方法，需要对研究区域进行栅格化处理。采用 1km×1km 网格对太湖流域平原区进行栅格化，形成 274×237 的栅格图层，如图 5-1 所示。经过空间运算，获得每个网格所属计算分区属性。对于圩区、水面、城镇等下垫面信息的数字化，将栅格图层分别与相应图层叠加，并进行空间运算，最终获得每个网格圩内及圩外四种土地利用的面积。

5.1.2.2　水系概化

1. 河网概化

根据太湖流域河道断面的几何特征，将河道断面概化为复式梯形断面。同时，为了保证模型在河床干涸条件下仍能继续运算，在主槽底部虚设了一条窄缝，当河道水位低于河道底高程时，水流可在窄缝中流动。河网概化过程中需注意以下几点：骨干河道不要合并；次要的起输水作用的小河道，可以合并为一条概化河道；更小的基本上不起输水作用的河道，可作为陆域面上的调蓄水面处理。

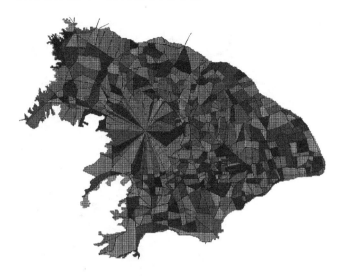

图 5-1　太湖流域平原河网区栅格化图层

2. 湖泊概化

根据研究目的，面积较大的湖泊，例如太湖，可处理成零维调蓄节点，或概化为二维或三维模型要素；面积中等的湖泊概化为零维调蓄节点；小型湖泊和塘坝作为调蓄水面处理。

3. 节点概化

河网概化中需要设置 6 种类型的节点：①正常节点，两条概化河道交叉点，交叉点的蓄水量可忽略不计；②调蓄节点，用来模拟大、中、小型湖泊，具有一定的水面面积；③流量边界节点，例如平原河网区与山丘区交界处的节点，山丘区入流作为河网流量边界条件；④水位边界节点，例如沿长江及杭州湾口门处的节点，节点处的水位作为河网水位或潮位边界条件；⑤闸门节点，连接堰、闸等水利工程的节点；⑥引排水节点，例如取水口或排污口，节点处有一定的流量取引或排入，用于模拟引排工程。

模型对 97 个小型湖泊、952 条河道及太湖湖体分别构建了零维、一维和二维水量水质模型，还对 188 座闸泵工程进行了概化，其中一维模型共概化河道断面 4306 个，河道总长 7958km，二维模型生成网格 2339 个。太湖流域概化河网水系及太湖计算网格如图 5-2 所示。

5.1.2.3　供排水概化

河网水量模型研究的范围主要包括太湖流域平原河网地区，以长江、杭州湾、钱塘江作为河网水量模型边界，不包括湖西山丘区及浙西山丘区、滨江自排区、江阴自排区、沙州自排区及上塘自排区。因此模型中流域供水、排水的概化处理，仅考虑对研究范围内河网水流运动有影响的供水、排水环节。

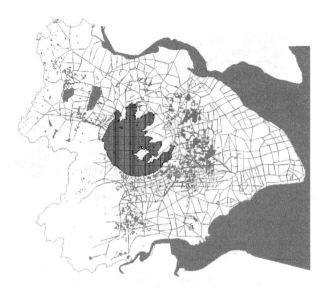

图 5-2　太湖流域概化河网水系及太湖计算网格

1. 供水模拟

根据太湖流域供水特点，河网水量模型的供水模拟不仅考虑了从平原河网区取水的情形，而且考虑了从研究范围外，即水库、长江、钱塘江及深层地下水取水后，以回归方式进入平原河网区的情况。

1）工业和城镇生活

流域内工业和城镇生活供水来自自来水厂及自备水源，根据太湖流域水资源开发利用调查评价的调查成果，模型将有空间坐标的自来水厂和自备水源作为点取水处理，没有空间坐标的自来水厂和自备水源作为面上取水均化处理。

对于自来水厂及自备水源中的非火电厂取水，按实际取水量概化。根据取水地点与排水地点的相对位置关系，自备水源中的火电厂取水分两种情况模拟：①取水地点与排水地点一致的电厂，从水量平衡上来看，相当于取走的是火电厂耗水量，只需在模型中设置相应的取水节点，取水量为其耗水量；②取水地点与排水地点不一致的电厂，在取水处与排水处分别设置取水节点和排水节点，取水流量和排水流量分别按实际取水量和排水量计算。流域自来水厂及自备水源取水口如图 5-3 所示。

2）农业及农村生活

农业供水包括水田灌溉、旱地灌溉、鱼塘供水等。

（1）水田灌溉。水田灌溉从灌渠取水口取引水量称为毛灌溉水量，经过渠系渗漏，到达田间的水量称为净灌溉水量，然后消耗于作物蒸腾、田间下渗和回归。对于水量模型而言，计算的是不能转变为地表水资源量的耗水量。这部分水量在水文模型中考虑，可直接作为河网水量模型的输入条件。

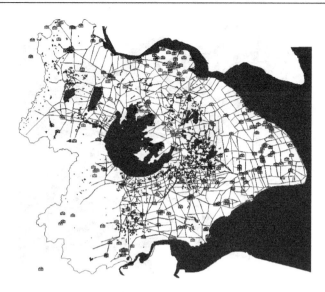

图 5-3　自来水厂及自备水源取水口分布图

(2)旱地灌溉。旱地灌溉包括水浇地、菜田和林果地灌溉等。对于河网水量模型而言，旱地灌溉仅考虑其耗水量。模型以旱地灌溉耗水量为基础，采取面上平均取水的方法模拟灌溉耗水。

(3)鱼塘供水。鱼塘供水包括由于水面蒸发的鱼塘补水、鱼塘换水。鱼塘作为水面处理，水面蒸发补水在水文模型中考虑。此外，鱼塘换水不影响河网水量平衡，因此在水量模型中不模拟鱼塘供水。

(4)农村生活供水。与旱地灌溉一样，农村生活供水采取面上平均取水的概化方法模拟，在模型中仅考虑农村生活耗水量。

除水田灌溉外，上述取水的时间过程按全年均化处理。

2. 排水模拟

如前所述，由于从流域外取水的回归水量会对研究范围内的水量平衡产生影响，排水模拟考虑了从研究范围外，即水库、长江、钱塘江及深层地下水取水后，以回归方式进入平原河网区的情况。另外，模型模拟了农田灌溉和农村生活供水的耗水量，因此不再单独模拟排水。工业和城镇生活、火(核)电排水模拟的处理方法如下。

1)工业和城镇生活

该部分排水模拟在污染负荷模型中考虑，废污水排放量在水量模型中作为排水节点或面上平均排水处理。与供水模拟概化原则一致，研究范围内有地理坐标的点污染源作为点排水处理，没有地理坐标的点污染源作为面上排水均化处理，排放口如图 5-4 所示。

2)火电厂

研究范围内取水地点与排水地点不一致的火电厂为望亭电厂，该电厂自太湖取水，冷却水排入望虞河。从流域外取水，排水地点位于平原河网区的火电厂为谏壁电厂，该电厂从长江取水，冷却水排入流域内河网。

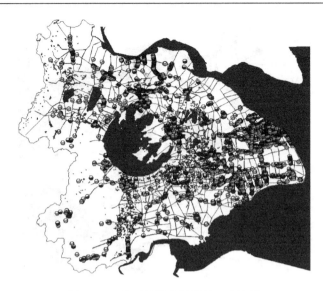

图 5-4　工业及城镇生活排放口分布图

上述排水的时间过程按全年均化处理。

5.1.3　模型率定及验证

5.1.3.1　典型年选择

选择 2000 年流域水量水质实测资料对模型进行率定，采用 1998 年、1999 年观测资料对模型进行验证。2000 年是水资源综合规划的基准年，基础资料条件较好，2000 年流域降水频率为 63.8%，属偏枯年份。1998 年、1999 年太湖流域水位、沿长江及杭州湾水量、流量、环湖巡测水量、水资源开发利用现状等基础资料条件较好。此外，1998 年降水偏丰，降水频率约 27.9%，1999 年特大洪水，降水频率约 1.8%，降水具有一定的代表性。

5.1.3.2　计算条件

收集了 2000 年降水、水位、流量、潮位及 2000 年水资源供、用、耗、排等基础资料。

1. 边界条件

1) 水位和潮位

太湖水位采用环湖 5 站日均实测水位，地区水位选取 12 个代表站实测水位，作为水量模型率定参照值。水位资料来自流域内各省市的水文年鉴，并根据上一年度太湖流域两省一市水准测量成果，对个别代表站水位实测值进行了修正。

沿长江及杭州湾潮位资料也来自水文年鉴，2000 年 9 个潮位站有实测资料，包括镇江、魏村、江阴、浒浦、高桥、芦潮港、乍浦、澉浦、盐官。

2) 流量

为真实地模拟 2000 年实际水流运动状况, 尽量以实测引排水量作为长江、杭州湾、钱塘江沿线口门的流量边界条件。江苏省沿长江谏壁闸、九曲河闸、小河闸、魏村闸、定波闸、张家港闸、十一圩港闸、常熟枢纽、浒浦闸、白茆闸、七浦闸、杨林闸、浏河闸 13 个大闸, 以实测水量过程作为模型边界条件; 江苏省沿江其他小闸参照邻近大闸, 以大闸引排启闭时间调度小闸; 上海地区沿长江各闸按照调度原则控制; 沿杭州湾口门按日均实测水量作为边界条件。1998 年、1999 年流量边界条件按相同方法处理。

3) 水质

水质模型共有 63 个边界条件, 包括西部山丘区入流、沿长江和钱塘江各河道口门。受资料条件所限, 水质边界条件采用两种方法处理。若在边界处有水质监测断面, 则优先采用实测水质数据; 若没有实测浓度过程, 则采用边界所在水功能区水质标准作为其边界条件。

4) 风场

采用实测风场作为太湖风场边界条件。经过统计, 2000 年太湖年平均风速为 5.08m/s, 常风向为 NE 向, 其次为 ENE 向。各风向年平均风速和风频详见表 5-1。同时根据 2000 年各风向风频绘制了风玫瑰图, 如图 5-5 所示。

表 5-1　2000 年太湖各风向年平均风速和风频

	风向							
	N	NNE	NE	ENE	E	ESE	SE	SSE
平均风速/(m/s)	5.02	5.62	6.09	6.62	5.41	4.7	5.96	5.28
风频/%	6.6	7.1	12.3	9.6	7.1	6.3	5.2	7.1
	风向							
	S	SSW	SW	WSW	W	WNW	NW	NNW
平均风速/(m/s)	4.82	4.25	3.8	4.05	3.72	3.22	4.35	4.28
风频/%	7.1	6.3	4.7	5.8	4.9	3.3	3.0	3.6

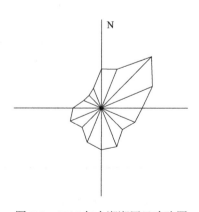

图 5-5　2000 年太湖湖区风玫瑰图

2. 初始条件

1）水位

流域河网及湖泊初始水位取太湖初始时刻水位。

2）水质

按不同模型要素分别给定水质初始条件。零维调蓄节点和一维河网水质模型按实测水质数据给定初始条件，没有实测数据的模型要素，取相邻地区的水质监测值。将太湖分为 8 个湖区，统计各湖区水质监测站点的平均浓度，作为太湖各分区的水质初始条件。

5.1.3.3　水动力模型率定

1. 水位率定成果

1）太湖水位

从太湖水位成果分析，2000 年太湖最高及最低日均水位、水位过程线趋势与实测资料相比，拟合情况均较好，详见表 5-2 和图 5-6。太湖最高计算日均水位 3.35m，比实测水位低 2cm，误差较小。太湖最低计算日均水位 2.84m，与实测最低水位比较，高约 13cm。2000 年太湖最低水位出现在 5 月下旬，可能因为水稻秧田泡田大量用水所致，而产水模型没有考虑水稻秧田泡田用水。

表 5-2　2000 年太湖及地区代表站计算值与实测值　　　　　（单位：m）

区名	站名	最小值			最大值		
		计算	实测	差值	计算	实测	差值
湖区	太湖	2.84	2.71	0.13	3.35	3.37	-0.02
湖西区	王母观	2.91	2.95	−0.04	4.33	4.09	0.24
	溧阳	2.85	2.85	0.00	4.60	4.09	0.51
	坊前	2.91	2.98	−0.07	3.86	3.76	0.10
武澄锡虞区	常州	2.91	3.09	−0.18	4.43	4.29	0.14
	无锡	2.91	2.81	0.10	3.67	3.56	0.11
	陈墅	2.91	2.83	0.08	3.68	3.94	−0.26
阳澄淀泖区	枫桥	2.89	2.69	0.20	3.44	3.26	0.18
	湘城	2.89	2.74	0.15	3.46	3.26	0.20
	陈墓	2.70	2.66	0.04	3.16	3.20	−0.04
杭嘉湖区	嘉兴	2.55	2.36	0.19	3.16	3.14	0.02
	南浔	2.68	2.46	0.22	3.27	3.25	0.02
	新市	2.72	2.47	0.25	3.35	3.32	0.03

从水位过程来看，2000 年全年期拟合较好，计算水位过程线与实测过程线基本一致。水位过程拟合相对较差的时间段出现在水稻秧田期 5 月中下旬、6～8 月上旬以及非汛期

10月，5月中下旬及 6～8 月上旬太湖计算水位过程偏高，可能受水稻秧田泡田、双季稻以及水田灌溉用水过程的影响。非汛期 10 月，太湖计算水位过程偏低。

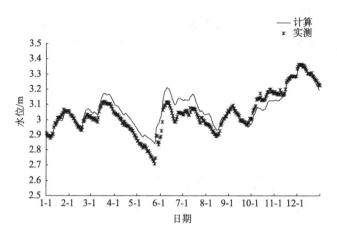

图 5-6　2000 年太湖水位率定结果

2) 地区水位

2000 年，全流域共选取 12 个地区水位代表站进行率定。从 2000 年地区水位率定成果分析可知，地区代表站中除个别站点外，全年期计算水位过程线与实测资料相比，误差较小，拟合情况均较好，详见图 5-7。

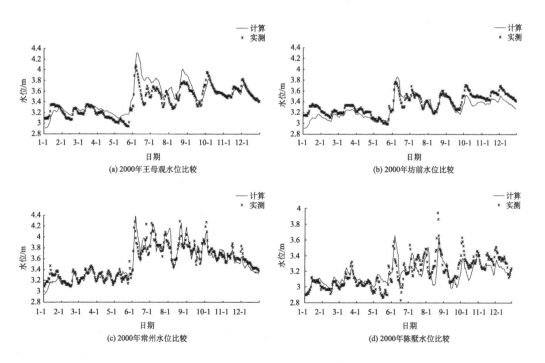

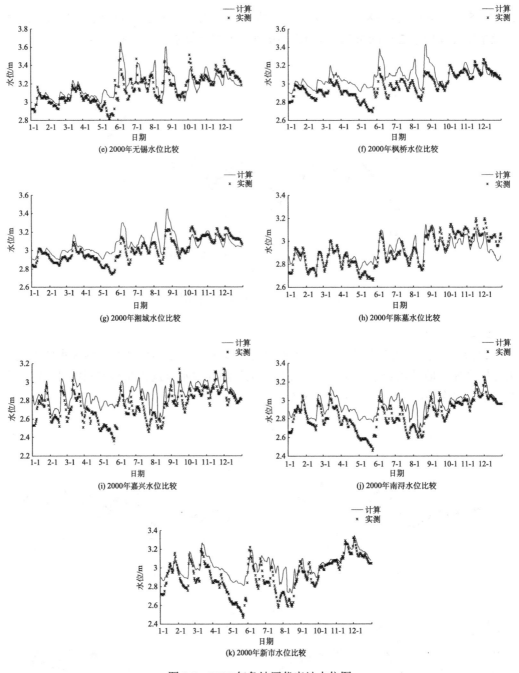

图 5-7　2000 年各地区代表站水位图

　　从各地区代表站水位过程来看，湖西区、武澄锡虞区、阳澄淀泖区代表站水位，率定成果比较好，大部分代表站计算水位过程与实测基本一致，仅某些代表站水稻秧田期在 5 月底、6～8 月，出现计算水位略微偏高的现象，可能是受到秧田泡田用水及水田灌溉模拟的影响。杭嘉湖区计算水位较实测水位偏高，尤其是水田灌溉期，原因可能在于杭嘉湖区部分水田实际采用双季稻，而模型模拟时全部采用单季稻，水田耗水量计算值偏小，引起代表站计算水位较实测水位偏大。

2. 黄浦江外排水量

将黄浦江淞浦大桥和吴淞口全年净泄量的计算值与实测值进行对比，详见表 5-3。

表 5-3　2000 年黄浦江淞浦大桥、吴淞口净泄量对比表　　　（单位：亿 m³）

名称	计算值	实测值	差值	相对误差
淞浦大桥	93.5	99.0	−5.5	5.6%
吴淞口	89.2	93.5	−4.3	4.6%

从表 5-3 可知，淞浦大桥、吴淞口计算值与实测值相差不大。全年期淞浦大桥计算值为 93.5 亿 m³，开发利用调查数值为 99 亿 m³，计算值偏小 5.5 亿 m³，计算误差为 5.6%。全年期吴淞口计算值为 89.2 亿 m³，开发利用调查数值为 93.5 亿 m³，计算值偏小 4.3 亿 m³，计算误差为 4.6%。

3. 环湖巡测水量

根据模型预测结果，将环湖巡测分为 3 段，江苏入湖段（从江浙边界顺时针至白芍山）、江苏出湖段（从白芍山顺时针至新运河大桥）、浙江入湖段（从新运河大桥顺时针至江浙边界），分别统计了环湖巡测线出入湖水量，并与实测资料对比，见表 5-4。对于流向规定，江苏入湖段、浙江入湖段入湖为正，出湖为负；江苏出湖段出湖为正，入湖为负。

表 5-4　2000 年环湖巡测水量计算值与实测成果对比表　　　（单位：亿 m³）

巡测段	计算	实测	差值
江苏入湖段	45.1	55.8	−10.7
浙江入湖段	1.8	−0.7	2.5
入湖合计	46.9	55.1	−8.2
江苏出湖段	37.1	33.6	3.5

由表 5-4 可知，全年期入湖总量计算为 46.9 亿 m³，比实际巡测值小 8.2m³，相对误差 14.9%。其中，江苏入湖段入湖水量计算值为 45.1 亿 m³，比巡测值小 10.7 亿 m³，相对误差约 19.2%；浙江入湖段入湖水量计算值为 1.8 亿 m³，但实际巡测为出湖水量，出湖约 0.7 亿 m³，相对误差较大。全年期江苏出湖段出湖水量计算值为 37.1 亿 m³，比巡测值偏大约 3.5 亿 m³，相对误差约 10.4%。综上，入湖水量计算值比实测值偏小，误差相对较大；出湖水量计算值比实测值相差不多。

由图 5-8 可知，环太湖出入水量的月过程计算结果与环湖巡测资料趋势基本一致。其中，江苏入湖段和江苏出湖段月过程出入湖方向完全相同，仅在水量方面存在一定的误差，但江苏入湖段月过程水量相差较大，尤其是 9～12 月，计算月过程水量比实测偏少较多；浙江入湖段月过程水量较小，计算值与实测值基本一致，但 5 月、10 月，计算值与实测值出入湖方向相反，相差较大。

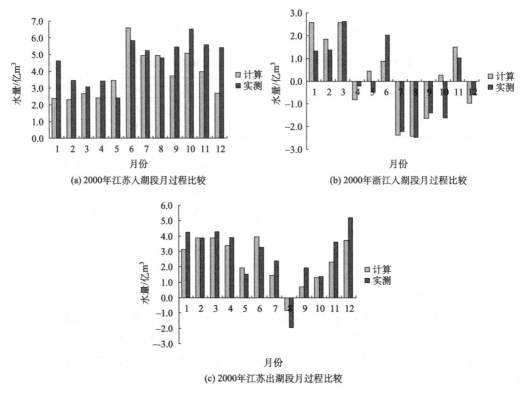

(a) 2000年江苏入湖段月过程比较　　　　　(b) 2000年浙江入湖段月过程比较

(c) 2000年江苏出湖段月过程比较

图 5-8　2000 年环湖巡测月过程水量比较

4. 代表站流量

选定 4 个代表站直湖港白芍山站、大运河洛社站、大运河枫桥站、太浦河平望站，将日均流量计算值、年过流水量计算与实测结果进行比较。代表站年过流总量比较见表 5-5，全年期日均流量过程见图 5-9。

表 5-5　2000 年代表站全年过流总量计算值与实测对比表

代表站	计算值/亿 m³	实测/亿 m³	差值/亿 m³	相对误差/%
白芍山	2.7	2.1	0.6	28.6
洛社	9.6	10.7	−1.1	10.3
枫桥	6.5	11.8	−5.3	44.9
平望	24.8	27.7	−2.9	10.5

由表 5-5 可知，直湖港白芍山站、大运河洛社站、太浦河平望站年过流总量计算值分别 2.7 亿 m³、9.6 亿 m³、24.8 亿 m³，与实际值相差较小，相对误差分别为 28.6%、10.3%、10.5%。

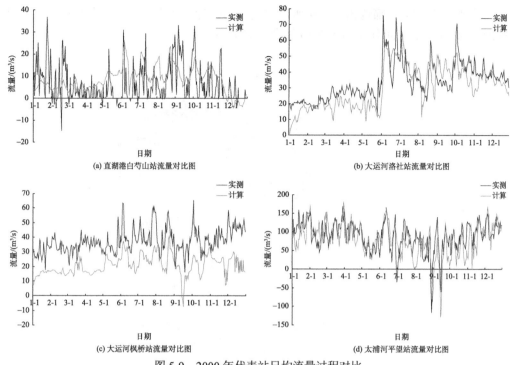

图 5-9　2000 年代表站日均流量过程对比

从代表站日均流量过程对比图来看，直湖港白芍山站、大运河洛社站、太浦河平望站计算日均流量过程与实测相似。大运河枫桥流量过程全年期均拟合较差，计算值比实测值偏低约 10～30m³/s，计算误差约 50%～60%。

由表 5-5 可知，大运河枫桥站年过流量总量计算值比实测值偏小较多，比实测值偏少 5.3 亿 m³，相对误差达 44.9%，而该站计算水位高于实测水位，可能与苏州大运河地区概化河道断面尺寸偏小，枫桥下游水流不畅有关。

综上所述，2000 年模型预测结果能够反映河网水流运动的实际情况。计算值与实测值存在一定的误差，一方面是由于模型概化过程中出现的多种误差，包括断面尺寸、水文模型、潮位过程、引排水量、模型参数、水利工程及其调度运行方式等；另一方面，环湖水量巡测数据大部分由公式推算得到，资料本身存在一定误差。

5.1.3.4　水质模型率定

1. 水质率定断面选择

太湖流域河网及湖泊的水质监测数据来源较多，需要从其中选择一定数量的监测断面对水质模型进行率定，筛选遵循如下原则：

(1)水质监测断面能较好地反映所在河道的水质变化情况；

(2)在流域内的重要河流(如京杭大运河、太浦河、望虞河、吴淞江、黄浦江等)选择较多的监测断面；

(3)省、市交界处的水质控制断面；

(4)具有较多水质监测数据的监测断面。

　　根据以上原则，共筛选出 108 个水质监测断面作为水质率定断面，其中 18 个位于太湖湖区，监测断面空间分布如图 5-10 和图 5-11 所示。

图 5-10　太湖流域河网区水质率定断面分布图

图 5-11　太湖湖区水质率定断面分布图

2. 率定结果分析

　　对 108 个水质率定站点的各项水质指标进行了全面率定，绘制了各水质率定站点各项水质指标计算值与实测值的对比图，部分率定结果见图 5-12。由图可见，2000 年水质率定结果总体较好，实测值与计算值比较吻合，但也存在个别水质站点计算值与实测值偏差较大的情况。

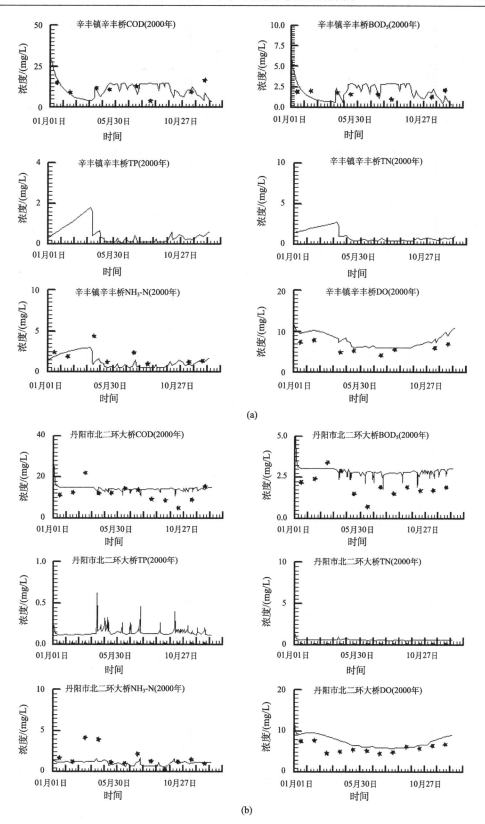

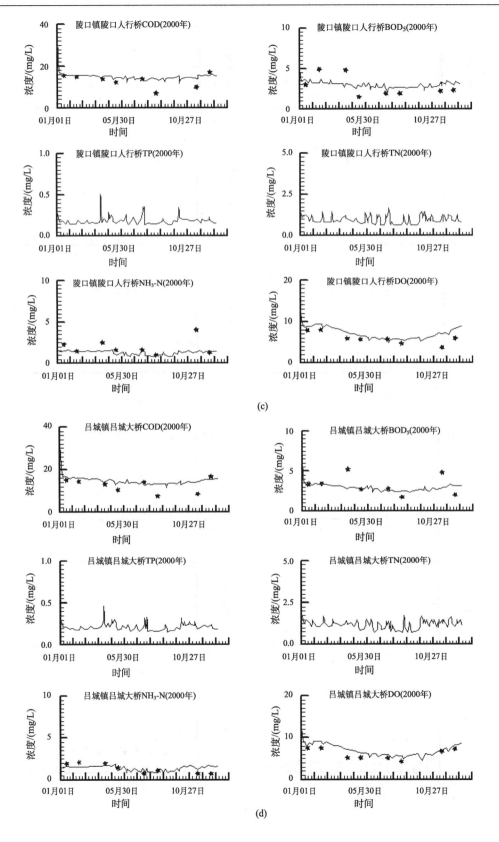

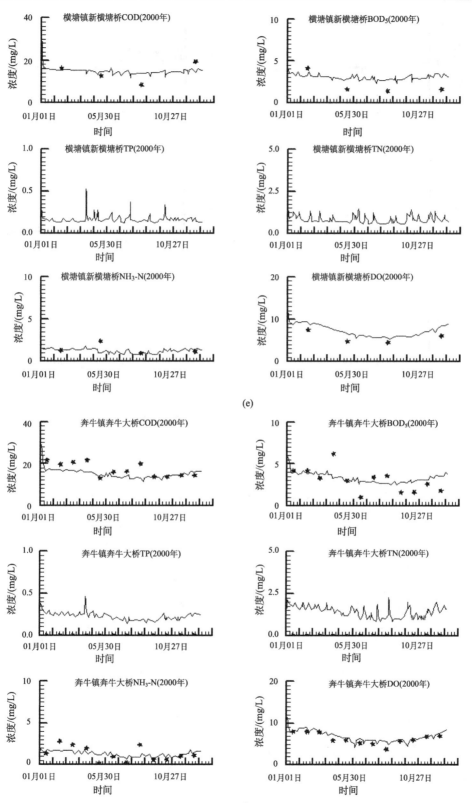

(e)

(f)

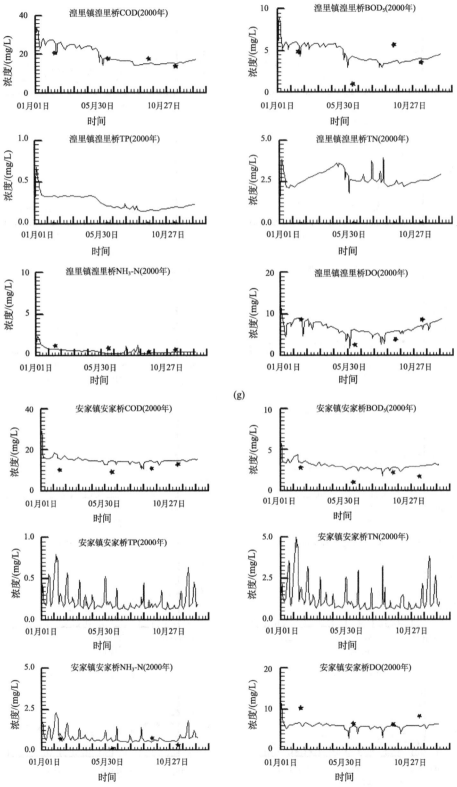

(g)

(h)

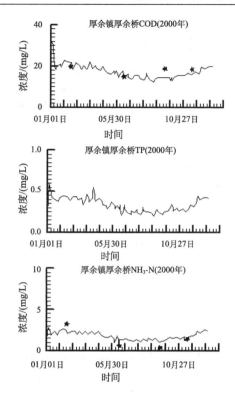

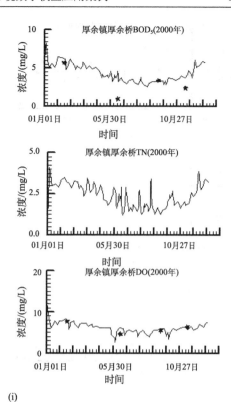

(i)

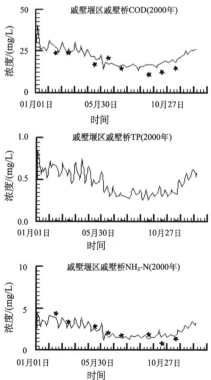

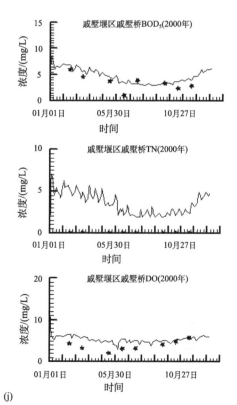

(j)

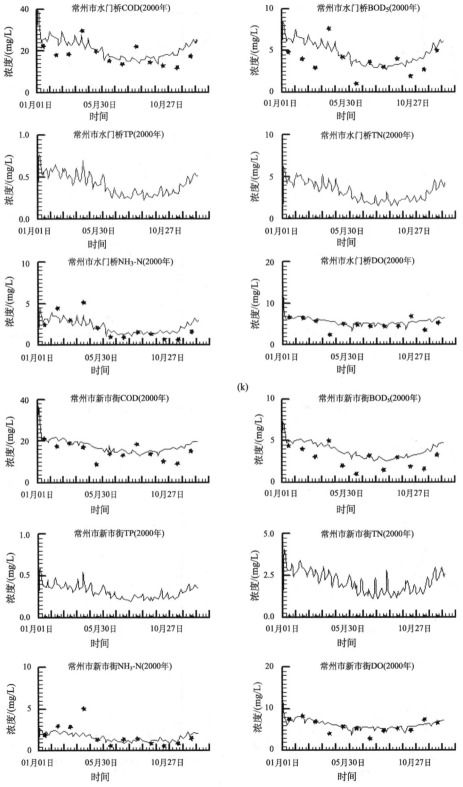

(k)

(l)

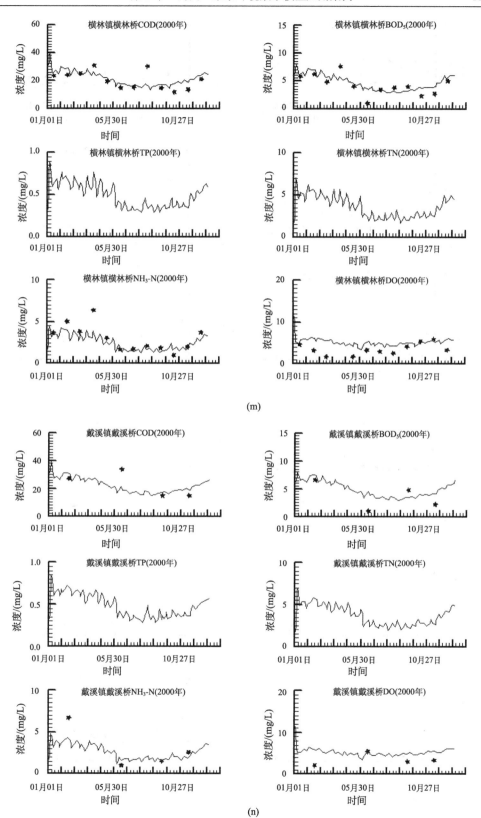

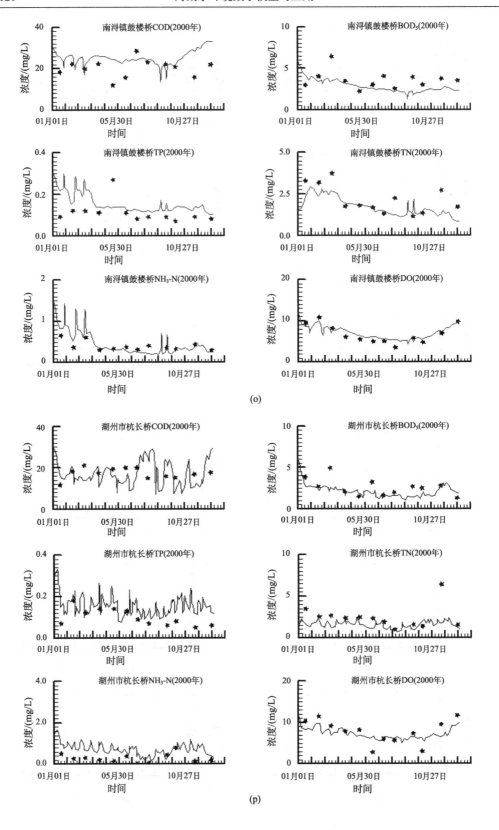

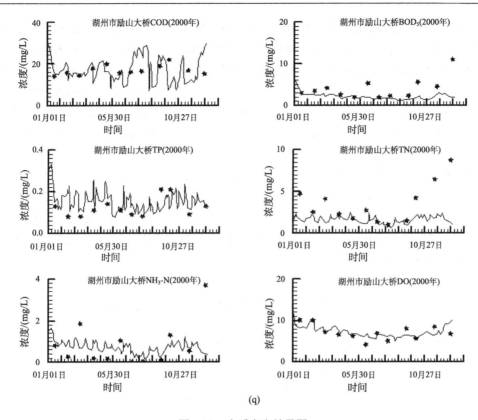

图 5-12　水质率定结果图

此外，统计了各站点计算值与实测值的相对误差，并按水资源分区对率定误差平均值进行了分析，结果见表 5-6。

表 5-6　2000 年各水资源分区率定站点相对误差

水资源分区	相对误差/%					
	COD	BOD$_5$	TP	TN	NH$_3$-N	DO
太湖区	13.57	18.94	61.71	24.01	51.64	17.22
湖西区	17.92	35.86	99.18	25.80	59.06	16.95
武澄锡虞区	36.84	44.44	79.34	34.95	31.23	35.25
阳澄淀泖区	30.80	31.60	65.65	19.83	45.07	33.31
杭嘉湖区	28.22	33.83	24.71	24.79	61.63	24.46
浙西区	9.15	18.27	73.24	27.95	113.90	29.02
浦西区	17.58	23.51	9.05	31.07	26.69	40.71
浦东区	32.12	42.37	—	—	114.79	62.27
平均	23.28	31.10	58.98	26.91	63.00	32.40

由表 5-6 可见，各水资源分区率定站点的率定结果如下。

(1)各分区 COD 相对误差平均值为 23.28%，5 个分区的相对误差小于 30%，武澄锡虞区、阳澄淀泖区和浦东区略大于 30%；各分区 TN 相对误差平均值为 26.91%，仅次于 COD，5 个分区小于 31.10%；仅武澄锡虞区和浦西区略大于 30%；各分区 BOD_5 相对误差平均值为 31.10%，其中 6 个分区的相对误差在 36% 以内，武澄锡虞区和浦东区略大于 40%，说明 COD、TN、BOD_5 的计算值和实测值的拟合程度很好，率定精度较高。

(2) 各分区 DO 相对误差平均值 32.40%，其中 4 个分区小于 30%，2 个分区略大于 30%，浦西区略大于 40%，浦东区大于 50%；说明整个太湖流域河网 DO 计算值和实测值的拟合程度较好。

(3) 各分区 TP 相对误差平均值为 58.98%，其中 2 个分区小于 30%，其余 5 个分区大于 50%；各分区 NH_3-N 相对误差平均值为 63.00%，浦西区相对误差小于 30%，2 个分区在 31%~45%，其余 5 个分区大于 50%；说明 TP 和 NH_3-N 的率定误差相对较大。经过统计，TP 误差在 ±0.1mg/L 范围之内的数据占总数的 74%，NH_3-N 误差在 ±0.9mg/L 范围之内的数据占 71%。

5.2　南宁市邕江河网水量水质模拟

南宁市是广西壮族自治区的首府，位于广西南部，地处亚热带，北回归线以南，介于东经 107°19′~109°38′，北纬 22°12′~24°2′，地理坐标东经 108°22′，北纬 22°48′。土地面积 22112km²，市区面积 6479km²，建成区面积 179km²。南宁地处亚热带地区，气候湿润、雨量充沛，多年平均降水量在 1241~1753mm。南宁水系发达，河流众多。流域集水面积超过 200km² 的河流有郁江、右江、左江、武鸣河、八尺江、清水河、良凤江、香山河、东班江、沙江、镇龙江等 39 条。最大的河流为郁江，横穿南宁城区、邕宁区和横县。右江下游经过隆安县，在南宁市宋村附近与左江汇合形成郁江。郁江（南宁水文站）多年平均天然径流量为 375.1 亿 m³，2009 年的天然径流量（南宁水文站）为 267.1 亿 m³。

南宁市区范围分布有 18 条内河，分别为江北片的竹排冲、朝阳溪、二坑溪、心圩江、可利江、西明江、石埠河、石灵河、那平江、四塘江和江南片的亭子冲、良凤江、凤凰江、马巢河、良庆河、楞塘冲、八尺江、大岸冲，与邕江共同形成南方丘陵地区最具代表性的树状河网水系。

5.2.1　南宁市邕江流域概况

5.2.1.1　河流及水系概况

南宁市地处盆地，四周为低山丘陵所环绕。主要河流均属珠江流域西江水系，较大的河流有郁江、右江、左江、红水河、武鸣河、八尺江等。穿城而过的郁江干流河段把城区分为江南、江北两片，穿城的郁江河段称为邕江。邕江与其众多支流及周边水库、池塘构成了以邕江为主干的庞大水系网络。邕江及其支流为山区河流，河道水流暴涨暴落，水位及水面在枯、汛期之间相差极大。

邕江段河道全长 116.4km，上游从距南宁水文站 38km 的西乡塘区江西乡同江村开始(俗称三江口),下游至邕宁区伶俐镇那车村止,为南宁市重要饮用水水源河流,流域面积 76974km²,多年平均年径流量 418 亿 m³,多年平均流量 1324m³/s。邕江南宁市河段河床宽约 485m,深约 21m,平均水面宽 307m,枯水水深 8~9m。邕江的上游分别为右江和左江。右江发源于云南省广南县云龙山,流经西林县、田林县、百色市、田阳县、田东县、平果县、隆安县进入南宁市,河长 707km,流域面积 38612km²,多年平均年径流量 172 亿 m³,多年平均含沙量 0.36kg/m³,平均侵蚀模数 252t/km²。左江发源于越南谅山省与广西宁明县交界的枯隆山西侧,流经越南后从平而关入境,流经凭祥市、龙州县、崇左市区、扶绥县进入南宁市,全长 539km,流域面积 32068km²。多年平均年径流量 201 亿 m³,多年平均含沙量 0.17kg/m³,平均侵蚀模数 104t/km²。武鸣河发源于马山县古零乡,由北向南流经武鸣盆地,然后折向西南流入隆安县境内,汇入右江下游。干流全长 198km,流域面积 4134km²。多年平均年径流量 24.94 亿 m³,多年平均含沙量 0.13kg/m³。八尺江是邕江在南宁市境内最大的支流,发源于上思县公正乡大龙山,流经邕宁区的大塘、那陈、吴圩、那马乡,于蒲庙和合村寨上屯旁注入邕江。干流全长 123km,流域面积 2291km²。多年平均年径流量 27.6 亿 m³,该河流内建有凤亭河、屯六、大王滩三座大型水库。

5.2.1.2　水资源概况

南宁市水资源丰富,根据广西统计年鉴数据,南宁市地表水资源总量达 111.34 亿 m³,地下水资源量为 17.93 亿 m³,人均水资源量为 1612.48m³/人。南宁市水资源特点:一是时空分布不均,丰水年与枯水年的来水量相差 3 倍左右,一般年份 5~9 月来水量占总水量的 75.7%,10~12 月占 15.4%,1~4 月占 8.9%。因此易出现春旱、夏涝、秋干、冬枯的现象。二是水资源在地域上分布不均匀,趋势是由东北向西南,由山区向平原递减。

邕江是目前南宁市工业及生活用水的主水源,为珠江流域西江水系郁江的上游段,始于左右江汇合处,终于南宁市市区与横县交界处。南宁水文站实测最小日流量为 86.2m³/s,出现在 1999 年 4 月,但多数枯水流量发生在 1~2 月,百色水库建库调节后,邕江段最小平均流量为 160m³/s,多发生在 5~6 月。南宁市周边水库中,可作为城市供水水源的水库有龙潭水库、老虎岭水库、西云江水库、峙村河水库、天雹水库、东山水库、大王滩水库、凤亭河水库、屯六水库 9 个水库,其中天雹、峙村河、老虎岭、东山、龙潭水库、西云江水库目前已设有水厂。

5.2.2　河网模型构建

5.2.2.1　流域划分

利用 DEM 数据进行研究区提取,并进行产汇流分区划分。采用的 DEM 数据来自 ASTER GDEM,如图 5-13 所示。

ASTER (advanced spaceborne thermal emission and reflection radiometer)是 1999 年 12 月发射的 Terra 卫星上装载的一种高级光学传感器,包括了从可见光到热红外共 14 个光谱通道,可为地球环境、资源研究等多个领域提供科学、实用的数据,它是美国 NASA (美国国家航空航天局)与日本 METI (经济产业省)合作参与的项目,属于 EOS (地球观测系统)计划的一部分。ASTER GDEM 采用了从 Terra 卫星发射后到 2008 年 8 月获取的 150 万景 ASTER 近红外影像,利用同轨立体摄影测量原理生成,覆盖范围为地球北纬 83° 到南纬 83°。ASTER GDEM 包含了先进星载热发射和反辐射计(ASTER)搜集的 130 万个立体图像,数据覆盖 99%地球陆地表面,是世界上迄今为止可为用户提供的最完整的全球数字高程数据。借助其免费的优势,ASTER GDEM 已逐渐成为科研和应用领域 DEM 数据的重要来源。

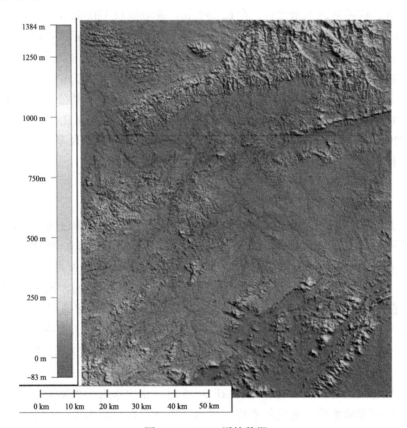

图 5-13　DEM 原始数据

　　为了使 DEM 数据生成的水系与实际河道更加吻合,项目在填洼处理前,采用河道预烧制技术,将实际骨干河道线数据对 DEM 数据进行预处理。实际河道线数据来自南宁市水文局。经过河道预烧制并填洼后的 DEM 数据如图 5-14 所示。利用 DEM 生成方向阵及累积阵,并设置最小河道给养面积为 $10km^2$,生成研究区河网水系,如图 5-15 所示。

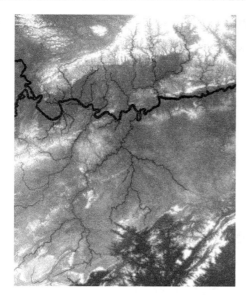

图 5-14　河道预烧制并填洼后的 DEM 数据　　　　　图 5-15　DEM 生成水系

　　研究区上边界选在老口枢纽，下边界选在邕江四塘江入口下游约 4km 处的顺直段，依据 DEM 数据提取研究范围，如图 5-16 所示。

图 5-16　项目研究区边界提取

依据 DEM 水系生成结果，结合研究区内水库位置，对研究区进行子流域划分，作为降雨产流及污染负荷模型计算单元。子流域划分成果如图 5-17 所示。

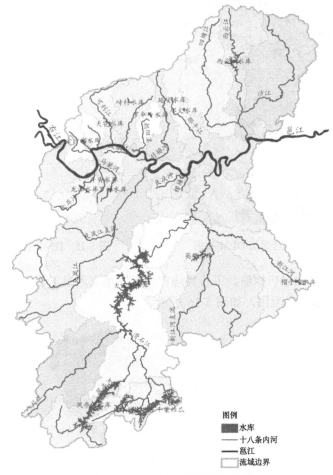

图例

■ 水库
── 十八条内河
━ 邕江
▢ 流域边界

图 5-17　研究区子流域划分成果

对于内河水库上游采用是三水源新安江水文模型进行降雨径流模拟，共划分 33 个水文分区，如图 5-18 所示。

5.2.2.2　土地利用

各内河下游采用分四种下垫面的平原区水文模型进行降雨产流模拟。其中下垫面土地利用采用南宁市国土局提供的高环范围内地类图斑数据，土地利用类型为耕地、水域用地、交通用地、农用地、城市、建制镇、未利用地及其他建设用地 8 类，如图 5-19 所示。

根据地类图斑数据无法区分研究区内水稻田的种植情况，因此将耕地、农用地、未利用地均按照旱地采用新安江模型进行产流模拟；交通用地、城市、建制镇及其他建设用地按照城镇建设用地进行产流模拟。按照水面、旱地、城镇建设用地划分后，采用的 50m×50m 对矢量数据进行栅格化，然后进行构模处理，如图 5-20 所示。

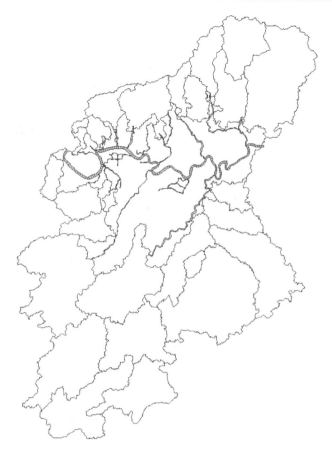

图 5-18　研究区水文模型范围图

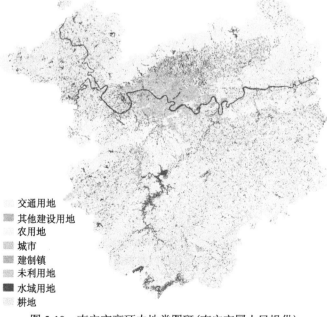

交通用地
其他建设用地
农用地
城市
建制镇
未利用地
水域用地
耕地

图 5-19　南宁市高环内地类图斑(南宁市国土局提供)

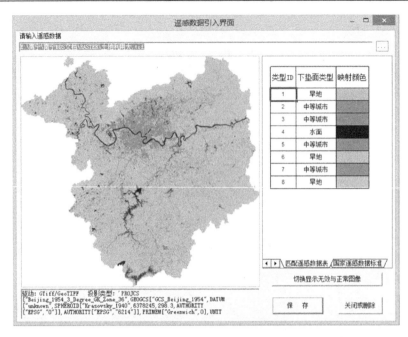

图 5-20　栅格化后的土地利用数据

5.2.2.3　流域水系

统一采用 85 国家高程基准，下文中高程数据如无特殊说明，均为 85 国家高程基准下的高程值。河网水系概化结果如图 5-21 所示。

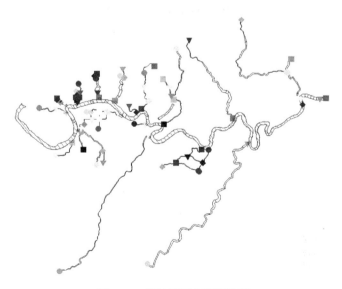

图 5-21　邕江河网水系概化图

1. 湖泊

根据《南宁市内河综合整治报告》，对南湖等湖泊模型进行了概化，如图 5-22 所示。对于南湖这一类小型湖泊，反映水流行为的指标是水位，水位的变化规律必须遵循水量平衡原理，即流入区域的净水量等于区域内的蓄量增量。因此将南湖概化为零维模型。

图 5-22　南湖概化结果

2. 邕江

根据邕江水下地形资料，按照 0.5km 间距生成河道断面，构建邕江一维河道模型如图 5-23 所示。

图 5-23　邕江一维河道模型要素

3. 十八条内河

十八条内河采用一维河道模型进行概化，大断面数据来源有两类，一类来自内河整治情况、供水和排水规划、污水规划等规划设计报告，另一类采用实测数据进行概化。模型共计概化断面约 500 个，如图 5-24 所示。

图 5-24 十八条内河一维河道模型概化

5.2.2.4 水利工程

依据《南宁市邕江防洪工程基本情况》以及南宁市水利局提供的部分资料，对内河入江闸南湖补水泵等23座水利工程进行了建模。闸、泵工程的调度运行规则主要依据《南宁市2012年防洪预案》及相关规划设计报告。

5.2.3 模型参数取值

5.2.3.1 水文模型

水文模型主要参数取值如表5-7所示。

表5-7 水文模型主要参数表

参数名称	值	参数名称	值
不透水面积[IMP]	0	自由水补充壤中流日出流系数[KI]	0.35
上层张力水容量[WUM]	20	壤中流小时消退系数[CI]	0.8
下层张力水容量[WLM]	80	地下水小时消退系数[CG]	0.995
深层张力水容量[WDM]	50	透水层面积比(城镇)	0.45
蓄水曲线指数[B]	0.2	填洼不透水层面积比(城镇)	0.05
蒸发折算系数[K]	1	非填洼不透水层面积比	0.5
深层蒸发系数[C]	0.2	透水层植物最大截留量/mm	4.2
自由水蓄水容量[SM]	20	洼地最大拦蓄量(城镇)(城镇)	20
自由水蓄水曲线指数[EX]	1.5	圩区水面最大调蓄水深/mm	400
自由水补充地下水日出流系数[KG]	0.35	塘坝最大调蓄水深/m	0.119

5.2.3.2　水动力模型

水动力模型主要参数为糙率，各河道糙率取值如表 5-8 所示。

表 5-8　水动力模型糙率取值表

河段名称	主槽糙率	滩地糙率	河段名称	主槽糙率	滩地糙率
二坑溪	0.025	0.045	马巢河望天冲	0.02	0.028
石灵河	0.02	0.06	马巢河官坟冲支流	0.02	0.028
心圩江	0.02	0.06	马巢河沙江支流	0.02	0.028
良凤江	0.02	0.06	马巢河凤凰江联通河道	0.02	0.028
八尺江	0.02	0.06	马巢河凤凰江联通河道 1	0.02	0.028
四塘江	0.02	0.06	凤凰江	0.02	0.028
沙江	0.02	0.06	亭子冲	0.02	0.028
心圩江汊道	0.02	0.06	良庆冲	0.02	0.028
西明江	0.02	0.06	楞塘冲	0.02	0.028
西明江右支流	0.02	0.06	楞良渠	0.02	0.028
西明江左支流	0.02	0.06	玉栋运河	0.02	0.028
石埠河	0.02	0.06	朝阳溪重型机械厂上游	0.02	0.028
可利江西河道	0.02	0.06	朝阳溪十三中下游	0.02	0.028
可利江东河道	0.02	0.06	朝阳溪重型机械厂至二十八中段	0.02	0.028
可利江中段	0.02	0.06	朝阳溪二十八中至十三中暗渠段	0.02	0.06
可利江	0.02	0.06	竹排冲沙江河	0.02	0.06
竹排冲	0.02	0.06	竹排冲上游	0.02	0.06
大岸冲	0.02	0.06	那平江	0.02	0.06
凤凰江沙井大道整治河道	0.02	0.028	邕江一维	0.019	0.025
马巢河那举派支流	0.02	0.028	邕江延伸至邕宁枢纽	0.02	0.06

5.2.4　模型率定及验证

5.2.4.1　典型年选择

根据资料收集情况，选用 2013 年作为模型预测计算的现状年。将 2013 年降雨、蒸发、取水、污染源、边界条件和初始条件等数据输入模型，模拟计算邕江及十八条支流的水量和水质变化情况，根据同期流域水情和水质现状监测数据对水量水质模型关键参数进行率定。

对南宁站 1947～2013 年的流量观测资料进行频率分析，绘制频率曲线图，适线均值为 1210m³/s，C_v=0.29，C_s/C_v=3.0，如图 5-25 所示，频率分析成果见表 5-9。由表可见，南宁站 10%、50%、90%保证率的年平均流量分别为 1679.6 m³/s、1159.7 m³/s 和 805.5 m³/s。根据各水文年的年平均流量，确定丰、平、枯水文典型年分别为 2008 年(1610m³/s)、1995 年

（1142m³/s）和 2009 年（847m³/s）。

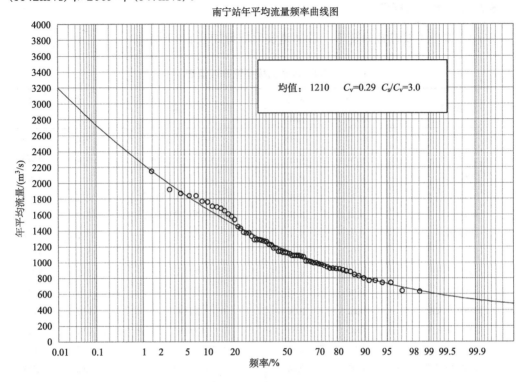

图 5-25　南宁站年平均流量频率曲线图

表 5-9　南宁站年平均流量频率成果表

P/%	年平均值/(m³/s)
1	2240.8
2	2081.9
5	1860.2
10	1679.6
20	1481.0
37.5	1272.6
50	1159.7
62.5	1057.2
75	954.2
85	861.6
90	805.5
95	731.5
98	660.5

5.2.4.2　水动力模型率定

水动力模型率定主要采用前文选用的典型年(2009 年作为典型枯水年,1995 年作为典型平水年,2008 年作为典型丰水年)以及 2013 年的资料。通过降雨蒸发气象资料驱动降雨产流模型进行产流计算,邕江上游采用老口流量,下游采用邕宁枢纽水位作为上下边界。

选用 2013 年西明江、心圩江、凤凰江、大坑口、二坑口、亭子冲以及竹排冲入邕江的闸上水位资料,对内河流域的产汇流成果进行率定。计算水位与实测水位误差统计表及对比图如表 5-10 和图 5-26 所示。

表 5-10　2013 年内河闸上水位计算误差统计表

河道	确定性系数	峰值误差/%	峰现时间/d	最大偏大/%	最大偏小/%
西明江	0.91	0.57	0	1.15	0.13
心圩江	0.80	−0.22	1	4.62	0.27
凤凰江	0.88	1.03	0	1.54	3.01
大坑口	0.95	0.18	−1	1.41	1.34
二坑口	0.91	−0.32	0	1.27	0.34
亭子冲	0.94	−0.11	0	1.34	0.18
竹排冲	0.84	−4.02	0	2.90	0.66

从表 5-10 可以看出,上述 7 条内河闸上水位率定结果的确定性系数均在 0.80 以上。峰值误差除竹排冲在−4.02%,凤凰江在 1.03%以外,其他均不超过 1%。峰现时间心圩江滞后 1d,大坑口提前 1d。最大的误差均不超过 5%。

从下列内河入江闸闸上水位对比图可以看出,对于实测过程,大部分时间水位均处于恒定状态,基本无波动,该恒定水位与各闸门的底坎高程一致。而由大坑口/朝阳溪水位过程图可以看出,实测水位除在 64.5m 有较长时间的恒定外,在 9 月 9~17 日及 11月 16 日之后,还保持在 68.3m 左右,这些时段朝阳溪入邕江的闸门应该处于某种调度中,而这种调度本次率定并没有掌握,所以在率定计算时并没有考虑,从而导致这两个时段计算结果与实测过程偏差过大,如果将这个偏差统计进去,确定性系数为−0.04,最大偏差将达 5.60%。对于竹排冲也有相同情形,主要表现在 11 月 16 日前后的洪峰过程处,根据模型采用的南宁市 2012 版的《防洪预案》,竹排冲闸在大坑口水位低于 69.14m 时,应该是处于开闸状态,从而不应该再出现 16 日的水位峰值,可见实际情况闸门当时应该处于关闭状态,由于这种实际的调度资料并没有搜集到,所以计算时也没有予以考虑。

2013 年内河入江闸闸上水位对比图如图 5-26 所示。

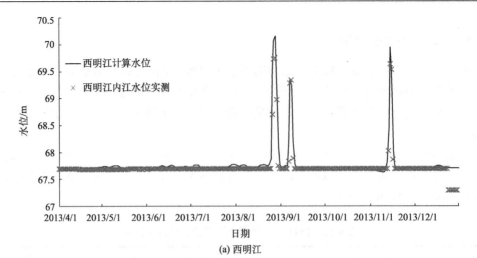

(a) 西明江

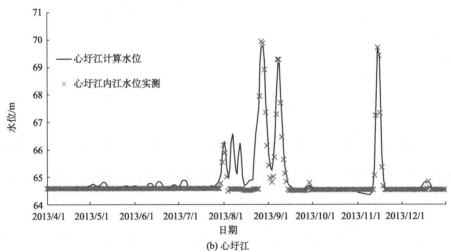

(b) 心圩江

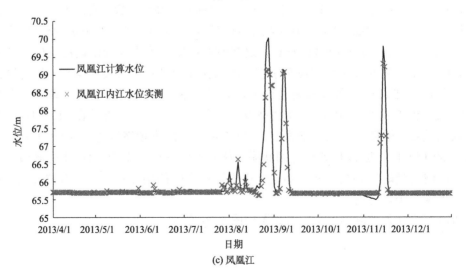

(c) 凤凰江

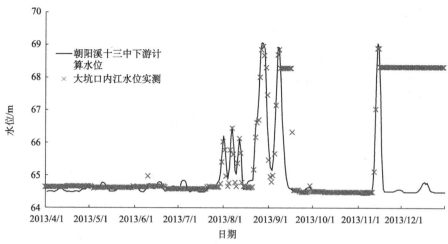

(d) 朝阳溪十三中下游

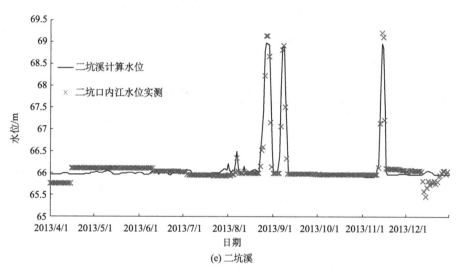

(e) 二坑溪

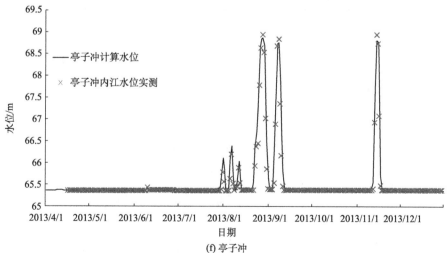

(f) 亭子冲

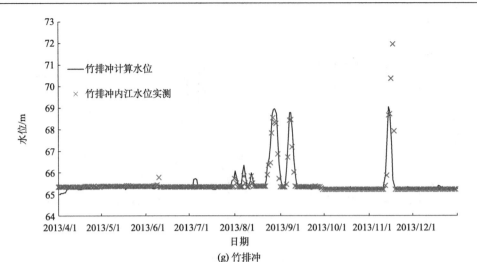

(g) 竹排冲

图 5-26　2013 年南宁市内河入江闸闸上水位对比图

采用典型年以及 2013 年的资料,通过南宁(三)站水位、流量,对邕江糙率进行了率定与验证。误差统计如表 5-11 所示,过程线对比如图 5-27 所示。

表 5-11　流量、水位误差统计表

	年份	确定性系数	峰值误差/%	峰现时间	最大偏大/%	最大偏小/%
流量率定	1995	1.00	−1.22	0	2.02	5.28
	2008	1.00	−0.89	0	6.94	8.13
	2009	1.00	−1.52	0	3.65	8.03
流量验证	2013	1.00	−3.67	0	7.89	6.68
水位率定	1995	0.99	0.36	0	1.02	0.15
	2008	0.99	0.44	0	1.00	0.04
	2009	0.98	0.44	0	1.19	0.03
水位验证	2013	0.98	0.27	0	1.40	0.69

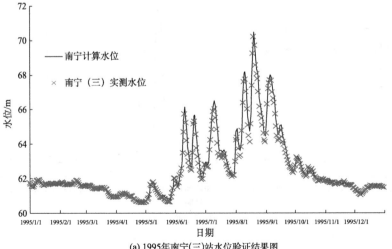

(a) 1995 年南宁(三)站水位验证结果图

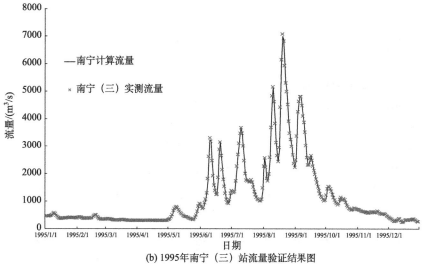

(b) 1995年南宁（三）站流量验证结果图

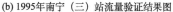

(c) 2008年南宁（三）站水位验证结果图

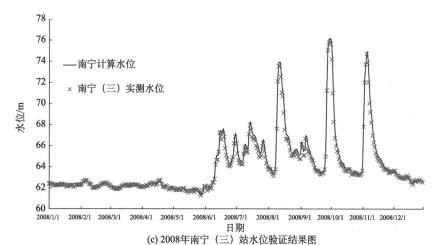

(d) 2008年南宁（三）站流量验证结果图

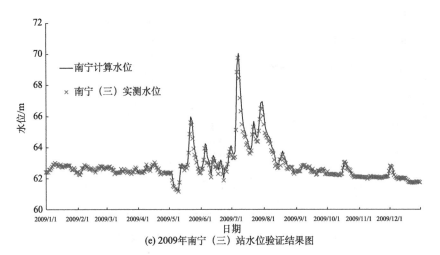

(e) 2009年南宁（三）站水位验证结果图

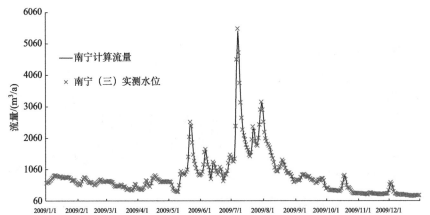

(f) 2009年南宁（三）站流量验证结果图

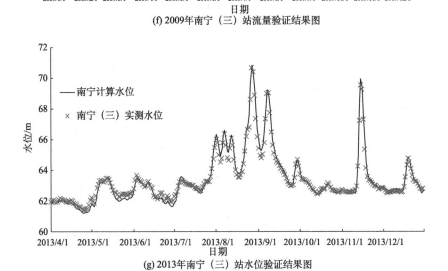

(g) 2013年南宁（三）站水位验证结果图

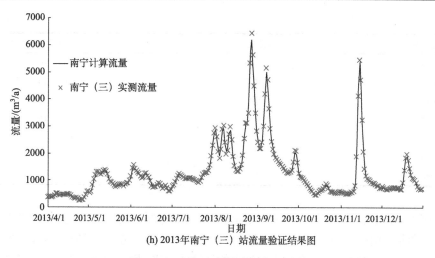

(h) 2013 年南宁（三）站流量验证结果图

图 5-27　水位、流量过程线对比图

从误差统计表可以看出，率定期及验证期水位流量的确定性系数均在 0.98 以上，流量峰值误差在 5%以内，水位峰值误差在 1%以内，峰现时间相同，流量最大偏差在 10%以内，水位最大偏差在 2%以内。

5.2.4.3　水质模型率定

共选取 2013 年 23 个水质监测站点的实测数据作为水质模型率定的基础资料，水质监测站点的基本信息如表 5-12 所示。

表 5-12　水质监测站点基本信息

测站编码	测站名称	监测频次/(次/a)
Q008	马巢河	10
Q009	可利江	10
Q010	凤凰江	10
Q011	心圩江	10
Q012	竹排冲琅东污水处理厂出水口上游	10
Q013	竹排冲口	10
Q014	朝阳溪	10
Q015	二坑溪	10
Q016	亭子冲	10
Q017	水塘江	10
Q018	八尺江	10
Q019	那平江	10
Q020	良庆河	10
Q021	楞塘冲	10
Q022	良凤江	10
Q023	石埠河	10

测站编码	测站名称	监测频次/(次/a)
Q024	大岸冲	10
Q025	石灵河	10
Q026	西明江	10
Q027	四塘江	10
Q038	相思湖上湖	3
Q039	相思湖中湖	3
Q040	相思湖下湖	3

首先绘制了 2013 年南宁市流域水质监测站点各项水质指标计算值与实测值的对比图，如图 5-28 所示。由图 5-28 可知，2013 年大部分水质率定站点的率定结果较好，实测值与计算值比较吻合，但同时也存在个别水质站点的计算值与实测值偏差较大的情况。其次，统计了各水质监测站点计算值与实测值的相对误差及其分布情况，并进行了具体分析。

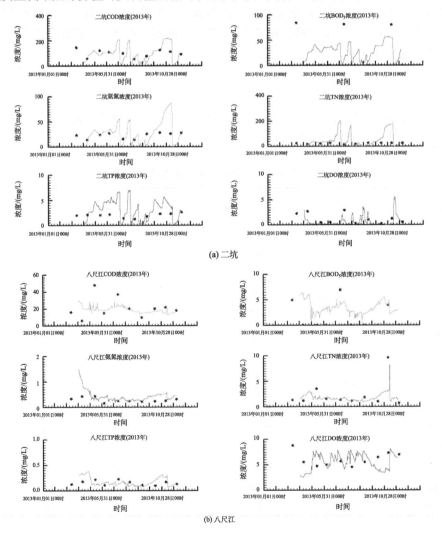

(a) 二坑

(b) 八尺江

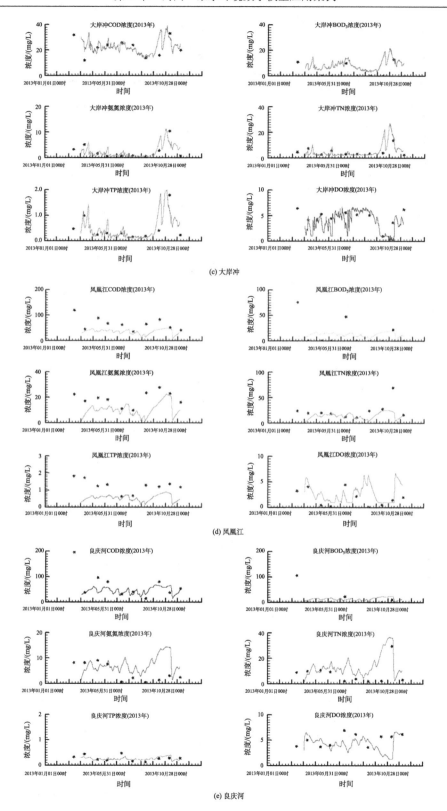

(c) 大岸冲

(d) 凤凰江

(e) 良庆河

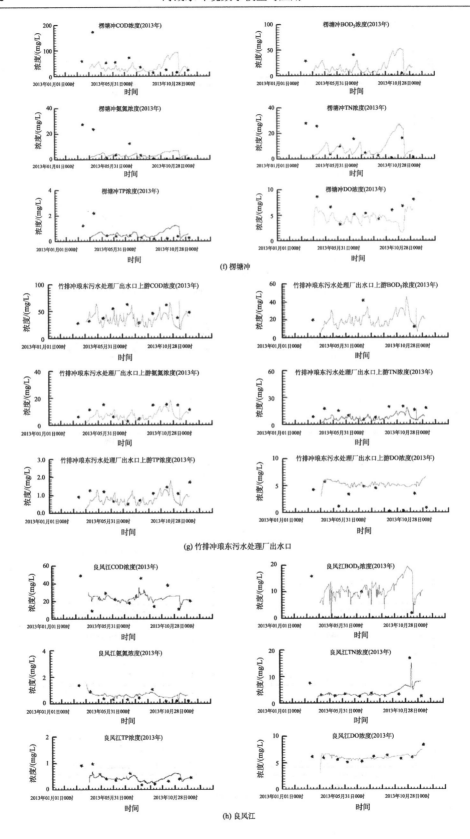

(f) 楞塘冲

(g) 竹排冲琅东污水处理厂出水口

(h) 良凤江

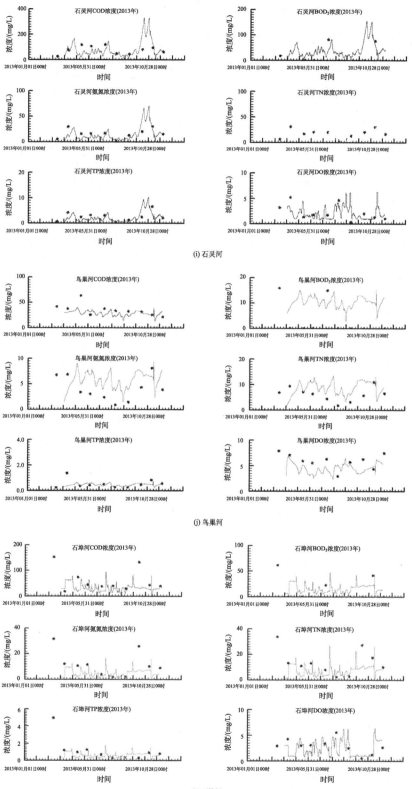

(i) 石灵河

(j) 鸟巢河

(k) 石埠河

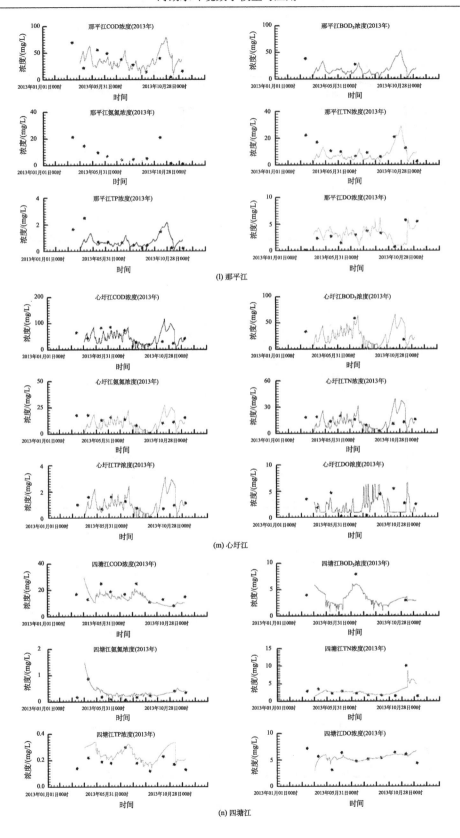

(l) 那平江

(m) 心圩江

(n) 四塘江

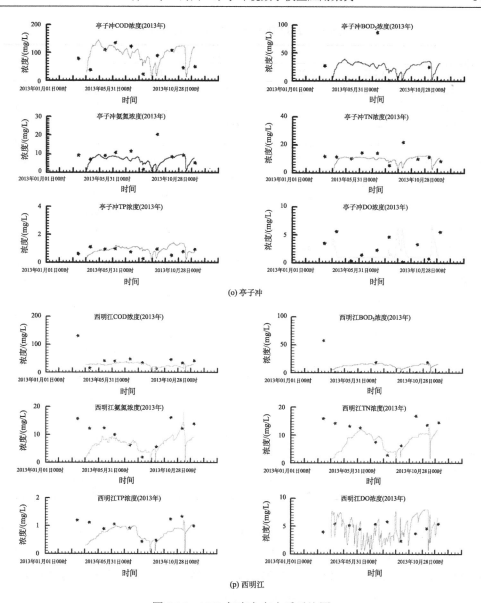

图 5-28　2013 年南宁市水质对比图

对 2013 年共 28 个水质监测站点的相对误差进行了统计，统计结果如表 5-13 所示。
相对误差计算公式为

$$E_r\,(\%) = \frac{\left|\displaystyle\sum_{i=0}^{n}(S_i - T_i)\right|}{\displaystyle\sum_{i=0}^{n}T_i} \tag{5-1}$$

式中，E_r 为相对误差，%；S_i 为计算浓度，mg/L；T_i 为实测浓度，mg/L。

表 5-13 2013 年各水质监测站点相对误差

测站名称	相对误差/%					
	COD	BOD₅	氨氮	TN	TP	DO
马巢河	26.0	20.3	31.9	33.7	1.2	13.8
可利江	37.3	32.7	29.7	2.3	29.2	22.0
凤凰江	46.2	36.1	31.0	33.1	39.1	29.4
心圩江	6.0	30.2	18.8	32.7	46.5	20.0
竹排冲琅东污水厂	31.3	27.0	31.3	34.3	20.3	28.5
竹排冲口	32.6	35.8	33.6	40.1	38.9	22.2
朝阳溪	28.0	29.9	34.0	38.4	10.2	26.6
二坑	6.6	39.5	31.4	31.9	45.8	25.8
亭子冲	0.7	27.2	33.8	40.0	35.1	8.3
水塘江	34.2	35.5	44.5	44.7	34.1	20.2
八尺江	24.5	19.5	39.7	39.2	0.3	5.0
那平江	7.4	33.6	21.6	27.5	11.1	6.8
良庆河	16.5	4.4	29.6	30.5	10.3	25.3
楞塘冲	10.7	34.5	20.3	33.1	24.1	23.9
良凤江	5.2	23.2	28.1	27.0	20.6	1.8
石埠河	36.2	38.7	35.5	36.7	22.4	6.1
大岸冲	7.7	16.4	9.7	39.2	22.1	27.7
石灵河	0.8	28.0	4.7	9.0	15.7	8.0
西明江	30.1	14.6	16.9	19.8	17.6	8.6
四塘江	21.6	12.9	55.7	18.3	29.6	0.7
相思湖上湖	30.1	30.6	24.8	39.2	49.7	25.0
相思湖中湖	30.3	30.0	22.2	33.3	45.1	21.8
相思湖下湖	38.4	35.3	9.3	34.9	40.6	20.2
平均	22.1	27.6	27.7	31.3	26.5	17.3

从表 5-13 中可知，各监测站点 COD、BOD₅、氨氮、TN、TP 和 DO 的相对误差平均值分别为 22.1%、27.6%、27.7%、31.3%、26.5% 和 17.3%。率定效果相对较好的指标为 COD 和 DO。总体而言，绝大部分监测站点各水质指标的相对误差平均值低于 32%，说明计算值与实测值拟合度较好，率定精度较高。

根据相对误差计算结果，统计了相对误差在一定数值以下的数据占总数的百分比，衡量各水质指标相对误差的分布情况。2013 年各水质指标相对误差分布情况如表 5-14 所示。

表 5-14 2013 年各项水质指标相对误差分布

相对误差	相对误差分布/%					
	COD	BOD₅	氨氮	TN	TP	DO
10%以内	31.0	4.2	13.8	24.1	17.2	41.4
20%以内	44.8	20.8	27.6	31.0	37.9	51.7
30%以内	65.5	50.0	58.6	41.4	69.0	100.0
40%以内	96.6	100.0	93.1	93.1	82.8	100.0

　　从表 5-14 中可知，南宁市流域 6 项水质指标除 TN 外，相对误差在 30%以内的数据比例均不低于 50%；相对误差在 20%以内的数据比例介于 20.8%～51.7%。其中 COD 和 DO 的相对误差在 10%以内的比例均在 30%之上，DO 相对误差全部在 30%以内。综上所述，2013 年的水质率定结果整体上反映了南宁市流域水质状况，说明水质模型中各项参数的取值比较合理。

第6章　基于有结构网格的沿深平面二维水环境数学模型

实际工程的水流及物质输运问题都是三维的，其基本方程也以三维方程形式表征。但是对于宽浅型河流、湖泊等水平尺度远大于垂向尺度的河湖水体，其垂直方向流速分量要比水平方向流速分量小得多，即 $w \ll u$，$w \ll v$，并且水深、流速、污染物浓度等量沿垂直方向的变化较之沿水平方向也要小得多。这种情形下，我们往往更为关注宏观尺度的二维平面流场和浓度场，此时若仍以三维数学模型进行模拟，会有计算机资源占用高，计算工作量大，具体紊动参数难以确定等问题，并且也没有这个必要。由此，我们针对水平尺度远大于垂向尺度的水体动力学特征，引入静压假定，将三维控制方程组沿水深进行积分平均处理，得到平面二维的水环境数学模型，以简化对此类问题的求解。

6.1　沿深平面二维非恒定流及物质输运模型

6.1.1　基本控制方程

对三维水流及物质输运方程，在水深方向上进行积分平均，可得到沿深平均的二维非恒定流及物质输运基本方程，如下。

(1) 连续方程：

$$\frac{\partial Z}{\partial t} + \frac{\partial (hu)}{\partial x} + \frac{\partial (hv)}{\partial y} = 0 \tag{6-1}$$

(2) 动量方程：

$$\frac{\partial}{\partial t}(hu) + \frac{\partial}{\partial y}(hu^2) + \frac{\partial}{\partial x}(huv) - fhv = -gh\frac{\partial Z}{\partial x} + \frac{\tau_{sx} - \tau_{bx}}{\rho} \tag{6-2}$$

$$\frac{\partial}{\partial t}(hv) + \frac{\partial}{\partial x}(huv) + \frac{\partial}{\partial y}(hv^2) + fhu = -gh\frac{\partial Z}{\partial y} + \frac{\tau_{sy} - \tau_{by}}{\rho} \tag{6-3}$$

(3) 物质输运方程：

$$\frac{\partial C}{\partial t} + u\frac{\partial C}{\partial x} + v\frac{\partial C}{\partial y} = \frac{1}{h}\left\{ \frac{\partial}{\partial x}\left(hM_x\frac{\partial C}{\partial x} \right) + \frac{\partial}{\partial y}\left(hM_y\frac{\partial C}{\partial y} \right) \right\} + S_i \tag{6-4}$$

式中，　u、v 分别为沿 x、y 方向沿水深积分平均流速分量；Z 为水位；h 为水深；f 为科氏力系数；ρ 为水体密度；C 为沿水深积分平均浓度；S_i 为源汇项；τ_{sx}、τ_{sy} 分别为沿 x、y 方向的风应力；τ_{bx}、τ_{by} 分别为沿 x、y 方向的河床底应力；M_x、M_y 分别为沿水深平均 x、y 方向综合混合系数。

模型中有关参数的计算公式如下。

（1）风应力：

$$\tau_{sx} = \rho_a C_f \sqrt{w_x^2 + w_y^2}\, w_x \tag{6-5a}$$

$$\tau_{sy} = \rho_a C_f \sqrt{w_x^2 + w_y^2}\, w_y \tag{6-5b}$$

式中，ρ_a 为空气密度；C_f 为水-气界面阻力系数，与风速大小有关；w_x、w_y 分别为风矢量在 x、y 方向相对于流速的分量。

（2）河床底部应力：

$$\tau_{bx} = \rho \frac{g}{C_a^2} \sqrt{u^2 + v^2}\, u \tag{6-6a}$$

$$\tau_{by} = \rho \frac{g}{C_a^2} \sqrt{u^2 + v^2}\, v \tag{6-6b}$$

式中，C_a 为谢才系数。

6.1.2　定解条件

在对河流、湖泊等水域的水环境数值模拟中，计算域内水流、水质变量的求解必须有边界控制条件（边界条件）及计算域内初始情况（初始条件），其分述如下。

6.1.2.1　初始条件

所谓初始条件，就是在计算的初始时刻给出各变量 Z、u、v、C 的值，一般形式为

$$Z\big|_{t=t_0} = Z_0(x, y, t_0)$$

$$u\big|_{t=t_0} = u_0(x, y, t_0)$$

$$v\big|_{t=t_0} = v_0(x, y, t_0)$$

$$C\big|_{t=t_0} = C_0(x, y, t_0)$$

在实际计算中，初始条件可用两种方法给出：一种是由已知的实测资料用平面内插值得到整个计算区域上初始时刻的各函数值，由这种方式给出的初始值比较精确，但计算准备工作量较大；另一种是选定某一时刻，近似认为变量初始值是某一常数。由于水位及物质输运初始条件的误差在正确的边界条件控制下会很快消失。因此通常选用后一种方式，取初始值为常数，这样既简便，又能达到计算要求。

6.1.2.2　边界条件

计算结果的正确与否与边界条件是分不开的，它不像初始条件那样，误差在计算中可以逐步消失，边界条件的误差会直接影响整个计算的精度。河湖水域计算通常有两种边界，即开边界（或水边界）和闭边界（或陆边界），他们有不同的边界条件。

在闭边界上，根据流体在固壁不可穿越原理，在忽略渗透的情况下，我们可以认为闭边界上的法向流速和污染物质法向通量为零，一般形式为

$$v_n\big|_\Gamma = 0 \qquad （v \text{ 为流速矢量}）$$

$$\frac{\partial C}{\partial n} = 0$$

在开边界上，一般均采用实测水文和水质资料作为边界条件，一般形式为

$$Z|_{\Gamma} = Z(x_{\mathrm{a}}, y_{\mathrm{a}}, t) \ 或 \begin{cases} u|_{\Gamma} = u(x_{\mathrm{a}}, y_{\mathrm{a}}, t) \\ v|_{\Gamma} = v(x_{\mathrm{a}}, y_{\mathrm{a}}, t) \end{cases} (下标 a 表示边界位置)$$

对污染物质采用

$$C|_{\Gamma} = C(x_{\mathrm{a}}, y_{\mathrm{a}}, t) \ (入流边界)$$

$$\frac{\partial C}{\partial s}\Big|_{\Gamma} = 0 \ (出流边界，s 表示流线方向)$$

6.1.3　数值计算方法

有结构网格是数值离散中最先发展起来的网格剖分形式，其网格排列有序，节点间关系容易确定，数据传输准确，边界通量计算便捷。当前有结构网格主要分为直角坐标网格和曲线贴体坐标网格两大类，前者是在笛卡儿坐标系下，沿 x、y 方向以一定空间步长来剖分计算域，形成规则的平面网格，该网格生成方式简单，网格绝对正交，利于用差分逼近导数，适合各种算法，但容易在岸边界处形成锯齿形边界，适用于边界形状变化不大、较为顺直的水体，或面积广阔水域；后者则是通过某种数学变换（又分为代数变换与微分变换等），在物理计算域内生成曲线网格，使得求解域的边界与网格曲线相重合，将不规则平面转换成规则平面，具有较好的固壁边界拟合精度，但方程推导及其离散展开相对直角坐标网格均较为繁复，得出的结果需转换至直角坐标。

下面我们分别针对这两类有结构网格系统，对沿深平面二维水流及物质输运控制方程组进行离散，并推导其数值求解方法。

6.1.3.1　直角坐标网格下的数值解

本章首先推导直角坐标网格下，基于交替方向隐式差分计算格式二维水环境数学模型的数值解。交替方向隐式法（alternating direction implicit method，ADI）是二维水流及物质输运计算中较为常用的算法。ADI 法还是一种显式-隐式交替使用的求解格式，于 20 世纪 70 年代开始应用于水流和物质扩散方程的计算，其特点是将时间步长 Δt 分为二等分，在前半时间步长内，x 方向分量用隐式方程表示，y 方向分量用显式方程表示；在后半时间步长内，y 方向分量用隐式方程表示，x 方向分量用显式方程表示。

1. 水流运动方程的求解

1）网格的定义

差分的交错网格为正方形，网格线分别平行于 x 轴和 y 轴，间距 $\Delta x = \Delta y = \Delta s$，如图 6-1 所示，"○"表示 Z、h 及 C 的位置，"—"表示 u 的位置，"|"表示 v 的位置。

为了简化下面的差分表达式，将使用的运算符号定义为

$$F_{i,j}^{k} = F(i\Delta x, j\Delta y, k\Delta t) \qquad (取 \Delta x = \Delta y = \Delta s)$$

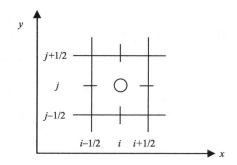

图 6-1　ADI 法网格示意图

其中，$i = 0, \pm 1/2, \pm 1, \pm 3/2, \cdots$；$j = 0, \pm 1/2, \pm 1, \pm 3/2, \cdots$；$k = 0, \pm 1/2, \pm 1, \pm 3/2, \cdots$

$$\overline{F}_{i+1/2,j}^{x} = \frac{1}{2}\left(F_{i,j} + F_{i+1,j}\right); \quad \overline{F}_{i+1/2,j}^{y} = \frac{1}{2}\left(F_{i,j} + F_{i,j+1}\right)$$

$$F_x = F_{i,j} - F_{i-1,j} \quad 在 \left(i - \frac{1}{2}, j\right) 点; \quad F_y = F_{i,j} - F_{i,j-1} \quad 在 \left(i, j - \frac{1}{2}\right) 点$$

$$\overline{\overline{F}}_{i+1/2,j+1/2} = \frac{1}{4}\left(F_{i,j} + F_{i,j+1} + F_{i+1,j} + F_{i+1,j+1}\right)$$

2) 差分表达式

在 $k\Delta t \to (k+1/2)\Delta t$ 内，分别在 $u(i+1/2, j)$ 点、$Z(i, j)$ 点和 $v(i, j+1/2)$ 点，将控制方程组展开。为了使差分方程保持线性，在对流项中的 $\dfrac{\partial u}{\partial x}$、$\dfrac{\partial u}{\partial y}$ 采用前一时刻的值，阻力项和科氏力项中的 u、v 也采用前一时刻的值，这样，得差分方程如下。

$(i+1/2, j)$ 点：

$$u^{k+\frac{1}{2}} = u^k + \frac{1}{2}\Delta t f \overline{\overline{v}}^k - \frac{1}{2}\Delta t u^{k+\frac{1}{2}}\left(\frac{\partial u}{\partial x}\right)^k - \frac{1}{2}\Delta t \overline{\overline{v}}^k \left(\frac{\partial u}{\partial y}\right)^k - \frac{1}{2}\frac{\Delta t}{\Delta s} g Z_x^{k+\frac{1}{2}}$$
$$+ \frac{1}{2}\left[\left(\rho_a C_f \sqrt{w_x^2 + w_y^2}\, w_x\right)^k - \frac{\Delta t g u^k \sqrt{\left(u^k\right)^2 + \left(\overline{\overline{v}}^k\right)^2}}{\left(\overline{h}^x + \overline{Z}^x\right)^k \left(\overline{C}_a^x\right)^2}\right] \tag{6-7}$$

(i, j) 点：

$$Z^{k+\frac{1}{2}} = Z^k - \frac{\Delta t}{2\Delta s}\left[\left(\overline{Z}^x + \overline{h}^x\right)^k u^{k+\frac{1}{2}}\right]_x - \frac{\Delta t}{2\Delta s}\left[\left(\overline{Z}^y + \overline{h}^y\right)^k u^k\right]_y \tag{6-8}$$

$(i, j+1/2)$ 点：

$$v^{k+\frac{1}{2}} = v^k + \frac{1}{2}\Delta t f \overline{\overline{u}}^{\,k+\frac{1}{2}} - \frac{1}{2}\overline{\overline{u}}^{\,k+\frac{1}{2}}\left(\frac{\partial v}{\partial x}\right)^k - \frac{1}{2}\Delta t v^{k+\frac{1}{2}}\left(\frac{\partial u}{\partial y}\right)^k - \frac{1}{2}\frac{\Delta t}{\Delta s}g Z_x^k$$

$$+\frac{1}{2}\left[(\rho_a C_f \sqrt{w_x{}^2 + w_y{}^2}\, w_y)^k - \frac{\Delta t g v^{k+\frac{1}{2}}\sqrt{\left(\overline{\overline{u}}^{\,k+\frac{1}{2}}\right)^2 + \left(v^k\right)^2}}{\left(\overline{h}^y + \overline{Z}^y\right)^k \left(\overline{C}_a{}^y\right)^2}\right] \quad (6\text{-}9)$$

同样，在 $(k+1/2)\Delta t \to (k+1)\Delta t$ 内，分别在 $v(i,j+1/2)$ 点、$Z(i,j)$ 点和 $u(i+1/2,j)$ 点将控制方程组展开成差分方程如下。

$(i,j+1/2)$ 点：

$$v^{k+1} = v^{k+\frac{1}{2}} - \frac{1}{2}f\Delta t \overline{\overline{u}}^{\,k+\frac{1}{2}} - \frac{1}{2}\Delta t \overline{\overline{u}}^{\,k+\frac{1}{2}}\left(\frac{\partial v}{\partial x}\right)^{k+\frac{1}{2}} - \frac{1}{2}\Delta t v^{k+1}\left(\frac{\partial u}{\partial y}\right)^{k+\frac{1}{2}} - \frac{1}{2}\frac{\Delta t}{\Delta s}g Z_y^{k+1}$$

$$+\frac{1}{2}\left[(\rho_a C_f \sqrt{w_x{}^2 + w_y{}^2}\, w_y)^{k+\frac{1}{2}} - \frac{\Delta t g v^{k+\frac{1}{2}}\sqrt{\left(\overline{\overline{u}}^{\,k+\frac{1}{2}}\right)^2 + \left(v^k\right)^2}}{\left(\overline{h}^y + \overline{Z}^y\right)^{k+\frac{1}{2}} \left(\overline{C}_a{}^y\right)^2}\right] \quad (6\text{-}10)$$

(i,j) 点：

$$Z^{k+1} = Z^{k+\frac{1}{2}} - \frac{\Delta t}{2\Delta s}\left[\left(\overline{Z}^x + \overline{h}^x\right)u\right]_x^{k+\frac{1}{2}} - \frac{\Delta t}{2\Delta s}\left[\left(\overline{Z}^y + \overline{h}^y\right)^{k+\frac{1}{2}}u^{k+1}\right]_y \quad (6\text{-}11)$$

$(i+1/2,j)$ 点：

$$u^{k+1} = u^{k+\frac{1}{2}} - \frac{1}{2}\Delta t f \overline{\overline{v}}^{\,k+1} - \frac{1}{2}\Delta t u^{k+1}\left(\frac{\partial u}{\partial x}\right)^{k+\frac{1}{2}} - \frac{1}{2}\Delta t \overline{\overline{v}}^{\,k+1}\left(\frac{\partial u}{\partial y}\right)^{k+1} - \frac{1}{2}\frac{\Delta t}{\Delta s}g Z_x^{k+\frac{1}{2}}$$

$$+\frac{1}{2}\left[(\rho_a C_f \sqrt{w_x{}^2 + w_y{}^2}\, w_x)^{k+\frac{1}{2}} - \frac{\Delta t g u^{k+1}\sqrt{\left(u^{k+\frac{1}{2}}\right)^2 + \left(\overline{\overline{v}}^{\,k+1}\right)^2}}{\left(\overline{h}^x + \overline{Z}^x\right)^{k+1} \left(\overline{C}_a{}^x\right)^2}\right] \quad (6\text{-}12)$$

其中，$\dfrac{\partial u}{\partial x}$、$\dfrac{\partial u}{\partial y}$ 都采用中心差分格式离散。

3) 水流运动差分方程的求解

在每个 $\dfrac{\Delta t}{2}$ 时步内，隐式差分方程均形成了一组三对角的代数方程，可采用追赶法求解。

引进一些记号如下。

在 (i,j) 点，

$$A_i^k = Z_i^k - \frac{\Delta t}{2\Delta s}\left[\left(\overline{Z}^y + \overline{h}^y\right)v\right]_y^k \tag{6-13}$$

在 $(i+1/2, j)$ 点，

$$B_{i+\frac{1}{2}}^k = u^k + \frac{1}{2}\Delta t f\overline{v}^k - \frac{1}{2}\Delta t\overline{\overline{v}}^k\left(\frac{\partial u}{\partial y}\right) - \frac{1}{2}\frac{\Delta t g u^k\sqrt{\left(u^k\right)^2 + \left(\overline{\overline{v}}^k\right)^2}}{\left(\overline{h}^x + \overline{Z}^x\right)^k\left(\overline{C}_a^x\right)^2} \tag{6-14}$$

$$+ \frac{1}{2}(\rho_a C_f\sqrt{w_x^2 + w_y^2}\,w_x)^k$$

$$\gamma_{i+\frac{1}{2}} = \frac{\Delta t}{2\Delta s}\left(\overline{Z}^x + \overline{h}^x\right)_{i+\frac{1}{2}}^k \tag{6-15}$$

$$\gamma_i = \frac{\Delta t}{2\Delta s}g \tag{6-16}$$

$$\gamma_{i+\frac{1}{2}} = 1 + \frac{1}{2}\Delta t\left(\overline{Z}^x + \overline{h}^x\right)_{i+\frac{1}{2}}^k \tag{6-17}$$

在 $k\Delta t \to (k+1/2)\Delta t$ 内，将式 (6-13)～式 (6-17) 代入式 (6-7)，得到

$$-\gamma_i Z_i^{k+\frac{1}{2}} + \gamma_{i+\frac{1}{2}}u_{i+\frac{1}{2}}^{k+\frac{1}{2}} + \gamma_{i+1}Z_{i+1}^{k+\frac{1}{2}} = B_{i+\frac{1}{2}}^k \tag{6-18}$$

将式 (6-13)～式 (6-17) 代入式 (6-8)，得到

$$-\gamma_{i-\frac{1}{2}}u_{i-\frac{1}{2}}^{k+\frac{1}{2}} + Z_i^{k+\frac{1}{2}} + \gamma_{i+\frac{1}{2}}u_{i+\frac{1}{2}}^{k+\frac{1}{2}} = A_i^k \tag{6-19}$$

式 (6-18) 和式 (6-19) 中的系数和自由项都由 $k\Delta t$ 时刻的 u、v、Z 决定，因而都是已知量。对于某个固定的 j，式 (6-18) 和式 (6-19) 组成了一个以 $u_{i+\frac{1}{2}}^{k+\frac{1}{2}}$、$Z_i^{k+\frac{1}{2}}$ (i 是变化的) 为未知量的线性代数方程组，加上左右两个边界条件，构成一个完备的线性代数方程组，其系数矩阵呈三对角型。

分别从式 (6-18) 和式 (6-19) 中各消除一个未知数，可以导出以下形式的递推关系：

$$Z_i^{k+\frac{1}{2}} = -P_i u_{i+\frac{1}{2}}^{k+\frac{1}{2}} + Q_i \tag{6-20}$$

$$u_{i+\frac{1}{2}}^{k+\frac{1}{2}} = -R_{i-1}Z_i^{k+\frac{1}{2}} + \Lambda_{i-1} \tag{6-21}$$

$$P_i = \gamma_{i+\frac{1}{2}} / \left(1 + \gamma_{i-\frac{1}{2}} R_{i-1}\right) \tag{6-22}$$

$$Q_i = \left(A_i^k + \gamma_{i-\frac{1}{2}} \Lambda_{i-1}\right) / \left(1 + \gamma_{i-\frac{1}{2}} R_{i-1}\right) \tag{6-23}$$

$$R_i = \gamma_{i+1} / \left(\gamma_{i+\frac{1}{2}} + \gamma_i P_i\right) \tag{6-24}$$

$$\Lambda_i = \left(B_{i+\frac{1}{2}}^k + \gamma_i Q_i\right) / \left(\gamma_{i+\frac{1}{2}} + \gamma_i P_i\right) \tag{6-25}$$

对于每个固定的 j，在 x 轴方向上，随着 i 的增加分别求出 P_i、Q_i、R_i 及 Λ_i；然后，随着 i 的减小，交替地使用式(6-20)和式(6-21)，分别求出 $Z_i^{k+\frac{1}{2}}$ 和 $u_{i-\frac{1}{2}}^{k+\frac{1}{2}}$；再根据式(6-9)，在 y 轴方向上，对于每一个固定的 i，随着 j 的增加可以直接求出 $v_{i+\frac{1}{2}}^{k+\frac{1}{2}}$。

完全类似，可以推出 $(k+1/2)\Delta t \to (k+1)\Delta t$ 的各个相应表达式，在这里不再重复。

2. 污染物输运方程的求解

1) 差分表达式

同样，用 ADI 法计算二维物质扩散输运也是将时间步长分为两等分，在前半个时间步长 $k\Delta t \to (k+1/2)\Delta t$ 内，将方程(6-4)有关 x 方向上的各项用隐式表示，y 方向上的各项用显式表示，如下。

(i, j) 点：

$$C^{k+\frac{1}{2}} - C^k + \frac{\Delta t}{2\Delta s}\left(u\overline{C}^x\right)_x^{k+\frac{1}{2}} + \frac{\Delta t}{2\Delta s}\left(v\overline{C}^y\right)_y^k - \frac{\Delta t}{2(\Delta s)^2}\left(M_x C_x\right)_x^{k+\frac{1}{2}} - \frac{\Delta t}{2(\Delta s)^2}\left(M_y C_y\right)_y^k = S_i^k$$

$$\tag{6-26}$$

同样，在后半个时间步长 $(k+1/2)\Delta t \to (k+1)\Delta t$ 内，方程(6-4)中有关 y 方向上的各项用隐式表示，x 方向上的各项用显式表示，如下。

(i, j) 点：

$$C^{k+\frac{1}{2}} - C^{k+1} + \frac{\Delta t}{2\Delta s}\left(u\overline{C}^x\right)_x^{k+\frac{1}{2}} + \frac{\Delta t}{2\Delta s}\left(v\overline{C}^y\right)_y^{k+1} - \frac{\Delta t}{2(\Delta s)^2}\left(M_x C_x\right)_x^{k+\frac{1}{2}}$$
$$- \frac{\Delta t}{2(\Delta s)^2}\left(M_y C_y\right)_y^{k+1} = S_i^{k+\frac{1}{2}} \tag{6-27}$$

采用对流迎风格式，即对流项当流速沿正方向时用向后差分，当流速沿负方向时用向前差分。

2) 物质输运差分方程求解

同样，采用追赶法求解，半点上的浓度可以用以下公式表示

$$
\begin{cases}
\left(\overline{C}^{x}\right)_{i+\frac{1}{2},j}^{k+\frac{1}{2}} = \alpha C_{i,j}^{k+\frac{1}{2}} + (1-\alpha) C_{i+1,j}^{k+\frac{1}{2}} \\[2mm]
\alpha = 1 \qquad\qquad u_{i+\frac{1}{2},j}^{k+\frac{1}{2}} \geqslant 0 \\[2mm]
\alpha = 0 \qquad\qquad u_{i+\frac{1}{2},j}^{k+\frac{1}{2}} < 0
\end{cases}
\tag{6-28}
$$

$$
\begin{cases}
\left(\overline{C}^{x}\right)_{i-\frac{1}{2},j}^{k+\frac{1}{2}} = \beta C_{i-1,j}^{k+\frac{1}{2}} + (1-\beta) C_{i+1,j}^{k+\frac{1}{2}} \\[2mm]
\beta = 1 \qquad\qquad u_{i-\frac{1}{2},j}^{k+\frac{1}{2}} \geqslant 0 \\[2mm]
\beta = 0 \qquad\qquad u_{i-\frac{1}{2},j}^{k+\frac{1}{2}} < 0
\end{cases}
\tag{6-29}
$$

$$
\begin{cases}
\left(\overline{C}^{y}\right)_{i,j+\frac{1}{2}}^{k} = \gamma C_{i,j}^{k} + (1-\gamma) C_{i,j+1}^{k} \\[2mm]
\gamma = 1 \qquad\qquad v_{i,j+\frac{1}{2}}^{k} \geqslant 0 \\[2mm]
\gamma = 0 \qquad\qquad v_{i,j+\frac{1}{2}}^{k} < 0
\end{cases}
\tag{6-30}
$$

$$
\begin{cases}
\left(\overline{C}^{y}\right)_{i,j-\frac{1}{2}}^{k} = \delta C_{i,j-1}^{k} + (1-\delta) C_{i,j}^{k} \\[2mm]
\delta = 1 \qquad\qquad u_{i,j-\frac{1}{2}}^{k} \geqslant 0 \\[2mm]
\delta = 0 \qquad\qquad u_{i,j-\frac{1}{2}}^{k} < 0
\end{cases}
\tag{6-31}
$$

将式(6-28)～式(6-31)代入式(6-26)，经过整理(省略上标 $k+1/2$、下标 j)可以得到以下递推公式：

$$
d_i C_{i-1} + e_i C_i + f_i C_{i+1} = g_i
\tag{6-32}
$$

其中，

$$
d_i = -\beta \frac{\Delta t}{2\Delta s} u_{i-\frac{1}{2},j}^{k+\frac{1}{2}} - \frac{\Delta t}{2(\Delta s)^2} (M_x)_{i-\frac{1}{2},j}^{k+\frac{1}{2}}
\tag{6-33}
$$

$$e_i = 1 + \alpha \frac{\Delta t}{2\Delta s} u^{k+\frac{1}{2}}_{i+\frac{1}{2},j} - (1-\beta) \frac{\Delta t}{2\Delta s} u^{k+\frac{1}{2}}_{i-\frac{1}{2},j} + \frac{\Delta t}{2(\Delta s)^2} (M_x)^{k+\frac{1}{2}}_{i+\frac{1}{2},j}$$

$$+ \frac{\Delta t}{2(\Delta s)^2} (M_x)^{k+\frac{1}{2}}_{i-\frac{1}{2},j} \tag{6-34}$$

$$f_i = (1-\alpha) \frac{\Delta t}{2\Delta s} u^{k+\frac{1}{2}}_{i+\frac{1}{2},j} - \frac{\Delta t}{2(\Delta s)^2} (M_x)^{k+\frac{1}{2}}_{i+\frac{1}{2},j} \tag{6-35}$$

$$g_i = C^k_{i,j} + S_I{}^k_{i,j} - \frac{\Delta t}{2\Delta s} v^k_{i,j+\frac{1}{2}} \left[\gamma C^k_{i,j} + (1-\gamma) C^k_{i,j+1} \right]$$

$$+ \frac{\Delta t}{2\Delta s} v^k_{i,j-\frac{1}{2}} \left[\delta C^k_{i,j-1} + (1-\delta) C^k_{i,j} \right]$$

$$+ \frac{\Delta t}{2(\Delta s)^2} (M_y)^k_{i,j+\frac{1}{2}} \left(C^k_{i,j+1} - C^k_{i,j} \right)$$

$$- \frac{\Delta t}{2(\Delta s)^2} (M_y)^k_{i,j-\frac{1}{2}} \left(C^k_{i,j} - C^k_{i,j-1} \right) \tag{6-36}$$

式 (6-32) 中的系数和自由项都是已知量，它是一个三对角型的线性代数方程组，不难得到以下递推分式：

$$C_i = -E_{i+1} C_{i+1} + F_{i+1} \tag{6-37}$$

其中，

$$E_{i+1} = f_i / (e_i - d_i E_i) \tag{6-38}$$

$$F_{i+1} = (g_i - d_i F_i) / (e_i - d_i E_i) \tag{6-39}$$

对于每个固定的 j，在 x 轴方向上，随着 i 的增加分别求出 E_i、F_i；然后，随着 i 的减小，交替地使用式 (6-37) 就可以求出 $C^{k+\frac{1}{2}}_i$。

类似，可以推出 $(k+1/2)\Delta t \rightarrow (k+1)\Delta t$ 的各个相应表达式，在这里不再重复。

6.1.3.2　正交曲线贴体坐标网格下的数值解

1. 正交曲线贴体坐标网格下的控制方程组

曲线贴体坐标网格大多用于河流等蜿蜒边界水体的模拟。由于河流表面风应力作用相对湖泊等大面积水域要弱得多，计算中可以忽略不计，因此本节给出了正交曲线贴体拟合边界坐标下，河流二维水流及物质输运的基本方程组的具体形式。

连续方程：

$$\frac{\partial Z}{\partial t} + \frac{1}{h_1 h_2} \left[\frac{\partial (h_2 Hu)}{\partial \xi} + \frac{\partial (h_1 Hv)}{\partial \eta} \right] = 0 \tag{6-40}$$

动量方程：

$$\frac{\partial(Hu)}{\partial t}+\frac{1}{h_1h_2}\left[\frac{\partial}{\partial\xi}(h_2Huu)+\frac{\partial}{\partial\eta}(h_1Huv)+Huv\frac{\partial h_1}{\partial\eta}-Hvv\frac{\partial h_2}{\partial\xi}\right]$$
$$=-\frac{gu\sqrt{u^2+v^2}}{C_a^{\ 2}}-\frac{gH}{h_1}\frac{\partial Z}{\partial\xi}+fHv \tag{6-41}$$

$$\frac{\partial(Hv)}{\partial t}+\frac{1}{h_1h_2}\left[\frac{\partial}{\partial\xi}(h_2Huv)+\frac{\partial}{\partial\eta}(h_1Hvv)+Huv\frac{\partial h_2}{\partial\xi}-Hu^2\frac{\partial h_1}{\partial\eta}\right]$$
$$=-\frac{gv\sqrt{u^2+v^2}}{C_a^{\ 2}}-\frac{gH}{h_2}\frac{\partial Z}{\partial\eta}-fHu \tag{6-42}$$

式中，u、v 为正交曲线坐标下 ξ、η 方向沿水深平均的流速分量；h_1、h_2 为坐标变换的 Lame 系数；Z 为水位；H 为水深；g 为重力加速度；f 为科氏力系数；C_a 是谢才系数。

$$h_1=\sqrt{x_\xi^2+y_\xi^2},\ h_2=\sqrt{x_\eta^2+y_\eta^2}$$

物质输送方程（或浓度方程）：

$$\frac{\partial(HC)}{\partial t}+\frac{1}{h_1h_2}\left[\frac{\partial}{\partial\xi}(h_2HuC)+\frac{\partial}{\partial\eta}(h_1HvC)\right]$$
$$=\frac{1}{h_1h_2}\left[\frac{\partial}{\partial\xi}(HM_\xi\frac{h_2}{h_1}\frac{\partial C}{\partial\xi})+\frac{\partial}{\partial\eta}(HM_\eta\frac{h_1}{h_2}\frac{\partial C}{\partial\eta})\right]+S_I \tag{6-43}$$

式中，C 为某一物质浓度值；M_ξ 和 M_η 分别为沿 ξ、η 方向的浓度综合混合系数；S_1 为汇源项。

2. 边界条件

1）入流条件

对于入流边界 Γ_1，须给定水位（或流速）、浓度随时间的变化值为

$$Z(x,y,t)\big|\Gamma_1=Z_1(x,y,t) \tag{6-44a}$$

或

$$u(x,y,t)\big|\Gamma_1=u_1(x,y,t);\quad v(x,y,t)\big|\Gamma_1=v_1(x,y,t) \tag{6-44b}$$

$$C(x,y,t)\big|\Gamma_1=C_1(x,y,t) \tag{6-44c}$$

式中，$Z_1(x,y,t)$、$u_1(x,y,t)$、$v_1(x,y,t)$、$C_1(x,y,t)$ 分别代表入流边界处已知水位、流速及浓度值。

2）出流边界

采用自由出流边界条件，即

$$Z(x,y,t)\big|\Gamma_2=Z_2(x,y,t) \tag{6-45a}$$

$$\frac{\partial u}{\partial\xi}=\frac{\partial C}{\partial\xi}=0 \tag{6-45b}$$

3）固壁边界

采用无滑移条件和固壁物质通量为零条件，即

$$u = v = 0$$
$$\frac{\partial C}{\partial \eta} = 0 \qquad (6\text{-}46)$$

3. 基本方程的离散及求解

在正交曲线贴体坐标系下水流水质运动基本方程，较在笛卡儿直角坐标下要复杂得多，但基本方程仍可表达成如下统一形式：

$$\frac{\partial(h_2 Hu\phi)}{\partial \xi} + \frac{\partial(h_1 Hv\phi)}{\partial \eta} = \frac{\partial}{\partial \xi}\left(\Gamma_\phi H \frac{h_2}{h_1}\frac{\partial \phi}{\partial \xi}\right) + \frac{\partial}{\partial \eta}\left(\Gamma_\phi H \frac{h_1}{h_2}\frac{\partial \phi}{\partial \eta}\right) + S_\phi \qquad (6\text{-}47)$$

对应于各方程主要差别体现在源项 S_ϕ 上，源项是因变量的函数，为了使计算收敛或加快收敛，需对源项进行负坡线性化，即 $S_\phi = S_P \phi_P + S_C, S_P \leqslant 0$，各方程负坡线性化后的 S_P、S_C 见表 6-1。

表 6-1　各方程负坡性化后的 S_P、S_C 汇总表

方程	ϕ	Γ_ϕ	S_P	S_C
连续方程	H	0	$-\dfrac{h_1 h_2}{\Delta t}$	$-\dfrac{h_1 h_2}{\Delta t}H^*$
ζ-动量方程	u	0	$-\left[\dfrac{h_1 h_2 H}{\Delta t} + \dfrac{h_1 h_2 \sqrt{u^2+v^2}}{C_0^2} + vH\dfrac{\partial h_1}{\partial \eta}\right]$	$\dfrac{h_1 h_2 Hu^*}{\Delta t} - gh_2 H\dfrac{\partial Z}{\partial \xi} + v^2 H\dfrac{\partial h_2}{\partial \xi} + fHvh_1 h_2$
η-动量方程	v	0	$-\left[\dfrac{h_1 h_2 H}{\Delta t} + \dfrac{h_1 h_2 \sqrt{u^2+v^2}}{C_0^2} + uH\dfrac{\partial h_2}{\partial \xi}\right]$	$\dfrac{h_1 h_2 Hv^*}{\Delta t} - gh_1 H\dfrac{\partial Z}{\partial \eta} + Hu^2\dfrac{\partial h_1}{\partial \eta} - fHuh_1 h_2$
浓度方程	C	M_ζ M_η	$-\dfrac{H}{\Delta t}h_1 h_2$	$h_1 h_2\left(\dfrac{HC^*}{\Delta t} + S_1\right)$

将方程(6-47)在交错网格结点的控制体积内积分，并代入连续方程，得到同时满足连续方程的离散形式(华祖林等，2013)为

$$\alpha_P \phi_P = \alpha_E H_e \phi_E + \alpha_W H_w \phi_W + \alpha_N H_n \phi_N + \alpha_S H_s \phi_S + b \qquad (6\text{-}48)$$

式中，

$$\alpha_E = D_e A(|P_e|) + \max(-F_e, 0), \qquad \alpha_W = D_w A(|P_w|) + \max(F_w, 0),$$
$$\alpha_N = D_n A(|P_n|) + \max(-F_n, 0), \qquad \alpha_S = D_s A(|P_s|) + \max(F_s, 0),$$
$$\alpha_P = H_e \alpha_E + H_w \alpha_W + H_n \alpha_N + H_s \alpha_S - S_P \Delta\xi\Delta\eta, b = S_C \Delta\xi\Delta\eta$$

其中，D、F 分别表示对流强度和扩散率，$P=F/D$，$A(P) = \max[0, (1-0.1P^5)]$，

$$D_e = \left(\Gamma\frac{h_2}{h_1}\right)_e \frac{\Delta\eta}{\Delta\xi_e}, D_w = \left(\Gamma\frac{h_2}{h_1}\right)_w \frac{\Delta\eta}{\Delta\xi_w}, D_n = \left(\Gamma\frac{h_1}{h_2}\right)_n \frac{\Delta\xi}{\Delta\eta_n}, D_s = \left(\Gamma\frac{h_1}{h_2}\right)_s \frac{\Delta\xi}{\Delta\eta_s}$$

$$F_e = (uh_2)_e \Delta\eta, F_w = (uh_2)_w \Delta\eta, F_n = (vh_1)_n \Delta\xi, F_s = (vh_1)_s \Delta\xi$$

式中，u_e、u_w、v_n、v_s 分别为控制体垂直面上的速度；Γ_e、Γ_w、Γ_n、Γ_s 为控制面上混合扩散系数；h_1、h_2 布置在主网格点上，动量网格点上 h_1、h_2 采用相邻自然网格点线性插值；

$\Delta\zeta_e$、$\Delta\zeta_w$、$\Delta\eta_n$、$\Delta\eta_s$ 为相邻节点距离。

在求解离散方程(6-48)时采用欠松弛技术、块校正技术及逐行扫描的 ADI 法，具体推导过程本节不再赘述。

6.2　算例——三峡太平溪至黄陵庙水文站河段水流水质模拟

选取 1998～1999 年长江三峡太平溪至黄陵庙水文站河段的流场及由茅坪溪排污形成的浓度场进行模拟，通过计算结果与实测资料对比分析来验证模型。

6.2.1　计算河道概况

太平溪至黄陵庙水文站河段在 1997 年 11 月三峡工程实现大江截流后，新建了以厂房坝段为主体的左岸二期施工围堰，三峡工程施工区的长江主流由一期工程的左岸调整到二期工程的右岸的导流明渠，坝区一带原有的水力条件发生了较大的变化。

计算区域的污染源主要集中于三斗坪的茅坪溪附近,污染物主要成分为有机污染物,因此本节以 COD 作为计算污染因子。

6.2.2　数值模拟情况

6.2.2.1　计算范围及网格布置

计算范围为太平溪与黄陵庙水文断面，选取太平溪与黄陵庙水文站作为计算控制边界。采用曲线贴体坐标网格剖分计算域，横向空间步长变化范围为 20～80m，纵向空间步长变化范围 17～115m。网格布置见图 6-2。

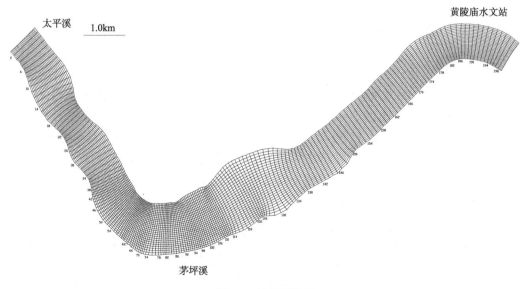

图 6-2　计算网格图

6.2.2.2　边界条件及相关参数的确定

选取典型丰、平、枯水期(1998 年 8 月 22 日、1998 年 10 月 30 日、1999 年 2 月 25 日)黄陵庙水文站实测流量、水位作为流场计算入流和出流边界条件，见表 6-2。

表 6-2　流场计算边界条件

	丰水期 1998.7.31	平水期 1998.10.30	枯水期 1999.2.25
上游流量/(m³/s)	35100	10300	3920
下游水位/m	68.61	66.20	66.07

注：表中起算高程为吴淞高程。

茅坪溪涵洞口测得的流量和 COD 浓度值作为污染源计算条件，见表 6-3。

表 6-3　污染源水质条件表

位置	丰水期 1998.7.31		平水期 1998.10.30		枯水期 1999.2.25	
	流量/(m³/s)	COD/(mg/L)	流量/(m³/s)	COD/(mg/L)	流量/(m³/s)	COD/(mg/L)
茅坪溪涵洞口	47.3	2.4	1.50	9.73	1.0	11.0

太平溪断面 COD 实测浓度作为浓度场计算的上游边界，实测值分别为 2.0mg/L、1.79mg/L、1.7mg/L。

计算河段糙率分流量级分河段取值，范围 0.035～0.047。

浓度综合混合系数的确定如下。

纵向综合混合系数：$M_\xi = \alpha_1 h u_*$；

横向综合混合系数：$M_\eta = \alpha_2 h u_*$；

式中，α_1、α_2 为系数，分别取 4.0 和 0.50；h 为水深；u_* 为摩阻流速。

6.2.3　流场验证

在典型丰、平、枯水期(1998 年 8 月 22 日、1998 年 10 月 30 日、1999 年 2 月 25 日)条件下，以茅坪溪断面上游 50m、下游 50m、100m、200m、500m、1000m 六个断面，分别距岸边 30m、100m 共 12 个测点的实测资料为依据进行验证，对比结果见表 6-4，各测点计算值与实测值相对误差平均为 25.7%，总体差异不大，吻合较好。相应流场分布见图 6-3(a)～(c)，主流基本沿深槽方向运动，导流明渠段水流直冲茅坪溪出口处，而后折回中泓，在二期围堰后形成回流。

表 6-4　流速实测值与计算值对比

测点号	丰水期 1998.7.31		平水期 1998.10.30		枯水期 1999.2.25	
	实测值/(m/s)	计算值/(m/s)	实测值/(m/s)	计算值/(m/s)	实测值/(m/s)	计算值/(m/s)
上游 I-1	4.07	2.85	0.695	0.61	0.55	0.17
上游 I-2	3.71	3.57	1.08	1.37	0.656	0.39

续表

测点号	丰水期 1998.7.31		平水期 1998.10.30		枯水期 1999.2.25	
	实测值/(m/s)	计算值/(m/s)	实测值/(m/s)	计算值/(m/s)	实测值/(m/s)	计算值/(m/s)
下游 I-1	—	3.04	1.05	0.97	0.545	0.25
下游 I-2	—	4.65	1.23	1.94	0.513	0.53
下游 II-1	2.93	2.99	1.235	0.92	0.59	0.24
下游 II-2	2.68	3.41	1.10	1.10	0.493	0.46
下游 III-1	1.12	1.79	1.025	0.94	0.50	0.13
下游 III-2	2.63	3.18	0.953	1.16	0.506	0.30
下游 IV-1	0.46	0.75	0.285	0.12	0.26	0.06
下游 IV-2	1.61	1.45	0.613	0.53	0.483	0.15
下游 V-1	0.65	0.48	0.17	0.12	0.13	0.073
下游 V-2	0.67	0.82	0.603	0.46	0.233	0.12

注：1 为距岸边 30m；2 为距岸边 100m。

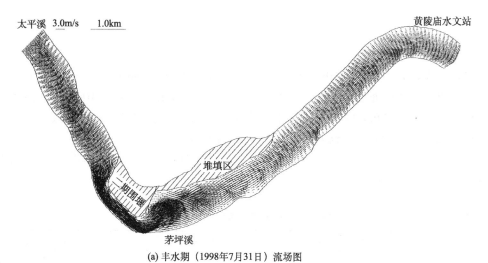

(a) 丰水期（1998年7月31日）流场图

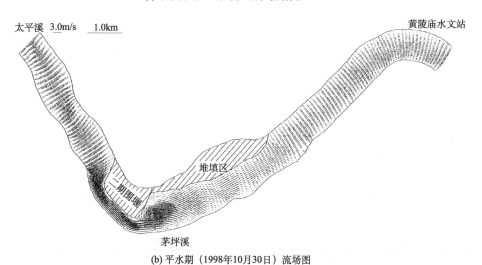

(b) 平水期（1998年10月30日）流场图

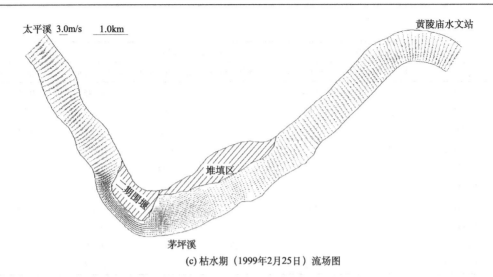

(c) 枯水期（1999年2月25日）流场图

图 6-3　丰、平、枯水期流场图

6.2.4　浓度场验证

在典型丰、平、枯水期(1998 年 8 月 22 日、1998 年 10 月 30 日、1999 年 2 月 25 日)条件下，以茅坪溪断面上游 50m、下游 50m、100m、200m、500m、1000m 六个断面，分别距岸边 30m、100m 共 12 个测点的实测资料为依据进行验证。对比结果见表 6-5，各测点计算值与实测值相对误差平均为 5.1%，误差较小。浓度场分布见图 6-4(a) ～ (c)。水流直冲茅坪溪口后折向河道中泓，浓度场随水流向江中扩散，所得结果与实际情况吻合良好。

表 6-5　COD 实测值与计算值对比

测点号	丰水期 1998.7.31		平水期 1998.10.30		枯水期 1999.2.25	
	实测值/(m/s)	计算值/(m/s)	实测值/(m/s)	计算值/(m/s)	实测值/(m/s)	计算值/(m/s)
上游 I-1	2.0	2.0	1.85	1.79	1.75	1.72
上游 I-2	1.99	2.0	1.73	1.79	1.70	1.71
下游 I-1	—	2.29	2.35	1.93	2.55	1.97
下游 I-2	—	2.40	2.03	1.83	2.27	1.79
下游 II-1	2.15	2.35	2.20	1.95	2.20	1.98
下游 II-2	2.03	2.07	2.03	1.85	1.97	1.82
下游 III-1	2.10	2.38	2.10	1.95	1.95	1.98
下游 III-2	1.97	2.10	2.00	1.87	1.80	1.84
下游 IV-1	2.15	2.30	2.05	1.88	1.85	1.86
下游 IV-2	2.10	2.20	1.93	1.88	1.73	1.85
下游 V-1	2.10	2.00	1.93	1.80	1.75	1.72
下游 V-2	1.93	2.00	1.80	1.80	1.73	1.72

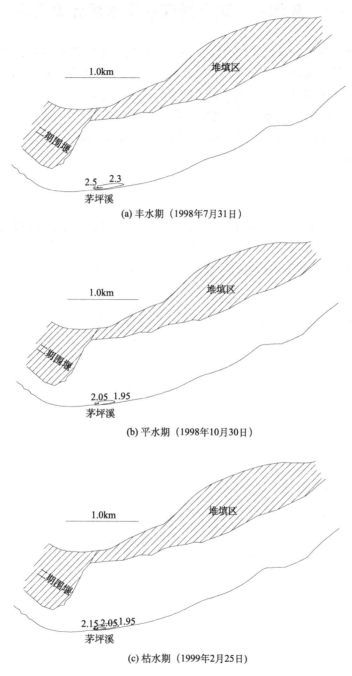

(a) 丰水期（1998年7月31日）

(b) 平水期（1998年10月30日）

(c) 枯水期（1999年2月25日）

图 6-4 　 COD 浓度场

6.3 算例——南宁邕江水流水质计算实例

南宁市主要河流均属珠江流域西江水系，较大的河流有郁江、右江、左江、红水河、武鸣河、八尺江等。郁江在南宁境内称邕江，邕江段河道全长 116.4km，上游从距南宁水文站 38km 的西乡塘区江西乡同江村开始(俗称三江口)，下游至邕宁区伶俐镇那车村止，为南宁市重要饮用水水源河流，流域面积 76974 km²，多年平均年径流量 418 亿 m³，多年平均流量 1324m³/s。邕江南宁市河段河床宽约485m，深约21m，平均水面宽307m，枯水水深8～9m。

6.3.1 模型构建

模型计算范围为邕江老口枢纽至四塘江入江口下游4km，全长90.6km。水下地形数据采用北京54坐标系，1956国家高程基准，等高距为1m。将高程点及等高线数据进行提取，统一转换为85国家高程基准下的高程点，如图6-5所示。

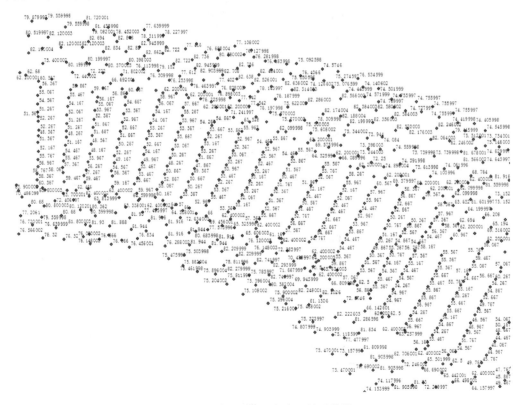

图 6-5　邕江局部河段水下地形数据

根据水下地形生成三角网(图 6-6)，通过插值获得邕江水下地形场。采用正交贴体坐标构建的邕江二维模型，如图6-7所示。垂直河道方向共剖分1971条 ξ 线，间距在30～100m，沿河道方向剖分25条 η 线，间距在20～35m，共生成47280个网格。

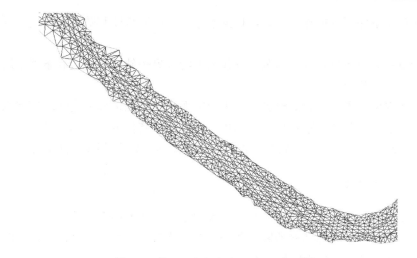

图 6-6　邕江局部河段水下地形 TIN 数据

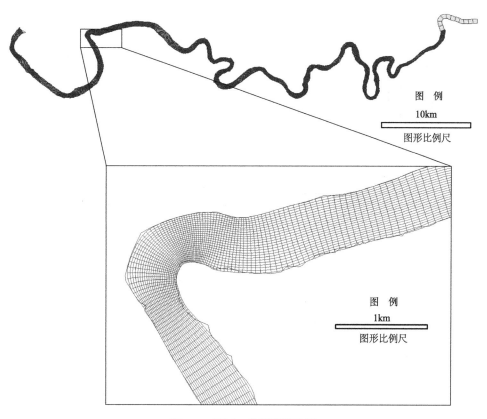

图 6-7　邕江二维模型概化图

6.3.2　率定年型及计算条件

选用 2013 年作为邕江二维水动力及水质模型的率定年份，将 2013 年取水、污染源、边界条件和初始条件等数据输入模型，根据水量和水质同步监测数据对模型关键参数进行率定。

　　采用老口断面的流量及水质监测数据作为上游边界条件，下游边界条件采用邕宁枢纽水位及水质监测数据。

　　对于初始水位，先选择初始时刻上游老口断面水位观测值作为全河段初始水位，启动水动力模型运行，直至沿程水位计算结果稳定后，将其作为水位初始条件。初始流速设定为0。初始水质浓度选择初始时刻相邻水质监测站点各水质指标的观测值。

6.3.3　水动力模型率定

　　采用2013年8月25日～9月4日邕江南宁站及柳沙站的流速测验结果对邕江二维模型进行了率定，南宁断面和柳沙断面各测次实测流速与计算流速对比分别如图6-8和图6-9所示，邕江局部河段流场见图6-10。

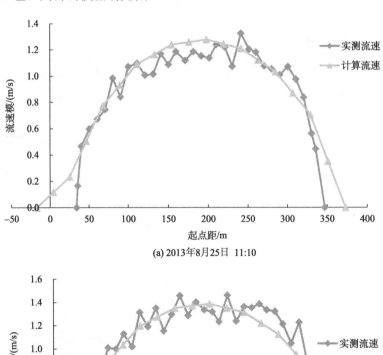

(a) 2013年8月25日　11:10

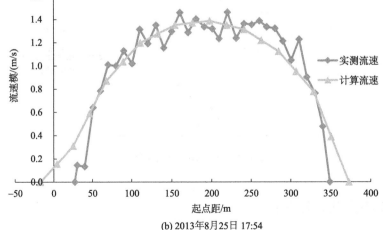

(b) 2013年8月25日　17:54

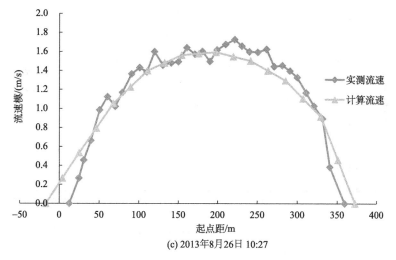

(c) 2013年8月26日 10:27

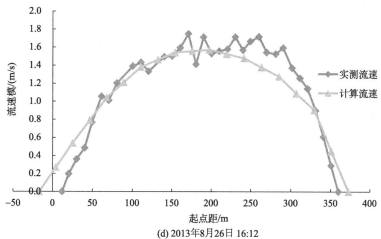

(d) 2013年8月26日 16:12

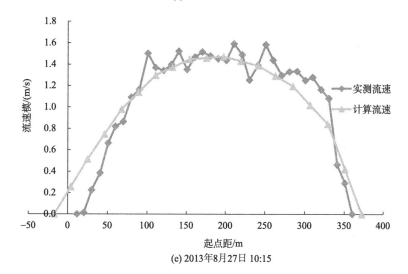

(e) 2013年8月27日 10:15

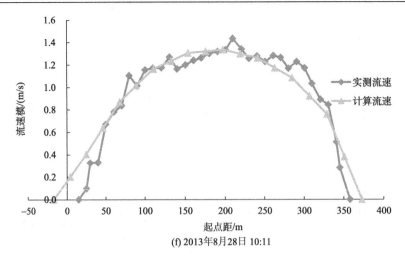

(f) 2013年8月28日 10:11

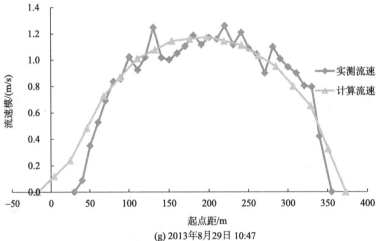

(g) 2013年8月29日 10:47

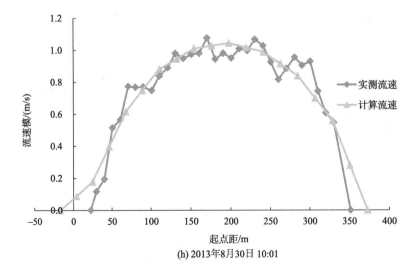

(h) 2013年8月30日 10:01

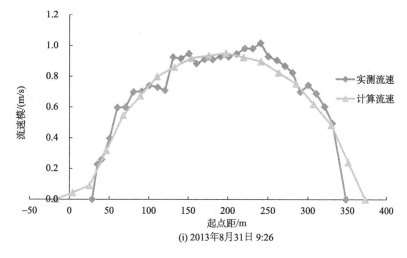

(i) 2013年8月31日 9:26

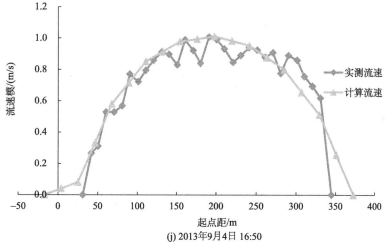

(j) 2013年9月4日 16:50

图 6-8　南宁断面流速对比图

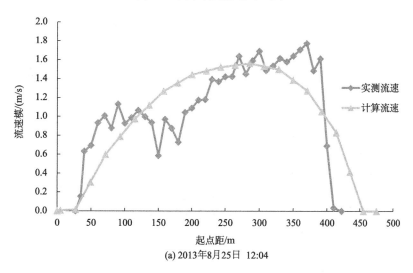

(a) 2013年8月25日 12:04

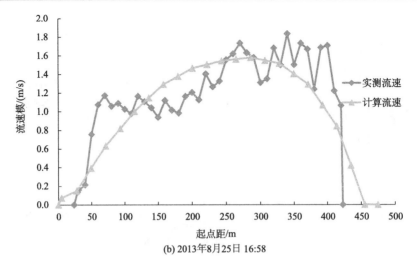

(b) 2013年8月25日 16:58

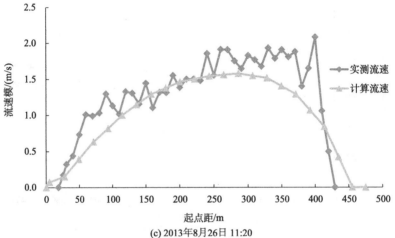

(c) 2013年8月26日 11:20

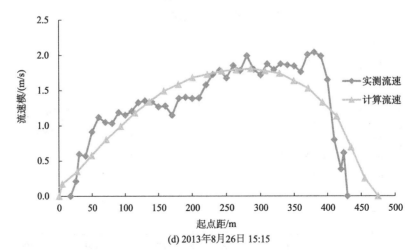

(d) 2013年8月26日 15:15

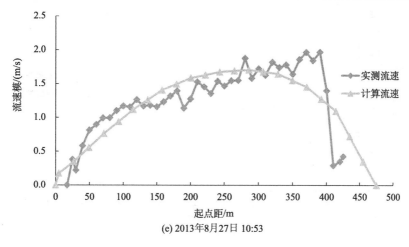

(e) 2013 年 8 月 27 日 10:53

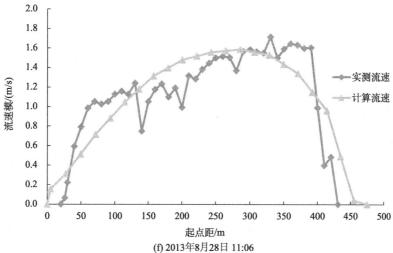

(f) 2013 年 8 月 28 日 11:06

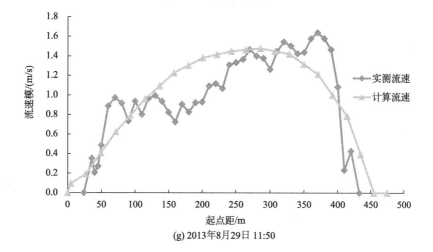

(g) 2013 年 8 月 29 日 11:50

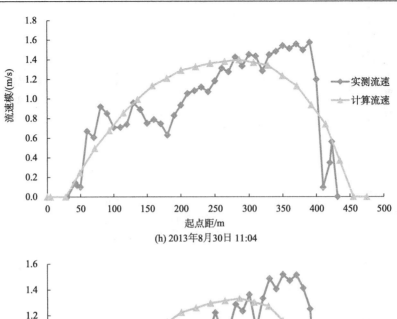

(h) 2013年8月30日 11:04

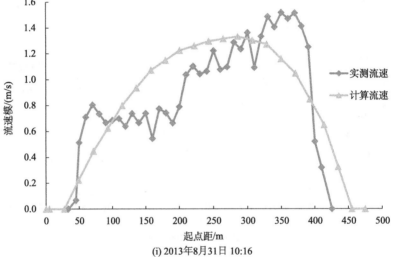

(i) 2013年8月31日 10:16

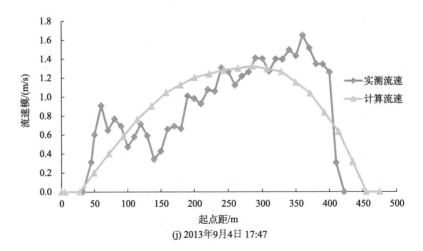

(j) 2013年9月4日 17:47

图 6-9　柳沙断面流速对比图

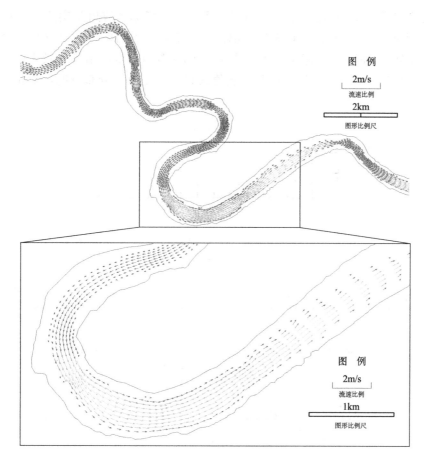

图 6-10　邕江局部河段流场图

6.3.4　水质模型率定

共选取 2013 年 5 个邕江水质监测站点的实测数据作为二维水质模型率定的基础资料，水质监测站点的基本信息如表 6-6 所示。

表 6-6　水质监测站点基本信息

测站编码	测站名称	监测频次
Q003	三津	12
Q004	陈村	12
Q005	西郊	12
Q006	中尧	12
Q007	河南	12

　　首先绘制了 2013 年邕江水质监测站点各项水质指标计算值与实测值的对比图，如图 6-11 所示。由图可见，2013 年大部分水质率定站点的率定结果较好，实测值与计算值比较吻合，但同时也存在个别水质站点的计算值与实测值偏差较大的情况。其次，统计了各水质监测站点计算值与实测值的相对误差及其分布情况，并进行了具体分析。

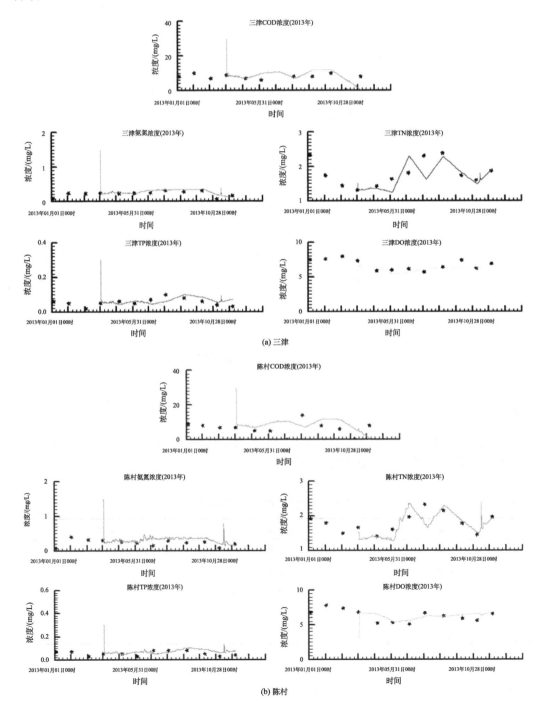

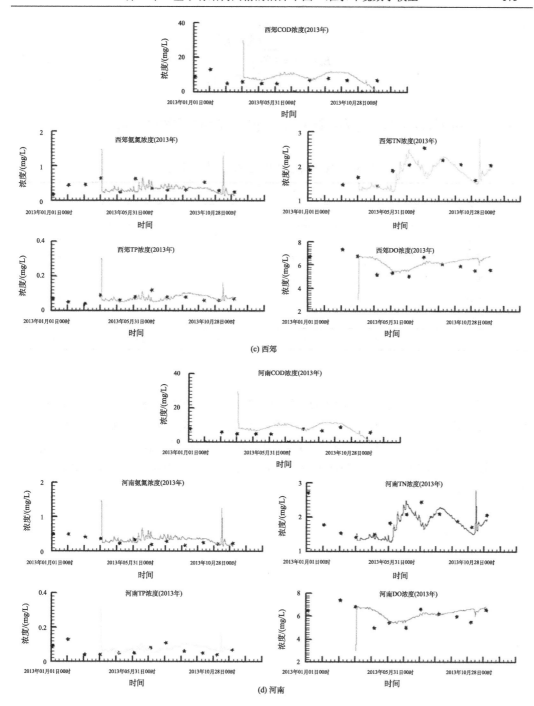

图 6-11　2013 年南宁市水质对比图

对 2013 年共 28 个水质监测站点的相对误差进行了统计，统计结果如表 6-7 所示。相对误差计算公式为

$$E_r\left(\%\right)=\left|\frac{\sum_{i=0}^{n}\left(S_i-T_i\right)}{\sum_{i=0}^{n}T_i}\right| \tag{6-49}$$

式中，E_r 为相对误差，%；S_i 为计算浓度，mg/L；T_i 为实测浓度，mg/L。

表 6-7　2013 年各水质监测站点相对误差

测站名称	相对误差/%				
	COD	氨氮	TN	TP	DO
三津	2.4	16.8	4.6	7.1	2.2
陈村	3.9	38.9	2.2	27.7	6.7
西郊	22.4	19.1	8.7	6.2	10.3
中尧	13.2	6.4	6.5	8.1	8.3
河南	18.6	25.9	7.6	12.9	8.2
平均	12.1	21.4	5.92	12.4	7.14

由表 6-7 可知，各监测站点 COD、氨氮、TN、TP 和 DO 的相对误差平均值分别为 12.1%、21.4%、5.92%、12.4% 和 7.14%。率定效果较好的指标为 TN、DO、COD 和 TP。各监测站点各水质指标的相对误差平均值低于 22%，说明计算值与实测值拟合度较好，率定精度较高。水质率定结果整体上反映了邕江水质状况，说明水质模型中各项参数的取值比较合理。

第7章　基于无结构网格的二维水环境数学模型

由于天然水体的边界及水下地形很不规则，采用有结构网格布置往往难以很好地贴合自然岸边界，无结构网格技术能较好地解决这一难题。所谓无结构网格，即由任意三角形或四边形组成的排列不规则的网格，其节点呈不规则分布，相邻节点(单元)的数目不固定。无结构网格的优点是：与边界及水下地形拟合较好，有利于边界条件的实现；便于控制网格密度，易作修改和适应性调整；建网比曲线网格容易，大型三角网可用程序自动生成。缺点是：格子排列不规则，需建立适当的数据结构以检索格子间的邻接关系，占用内存多；间接寻址费时，解的精度较低(但目前已可与有结构网格竞争)；隐格式求解效率较低(必须用迭代法)，黏性项处理较麻烦，数值解后处理工作量较大。因有限单元法求解效率低，无结构网格长期未能广泛应用，直到 20 世纪 80 年代与有限体积法结合并经多年研究，逐步克服上述缺点，才在实践中得到很好的应用。

20 世纪 90 年代开始，谭维炎、胡四一和赵棣华等学者根据齐次浅水方程和欧拉方程的相似性，将计算气体动力学中的高性能格式引入到计算浅水动力学中。如胡四一等将在空气动力学领域内广泛应用的高性能格式 FVS、FDS 和 FCT 应用到一维非恒定流计算中。谭维炎等利用浅水流动的可压缩流比拟讨论浅水方程组的特性及有关物理现象，将模拟推广到任意断面非棱柱形明渠。由于 FVM 能够准确满足积分形式的守恒律，尤其适合于计算各种间断流动，在涌潮、溃坝等水力计算的难题上取得了很大的成功。胡四一等采用 TVD 格式预测溃坝洪水波的演进；采用无结构网格二维非恒定 FVM 建立长江中下游河湖洪水演进模型。谭维炎等采用二阶 Osher 格式，计算了钱塘江河口涌潮的产生、发展到消亡的全过程。在以浅水方程为基础的物质输运模拟方面，赵棣华等提出平面二维水流-水质 FVM 及黎曼近似解模型。施勇等在无结构 FVM 的基础上，引入跨单元界面法向水沙数值通量的逆风分解，形成二维水沙有限体积算法。

基于无结构网格技术的逐步完善，针对天然水域不规则边界，本章将构建基于无结构网格的二维水环境数学模型，采用有限体积法对控制方程进行数值离散，应用黎曼近似解计算边界上的水量、动量和污染物法向数值通量，并将之应用于长江水环境模拟预测中。

7.1　基于无结构网格的二维水环境数学模型构建

7.1.1　控制方程

守恒型二维浅水方程与对流扩散方程耦合的矢量表达式为

$$\frac{\partial q}{\partial t}+\frac{\partial f(q)}{\partial x}+\frac{\partial g(q)}{\partial y}=b(q) \tag{7-1}$$

其中，$q = [h, hu, hv, hC_i]^T$ 为守恒物理向量；$f(q) = [hu, hu^2 + gh^2/2, huv, huC_i]^T$ 为 x 向的通量向量；$g(q) = [hv, huv, hv^2 + gh^2/2, hvC_i]^T$ 为 y 向的通量向量；源汇项为 $b(q) = [0, gh(s_{0x} - s_{fx}) + s_{wx}, gh(s_{0y} - s_{fy}) + s_{wy}, \nabla(D_i\nabla(hC_i)) + \phi D_{pi}(C_{pi} - C_i) - \omega_{ci}C_i - K_i hC_i + S_i]^T$。

式中，h 为水深，m；g 为重力加速度，m/s^2；u、v 分别为 x、y 方向沿垂线平均水平流速分量，m/s；s_{0x} 和 s_{0y} 分别为 x 向和 y 向的水底底坡，$s_{0x} = -\dfrac{dZ}{dx}$，$s_{0y} = -\dfrac{dZ}{dy}$；s_{fx} 是 x 向摩阻坡度，$s_{fx} = \dfrac{\rho u\sqrt{u^2 + v^2}}{hc^2} = \dfrac{\rho n^2 u\sqrt{u^2 + v^2}}{h^{4/3}}$；$s_{fy}$ 是 y 向摩阻坡度，$s_{fy} = \dfrac{\rho v\sqrt{u^2 + v^2}}{hc^2} = \dfrac{\rho n^2 v\sqrt{u^2 + v^2}}{h^{4/3}}$；$s_{wx}$ 是 x 方向的风应力，$s_{wx} = \rho_a C_D |W_a| \cdot W_a \cdot \cos\alpha$，m^2/s^2；$s_{wy}$ 为 y 方向的风应力，$s_{wy} = \rho_a C_D |W_a| \cdot W_a \cdot \sin\alpha$，m^2/s^2；$\rho_a$ 为风的密度；W_a 是距水面 10m 处的风速；C_D 为风拖曳系数，其经验公式与风速有关，$C_D = (1.1 + 0.0536W_a) \times 10^{-3}$。$C_i$ 为垂向平均的物质浓度；ϕ 是表层沉积物孔隙率（$0 < \phi < 1$）；D_{pi} 为包括沉积物颗粒不规则的弯曲效应在内的扩散系数，cm^2/s；C_{pi} 是孔隙水中的浓度，mg/cm^3；ω_{ci} 为污染物综合沉降速度，cm/s；K_i 为污染物在水体中的综合降解系数；S_i 为源汇项，可根据需要确定。

7.1.2　方程数值离散

应用散度定理对方程在任意单元 Ω 上进行积分离散，求得 FVM 的基本方程为

$$\iint_\Omega \frac{\partial q}{\partial t} d\omega = -\int_{\partial\Omega} F(q) \cdot n \, dL + \iint_\Omega b(q) d\omega \tag{7-2}$$

式中，$F(q) = [f(q), g(q)]^T$；n 为 $\partial\Omega$ 单元边外法向单位向量；$d\omega$ 和 dL 为面积分和线积分微元；$F(q) \cdot n$ 为法向数值通量。公式表明法向通量的求解，可将二维问题转换为一系列局部一维问题。向量 q 为单元平均值，对于一阶精度则假定为常数。据此对方程（7-2）离散求得 FVM 基本方程为

$$A\frac{\partial q}{\partial t} = -\sum_{j=1}^{m} F_n^j(q) L^j + b_*(q) \tag{7-3}$$

式中，A 为单元 Ω 的面积；利用散度定理，扩散通量项可表达为 $\sum D_i(\nabla hC_i)_n L$，$(\nabla hC_i)_n$ 为相邻单元法向 hC_i 梯度；L^j 为单元中第 j 边的长度；m 为单元边总数；$b_*(q) = [0, A \cdot (gh(s_{0x} - s_{fx}) + s_{wx}), A \cdot (gh(s_{0y} - s_{fy}) + s_{wy})$。$\sum D_i(\nabla hC_i)_n L^j + A \cdot (\phi D_{pi}(C_{pi} - C_i) - \omega_{ci}C_i - K_i hC_i + S_i)]^T$ 为源汇项。对控制体 Ω，写成显式 FVM 方程为

$$A(q_i^{n+1} - q_i^n) = \Delta t\left(-\sum_{j=1}^{m} F_n^j(q) L^j + b_*(q)\right) \tag{7-4}$$

式（7-4）等号左边表示控制体内守恒变量在 Δt 内时段的变化，右边第 1 项表示沿各边法

向通量之和，第 2 项表示控制体内源项(入流及外力)在 Δt 时段内的作用。单元边法向通量 $F_\text{n}^j(q)$ 简记为 $F_\text{n}(q)$，下面进一步推导二维法向通量 $F_\text{n}(q)$ 如何转化为法向通量 $f(\bar{q})$。

设法向向量 n 与 x 轴的夹角为 φ (由 x 轴起逆时针量度)见图 7-1，$T(\varphi)$ 是坐标旋转变换矩阵，$T(\varphi)^{-1}$ 为逆变换矩阵，其表达式为

$$T(\varphi)=\begin{bmatrix}1 & 0 & 0 & 0\\ 0 & \cos\varphi & \sin\varphi & 0\\ 0 & -\sin\varphi & \cos\varphi & 0\\ 0 & 0 & 0 & 1\end{bmatrix};\qquad T(\varphi)^{-1}=\begin{bmatrix}1 & 0 & 0 & 0\\ 0 & \cos\varphi & -\sin\varphi & 0\\ 0 & \sin\varphi & \cos\varphi & 0\\ 0 & 0 & 0 & 1\end{bmatrix} \tag{7-5}$$

且

$$F_\text{n}(q)=\cos\varphi\cdot f(q)+\sin\varphi\cdot g(q) \tag{7-6}$$

$f(q)$ 和 $g(q)$ 具有坐标变换旋转不变性，满足

$$T(\varphi)F_\text{n}(q)=f\big[T(\varphi)q\big]=f(\bar{q})$$

即

$$F_\text{n}(q)=T(\varphi)^{-1}f(\bar{q}) \tag{7-7}$$

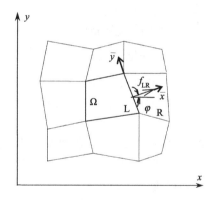

图 7-1　有限体积 Ω 的示意图

故守恒物理量向量 q 在旋转变换下成为 $\bar{q}=T(\varphi)q$，q 为沿单元边界外法向的向量，其中 h、C 均不变，而流速则分别变换为法向 n 及切向 τ 的流速。将式(7-7)代入式(7-4)，可得

$$A\big(q_i^{n+1}-q_i^n\big)=\Delta t\left(-\sum_{j=1}^m T(\varphi)^{-1}f(\bar{q})L^j+b_*(q)\right) \tag{7-8}$$

由式(7-8)可见，通过上述散度定理和通量旋转不变性的应用，原二维问题已转换成一系列法向一维问题，求解的核心在于计算法向通量 $f(\bar{q})$，即跨单元边界的水量、动量、污染物输运量的通量。$f(\bar{q})$ 可通过解局部一维问题求得。考虑到两相邻单元的 q 值可以不同，该值在两单元的公共边处可能发生间断，模型采用黎曼问题来处理 $f(\bar{q})$ 的计算。所谓的黎曼问题，也称之为"间断分解"问题，它是一个初值问题，该问题的特点为在

初始状态下，给定的物理量在原点处是间断的，即相邻单元交界面两侧的值是不相同的常数分布形式。

7.1.3　法向通量计算

局部的一维问题是一个初值问题，其表达式为

$$\frac{\partial \overline{q}}{\partial t} + \frac{\partial f(\overline{q})}{\partial \overline{x}} = 0 \tag{7-9}$$

满足

$$\overline{q} = \overline{q}_{\mathrm{L}} \quad (\overline{x} < 0, t = 0)$$
$$\overline{q} = \overline{q}_{\mathrm{R}} \quad (\overline{x} > 0, t = 0)$$

如图 7-1 所示，$\overline{x}$ 轴的原点位于单元边中点其轴向与外法向一致。$f(\overline{q})$ 为该局部坐标原点处的外法向通量。$\overline{q}_{\mathrm{L}}$ 和 $\overline{q}_{\mathrm{R}}$ 分别为向量 $\overline{q}$ 在单元界面左右的状态。假定 $t = 0$ 时的初始状态已知，通过对上述黎曼问题的近似求解，可获得所需的原点位于 $\overline{x} = 0$，时间 $t = 0^+$ 时的外法向数值通量 $f(\overline{q})$，记为 $f_{\mathrm{LR}}(q_{\mathrm{L}}, q_{\mathrm{R}})$，对其作逆旋转变换 $T(\varphi)^{-1}$，就可以计算出 $x\text{-}y$ 坐标系下的单元边通量 $f_{\mathrm{n}}(q)$。

通常有下列途径估算法向通量 $f_{\mathrm{LR}}(q_{\mathrm{L}}, q_{\mathrm{R}})$。

(1)取简单的算术平均：公共边两侧单元通量的平均 $f_{\mathrm{LR}}(q_{\mathrm{L}}, q_{\mathrm{R}}) = \left[f(\overline{q}_{\mathrm{L}}) + f(\overline{q}_{\mathrm{R}}) \right] / 2$，或由两侧单元物理守恒量的均值计算通量 $f_{\mathrm{LR}}(q_{\mathrm{L}}, q_{\mathrm{R}}) = f\left[(\overline{q}_{\mathrm{L}} + \overline{q}_{\mathrm{R}}) / 2 \right]$。

(2)各种单调性格式：如全变差缩小格式(TVD)和通量输运校正格式(FCT)等。

(3)基于特征理论并具有逆风性的黎曼近似解：通量向量分裂格式(FVS)、通量差分裂格式(FDS)和 Osher 格式。

上述第一途径较简单但会导致较大的误差，特别是在水流或水质为间断状态时更为严重，直接采用上述格式在计算间断水流时会产生假振现象。为了解决这一问题，后来采取了很多方法来对中心格式进行改进。第二途径和第三途径已被广泛应用于水流和水质模拟计算。考虑到计算量，这里重点介绍第三途径。

7.1.3.1　Osher 格式

方程(7-9)的特征方程为

$$|J - \lambda I| = 0 \tag{7-10}$$

其中，I 为单位矩阵；J 为雅可比矩阵，其表达式为

$$J = \frac{\mathrm{d}f(\overline{q})}{\mathrm{d}\overline{q}} = \begin{bmatrix} 0 & 1 & 0 & 0 \\ c^2 - \overline{u}^2 & 2\overline{u} & 0 & 0 \\ -\overline{u}\overline{v} & \overline{v} & \overline{u} & 0 \\ -C_i\overline{u} & C_i & 0 & \overline{u} \end{bmatrix} \tag{7-11}$$

式中，$c = \sqrt{gh}$；守恒变量 $\overline{q} = (h, h\overline{u}, h\overline{v}, hC_i) = (\overline{q}_1, \overline{q}_2, \overline{q}_3, \overline{q}_4)$；法向通量 $f(\overline{q})$ 的分量为

$$f_1 = h\overline{u} = \overline{q}_2, \quad f_2 = h\overline{u}^2 + \frac{g}{2}h^2 = \frac{\overline{q}_2^2}{\overline{q}_1} + \frac{g\overline{q}_1^2}{2}, \quad f_3 = h\overline{uv} = \frac{\overline{q}_2\overline{q}_3}{\overline{q}_1}, \quad f_4 = h\overline{u}C_i = \frac{\overline{q}_2\overline{q}_4}{\overline{q}_1}.$$

特征方程的特征值为 $\lambda_1 = \overline{u} - c$；$\lambda_2 = \lambda_3 = \overline{u}$；$\lambda_4 = \overline{u} + c$。

通过解方程 $J \cdot \gamma_k = \lambda_k \cdot \gamma_k$，求得相应的右特征向量 $\gamma_k (k = 1,2,3,4)$ 为

$$\gamma_1 = (1, \overline{u} - c, \overline{v}, C_i)^{\mathrm{T}}; \quad \gamma_2 = (0,0,1,1)^{\mathrm{T}}; \quad \gamma_3 = (0,0,1,1)^{\mathrm{T}}; \quad \gamma_4 = (1, \overline{u} + c, \overline{v}, C_i)^{\mathrm{T}}$$

沿特征值 λ_k 或右特征向量 γ_k 相应的特征线 $\mathrm{d}x/\mathrm{d}t = \Gamma_k$，黎曼不变量 $\Psi_k(\overline{q})$ 为常量，满足方程

$$\nabla \Psi_k(\overline{q}) \cdot \gamma_k(\overline{q}) = 0 \tag{7-12}$$

式中，$\nabla \Psi_k = \left(\dfrac{\partial \Psi_k}{\partial \overline{q}_1}, \dfrac{\partial \Psi_k}{\partial \overline{q}_2}, \dfrac{\partial \Psi_k}{\partial \overline{q}_3}, \dfrac{\partial \Psi_k}{\partial \overline{q}_4} \right)$。

求解方程(7-12)，黎曼不变量各分量为

$$\begin{aligned}
&\text{对应}\gamma_1 : \Psi_1^{(1)} = \overline{u} + 2c, \quad \Psi_1^{(2)} = \overline{v}, \quad \Psi_1^{(3)} = C_i \\
&\text{对应}\gamma_2 : \Psi_2^{(1)} = \overline{u}, \quad\quad\quad \Psi_2^{(2)} = h, \quad \Psi_2^{(3)} = h \\
&\text{对应}\gamma_3 : \Psi_3^{(1)} = \overline{u}, \quad\quad\quad \Psi_3^{(2)} = h, \quad \Psi_3^{(3)} = h \\
&\text{对应}\gamma_4 : \Psi_4^{(1)} = \overline{u} - 2c, \quad \Psi_1^{(2)} = \overline{v}, \quad \Psi_1^{(3)} = C_i
\end{aligned} \tag{7-13}$$

式中，上标(1)、(2)、(3)为三个对应于某一由特征向量的黎曼不变量。

类似 FVS 格式，按特征值的符号，法向通量 $f(\overline{q})$ 可分裂为

$$f(\overline{q}) = f^+(\overline{q}) + f^-(\overline{q}) \tag{7-14}$$

可见 $f(\overline{q})$ 由正负两个特征方向的通量分量所组成，$f^+(q)$ 和 $f^-(q)$ 分别为对应于 J 正负特征值的通量分量。此时，黎曼问题的近似解为

$$f_{\mathrm{LR}}(\overline{q}_{\mathrm{L}}, \overline{q}_{\mathrm{R}}) = f^+(\overline{q}_{\mathrm{L}}) + f^-(\overline{q}_{\mathrm{R}}) = f(\overline{q}_{\mathrm{L}}) + \int_{\overline{q}_{\mathrm{L}}}^{\overline{q}_{\mathrm{R}}} J^-(\overline{q})\mathrm{d}\overline{q} = f(\overline{q}_{\mathrm{R}}) - \int_{\overline{q}_{\mathrm{L}}}^{\overline{q}_{\mathrm{R}}} J^+(\overline{q})\mathrm{d}\overline{q} \tag{7-15}$$

式中，$J^+(\overline{q})$ 和 $J^-(\overline{q})$ 为雅可比矩阵分量，分别相应于该矩阵的正负特征值。

Osher 格式的求解关键在于确定式(7-15)的积分路径。设在 $\overline{q}$ 的状态空间(或相空间)中，两个已知状态 $\overline{q}_{\mathrm{L}}$ 和 $\overline{q}_{\mathrm{R}}$ 通过相互连接的四段特征线 $\Gamma_k (k = 1,2,3,4)$ 相连成连续的积分路径，如图 7-2 所示。

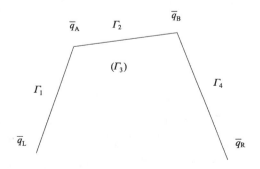

图 7-2　Osher 类格式的积分途径

由于特征向量 γ_2 和 γ_3 的线性退化，Spekreijse 证明近似解 f_{LR} 与 Γ_2 和 Γ_3 的交点无关。因此可定义 $\bar{q}_L$ 和 $\bar{q}_A$ 由 Γ_1 连接，$\bar{q}_A$ 和 $\bar{q}_B$ 由 Γ_2 或 Γ_3 相连，$\bar{q}_B$ 和 $\bar{q}_R$ 由 Γ_4 连接。重新定义后的积分路径与浅水方程组积分路径类似，每段的积分表达式为

$$\int_{\bar{q}[0]}^{\bar{q}[\zeta]} J^\pm(\bar{q})\mathrm{d}\bar{q} = \int_0^\zeta J^\pm(\bar{q})\frac{\mathrm{d}\bar{q}}{\mathrm{d}\xi}\mathrm{d}\xi = \int_0^\zeta J^\pm(\bar{q})\gamma(\bar{q})\mathrm{d}\xi = \int_0^\zeta \lambda^\pm(\bar{q})\gamma(\bar{q})\mathrm{d}\xi \qquad (7\text{-}16)$$

式中，下标 k 已省略，$\mathrm{d}\bar{q}/\mathrm{d}\xi = \gamma$；$\bar{q}[0]$ 和 $\bar{q}[\zeta]$ 为分段 Γ_k 两端的状态变量；ζ 为分段长度。

由图 7-2 可知：

对于 Γ_1，$\bar{q}[0] = \bar{q}_L$，$\bar{q}[\zeta] = \bar{q}_A$；

对于 Γ_2，$\bar{q}[0] = \bar{q}_A$，$\bar{q}[\zeta] = \bar{q}_B$；

对于 Γ_3，$\bar{q}[0] = \bar{q}_B$，$\bar{q}[\zeta] = \bar{q}_R$。

根据黎曼不变量方程(7-13)，$\bar{q}_A$ 和 $\bar{q}_B$ 的求解方程为

$$\begin{aligned}
&\bar{u}_L + 2c_L = \bar{u}_A + 2c_A, \quad \bar{v}_L = \bar{v}_A, \quad C_L = C_A \\
&\bar{u}_A = \bar{u}_B, \quad h_A = h_B \\
&\bar{u}_R - 2c_R = \bar{u}_B - 2c_B, \quad \bar{v}_R = \bar{v}_B, \quad C_R = C_B
\end{aligned} \qquad (7\text{-}17)$$

解为

$$\bar{u}_A = \bar{u}_B = \frac{\Psi_L + \Psi_R}{2}, \quad h_A = h_B = \frac{1}{g}\left(\frac{\Psi_L - \Psi_R}{4}\right)^2 \qquad (7\text{-}18)$$

式中，$\Psi_L = \bar{u}_L + 2c_L, \Psi_R = \bar{u}_R - 2c_R$。

基于逆风性要求，根据特征值 λ_k 的符号变化，对分段特征线 Γ_k（相切于右特征向量 γ_k）而言，利用式(7-15)和式(7-16)求得黎曼近似解为

$$f_{LR}(\bar{q}_L, \bar{q}_R) = \begin{cases}
f(\bar{q}[\zeta]) - f(\bar{q}[s]) + f(\bar{q}[0]) & \text{当}\, \lambda_k(\bar{q}[0]) > 0,\ \lambda_k(\bar{q}[\zeta]) < 0 \\
f(\bar{q}[s]) & \text{当}\, \lambda_k(\bar{q}[0]) < 0,\ \lambda_k(\bar{q}[\zeta]) > 0 \\
f(\bar{q}[0]) & \text{当}\, \lambda_k(\bar{q}[0]) \geqslant 0,\ \lambda_k(\bar{q}[\zeta]) \geqslant 0 \\
f(\bar{q}[\zeta]) & \text{当}\, \lambda_k(\bar{q}[0]) \leqslant 0,\ \lambda_k(\bar{q}[\zeta]) \leqslant 0
\end{cases} \qquad (7\text{-}19)$$

式中，λ_k、$\bar{q}[0]$、$\bar{q}[\zeta]$ 的定义同前。$\bar{q}[s]$ 代表临界点 s 时的状态，特征值 λ 在该点改变其符号并满足 $\lambda(\bar{q}[s]) = 0$。临界点仅出现在曲线 Γ_1 和 Γ_4 处，相应的状态变量为 $\bar{q}_s^1$ 和 $\bar{q}_s^3$，其分量定义为

$$\begin{aligned}
&u_s^1 = \frac{1}{3}\Psi_L, \quad u_s^3 = \frac{1}{3}\Psi_R \\
&h_s^1 = [u_s^1]^2/g, \quad h_s^3 = [u_s^3]^2/g
\end{aligned} \qquad (7\text{-}20)$$

当水力要素给定后，式(7-19)即可求解。根据不同水力要素（即 u 和 c）组合及逆风性得出表 7-1 的 16 种可能解，相应的水流流态见表 7-2。由表可见，Osher 格式不仅能模拟缓流、急流而且可以模拟激波类的间断水流。根据表 7-2 的 16 种可能情况及给定的水力变量，法向通量 $f_{LR}(\bar{q}_L, \bar{q}_R)$ 的求解十分便捷。然后，应用式(7-7)便可将 $f_{LR}(q_L, q_R)$

转换成 $f_n(q)$。

表 7-1　浅水方程 Osher 黎曼近似解

F_{LR}	$u_L < c_L$ $u_R > -c_R$	$u_L > c_L$ $u_R > -c_R$	$u_L < c_L$ $u_R < -c_R$	$u_L > c_L$ $u_R < -c_R$
$c_A < u_A$	$f(q_s^1)$	$f(q_L)$	$f(q_s^1) - f(q_s^3) + f(q_R)$	$f(q_L) - f(q_s^3) + f(q_R)$
$0 < u_A < c_A$	$f(q_A)$	$f(q_L) - f(q_s^1) + f(q_A)$	$f(q_A) - f(q_s^3) + f(q_R)$	$f(q_L) - f(q_s^1) + f(q_A)$ $-f(q_s^3) + f(q_R)$
$-c_B < u_A < 0$	$f(q_B)$	$f(q_L) - f(q_s^1) + f(q_B)$	$f(q_B) - f(q_s^3) + f(q_R)$	$f(q_L) - f(q_s^1) + f(q_B)$ $-f(q_s^3) + f(q_R)$
$u_A < -c_B$	$f(q_s^3)$	$f(q_L) - f(q_s^1) + f(q_s^3)$	$f(q_R)$	$f(q_L) - f(q_s^1) + f(q_R)$

注：表中 q_s^k 为第 k 段曲线上临界点处的状态变量。

表 7-2　相应 Osher 黎曼近似解的各种天然流态

流态	$u_L < c_L$ $u_R > -c_R$	$u_L > c_L$ $u_R > -c_R$	$u_L < c_L$ $u_R < -c_R$	$u_L > c_L$ $u_R < -c_R$
$c_A < u_A$	临界流	急流	很少出现	很少出现
$0 < u_A < c_A$	缓流	激波	很少出现	很少出现
$-c_B < u_A < 0$	缓流	很少出现	激波	很少出现
$u_A < -c_B$	临界流	很少出现	急流	很少出现

7.1.3.2　通量向量分裂格式 Steger-Warming 格式

采用的通量向量分裂（FVS）格式为 Steger-Warming 1981 年应用于二维欧拉（Euler）方程数值解，20 世纪 90 年代初被引用于二维浅水方程数值解的格式。通过相似的途径，将该格式应用于二维水流-水质耦合方程组的数值解。

由于 FVM 的积分离散及方程通量的旋转不变性，原二维方程的求解已转换成解一系列一维问题。因而，通量向量分裂简化为仅需对式(7-9)中的法向通量 $f(\bar{q})$ 进行。因式(7-9)不同于欧拉方程，其 $f(\bar{q})$ 不具齐次性，不能由雅可比矩阵 $J(\bar{q})$ 的分裂直接推导，故在通量分裂时需作一些技术处理。为便于阐明方程的推导过程，先从浅水方程着手，然后推广至水流-水质耦合方程。

对于浅水方程，可在控制方程中加上一个能量方程以满足其齐次性。然后，用欧拉方程相似的方法将通量 $f(\bar{q})$ 分裂为向量 f^+ 和 f^-。其中，前三个分量为浅水方程 $f(\bar{q})$ 所需。

加入能量方程后，方程(7-9)另写为

$$U_t + [F(U)]_x = U_t + \bar{J}(U)U_x = 0 \tag{7-21}$$

式中，$U = (h, hu_n, hv_\tau, e)^T$；$e = gh^2/2 + h(u_n^2 + v_\tau^2)/2$ 是总能量；u_n 和 v_τ 分别为法

向 $(\bar{x})$ 和切向 $(\bar{y})$ 流速分量；其中，$u_n = u \cdot \cos\varphi + v \cdot \sin\varphi$，$v_\tau = v \cdot \cos\varphi - u \cdot \sin\varphi$；$F(U) = [hu_n, p + hu_n^2]$，$hu_n v_\tau, u_n(p + e)]^T$；$p = gh^2/2$ 是静压力。公式中的下标 t 表示时间，而 τ 表示切向。方程(7-21)满足齐次性条件 $F(U) = \bar{J}(U)U$。注意，$\bar{J}(U)$ 不是雅可比。

对 $\bar{J}$ 进行对角化，得到 $\bar{J} = P\bar{\Lambda}P^{-1}$。式中，$\bar{\Lambda} = \mathrm{diag}(\bar{\lambda}_i)$，$\bar{\lambda}_i$ 为 $\bar{J}$ 的特征值，各分量可表达为 $[\bar{\lambda}_1, \bar{\lambda}_2, \bar{\lambda}_3, \bar{\lambda}_4] = \left[u_n, u_n, u_n + (gh)^{1/2}, u_n - (gh)^{1/2} \right]$。按特征值 $\bar{\lambda}_i$ 的符号，$\bar{J}$ 可分解为 $\bar{J}^+ + \bar{J}^-$，其表达式为 $\bar{J}^\pm = P\bar{\Lambda}^\pm P^{-1}$。矩阵 $\bar{\Lambda}^\pm$ 是以特征值 $\bar{\lambda}_i^\pm$ 为对角元素的对角阵，矩阵 P 由 $\bar{J}$ 的右特征列向量为列组成，P^{-1} 为 P 的逆矩阵，由左特征行向量为行组成。基于矩阵 $\bar{J}$ 的分解，通量 $F(U)$ 分解为

$$F(U) = \bar{J} \cdot U = P\bar{\Lambda}P^{-1}U = P(\bar{\Lambda}^+ + \bar{\Lambda}^-)P^{-1}U$$
$$= P\bar{\Lambda}^+ P^{-1}U + P\bar{\Lambda}^- P^{-1}U = \bar{J}^+U + \bar{J}^-U = F^+ + F^- \tag{7-22}$$

为有别于浅水方程的通量 F，用 $\bar{F}$ 表示式(7-22)的通量 $F(U)$ 为

$$\bar{F} = \frac{h}{4} \begin{bmatrix} 2\bar{\lambda}_1 + \bar{\lambda}_3 + \bar{\lambda}_4 \\ 2\bar{\lambda}_1 u_n + \bar{\lambda}_3(u_n + c) + \bar{\lambda}_4(u_n - c) \\ 2\bar{\lambda}_1 v_\tau + \bar{\lambda}_3 v_\tau + \bar{\lambda}_4 v_\tau \\ \bar{\lambda}_1(u_n^2 + v_\tau^2) + \dfrac{\bar{\lambda}_3}{2}[(u_n + c)^2 + (v_\tau)^2] + \dfrac{\bar{\lambda}_4}{2}[(u_n - c)^2 + (v_\tau)^2] + \dfrac{c^2}{2}(\bar{\lambda}_3 + \bar{\lambda}_4) \end{bmatrix} \tag{7-23}$$

式中，$c = (gh)^{1/2}$。对于浅水方程，略去最后一行后得

$$F = \frac{h}{4} \begin{bmatrix} 2\bar{\lambda}_1 + \bar{\lambda}_3 + \bar{\lambda}_4 \\ 2\bar{\lambda}_1 u_n + \bar{\lambda}_3(u_n + c) + \bar{\lambda}_4(u_n - c) \\ 2\bar{\lambda}_1 v_\tau + \bar{\lambda}_3 v_\tau + \bar{\lambda}_4 v_\tau \end{bmatrix} \tag{7-24}$$

分别将 $\bar{\lambda}_i = \bar{\lambda}_i^+ = \max(\bar{\lambda}_i, 0)$ 和 $\bar{\lambda}_i = \bar{\lambda}_i^- = \min(\bar{\lambda}_i, 0)$ 代入上式，便可求得分裂后的 F^+ 和 F^-。

缓流为

$$F^+ = \frac{h}{4} \begin{bmatrix} 3u_n + c \\ 2u_n^2 + (u_n + c)^2 \\ 2u_n v_\tau + (u_n + c) v_\tau \end{bmatrix}; \qquad F^- = \frac{h}{4} \begin{bmatrix} u_n - c \\ (u_n - c)^2 \\ (u_n - c) v_\tau \end{bmatrix}$$

急流为

$$F^+ = F; \qquad\qquad F^- = 0$$

式中，F 由式(7-24)求得。

通过类似的方法，求得水流-水质耦合方程的通量

$$F = \frac{h}{4} \begin{bmatrix} 2\bar{\lambda}_1 + \bar{\lambda}_3 + \bar{\lambda}_4 \\ 2\bar{\lambda}_1 u_{\mathrm{n}} + \bar{\lambda}_3(u_{\mathrm{n}} + c) + \bar{\lambda}_4(u_{\mathrm{n}} - c) \\ 2\bar{\lambda}_1 v_{\tau} + \bar{\lambda}_3 v_{\tau} + \bar{\lambda}_4 v_{\tau} \\ 2\bar{\lambda}_1 C_i + \bar{\lambda}_3 C_i + \bar{\lambda}_4 C_i \end{bmatrix} \tag{7-25}$$

同理，将该通量分裂为 F^+ 和 F^- 。

缓流为

$$F^+ = \frac{h}{4} \begin{bmatrix} 3u_{\mathrm{n}} + c \\ 2u_{\mathrm{n}}^2 + (u_{\mathrm{n}} + c)^2 \\ 2u_{\mathrm{n}}v_{\tau} + (u_{\mathrm{n}} + c)v_{\tau} \\ 2u_{\mathrm{n}}C_i + (u_{\mathrm{n}} + c)C_i \end{bmatrix} \quad F^- = \frac{h}{4} \begin{bmatrix} u_{\mathrm{n}} - c \\ (u_{\mathrm{n}} - c)^2 \\ (u_{\mathrm{n}} - c)v_{\tau} \\ (u_{\mathrm{n}} - c)C_i \end{bmatrix} \tag{7-26}$$

急流为

$$F^+ = h \begin{bmatrix} u_{\mathrm{n}} \\ u_{\mathrm{n}}^2 + \frac{1}{2}c^2 \\ u_{\mathrm{n}}v_{\tau} \\ u_{\mathrm{n}}C_i \end{bmatrix} \quad F^- = 0 \tag{7-27}$$

式中，h 为水深；u_{n} 和 v_{τ} 分别为法向 $(\bar{x})$ 及切向流速；C_i 为各污染物垂线平均浓度；$c = \sqrt{gh}$ 。

穿过两单元公共边的法向通量 $f(\bar{q})$ 由数值通量 $f_{\mathrm{LR}}(\bar{q}_{\mathrm{L}}, \bar{q}_{\mathrm{R}})$ 估算，它应与物理通量一致，即应满足 $f_{\mathrm{LR}}(\bar{q}_{\mathrm{L}}, \bar{q}_{\mathrm{L}}) = f(\bar{q}_{\mathrm{L}})$ 。如图 7-1 所示，式中计算单元为左单元（下标为 L），其相邻单元为右单元（下标为 R）。考虑逆风性，f_{LR} 可分解为

$$f_{\mathrm{LR}} = F_{\mathrm{L}}^+ + F_{\mathrm{R}}^- \tag{7-28}$$

式中，F_{L}^+ 和 F_{R}^- 分别为左、右单元的 F^+ 和 F^-，根据流态按式(7-26)和式(7-27)计算。f_{LR} 确定后，经方程(7-7)的逆变换，求得 $F_{\mathrm{n}}(q)$ 。

7.1.3.3　通量差分裂格式-Roe 黎曼近似解

与 FVS 格式一样，Roe 提出的通量差分裂（FDS）格式也基于特征理论。两者的差别是其分裂方式，前者分裂通量向量本身而后者分裂通量差。采用 FVS 类似的途径，推导浅水方程的 FDS 方法便能推广至由浅水、对流扩散方程耦合而成的水流-水质方程。

对于浅水方程，FDS 的局部一维黎曼问题方程与 FVS 相同。能量方程加入后的控制方程为

$$U_t + [F(U)]_x = U_t + \bar{J}(U)U_x = 0 \tag{7-29}$$

式中，$(U) = [h, hu_{\mathrm{n}}, hv_{\tau}, e]^{\mathrm{T}}$；$F(U) = [hu_{\mathrm{n}}, p + hu_{\mathrm{n}}^2, hu_{\mathrm{n}}v_{\tau}, u_{\mathrm{n}}(e+p)]^{\mathrm{T}}$；$e$ 和 p 分别表示能量和压力。

为了分裂通量差 $\Delta F = F_{\mathrm{L}} - F_{\mathrm{R}}$（$F_{\mathrm{L}}$ 和 F_{R} 分别代表单元公共边两侧的通量），需构造矩阵 $\tilde{J}(U_{\mathrm{L}}, U_{\mathrm{R}})$，使其对任一变量差 $\Delta U = U_{\mathrm{L}} - U_{\mathrm{R}}$，均满足 $\Delta F = \tilde{J}\Delta U$ 。为此，引入

参数向量 $w = h^{1/2}[1, u_n, v_\tau, E]^T$，式中，$E = (e+p)/h$。令矩阵 $\tilde{B}$ 和 $\tilde{C}$ 分别满足 $(U_L - U_R) \equiv \tilde{B}(w_L - w_R)$ 和 $(F_L - F_R) \equiv \tilde{C}(w_L - w_R)$。显然，$\tilde{J} = \tilde{C}\tilde{B}^{-1}$。

设 $\tilde{\lambda}$ 为 $\tilde{J}$ 的特征值，按定义，满足方程 $(\tilde{J} - \tilde{\lambda}I)\Delta U = 0$ 或 $(\tilde{C} - \tilde{\lambda}\tilde{B})\Delta U = 0$，$I$ 为单位矩阵。根据特征方程 $|\tilde{C} - \tilde{\lambda}\tilde{B}| = 0$，$\tilde{\lambda}$ 各分量为 $\tilde{\lambda}_1 = \bar{u} - \bar{a}$，$\tilde{\lambda}_2 = \bar{u} + \bar{a}$，$\tilde{\lambda}_3 = \tilde{\lambda}_4 = \bar{u}$。

相应的右特征向量

$$\gamma_1 = \begin{bmatrix} 1 \\ \bar{u} - \bar{a} \\ \bar{v} \\ \bar{E} - \bar{u}\bar{a} \end{bmatrix}; \gamma_2 = \begin{bmatrix} 1 \\ \bar{u} + \bar{a} \\ \bar{v} \\ \bar{E} + \bar{u}\bar{a} \end{bmatrix}; \gamma_3 = \begin{bmatrix} 1 \\ \bar{u} \\ \bar{v} \\ (\bar{u}^2 + \bar{v}^2)/2 \end{bmatrix}; \gamma_4 = \begin{bmatrix} 0 \\ 0 \\ \bar{v} \\ \bar{v}^2 \end{bmatrix} \tag{7-30}$$

变量上方的横杠表示某种平均：

$$\bar{u} = \frac{\sqrt{h_L} u_L + \sqrt{h_R} u_R}{\sqrt{h_L} + \sqrt{h_R}}; \bar{v} = \frac{\sqrt{h_L} v_L + \sqrt{h_R} v_R}{\sqrt{h_L} + \sqrt{h_R}}; \bar{a} = \sqrt{\frac{g(h_L + h_R)}{2}}; \bar{E} = \bar{a}^2 + \frac{(\bar{u}^2 + \bar{v}^2)}{2}$$

与 FVS 格式相似，就浅水方程而言，仅取其前 3 行分量

$$\gamma_1 = (1, \bar{u} - \bar{a}, \bar{v})^T, \quad \gamma_2 = (1, \bar{u} + \bar{a}, \bar{v})^T, \quad \gamma_3 = (0, 0, \bar{v})^T$$

以 γ_1、γ_2 和 γ_3 为基向量，ΔU 的特征分解为

$$\Delta U = U_L - U_R = \sum_{j=1}^{3} \alpha_j \gamma_j \tag{7-31}$$

据此，得系数 α_1

$$\alpha_1 = \frac{\Delta h}{2} + \frac{\bar{h}\Delta u_n}{2\bar{a}}, \alpha_2 = \Delta h - \alpha_1, \quad \alpha_3 = \frac{\bar{h}}{\bar{v}} \Delta v_\tau$$

将此推导途径应用于水流-水质耦合方程，所得特征值、右特征向量及系数如下：

特征值：

$$\tilde{\lambda}_1 = \bar{u} - \bar{a}; \quad \tilde{\lambda}_2 = \bar{u} + \bar{a}; \quad \tilde{\lambda}_3 = \tilde{\lambda}_4 = \bar{u} \tag{7-32}$$

特征向量：

$$\gamma_1 = (1, \bar{u} - \bar{a}, \bar{v}, \bar{C}_i)^T; \quad \gamma_2 = (1, \bar{u} + \bar{a}, \bar{v}, \bar{C}_i)^T; \quad \gamma_3 = (0, 0, \bar{v}, 0)^T; \quad \gamma_4 = (0, 0, 0, \bar{C}_i)^T \tag{7-33}$$

系数 α_i：

$$\alpha_1 = \frac{\Delta h}{2} + \frac{\bar{h}\Delta u_n}{2\bar{a}}; \quad \alpha_2 = \Delta h - \alpha_1; \quad \alpha_3 = \frac{\bar{h}}{\bar{v}} \Delta v_\tau; \quad \alpha_4 = \frac{\bar{h}}{\bar{C}_i} \Delta C_i \tag{7-34}$$

其中，

$$\bar{a} = \sqrt{\frac{g(h_L + h_R)}{2}}; \quad \bar{u} = \frac{\sqrt{h_L} u_{nL} + \sqrt{h_R} u_{nR}}{\sqrt{h_L} + \sqrt{h_R}}; \quad \bar{v} = \frac{\sqrt{h_L} v_{\tau L} + \sqrt{h_R} v_{\tau R}}{\sqrt{h_L} + \sqrt{h_R}}; \quad \bar{h} = \sqrt{h_L h_R}$$

$$\Delta h = h_L - h_R; \quad \Delta u_n = u_{nL} - u_{nR}; \quad \Delta v_\tau = v_{\tau L} - v_{\tau R};$$

$$\Delta C_i = C_{iL} - C_{iR}; \quad \bar{C}_i = \frac{\sqrt{h_L} C_{iL} + \sqrt{h_R} C_{iR}}{\sqrt{h_L} + \sqrt{h_R}} \tag{7-35}$$

式中，h 为水深；u_n 和 v_τ 分别为法向和切向垂线平均流速；C_i 为污染物垂线平均浓度，下标 L 和 R 定义同前。

将式 (7-31) 代入 $\Delta F = \tilde{J} \Delta U$，得 ΔF 的特征分解

$$\Delta F = \tilde{J} \sum_{j=1}^{4} \alpha_j \gamma_j = \sum_{j=1}^{4} \tilde{\lambda}_j \alpha_j \gamma_j \qquad (7\text{-}36)$$

上式为通量差沿特征方向的分裂，由四个分量线性叠加而成，其特征传播速度为 $\tilde{\lambda}_1$、$\tilde{\lambda}_2$、$\tilde{\lambda}_3$ 和 $\tilde{\lambda}_4$。根据特征传播的逆风性，两单元公共边的数值通量为 $f_{LR} = (F_L + F_R)/2 - |\Delta F|/2$，表达为

$$f_{LR} = \frac{1}{2}(F_L + F_R) - \frac{1}{2} \sum_{j=1}^{3} \alpha_j |\tilde{\lambda}_j| \gamma_j \qquad (7\text{-}37)$$

最后，由式 (7-7) 将 f_{LR} 转换为 $F_n(q)$。

除上述方法外，FDS 格式可如同 Osher 格式的推导途径，直接推求耦合方程的雅可比矩阵、特征值及特征向量 (Zhao et al.，1996)。其结果如下。

雅可比矩阵：

$$J = \frac{\mathrm{d}f}{\mathrm{d}\bar{q}} = \begin{bmatrix} 0 & 1 & 0 & 0 \\ c^2 - \bar{u}^2 & 2\bar{u} & 0 & 0 \\ -\overline{uv} & \bar{v} & \bar{u} & 0 \\ -C_i \bar{u} & C_i & 0 & \bar{u} \end{bmatrix} \qquad (7\text{-}38)$$

特征值：

$$\tilde{\lambda}_1 = \bar{u} + \bar{a}; \quad \tilde{\lambda}_2 = \bar{u} - \bar{a}; \quad \tilde{\lambda}_3 = \tilde{\lambda}_4 = \bar{u} \qquad (7\text{-}39)$$

右特征向量：

$$\gamma_1 = (1, \bar{u} + \bar{a}, \bar{v}, \bar{C}_i)^T; \quad \gamma_2 = (1, \bar{u} - \bar{a}, \bar{v}, \bar{C}_i)^T; \quad \gamma_3 = (0, 0, \bar{a}, 0)^T; \quad \gamma_4 = (0, 0, 0, \bar{a})^T \qquad (7\text{-}40)$$

系数 α_i：

$$\alpha_1 = \frac{\Delta h}{2} - \frac{\Delta(hu_n) - \bar{u}\Delta h}{2\bar{a}}; \quad \alpha_2 = \Delta h - \alpha_1; \quad \alpha_3 = \frac{\Delta(hv_\tau) - \bar{v}\Delta h}{\bar{a}}; \quad \alpha_4 = \frac{\Delta(hC_i) - \bar{C}_i \Delta h}{\bar{a}}$$

$$(7\text{-}41)$$

其中，右特征向量和系数也可表达为

$$\gamma_1 = (1, \bar{u} + \bar{a}, \bar{v}, \bar{C}_i)^T; \quad \gamma_2 = (1, \bar{u} - \bar{a}, \bar{v}, \bar{C}_i)^T; \quad \gamma_3 = (0, 0, 1, 0)^T; \quad \gamma_4 = (0, 0, 0, 1)^T \qquad (7\text{-}42)$$

$$\alpha_1 = \frac{\Delta(hu_n) - \tilde{\lambda}_2 \Delta h}{2\bar{a}}; \quad \alpha_2 = \Delta h - \alpha_1; \quad \alpha_3 = \Delta(hv_\tau) - \bar{v}\Delta h; \quad \alpha_4 = \Delta(hC_i) - \bar{C}_i \Delta h \qquad (7\text{-}43)$$

变量 $\bar{a}$、$\bar{u}$、$\bar{v}$、$\bar{C}_i$、Δh 的定义与式 (7-35) 相同。

7.1.4　二阶无振荡格式

通常，用一阶格式求解双曲函数对流项时，其数值解是稳定和收敛的。但是，当柯朗数小于 1 时，大多数对流扩散方程一阶逆风格式的数值弥散比较严重，特别在空间浓

度梯度比较大时。仅当网格尺寸很小时数值解才能满足计算精度。另一方面，大多数无约束高阶格式在浓度强梯度附近会产生假振。为此，通过下列单步法代数途径，采用通量限制函数将一阶精度的黎曼近似解(FVS、FDS、和 Osher 格式)提高到二阶精度。应用 TVD(全变差缩小)约束不会降低局部最小值也不会增加局部最大值。从而令数值振荡得以抑制。这种高精度格式称为单调性保持格式。

通过对法向通量分裂，求得二阶法向数值通量 $f_{LR}^{(2)}$ 为

$$f_{LR}^{(2)} = f_{LR} + [\Phi(r_L^+)\cdot\alpha_{LR}^+\cdot\delta f_{LR}^+ - \Phi(r_R^-)\cdot\alpha_{LR}^-\cdot\delta f_{LR}^-]/2 \tag{7-44}$$

式中，

$$r_L^+ = \frac{\alpha_{LR-1}^+\delta f_{LR-1}^+}{\alpha_{LR}^+\delta f_{LR}^+}, \quad \alpha_{LR}^+ = 1 - \frac{\delta f_{LR}^+}{\delta q_{LR}}\sigma; \quad r_R^- = \frac{\alpha_{LR+1}^-\delta f_{LR+1}^-}{\alpha_{LR}^-\delta f_{LR}^-}, \quad \alpha_{LR}^- = 1 + \frac{\delta f_{LR}^-}{\delta q_{LR}} \tag{7-45}$$

上述式中 f_{LR} 是通过黎曼近似解计算的一阶法向数值通量。网格比 σ 等于 $\Delta t / \Delta L$，其中，L 为两相邻单元间的距离，$\delta f_{LR} = f_R - f_L = \delta f_{LR}^+ + \delta f_{LR}^-$ 及 $\delta q_{LR} = q_R - q_L$。$\Phi$ 称为限制函数，用于改正二阶格式以保证满足 TVD 性。当 Φ 等于零时，则方程(7-44)的精度减至一阶。限制函数随着通量比(r)的增加而单调递增，函数具有严格的非线性性，甚至在应用于线性对流方程时也是如此。以往文献中定义了各种各样的限制函数，较常用的函数如下。

Roe's Superbee 限制函数：$\Phi(r) = \max\left[0,\ \min(2r,1),\ \min(r,2)\right]$

MUSCL 限制函数：$\Phi(r) = \max\left[0,\ \min(2,\ 2r,\ (1+r)/2)\right]$

UMIST 限制函数：$\Phi(r) = \max\left[0,\ \min(2r,\ 0.25 + 0.75r,\ 0.75 + 0.25r,\ 2)\right]$

Van Leer's 单调限制函数：$\Phi(r) = (r + |r|)/(1 + r)$

Chakravarthy and Osher's 限制函数：$\Phi(r) = \max[0,\ \min(r,\beta)]$

Van Albada's 限制函数：$\Phi(r) = \left(r^2 + r\right)/\left(1 + r^2\right)$

Minmod 限制函数：$\Phi(r) = \text{minmod}(1,r)$

式中，$\text{minmod}(a,b) = \text{sign}(a)\cdot\max(0,\min(|a|,\ \text{sign}(a)\cdot b))$。

7.1.5 边界条件

7.1.5.1 水流边界

1. 陆地边界(闭边界)

定义两单元之间的公共边没有水流通过。

$$u_R = -u_L, \quad h_R = h_L \tag{7-46}$$

2. 开边界

当单元边与计算域边界或物理边界一致时，必须求解边界黎曼问题。边界处 q_L 为已知量，而 q_R 为要求的未知数。根据局部流态类型(缓流或急流)和相容条件，通过选择外

法向特征关系或根据指定的物理边界条件来确定。

(1) 给定水位过程时，h_R 已知，则

$$u_R = u_L + 2\sqrt{g}\left(\sqrt{h_L} - \sqrt{h_R}\right) \tag{7-47}$$

(2) 给定单宽流量 q_R 过程时，联解 $q_R = u_R h_R$ 和方程 (7-47)，得 h_R 和 u_R；

(3) 给定水位与流量关系时，可根据该关系曲线及方程 (7-47)，得 h_R 和 u_R；

上述边界条件中均设定 $v_L = v_R$。

3. 内边界处理

模型中可能遇到计算区域内部存在水工构筑物 (如闸、堤、桥涵洞、堰等)，当单元边界与之相重合时，单元边的法向数值通量属于内边界问题。此时水流、水质计算仍然处于 FVM 框架之下，但是法向通量的计算不能应用黎曼近似解，而采用与水工构筑物相应的水力学出流公式。

7.1.5.2　污染物质边界

(1) 开边界：入流边界给定污染物浓度过程 $C_i(t)$，出流边界处给定污染物浓度梯度 $d(C_i)/d_n$；

(2) 内边界：当污染物随水流通过水工建筑物时，其通量公式概括如下

$$f(\overline{q}) = \left[Q_m, Q_m u_n + \frac{gh^2}{2}, Q_m v_\tau, Q_m C_i\right]^T \tag{7-48}$$

式中，Q_m 是水流质量通量，水工建筑物出流 (即流量)，可通过水力学公式计算；$Q_m u_n + \dfrac{gh^2}{2}$ 和 $Q_m v_\tau$ 是水流动量通量；$Q_m C_i$ 是污染物浓度通量；C_i 为污染物浓度垂线平均值；h 为水深；u_n 和 v_τ 分别为法向及切向流速，满足 $u_n = u\cos\varphi + v\sin\varphi$ 和 $v_\tau = v\cos\varphi - u\sin\varphi$，其中，$u$ 和 v 分别为 x 和 y 方向的流速分量。

7.2　算例——南化某码头化学品泄漏风险预测

7.2.1　计算研究区域与网格布置

南化某码头位于南京市六合区大厂，长江南京河段八卦洲左汊北岸，见图 7-3，工程扩建前需要开展化学品泄漏风险预测与评价。本次计算范围确定为拟建工程上游 17.2km 至下游 20.6km 的长江河段，全长约 37.8km，计算区域面积约 57.8km²，对计算水域采用无结构网格布置，以贴合长江该河段分汊型的天然岸线边界。对码头附近区域采用网格局部加密技术。网格总数为 3514，节点总数为 3817，网格尺度变幅范围为 10×10～204×198。计算过程中，地形采用水利部门提供的 1/10000 实测水下地形图，上、下游边界水位均采用实测资料。计算区域网格划分见图 7-3。

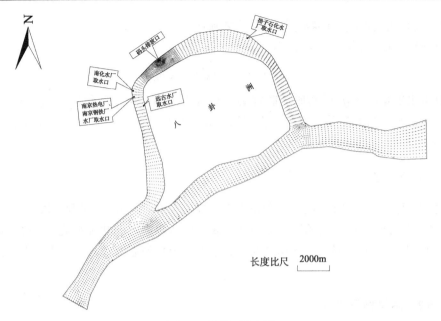

图 7-3　计算网格划分

7.2.2　模型计算条件

7.2.2.1　计算边界条件与初始条件

1. 流场边界条件

岸边界：$U_n = 0$（岸边界的法向流速为零）；水边界：上游边界及下游边界均采用潮位过程线。

2. 水质边界条件

岸边界：岸边界的法向浓度梯度为零，即 $\dfrac{\partial C}{\partial n} = 0$；水边界：输入边界 $C = C_0$，输出计算域为 $\dfrac{\partial C}{\partial s} = 0$（$s$ 为流线方向）；

7.2.2.2　模型参数

曼宁糙率系数 n：根据水深在计算中调整修正，约 $0.020 \sim 0.028$；科氏力系数 f：$f = 7.37 \times 10^{-5}$；污染物降解系数 K_C：考虑预测结果偏安全，K_C 值取 $0.01 \mathrm{d}^{-1}$；扩散系数：纵向取为 $6.0 hu_*$，横向取为 $0.6 hu_*$，其中，u_* 为摩阻流速。

7.2.3　模拟结果分析

7.2.3.1　预测方案

根据码头货种的包装情况，泄漏量按 1 桶容量的 10%确定，得到各货种的泄漏源项见表 7-3。预测在长江枯水期保证率为 90%的设计流量条件下，码头泄漏事故入江对长江水体和上、下游保护目标的影响范围和程度。

预测评价因子：总磷、氯化物(以 Cl⁻计)、硝基氯苯、苯酚、pH。

表 7-3　码头装卸物事故排放源强

污染源类型	事故排放时间/s	排放量/kg	评价因子
磷酸盐	600	50	总磷
氯化钾	600	50	氯化物(以 Cl⁻计)
对硝基氯苯	600	15	硝基氯苯
苯酚	600	10	苯酚
烧碱	600	50	pH

7.2.3.2　水流模拟

二维水环境数学模型模拟流场见图 7-4 和图 7-5，由图可见，主流基本沿主槽方向流动。

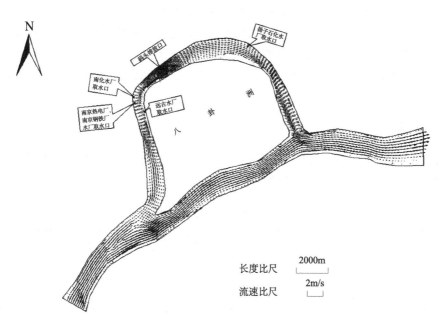

图 7-4　落急流场分布图

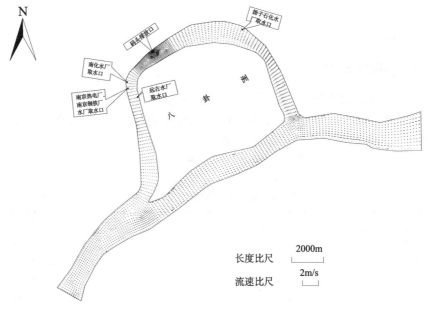

图 7-5 涨急流场图

7.2.3.3 水质预测结果及分析

由于计算区域为感潮河段，在一个计算潮型中，潮位和流速每时每刻都在变化，因此事故排放的起始排放时刻不同，所形成的浓度场范围也不一样，因此本次预测计算选用了 4 种不同工况进行计算，4 种工况具体为涨急排放、涨息排放、落急排放和落息排放。计算结果表明落急排放和涨急排放为最不利工况，因此对这两种工况的预测结果进行分析。事故排放是短时间 (600s) 内集中排放，因此污染物在排放点附近一时来不及扩散，而是随着涨潮或落潮的水流运动在一定时间后才能逐渐扩大至最大，然后再逐步变小。

1. 落急事故排放

落急事故排放情况下，排放 2h 内各因子污染带包络线范围见图 7-6～图 7-10，对应包络线的各几何参数统计结果见表 7-4。

表 7-4　污染带包络线几何参数统计

污染带 几何参数	污染物类型				
	总磷 (0.05mg/L) 统计	氯化物 (16.03mg/L) 统计	硝基氯苯 (0.05mg/L) 统计	苯酚 (0.002mg/L) 统计	pH (8.2) 统计
影响距离/m	下游 178.7	下游 78.5	下游 725.4	下游 1156.2	下游 92.9
影响宽度/m	143.2	65.5	322.9	593.1	252.9
影响面积/m²	17473.0	4231.7	204043.1	539643.8	123957.7

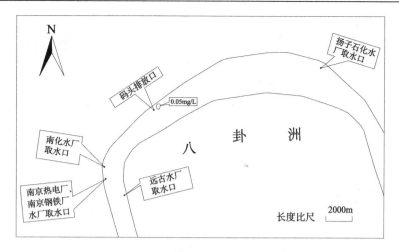

图 7-6　总磷落急事故排放的浓度等值线图

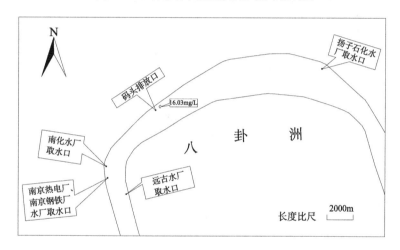

图 7-7　氯化物落急事故排放的浓度等值线图

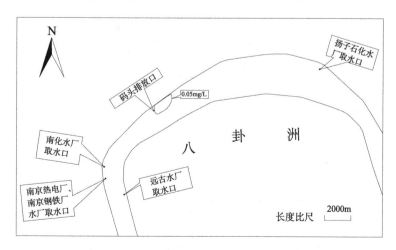

图 7-8　硝基氯苯落急事故排放的浓度等值线图

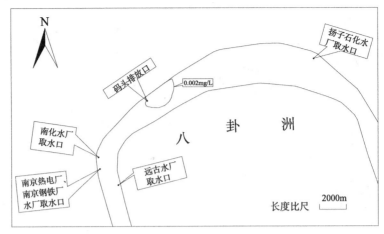

图 7-9　苯酚落急事故排放的浓度等值线图

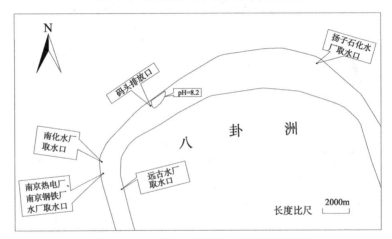

图 7-10　pH 落急事故排放的浓度等值线图

落急事故排放情况下各取水口浓度的最大峰值统计结果见表 7-5。

表 7-5　落急事故排放情况下各取水口预测浓度的最大峰值

	保护目标	预测因子				
		总磷/(mg/L)	氯化物/(mg/L)	硝基氯苯/(mg/L)	苯酚/(mg/L)	pH
断面增值浓度的最大峰值	远古水厂取水口	0.0220	15.9780	0.0001L①	0.001L	7.9411
	南京热电厂、南京钢铁厂水厂取水口	0.0220	15.9780	0.0001L	0.001L	7.9411
	南化水厂取水口	0.0220	15.9780	0.0001L	0.001L	7.9411
	扬子石化水厂取水口	0.0230	15.9792	0.0009	0.0006	7.9772
监测平均值(背景值)		0.0220	15.9780	0.0001L	0.001L	7.9410

① L 表示未检出，L 前数值表示检出限，近似认为浓度为 0。

由以上图表可见，落急事故排放情况下，对上游的远古水厂取水口、南京热电厂、南京钢铁厂水厂取水口和南化水厂取水口均未能产生影响，对下游的扬子石化水厂取水

口水质产生一定的影响。该断面总磷、氯化物、硝基氯苯、苯酚、pH 的最大增量分别为
0.0010mg/L、0.0012mg/L、0.0009mg/L、0.0006mg/L、0.0362mg/L。

2. 涨急事故排放

涨急事故排放情况下，排放 2h 内各因子污染带包络线范围见图 7-11～图 7-15，对
应包络线的各几何参数统计结果见表 7-6。

表 7-6　污染带包络线几何统计参数

几何参数	预测因子				
	总磷 (0.05mg/L) 统计	氯化物 (16.03mg/L) 统计	硝基氯苯 (0.05mg/L) 统计	苯酚 (0.002mg/L) 统计	pH (8.2) 统计
影响距离/m	上游 204.4	上游 153.2	上游 605.3	上游 1032.0	上游 527.4
影响宽度/m	169.9	144.7	278.3	549.3	226.9
影响面积/m²	27918.1	17957.6	130269.8	420978.3	87607.5

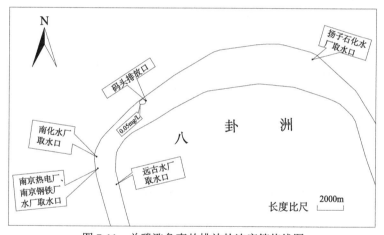

图 7-11　总磷涨急事故排放的浓度等值线图

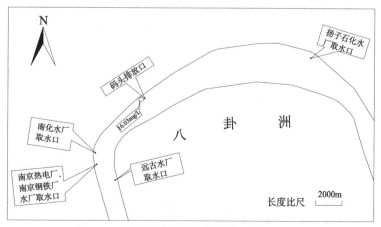

图 7-12　氯化物涨急事故排放的浓度等值线图

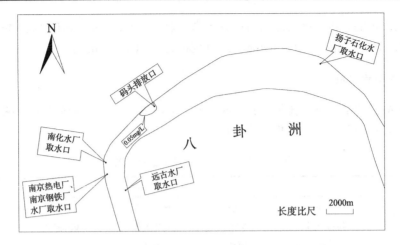

图 7-13　硝基氯苯涨急事故排放的浓度等值线图

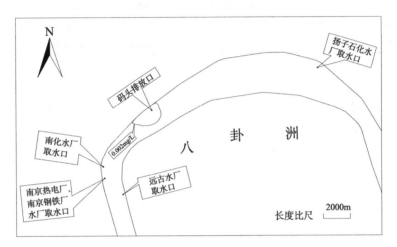

图 7-14　苯酚涨急事故排放的浓度等值线图

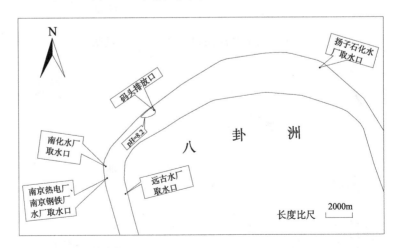

图 7-15　pH 涨急事故排放的浓度等值线图

涨急事故排放情况下各保护目标浓度的最大峰值统计结果见表 7-7。

表 7-7　涨急事故排放情况下保护目标预测浓度的最大峰值

保护目标		预测因子				
		总磷/(mg/L)	氯化物/(mg/L)	硝基氯苯/(mg/L)	苯酚/(mg/L)	pH
断面增值浓度的最大峰值	远古水厂取水口	0.0220	15.9780	0.0001L	0.001L	7.9411
	南京热电厂、南京钢铁厂水厂取水口	0.0220	15.9780	0.0001L	0.001L	7.9411
	南化水厂取水口	0.0220	15.9780	0.0001L	0.001L	7.9411
	扬子石化水厂取水口	0.0231	15.9794	0.0011	0.0006	7.9811
监测平均值(背景值)		0.0220	15.9780	0.0001L	0.001L	7.9410

由以上图表可见，涨急事故排放情况下，上游远古水厂取水口、南京热电厂、南京钢铁厂水厂取水口、南化水厂取水口并未受到事故排放的影响。但下游扬子石化水厂取水口受到一定的影响，该断面总磷、氯化物、硝基氯苯、苯酚和 pH 的最大增量分别为 0.0011mg/L、0.0014mg/L、0.0011mg/L、0.0006mg/L 和 0.0401。

7.3　算例——基于混合网格的长江口北支预测计算

7.3.1　计算研究区域与网格布置

崇海公路大桥拟建于长江口北支水道的上段青龙港以上约 600m 处，桥北为江苏省海门市，桥南为上海市崇明岛，该大桥的建立将加强上海市崇明岛与江北地区的交通往来，有利于扩大上海经济的辐射区域。长江口水域辽阔，河宽水浅，潮流在垂直方向上的变化相对于平面其他两个方向要小得多，故可采用沿深平面二维水量水质数学模型进行计算。鉴于计算江段长度达 28000m，宽度达 2700m，而大桥桥墩尺寸最小仅有 10m，两者尺寸相差悬殊，合理的网格构作技术十分重要，数模采用网格分区布置，将计算区域分为 A、B、C 3 个区，在不同的区采用不同的网格剖分，网格布置见图 7-16，在大桥所处的重点区域 B 区采用无结构的三角形网格布置，利用三角形网格的灵活性实现复杂地形边界和局部小尺度流场浓度场的精细模拟和计算，在桥墩附近加密网格计算，三条边的尺度变幅范围为 20m×20m×10m～258m×255m×193m；在上游和下游两个外部区域 A 区和 C 区采用较粗的有结构四边形网格布置，既能较好地拟合河道边界，又便于组织数据结构，网格尺度变幅不大，变幅范围为 105m×110m～150m×140m。模型实现了不同网格的联立求解，总的网格数为 9587 个，其中三角形网格 7152 个，四边形网格 2435 个，节点数为 6275 个。

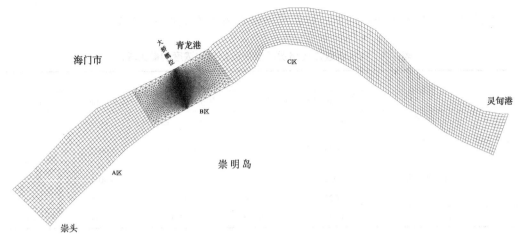

图 7-16　计算网格布置图

7.3.2　模型计算条件

7.3.2.1　计算边界条件与初始条件

边界条件有开边界和闭边界。计算所需的上下游开边界条件由崇头潮位站、灵甸港潮位站实测资料提供；闭边界即陆域边界，由于壁面的不穿透性，取边界法向流速为零。

各单元的初始水位条件采用各边界的初始潮位线性插值得到，初始流速设为零，因初始条件的偏差在计算中会逐渐消失，因而任意给定的初始流速值不会影响计算结果的精度。

1. 流场边界条件

岸边界：$U_n = 0$（岸边界的法向流速为零）；水边界：上游边界及下游边界均采用潮位过程线。

2. 水质边界条件

岸边界：岸边界的法向浓度梯度为零，即 $\dfrac{\partial C}{\partial n} = 0$；水边界：输入边界 $C = C_0$，输出计算域为 $\dfrac{\partial C}{\partial s} = 0$（$s$ 为流线方向）。

7.3.2.2　模型参数

曼宁糙率系数 n：根据水深在计算中调整修正，曼宁系数范围 $0.015 \sim 0.028$；科氏力系数 f：$f = 7.37 \times 10^{-5}$，按区域实际纬度算出。

7.3.3　模型验证

采用青龙港潮位站提供的同步实测潮位资料进行了大潮、小潮潮位验证，如图 7-17 所示。4 个测点 b1-1、b1-2、b2-1、b2-2 流速验证曲线见图 7-18，由图可见计算值与实测值吻合较好，可用于预测方案的模拟计算。

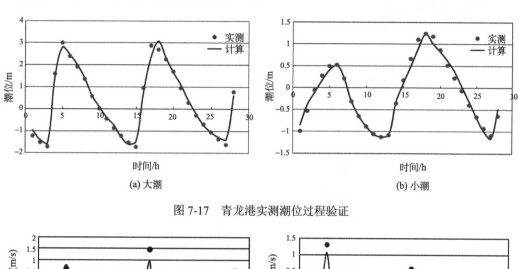

图 7-17　青龙港实测潮位过程验证

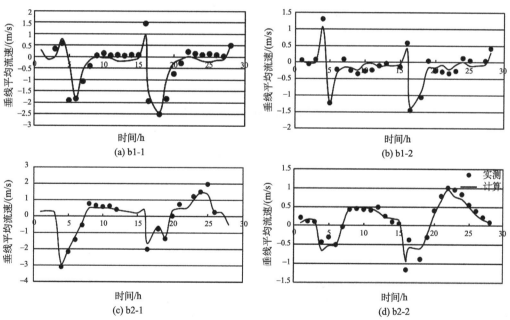

图 7-18　实测流速过程验证

7.3.4　流场模拟分析

长江口北支暗沙密布，大部分潮滩滩面高程较高，滩地和潜洲高潮时淹没，低潮时露出，故选取最高潮前 0.5h 及最高潮后 3h 流场进行分析，图 7-19 和图 7-20 分别对应大潮工程前后涨落潮流场。从图中可以看出建桥后整体流场没有明显变化，影响区域主要位于桥位附近。桥墩附近建桥前后大潮涨潮局部流场见图7-21，对比工程前后的流场变化可以看出，桥梁修建后，破坏了桥位河段原有流场，墩间流速均有不同程度的增加，墩后流速有所减少，局部流向改变较为剧烈。通过计算，得到如下结论：①南、北两深槽内流速略有增加，而南、北岸边滩流速变化很小；②航道区流速略有增加；③上下游码头两侧流速略有减少。

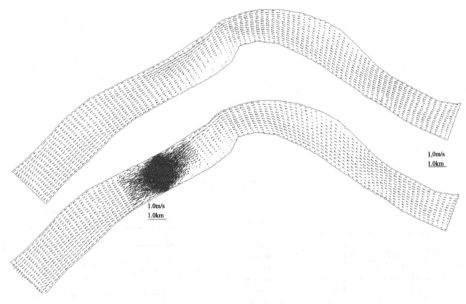

图 7-19　建桥前后涨潮流场图

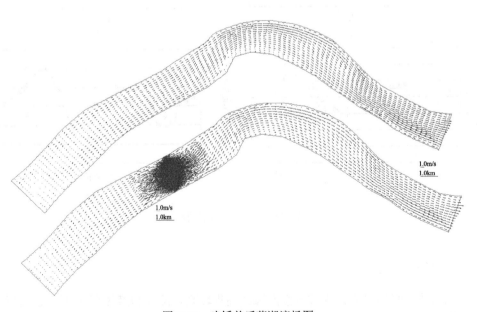

图 7-20　建桥前后落潮流场图

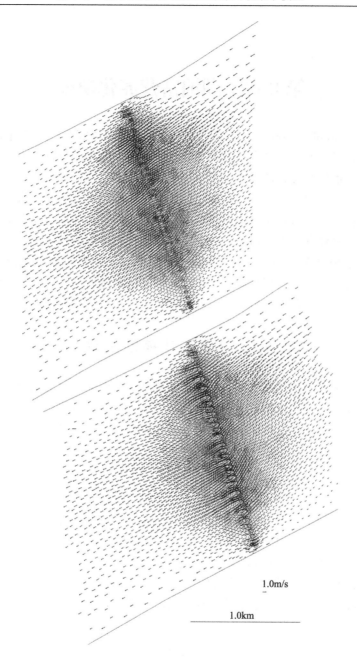

1.0m/s

1.0km

图 7-21　桥墩附近建桥前后涨潮流场图

第8章　湖泊富营养化模型

富营养化(eutrophication)是水体在自然环境因素及人类活动的驱动下，接纳过量的氮、磷等营养元素，使水体的生产力水平从低向高不断增加的过程。富营养化会导致水体中藻类及其他水生生物异常繁殖，水体透明度和溶解氧等指标恶化从而严重破坏水体的生态环境，危及人类用水安全。由于湖泊及水库的水动力较弱、换水周期较长以及受人类活动影响较大，富营养化现象一般在湖泊、水库等水体环境中表现明显。近年来受人类行为影响，水体富营养化问题已成为全球性的生态环境问题。

水环境数学模型在湖泊富营养化问题的研究和解决的过程中一直扮演着重要的角色，为人们制定湖泊水质管理政策、评估和预测工程措施的影响及效果提供帮助。很多富营养化模型在研究富营养化机理、治理富营养化问题过程中被提出，并运用于实践。

8.1　富营养化模型分类

富营养化模型是基于水体富营养化过程和机制的试验研究成果的总结，即将富营养化过程中各变量的相互转化关系数学化过程驱动模型。富营养化模型重点关注的是碳、氮、磷、氧等元素的转化过程。通常，根据模型的复杂程度，富营养化模型可以分为营养盐模型、水动力学－富营养化模型和多介质耦合模型。

8.1.1　营养物模型

营养物模型是由水中耗氧物质的模型，如 Steeter-Phelps 模型修改而来，所以早期分析的主要污染物也是以 COD 和 BOD 为主的耗氧污染物。随着对富营养化现象研究的深入，人们逐渐意识到对于富营养化现象，尤其是湖库中的富营养化现象，只研究耗氧污染物几乎没有解释能力，因此，研究者转向了对氮、磷为代表的单一营养物模型的研究。Vollenweider 模型是代表性的早期营养物模型，该模型是基于湖泊中磷的长时间平衡方程而构建的，具体公式如下

$$c = \frac{c_{in}}{1 + \sqrt{\tau}} \tag{8-1}$$

式中，c 是湖泊中磷的长时间平均浓度；c_{in} 是流量加权的入湖平均磷浓度；τ 是该湖泊平均水力停留时间。此模型主要用于估算湖泊中磷的年平均浓度状况，但无法反映湖泊磷含量的具体时变过程。

由于藻类水华现象是富营养化湖泊的主要特征，控制和研究水华现象也是建立富营养化模型的重要目标；因此，富营养化模型逐渐加入藻类这一重要的生物变量。单一营养物模型不能描述藻类的生消过程，所以越来越多的营养物模型在纳入藻类这一重要的

生物变量的同时，将碳、氮和磷循环过程耦合为综合模型。Water Quality Analysis Simulation Program（WASP）模型就是典型的多营养物模型之一。

营养物模型通常将水体视为一个整体或少数箱体来进行研究，并假定箱体内部的水体是充分混合的；因此，营养物模型的研究工具一般是代数方程或者常微分方程。这类模型通过水量平衡方程来获得进出箱体的水量、营养物通量等，可以描述水体总的近平衡状态或者环境变量空间平均值在水体中随时间的变化。此类模型的优点是对水生态系统中的环境变量间的关系研究较精细，但由于缺少水动力学计算过程，难以考虑环境变量分布的空间异质性影响。

8.1.2 水动力－富营养化模型

水动力－富营养化模型是以水动力学、生态学、环境学等为理论依据，以 Navier-Stokes 方程和污染物扩散输运方程为理论基础，描述水生态系统中各变量在时间和空间的变化及循环过程的模型。它能够精细地反映水生生态系统中各状态变量的物理、化学和生物过程在时间和空间中的变化，是研究大型水体富营养化过程的必要工具；目前已经广泛应用于湖泊、水库等水体的富营养化研究中。

Delft3D 模型是由荷兰 WL Delft Hydraulics 开发的大型软件，是著名的富营养化模型之一。该模型包含水动力、生态、水质和泥沙输移等七个模块；它使用的 Delft 开发的计算格式，不仅快速稳定，还具有丰富的水质、生态过程库，因此可以迅速地构建所要的模块。Delft3D 模型可以用于模拟多种营养盐、微生物、有机物、DO、氯化物等物质的迁移转化。目前，已在国内外得到大量的应用，例如，Chen 等利用 Delft3D 模型模拟了淀山湖不同季节中藻类的生长情况，并明确了各时期淀山湖中藻类的优势种。

环境流体动力学模型（Environmental Fluid Dynamic Code, EFDC）模型是美国 TMDL（Total Maximum Daily Loads）计划推荐的水环境数学模型之一。EFDC 模型具有水质、水动力、毒物和泥沙等六个模块。EFDC 模型的水质模块考虑了 4 种磷、5 种氮、2 种硅、3 种碳、4 种藻类等物质。其沉积物成岩模型能够很好地描述水体和底泥间的相互关系。EFDC 模型在平面上应用笛卡儿或者曲线正交网格；在垂向上采用 Sigma 坐标系以拟合水体复杂的地形与边界。该模型适用于湖泊、河口、水库和海湾等水体，目前已在各类富营养水体中得到大量的应用。例如，Jin 等利用 EFDC 模型对 Okeechobee 湖的水动力、风浪、水质等过程进行模拟研究，并获得了较好的模拟结果。EFDC 模型还被应用于研究南佛罗里达州的东海岸 St. Lucie 河口的生态影响。在国内，齐珺等基于 EFDC 模型模拟了长江武汉段的悬浮泥沙输移过程。华祖林等基于 EFDC 模型模拟了巢湖生态调水工程对湖泊水质的影响。

Finite Volume Coastal Ocean Model（FVCOM）是一种基于无结构网格的有限体积方法的模型。该模型包含干湿模块、沉积模块、表面波模型、非静压模型、湍流闭合模型、水质模块、海冰模块等。FVCOM 运用的有限体积方法吸收了有限元方法和有限差分方法的优势，可以保证复杂几何结构河口等水体在计算过程中质量、动力、能量的守恒。在水平方向上，该模型使用非结构网格对水平计算区域进行空间离散，而且可对所关注区域的网格进行加密操作，能更好地拟合复杂的边界。

8.1.3　多介质耦合模型

　　伴随水环境的研究对象与领域不断扩张，越来越多的富营养化模型与其他介质模型进行相互耦合。常见的多介质模型指包括水体、流域、大气和沉积物等不同的介质及尺度范围的模型经过相互耦合从而构成的综合模型。这类模型用于描述多介质中污染物质、边界条件和模型驱动力的变化对水体环境和生态的影响。

　　目前，许多水动力学－生态模型已经包含了沉积物模块部分，如先前介绍的 EFDC、Delft3D、FVCOM 等模型。这类模型包括简单描述营养盐底泥释放通量的模块，有部分模型也包括通过沉积物成岩模块对水、底泥间营养盐的动态变化进行精细描述。流域模式与水动力－富营养化模型相耦合的模型得到快速发展。例如，Shabani 等把 SWAT 模型和 CE-QUAL-W2 模型相耦合对 Devils 湖流域的水质、硫酸盐浓度进行模拟研究。Park 等把 WASP 模型和 SWAT 模型相耦合，针对气候变化下 Chungju 湖富营养化进程的响应的研究，表明气候变化会进一步导致湖泊富营养化因素发生变化，从而影响藻类的生长。目前，涉及真正的气候－富营养化模型的研究较少，例如，Malmaeus 等把区域气候模型 (RCM)、湖泊物理模型 PROBE 和 LEEDS 模型进行耦合，对瑞典中部的 Erken 湖和 Malaren 湖在两种气候情景下的生态响应进行研究，表明水力停留较长时间的水体会对气候变暖更为敏感。

　　多介质耦合模型对大气、沉积物、流域以及水体中的环境和生态过程均有详细的描述，可以研究各介质环境变量间的相互作用；但该类模型对模型使用者的经验要求极高，且目前模拟精度不高。表 8-1 总结了各类富营养化模型的主要特征。

表 8-1　湖泊富营养化模型特点

模型名称	基本原理	建模工具	优点	缺点
营养物模型	质量守恒原理	代数方程、常微分方程等	考虑环境变量相互作用的过程，模型的可解释性和预测能力好	不能计算变量的空间异质性，大型水体问题中精度差
水动力－富营养化模型	水力学、水生态学、质量守恒原理	偏微分方程为主	水动力模型与营养物模型结合，可分析大型水体中的空间异质性	编程较困难，计算量较大、参数数量较多
多介质耦合模型	质量守恒原理、多学科交叉	偏微分方程为主	考虑水体、流域、大气以及沉积物等多介质中环境变量相互作用	编程困难、计算量大、参数数量庞大、对使用者经验要求极高

8.2　EFDC 富营养化模型构建

　　在研究和实践中，水动力－富营养化模型是湖泊富营养化过程驱动模型研究的主流。EFDC 是当前国际上研究最为透彻的富营养化模型之一，在国内外湖库的富营养化问题方面得到较为广泛的运用。本书前面章节已经详细描述了 EFDC 的水动力模型,本节重点剖析 EFDC 模型中富营养化过程的解决方案。

EFDC 的富营养化模型概念框架如图 8-1 所示,其主要围绕着有机物、无机物和藻类之间的关系建立。其中的有机物、无机物等和藻类还会进一步区分为有机氮、有机磷、有机碳、氨氮、蓝藻和着生藻类等不同类别的物质,以更精确地模拟各物质和种类间的转化。该模型所涉及的主要环境变量见表 8-2。

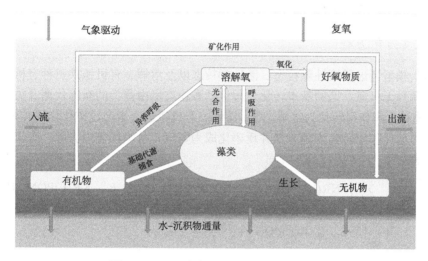

图 8-1　EFDC 富营养化概念模型基本框架

表 8-2　EFDC 富营养化模型状态变量

简写	变量	简写	变量
B	藻类(包括蓝、绿、硅和着生藻类)	RPON	惰性颗粒态有机氮
RPOC	惰性颗粒态有机碳	LPON	活性颗粒态有机氮
LPOC	活性颗粒态有机碳	DON	溶解态有机氮
DOC	溶解态有机碳	NH4	氨氮
RPOP	惰性颗粒态有机磷	NO3	硝态氮
LPOP	活性颗粒态有机磷	COD	化学需氧量
DOP	溶解态有机磷	DO	溶解氧
PO4	磷酸盐	SAd	溶解态硅
SAp	颗粒态硅		

8.2.1　藻类动力学方程

EFDC 模型中包括蓝藻、绿藻、硅藻和着生的巨型藻四种藻类。蓝藻和绿藻的主要区别在于它们的参数有所不同;硅藻和它们的区别是需将溶解态硅作为限制因素之一加以考虑;而着生藻类则被认为固定于某个区域,并不迁移。每一种藻类都包括了生长、新陈代谢、被捕食、沉降以及外源五类动力学机制;具体的动力学方程如下:

$$\frac{\partial B_x}{\partial t} = (P_x - BM_x - PR_x)B_x + \frac{\partial(WS_x \cdot B_x)}{\partial z} + \frac{WB_x}{V} \qquad (8-2)$$

式中，B_x 为 x 种藻类的生物量；P_x 为 x 种藻类的实际生长速率；BM_x 为 x 种藻类的新陈代谢速率；PR_x 为 x 种藻类被捕食速率；WS_x 为 x 种藻类的沉降速率；WB_x 为 x 种藻类外源负荷；V 是计算单元体积。上式中的生长速率、新陈代谢速率以及被捕食速率又可以具体表达为营养物浓度、温度、光照等环境因素的函数，具体可见 EFDC 的技术指南；而沉降速率一般为指定常数。

8.2.2 氮动力学方程

EFDC 模型考虑了惰性颗粒态、活性颗粒态以及溶解态有机氮共三种有机氮以及氨氮和硝氮两种无机氮。氮的基本转化过程包括颗粒态氮由藻类的新陈代谢及被捕食过程而来，并通过水解作用转化为溶解态氮；溶解态有机氮进一步通过矿化作用转变为氨氮；氨氮则通过硝化作用转化为硝态氮并反硝化成为氮气，从水环境中去除；有机氮的具体动力学方程如下

$$\frac{\partial R(L)PON}{\partial t} = \sum_{x=c,d,g} \left[FNR(L)_x \cdot BM_x + FNR(L)P \cdot PR_x \right] ANC_x \cdot B_x - KR(L)PON \cdot RP(L)ON$$
$$+ \frac{\partial}{\partial z} \left[WS_{R(L)P} \cdot R(L)PON \right] + \frac{WR(L)PON}{V}$$

$$(8-3)$$

式中，$R(L)PON$ 为惰(活)性颗粒态有机氮浓度；$FNR(L)_x$ 为 x 种类藻代谢产生的氮中惰(活)性颗粒态有机氮百分比；$FNR(L)P$ 为被捕食藻类产生的惰(活)性颗粒态有机氮百分比；ANC_x 为 x 种类藻的氮碳比；$KR(L)PON$ 是惰(活)性颗粒态有机氮的水解速率；$WS_{R(L)P}$ 是惰(活)性颗粒态有机氮的沉降速率；$WR(L)PON$ 为惰(活)性颗粒态有机氮外源负荷。这一动力学机制要注意的是只计入蓝藻、绿藻和硅藻的作用，着生藻类的作用并不计入；而且惰性和活性颗粒态有机氮的区别只在于相关参数大小。溶解态有机氮的动力学方程如下：

$$\frac{\partial DON}{\partial t} = \sum_{x=c,d,g} (FND_x \cdot BM_x + FNDP \cdot PR_x) ANC_x \cdot B_x + KRPON \cdot RPON$$
$$+ KLPON \cdot LPON - KDON \cdot DON + \frac{WDON}{V}$$

$$(8-4)$$

式中，DON 为溶解态有机氮浓度；FND_x 为 x 种类藻代谢产生的溶解态有机氮百分比，这一效应只计入蓝藻、绿藻和硅藻；$FNDP$ 为被捕食藻类产生的溶解态有机氮百分比；$KDON$ 为溶解态有机氮的矿化速率；$WDON$ 为溶解态有机氮的外源负荷。

氨氮的主要源项包括：藻类新陈代谢以及被捕食产生的氨氮，溶解态有机氮矿化以及外部负荷；氨氮的汇包括硝化为硝氮、被藻类吸收；沉积物-水界面的交换则视情况既可能是源也可能是汇。具体的动力学方程如下：

$$\frac{\partial NH4}{\partial t} = \sum_{x=c,d,g} (FNI_x \cdot BM_x + FNIP \cdot PR_x - PN_x \cdot P_x)ANC_x \cdot B_x - KDON \cdot DON$$
$$-Nit \cdot NH4 + \frac{BFNH4}{\Delta z} + \frac{WNH4}{V} \tag{8-5}$$

式中，FNI_x 为 x 种类藻代谢产生的氨氮百分比；FNIP 为藻类被捕食产生的氨氮百分比；PN_x 为 x 种类藻优先吸收氨氮的偏好；Nit 为实际硝化率，一般为最大硝化速率与温度等环境因素的函数；BFNH4 为沉积物-水界面上氨氮的交换通量；WNH4 为氨氮的外部负荷；Δz 是水-沉积物界面附近网格的高度。

一般情况下，富营养化模型中的硝氮不能从有机氮或者藻类新陈代谢等过程中产生；而是从氨氮的硝化过程产生，并通过反硝化过程去除；具体的动力学方程如下：

$$\frac{\partial NO3}{\partial t} = -\sum_{x=c,d,g} (1-PN_x)P_x \cdot ANC_x \cdot B_x + Nit \cdot NH4$$
$$-ANDC \cdot Denit \cdot DOC + \frac{BFNO3}{\Delta z} + \frac{WNO3}{V} \tag{8-6}$$

式中，DOC 是溶解态有机碳的浓度；ANDC 为氧化单位质量溶解态有机碳时被还原的硝氮的质量；Denit 是反硝化速率；BFNO3 为沉积物-水界面硝氮的交换通量；WNO3 为硝氮的外源负荷。

8.2.3　磷动力学方程

在 EFDC 的富营养化模型中的磷形态包括惰性颗粒态有机磷、活性颗粒态有机磷、溶解态有机磷 3 种有机磷，以及磷酸盐 1 种无机磷；其中，有机磷的动力学方程形式与有机氮对应的动力学方程非常类似，不再赘述。磷酸盐包括溶解态磷酸盐以及颗粒态磷酸盐，但是 EFDC 中将两者合并为总磷酸盐进行计算。具体的动力学方程如下：

$$\frac{\partial}{\partial t}(PO4p + PO4d) = \sum_{x=c,d,g,m} (FPI \cdot BM_x + FPIP_x \cdot PR_x - P_x)APC_x \cdot B_x$$
$$+ KDOP \cdot DOP + \frac{\partial}{\partial z}(WS_{TSS} \cdot PO4p) + \frac{BFPO4d}{\Delta z} + \frac{WPO4p}{V} + \frac{WPO4d}{V} \tag{8-7}$$

式中，PO4d 为溶解态磷酸盐的浓度；PO4p 为颗粒态磷酸盐的浓度；FPI_x 为 x 种藻类代谢产生的无机磷占代谢磷的比例；$FPIP_x$ 为通过捕食产生的无机磷占捕食磷的比例；WS_{TSS} 为悬浮固体的沉降速度；BFPO4d 为水体和沉积物之间的磷交换；WPO4p 为颗粒态磷酸盐的外源负荷；WPO4d 为溶解态磷酸盐的外源负荷。

8.2.4　碳动力学方程

EFDC 中模拟了惰性和活性两种颗粒态有机碳以及溶解态有机碳，但未考虑二氧化碳及碳酸盐等无机碳，主要原因在于无机碳的形态受水体 pH 的影响很大，模拟无机碳会引入额外的复杂性。模型中，颗粒态有机碳过程与前述有机氮类似，其源项只考虑藻类被捕食产生的颗粒态有机碳，不包括新陈代谢的效应；溶解态有机碳主要由颗粒态有机碳水解、藻类新陈代谢以及被捕食产生，但藻类新陈代谢过程往往被忽略。有机碳的动力学方程如下：

$$\frac{\partial DOC}{\partial t} = \sum_{x=c,d,g,m} FCDP_x \cdot PR_x \cdot B_x + KRPOC \cdot RPOC + KLPOC \cdot LPOC$$
$$-KHR \cdot DOC - Denit \cdot DOC + \frac{WDOC}{V} \tag{8-8}$$

式中，DOC、LPOC以及RPOC分别是溶解态有机碳、活性颗粒态有机碳以及惰性颗粒态有机碳的浓度；KLPOC、KRPOC分别是活性颗粒态有机碳和惰性颗粒态有机碳的水解速率；KHR是溶解态有机碳的异养呼吸速率；$FCDP_x$是x种藻类被捕食情况下产生溶解态有机碳的比例；WDOC是溶解态有机碳的外源负荷。在某些富营养化模型(如CE-QUAL-ICM)中，溶解态有机碳还被分为惰性和活性溶解态有机碳两种，这取决于所研究水体中溶解态有机碳的成分是否复杂。

8.2.5 溶解氧与化学需氧量动力学方程

在水环境模型中溶解氧，主要过程包括耗氧过程的消耗以及复氧过程。在EFDC中的耗氧过程包括藻类的呼吸作用，溶解态有机碳的异养呼吸，硝化作用，化学需氧量的消耗；复氧过程主要就是大气对水中溶解氧的补充以及藻类的光合作用。氧的动力学方程如下：

$$\frac{\partial DO}{\partial t} = \sum_{x=c,d,g,m} [(1.3-0.3PN_x)P_x - BM_x)]AOCR \cdot B_x - AONT \cdot Nit \cdot NH4 - AOCR \cdot KHR \cdot DOC$$
$$-\left(\frac{DO}{KHCOD+DO}\right)KCOD \cdot COD + KR(DO_s - DO) + \frac{SOD}{\Delta z} + \frac{WDO}{V}$$

$$\tag{8-9}$$

式中，DO、COD和SOD分别是溶解氧、化学需氧量以及沉积物需氧量的浓度；AOCR是呼吸作用中溶解氧和碳的消耗比；AONT是硝化过程中氧和氮的消耗比；KCOD是化学需氧量的氧化速率；KHCOD是化学需氧量的对氧的半饱和常数；KR是复氧系数；DO_s是饱和溶解氧浓度；WDO是溶解氧的外源负荷。

化学需氧量的计算相对较为简单，主要即溶解氧的氧化、外源负荷以及沉积物-水之间的交换过程，具体表达式如下：

$$\frac{\partial COD}{\partial t} = -\frac{DO}{KH_{COD}+DO}KCOD \cdot COD + \frac{WCOD}{V} + \frac{BFCOD}{\Delta z} \tag{8-10}$$

式中，WCOD是化学需氧量的外源负荷；BFCOD是沉积物-水之间化学需氧量的交换。

以上每个式子中的各种参数都可能是其他环境变量的函数，因此彼此间构成非常复杂的反应网络。事实上，我们在具体应用中，需要立足于具体湖泊的主要特征和问题情况，对富营养化模型进行尽可能的化简；对于计算结果，应根据经验和敏感性分析等方法进行分析，并与观测值进行充分比较，最终才能建立比较满意的富营养化模型。

8.3　算例——巢湖富营养化数值模拟

巢湖作为我国五大淡水湖泊之一，地处长江中下游地区，具有蓄洪防洪、饮用供水、农业灌溉等重要功能，在区域社会经济发展中发挥着十分重要的作用。但随着社会经济的快速发展，工业污染、农业面源污染、大气沉降污染等问题不断凸显，极大地加快了巢湖水体的富营养化进程，目前巢湖已成为长江中下游区域富营养程度最严重的湖泊之一，是我国富营养化湖泊的典型代表。

巢湖总面积约 780km²，从东至西和从南至北分别 54.4km 和 21km。巢湖通常以忠庙－姥山－齐头嘴为界被划分为东巢湖和西巢湖。环巢湖河道有 33 条，主要河道有 9 条：南淝河－店埠河、十五里河、派河、丰乐河－杭埠河、白石天河、兆河、双桥河、柘皋河和裕溪河；其中仅有一条出湖河道即位于巢湖东部的裕溪河，其余的河道均是入湖河道，具体分布概况见图 8-2。

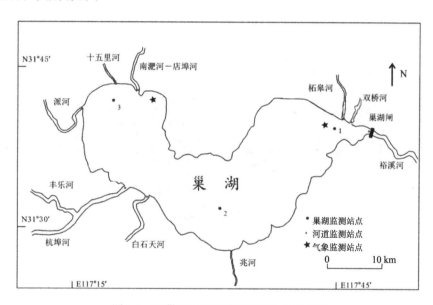

图 8-2　环巢湖主要河道和监测站点分布图

根据巢湖实际水环境情势特征，对 EFDC 富营养化模块进行二次开发，构建了囊括藻类、生化需氧量、溶解氧、无机氮(氨氮、硝态氮)、有机氮(惰性颗粒态有机氮、活性颗粒态有机氮)、无机磷(磷酸盐)、有机磷(惰性颗粒态有机磷、活性颗粒态有机磷)等物质的巢湖富营养化模型。由于巢湖夏季水环境污染问题凸显，同时，蓝藻的生物量约是其他类型藻类生物量总和的 10 倍，所以，本节模拟的是该季节巢湖蓝藻和主要营养因子的变化过程，所建巢湖富营养化模型的结构和模型变量见图 8-3。

运用构建的巢湖富营养化模型对夏季巢湖进行数值模拟，模拟时间为 2009 年 7 月 12 日～9 月 30 日。采用正交贴体坐标网格对湖泊进行剖分，并在入湖河口等重点区域进行了加密处理；计算域共布设网格 15238 个，尺度范围约 10～50m，如图 8-4 所示。

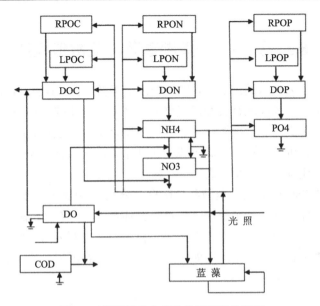

图 8-3 巢湖夏季富营养化模型结构框图

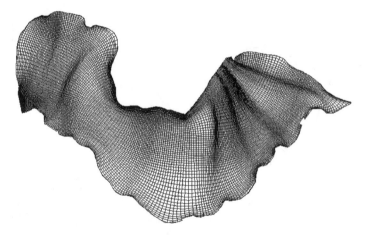

图 8-4 巢湖正交贴体坐标网格

巢湖富营养化模型所需要的监测数据包括气象数据、河道水质和流量、湖泊水质及水位。其中，气象数据包括云量、气温和风况等，来自合肥气象监测站；河道数据的监测由各河道出入湖泊前最后一个监测站的流量实测获得；气象数据和河道流量的监测频率每天一次，湖泊水位的监测频率每两天一次；出入湖河道的水质数据和湖泊中的水质数据的监测频率约每周一次。

图 8-5 为 2009 年 7 月 28 日巢湖流场计算结果。如图所示，主湖区流场呈现典型的风生流特征，局部地区存在环流。湖心区的湖流流向与风向之间夹角较小，湖岸与河道出、入湖区的水流运动方向主要由边界条件和地形决定。流场计算结果与实际情况基本相符。

该巢湖富营养化模型涉及的参数多达 68 个，面临如此多的参数，一一确定它们的值是非常困难的，因此要筛选出对模型输出结果有重要影响的关键参数，从而重点关注和确定这些关键参数即可。运用敏感性分析方法来选取关键参数，以提高模型的模拟精度。

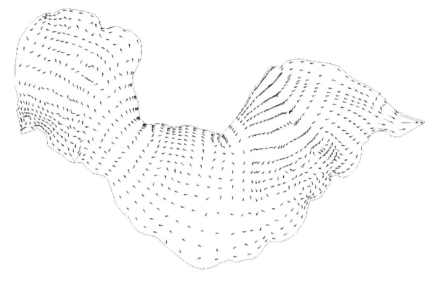

图 8-5　巢湖模拟流场

运用 Morris 参数筛选方法，最终获得对模型输出具有重要影响的排名前八的关键参数：Nitm、KRP、KDN、KESS、BMR、KTB、KTHDR、PM；其意义和经过调整的值见表 8-3。

表 8-3　巢湖富营养化模型关键参数取值

参数	意义	单位	取值
Nitm	最大硝化速率	$g/(m^3 \cdot d)$	0.01
KRP	RPOP 的最小水解速率	d^{-1}	0.005
KDN	DON 的最小矿化速率	d^{-1}	0.01
KESS	消光系数	m^{-1}	0.45
BMR	蓝藻的基础代谢率	g/m^3	0.1
KTB	温度对蓝藻基础代谢的影响	$℃^{-1}$	0.0322
KTHDR	温度对颗粒态有机物水解的影响	$℃^{-1}$	0.069
PM	藻类最大生长率	d^{-1}	0.12

其中，Nitm 和 KDN 分别表示最大的硝化速率和 DON 的最小矿化速率，二者均属于与氮转化相关的参数；KRP 表示 RPOP 的最小水解速率，它是与磷转化相关的参数，BMR 表示蓝藻的基础代谢率，是与藻类生消相关的参数；KTB 和 KTHDR 分别表示温度对蓝藻基础代谢的影响和温度对颗粒态有机物水解的影响，这两个参数均是与温度相关的参数；PM 和 KESS 则分别表示藻类本身的生长特性以及光对藻类生长的影响。

图 8-6 为蓝藻、氨氮、硝态氮和磷酸盐的模拟结果。如图所示，各站位富营养指标计算值与实测值趋势上基本一致，虽然个别结果存在一定偏差，但总体吻合良好，表明

　　本节所建巢湖富营养化数学模型能够较好地模拟湖泊水质变化情况，客观反映湖泊富营养化的动力学过程。

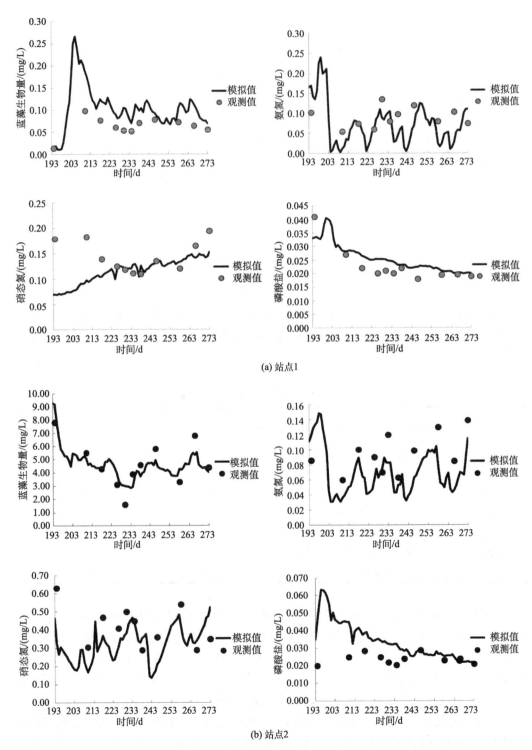

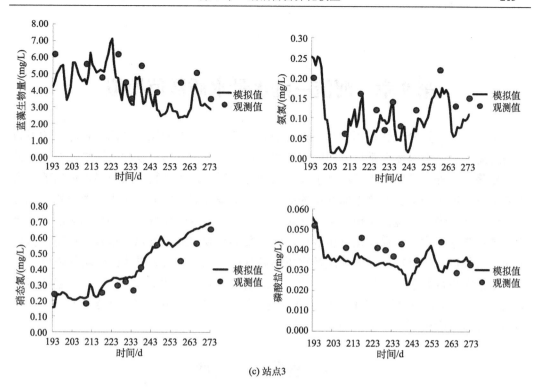

(c) 站点3

图 8-6　巢湖蓝藻、氨氮、硝态氮和磷酸盐计算值与实测值对比

第 9 章 河流三维水量水质数值模拟

事实上，自然界广泛存在着非浅水流动的水流现象，例如深水湖泊、宽深比相对较小的河流等，这类水体在垂直方向的流速往往不能忽略，其污染物的对流扩散过程三维特征显著；另外，即便对于宽浅型水体，在排污口近区，污染物进入环境水体后的混合扩散也呈现出 x、y、z 3 个方向并重的情势，直至垂向混合完成。对于此类问题，如若仍采用前述二维水环境数学模型进行求解，显然无法客观体现水流及物质输运的三维过程，难免带来较大的计算误差甚至谬误。此时我们需要建立三维水环境数学模型，来模拟深水水体以及排污口近区的水流及物质输运过程，以得到较为准确的流场和浓度场。

本章首先推导了三维模型中常用的 σ 垂向坐标变换，在此基础上，分别以当前应用较为广泛的 Coherens 模型和 EFDC 模型为例，介绍 σ 坐标系下的直角网格和曲线贴体网格的水环境数学模型，并给出相应的实际算例。

9.1 垂向坐标变换

实际天然水体都具有变化的自由水面，同时水下地形的变化等因素都给三维水流物质输运数值模拟带来了困难。为此，在垂直方向上引入 σ 坐标变换 (Lin and Li, 2002) 进行归一化处理，以更好地拟合自由表面与实际地形。σ 坐标是指通过引进一组新的独立变量，能将表面和底部变换成为坐标平面，可以简化模型求解过程，并提高模型在浅水区的垂向分辨率。σ 坐标变换的形式如图 9-1 所示。

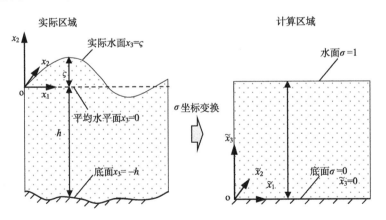

图 9-1 垂向 σ 坐标变换示意图

坐标转换关系为

$$\left(\tilde{t}, \tilde{x}_1, \tilde{x}_2, \tilde{x}_3\right) = \left(t, x_1, x_2, Lf\left(\sigma\right)\right) \tag{9-1}$$

其中,

$$\sigma = \frac{x_3 + h}{\varsigma + h} = \frac{x_3 + h}{H}, \quad \sigma \in [0,1] \tag{9-2}$$

式中, x_3 为笛卡儿坐标系中的垂向坐标, ς 为自由水面相对于基准水位的波动高程, 即水位; H 为总水深, h 为平均水平面到水底的距离。由图 9-1 可知, 在水底面处 $x_3 = -h$, $\sigma = 0$, 取 $f(0) = 0$, 故 $\tilde{x}_3 = 0$; 在自由表面处 $x_3 = \varsigma$, $\sigma = 1$, 取 $f(1) = 1$, 故 $\tilde{x}_3 = L$。雅可比变换为

$$J = \frac{\partial x_3}{\partial \tilde{x}_3} = H \bigg/ \left(L \frac{\mathrm{d}f}{\mathrm{d}\sigma} \right) \tag{9-3}$$

为了推导速度变换公式, 首先引入直角坐标对任意曲线坐标变换的全微分关系式为

$$\begin{pmatrix} \mathrm{d}\tilde{t} \\ \mathrm{d}\tilde{x}_1 \\ \mathrm{d}\tilde{x}_2 \\ \mathrm{d}\tilde{x}_3 \end{pmatrix} = \begin{pmatrix} \partial \tilde{t}/\partial t & \partial \tilde{t}/\partial x_1 & \partial \tilde{t}/\partial x_2 & \partial \tilde{t}/\partial x_3 \\ \partial \tilde{x}_1/\partial t & \partial \tilde{x}_1/\partial x_1 & \partial \tilde{x}_1/\partial x_2 & \partial \tilde{x}_1/\partial x_3 \\ \partial \tilde{x}_2/\partial t & \partial \tilde{x}_2/\partial x_1 & \partial \tilde{x}_2/\partial x_2 & \partial \tilde{x}_2/\partial x_3 \\ \partial \tilde{x}_3/\partial t & \partial \tilde{x}_3/\partial x_1 & \partial \tilde{x}_3/\partial x_2 & \partial \tilde{x}_3/\partial x_3 \end{pmatrix} \begin{pmatrix} \mathrm{d}t \\ \mathrm{d}x_1 \\ \mathrm{d}x_2 \\ \mathrm{d}x_3 \end{pmatrix} \tag{9-4}$$

对于 $\tilde{x}_3$ 坐标变换有如下的形式

$$\begin{pmatrix} \mathrm{d}\tilde{t} \\ \mathrm{d}\tilde{x}_1 \\ \mathrm{d}\tilde{x}_2 \\ \mathrm{d}\tilde{x}_3 \end{pmatrix} = \begin{pmatrix} 1 & 0 & 0 & 0 \\ 0 & 1 & 0 & 0 \\ 0 & 0 & 1 & 0 \\ -\dfrac{\sigma}{J}\dfrac{\partial \varsigma}{\partial t} & -\dfrac{1}{J}\left[\sigma\dfrac{\partial \varsigma}{\partial x_1} - (1-\sigma)\dfrac{\partial h}{\partial x_1}\right] & -\dfrac{1}{J}\left[\sigma\dfrac{\partial \varsigma}{\partial x_2} - (1-\sigma)\dfrac{\partial h}{\partial x_2}\right] & \dfrac{1}{J} \end{pmatrix} \begin{pmatrix} \mathrm{d}t \\ \mathrm{d}x_1 \\ \mathrm{d}x_2 \\ \mathrm{d}x_3 \end{pmatrix} \tag{9-5}$$

即

$$\begin{cases} \mathrm{d}\tilde{t} = \mathrm{d}t \\ \mathrm{d}\tilde{x}_1 = \mathrm{d}x_1 \\ \mathrm{d}\tilde{x}_2 = \mathrm{d}x_2 \\ \mathrm{d}\tilde{x}_3 = -\dfrac{\sigma}{J}\dfrac{\partial \varsigma}{\partial t}\mathrm{d}t - \dfrac{1}{J}\left[\sigma\dfrac{\partial \varsigma}{\partial x_1} - (1-\sigma)\dfrac{\partial h}{\partial x_1}\right]\mathrm{d}x_1 - \dfrac{1}{J}\left[\sigma\dfrac{\partial \varsigma}{\partial x_2} - (1-\sigma)\dfrac{\partial h}{\partial x_2}\right]\mathrm{d}x_2 + \dfrac{1}{J}\mathrm{d}x_3 \end{cases} \tag{9-6}$$

推出

$$\begin{cases} \dfrac{\mathrm{d}\tilde{x}_1}{\mathrm{d}\tilde{t}} = \dfrac{\mathrm{d}x_1}{\mathrm{d}t} \\ \dfrac{\mathrm{d}\tilde{x}_2}{\mathrm{d}\tilde{t}} = \dfrac{\mathrm{d}x_2}{\mathrm{d}t} \\ \dfrac{\mathrm{d}\tilde{x}_3}{\mathrm{d}\tilde{t}} = -\dfrac{\sigma}{J}\dfrac{\partial \varsigma}{\partial t} - \dfrac{1}{J}\left[\sigma\dfrac{\partial \varsigma}{\partial x_1} - (1-\sigma)\dfrac{\partial h}{\partial x_1}\right]\dfrac{\mathrm{d}x_1}{\mathrm{d}t} - \dfrac{1}{J}\left[\sigma\dfrac{\partial \varsigma}{\partial x_2} - (1-\sigma)\dfrac{\partial h}{\partial x_2}\right]\dfrac{\mathrm{d}x_2}{\mathrm{d}t} + \dfrac{1}{J}\dfrac{\mathrm{d}x_3}{\mathrm{d}t} \end{cases} \tag{9-7}$$

于是得到速度转换关系为

$$\begin{cases} \tilde{u} = u \\ \tilde{v} = v \\ \tilde{w} = -\dfrac{\sigma}{J}\dfrac{\partial \varsigma}{\partial t} - \dfrac{u}{J}\left[\sigma\dfrac{\partial \varsigma}{\partial x_1} - (1-\sigma)\dfrac{\partial h}{\partial x_1}\right] - \dfrac{v}{J}\left[\sigma\dfrac{\partial \varsigma}{\partial x_2} - (1-\sigma)\dfrac{\partial h}{\partial x_2}\right] + \dfrac{w}{J} \end{cases} \tag{9-8}$$

从而推出

$$w = J\tilde{w} + \sigma\frac{\partial \varsigma}{\partial t} + u\left[\sigma\frac{\partial \varsigma}{\partial \tilde{x}_1} - (1-\sigma)\frac{\partial h}{\partial \tilde{x}_1}\right] + v\left[\sigma\frac{\partial \varsigma}{\partial \tilde{x}_2} - (1-\sigma)\frac{\partial h}{\partial \tilde{x}_2}\right] \tag{9-9}$$

其中，$\tilde{u}$、$\tilde{v}$、$\tilde{w}$ 分别为坐标变换后 $\tilde{x}_1$、$\tilde{x}_2$、$\tilde{x}_3$ 方向上的流速。

9.2　垂向坐标变换下笛卡儿坐标水环境数学模型

本节以 Coherens 模型 (coupled hydro-dynamical ecological model for regional shelf seas) 为例，介绍垂向坐标变换下的直角坐标网格水环境数学模型。

Coherens 是由欧盟在 20 世纪 90 年代研发、开放源代码并持续更新的三维水动力及生态模型，用于模拟近岸海域、河口、湖泊与水库等地表水体生态环境过程 (http://odnature.naturalsciences.be/coherens)。该模型垂向采用 σ 坐标系，经坐标变换后，使得整个水域具有相同的垂向分层数；模型包含了自由表面的模式，能够模拟快速传播的外重力波和表面水位的变化；时间上采用前差，水平对流和水平扩散项采用显式差分格式离散，垂向对流项采用半隐差分格式离散，垂向扩散项则采用全隐差分格式离散，具有较强的垂向分辨能力。

Coherens 模型的基本控制方程组如下。

(1) 连续方程：

$$\frac{\partial u}{\partial x_1} + \frac{\partial v}{\partial x_2} + \frac{\partial w}{\partial x_3} = 0 \tag{9-10}$$

(2) 动量方程：

$$\frac{\partial u}{\partial t} + u\frac{\partial u}{\partial x_1} + v\frac{\partial u}{\partial x_2} + w\frac{\partial u}{\partial x_3} - fv = -\frac{1}{\rho_0}\frac{\partial p}{\partial x_1} + \frac{\partial}{\partial x_3}\left(\nu_T\frac{\partial u}{\partial x_3}\right) + \frac{\partial}{\partial x_1}\tau_{11} + \frac{\partial}{\partial x_2}\tau_{21} \tag{9-11}$$

$$\frac{\partial v}{\partial t} + u\frac{\partial v}{\partial x_1} + v\frac{\partial v}{\partial x_2} + w\frac{\partial v}{\partial x_3} + fu = -\frac{1}{\rho_0}\frac{\partial p}{\partial x_2} + \frac{\partial}{\partial x_3}\left(\nu_T\frac{\partial v}{\partial x_3}\right) + \frac{\partial}{\partial x_1}\tau_{12} + \frac{\partial}{\partial x_2}\tau_{22} \tag{9-12}$$

$$\frac{\partial p}{\partial x_3} = -\rho_0 g \tag{9-13}$$

式中，t 表示时间；x_1、x_2、x_3 分别表示笛卡儿坐标系下的 x、y、z 方向；u、v、w 分别为 x_1、x_2、x_3 坐标方向的流速分量；p 为压强；ρ_0 为水体密度；ν_T 为垂向紊动黏性系数；水平应力张量 τ_{11}、τ_{12}、τ_{21} 和 τ_{22} 的表达式分别为

$$\tau_{11} = 2\nu_H \frac{\partial u}{\partial x_1}, \quad \tau_{12} = \tau_{21} = \nu_H\left(\frac{\partial u}{\partial x_2} + \frac{\partial v}{\partial x_1}\right), \quad \tau_{22} = 2\nu_H \frac{\partial v}{\partial x_2} \tag{9-14}$$

式中，ν_H 为动量方程中的水平扩散系数。

(3) 物质输运方程：

$$\frac{\partial \psi}{\partial t} + u\frac{\partial \psi}{\partial x_1} + v\frac{\partial \psi}{\partial x_2} + w\frac{\partial \psi}{\partial x_3} = \frac{\partial}{\partial x_3}\left(\lambda_T \frac{\partial \psi}{\partial x_3}\right) + \frac{\partial}{\partial x_1}\left(\lambda_H \frac{\partial \psi}{\partial x_1}\right) + \frac{\partial}{\partial x_2}\left(\lambda_H \frac{\partial \psi}{\partial x_2}\right) + S_0 \tag{9-15}$$

式中，ψ 为输运物质的浓度；λ_T、λ_H 分别为物质输运方程的垂向和水平扩散系数；S_0 为源项。

(4) 紊流闭合模型方程：

采用双方程 k-ε 紊流模型为

$$\frac{\partial k}{\partial t} + u\frac{\partial k}{\partial x_1} + v\frac{\partial k}{\partial x_2} + w\frac{\partial k}{\partial x_3} = \frac{\partial}{\partial x_3}\left[\left(\frac{\nu_T}{\sigma_k} + \nu_b\right)\frac{\partial k}{\partial x_3}\right] + \frac{\partial}{\partial x_1}\left(A_H \frac{\partial k}{\partial x_1}\right)$$
$$+ \frac{\partial}{\partial x_2}\left(A_H \frac{\partial k}{\partial x_2}\right) + \nu_T\left[\left(\frac{\partial u}{\partial x_3}\right)^2 + \left(\frac{\partial v}{\partial x_3}\right)^2\right] - \varepsilon \tag{9-16}$$

$$\frac{\partial \varepsilon}{\partial t} + u\frac{\partial \varepsilon}{\partial x_1} + v\frac{\partial \varepsilon}{\partial x_2} + w\frac{\partial \varepsilon}{\partial x_3} = \frac{\partial}{\partial x_3}\left[\left(\frac{\nu_T}{\sigma_\varepsilon} + \nu_b\right)\frac{\partial \varepsilon}{\partial x_3}\right]$$
$$+ C_{1\varepsilon}\frac{\varepsilon}{k}\left[\nu_T\left(\left(\frac{\partial u}{\partial x_3}\right)^2 + \left(\frac{\partial v}{\partial x_3}\right)^2\right)\right] - C_{2\varepsilon}\frac{\varepsilon^2}{k} \tag{9-17}$$

式中，k 为紊动动能；ε 为紊动耗散率；A_H 为紊动闭合方程的水平扩散系数；σ_k 和 σ_ε 均为经验常数；垂向紊动黏性系数 ν_T 和垂向扩散系数 λ_T 的表达式分别为

$$\nu_T = 0.108k^2/\varepsilon + \nu_b, \quad \lambda_T = 0.177k^2/\varepsilon + \lambda_b \tag{9-18}$$

其中，ν_b、λ_b 为背景混合系数，均取 $1\times10^{-6} \text{m}^2/\text{s}$。

9.2.1 σ 坐标系下模型方程的推导

根据上面的坐标变换可将笛卡儿坐标系下的方程转化为 σ 坐标系下的控制方程组。

9.2.1.1 连续方程的推导

由关系式

$$\frac{\partial F}{\partial \tilde{x}_1} = \frac{\partial F}{\partial x_1} + \frac{\partial F}{\partial x_3}\frac{\partial x_3}{\partial \tilde{x}_1}, \quad \frac{\partial x_3}{\partial \tilde{x}_1} = \frac{\partial}{\partial \tilde{x}_1}(\sigma H - h) = \sigma\frac{\partial H}{\partial \tilde{x}_1} - \frac{\partial h}{\partial \tilde{x}_1} \tag{9-19}$$

得到微分变换关系为

$$
\begin{cases}
\dfrac{\partial F}{\partial \tilde{t}} = \dfrac{\partial F}{\partial t} + \dfrac{\partial F}{\partial x_3}\left(\sigma\dfrac{\partial H}{\partial \tilde{t}} - \dfrac{\partial h}{\partial \tilde{t}}\right) \\[3mm]
\dfrac{\partial F}{\partial \tilde{x}_1} = \dfrac{\partial F}{\partial x_1} + \dfrac{\partial F}{\partial x_3}\left(\sigma\dfrac{\partial H}{\partial \tilde{x}_1} - \dfrac{\partial h}{\partial \tilde{x}_1}\right) \\[3mm]
\dfrac{\partial F}{\partial \tilde{x}_2} = \dfrac{\partial F}{\partial x_2} + \dfrac{\partial F}{\partial x_3}\left(\sigma\dfrac{\partial H}{\partial \tilde{x}_2} - \dfrac{\partial h}{\partial \tilde{x}_2}\right) \\[3mm]
\dfrac{\partial F}{\partial \tilde{x}_3} = \dfrac{\partial F}{\partial x_3}\dfrac{\partial x_3}{\partial \tilde{x}_3} = J\dfrac{\partial F}{\partial x_3}
\end{cases}
\Rightarrow
\begin{cases}
\dfrac{\partial F}{\partial \tilde{t}} = \dfrac{\partial F}{\partial t} + \dfrac{1}{J}\dfrac{\partial F}{\partial \tilde{x}_3}\left(\sigma\dfrac{\partial H}{\partial \tilde{t}} - \dfrac{\partial h}{\partial \tilde{t}}\right) \\[3mm]
\dfrac{\partial F}{\partial \tilde{x}_1} = \dfrac{\partial F}{\partial x_1} + \dfrac{1}{J}\dfrac{\partial F}{\partial \tilde{x}_3}\left(\sigma\dfrac{\partial H}{\partial \tilde{x}_1} - \dfrac{\partial h}{\partial \tilde{x}_1}\right) \\[3mm]
\dfrac{\partial F}{\partial \tilde{x}_2} = \dfrac{\partial F}{\partial x_2} + \dfrac{1}{J}\dfrac{\partial F}{\partial \tilde{x}_3}\left(\sigma\dfrac{\partial H}{\partial \tilde{x}_2} - \dfrac{\partial h}{\partial \tilde{x}_2}\right) \\[3mm]
\dfrac{\partial F}{\partial \tilde{x}_3} = J\dfrac{\partial F}{\partial x_3}
\end{cases}
\tag{9-20}
$$

$$
\Rightarrow
\begin{cases}
\dfrac{\partial F}{\partial t} = \dfrac{\partial F}{\partial \tilde{t}} + \dfrac{1}{J}\dfrac{\partial F}{\partial \tilde{x}_3}\left(\dfrac{\partial h}{\partial \tilde{t}} - \sigma\dfrac{\partial H}{\partial \tilde{t}}\right) \\[3mm]
\dfrac{\partial F}{\partial x_1} = \dfrac{\partial F}{\partial \tilde{x}_1} + \dfrac{1}{J}\dfrac{\partial F}{\partial \tilde{x}_3}\left(\dfrac{\partial h}{\partial \tilde{x}_1} - \sigma\dfrac{\partial H}{\partial \tilde{x}_1}\right) \\[3mm]
\dfrac{\partial F}{\partial x_2} = \dfrac{\partial F}{\partial \tilde{x}_2} + \dfrac{1}{J}\dfrac{\partial F}{\partial \tilde{x}_3}\left(\dfrac{\partial h}{\partial \tilde{x}_2} - \sigma\dfrac{\partial H}{\partial \tilde{x}_2}\right) \\[3mm]
\dfrac{\partial F}{\partial x_3} = \dfrac{1}{J}\dfrac{\partial F}{\partial \tilde{x}_3}
\end{cases}
\Rightarrow
\begin{cases}
\dfrac{\partial h}{\partial t} = \dfrac{\partial h}{\partial \tilde{t}},\ \dfrac{\partial \varsigma}{\partial t} = \dfrac{\partial \varsigma}{\partial \tilde{t}},\ \dfrac{\partial H}{\partial t} = \dfrac{\partial H}{\partial \tilde{t}} \\[3mm]
\dfrac{\partial h}{\partial x_1} = \dfrac{\partial h}{\partial \tilde{x}_1},\ \dfrac{\partial \varsigma}{\partial x_1} = \dfrac{\partial \varsigma}{\partial \tilde{x}_1},\ \dfrac{\partial H}{\partial x_1} = \dfrac{\partial H}{\partial \tilde{x}_1} \\[3mm]
\dfrac{\partial h}{\partial x_2} = \dfrac{\partial h}{\partial \tilde{x}_2},\ \dfrac{\partial \varsigma}{\partial x_2} = \dfrac{\partial \varsigma}{\partial \tilde{x}_2},\ \dfrac{\partial H}{\partial x_2} = \dfrac{\partial H}{\partial \tilde{x}_2}
\end{cases}
\tag{9-21}
$$

故有

$$
\frac{\partial u}{\partial x_1} = \frac{\partial u}{\partial \tilde{x}_1} + \frac{1}{J}\frac{\partial u}{\partial \tilde{x}_3}\left(\frac{\partial h}{\partial \tilde{x}_1} - \sigma\frac{\partial H}{\partial \tilde{x}_1}\right)
\tag{9-22}
$$

$$
\frac{\partial v}{\partial x_2} = \frac{\partial v}{\partial \tilde{x}_2} + \frac{1}{J}\frac{\partial v}{\partial \tilde{x}_3}\left(\frac{\partial h}{\partial \tilde{x}_2} - \sigma\frac{\partial H}{\partial \tilde{x}_2}\right)
\tag{9-23}
$$

$$
\frac{\partial w}{\partial x_3} = \frac{1}{J}\frac{\partial w}{\partial \tilde{x}_3}
\tag{9-24}
$$

$$
\begin{aligned}
\frac{\partial w}{\partial \tilde{x}_3} &= \frac{\partial}{\partial \tilde{x}_3}\left[J\tilde{w} + \sigma\frac{\partial \varsigma}{\partial t} + u\left(\sigma\frac{\partial \varsigma}{\partial \tilde{x}_1} - (1-\sigma)\frac{\partial h}{\partial \tilde{x}_1}\right) + v\left(\sigma\frac{\partial \varsigma}{\partial \tilde{x}_2} - (1-\sigma)\frac{\partial h}{\partial \tilde{x}_2}\right)\right] \\
&= \frac{\partial}{\partial \tilde{x}_3}(J\tilde{w}) + \frac{J}{H}\frac{\partial \varsigma}{\partial \tilde{t}} + \left(\sigma\frac{\partial H}{\partial \tilde{x}_1} - \frac{\partial h}{\partial \tilde{x}_1}\right)\frac{\partial u}{\partial \tilde{x}_3} + \\
&\quad \frac{Ju}{H}\frac{\partial H}{\partial \tilde{x}_2} + \left(\sigma\frac{\partial H}{\partial \tilde{x}_2} - \frac{\partial h}{\partial \tilde{x}_2}\right)\frac{\partial v}{\partial \tilde{x}_3} + \frac{Jv}{H}\frac{\partial H}{\partial \tilde{x}_2}
\end{aligned}
\tag{9-25}
$$

将上述关系代入连续性方程（9-10），整理后可得 σ 坐标系下的连续方程为

$$
\frac{\partial J}{\partial t} + \frac{\partial}{\partial \tilde{x}_1}(Ju) + \frac{\partial}{\partial \tilde{x}_2}(Jv) + \frac{\partial}{\partial \tilde{x}_3}(J\tilde{w}) = 0
\tag{9-26}
$$

9.2.1.2　动量方程的推导

选择笛卡儿坐标系下的 u 动量方程进行变换推导，先考虑方程的左侧

$$\frac{\partial u}{\partial t} = \frac{\partial u}{\partial \tilde{t}} + \frac{1}{J}\frac{\partial u}{\partial \tilde{x}_3}\left(\frac{\partial h}{\partial \tilde{t}} - \sigma\frac{\partial H}{\partial \tilde{t}}\right) \tag{9-27}$$

$$u\frac{\partial u}{\partial x_1} = u\left[\frac{\partial u}{\partial \tilde{x}_1} + \frac{1}{J}\frac{\partial u}{\partial \tilde{x}_3}\left(\frac{\partial h}{\partial \tilde{x}_1} - \sigma\frac{\partial H}{\partial \tilde{x}_1}\right)\right] \tag{9-28}$$

$$v\frac{\partial u}{\partial x_2} = v\left[\frac{\partial u}{\partial \tilde{x}_2} + \frac{1}{J}\frac{\partial u}{\partial \tilde{x}_3}\left(\frac{\partial h}{\partial \tilde{x}_2} - \sigma\frac{\partial H}{\partial \tilde{x}_2}\right)\right] \tag{9-29}$$

$$w\frac{\partial u}{\partial x_3} = \frac{1}{J}\left\{J\tilde{w} + \sigma\frac{\partial \varsigma}{\partial \tilde{t}} + u\left[\sigma\frac{\partial \varsigma}{\partial \tilde{x}_1} - (1-\sigma)\frac{\partial h}{\partial \tilde{x}_1}\right] + v\left[\sigma\frac{\partial \varsigma}{\partial \tilde{x}_2} - (1-\sigma)\frac{\partial h}{\partial \tilde{x}_2}\right]\right\}\frac{\partial u}{\partial \tilde{x}_3} \tag{9-30}$$

再对动量方程右侧项进行推导，根据静压假定，压力 $p \approx p_s$，p_s 为压强的静力效应部分，则

$$\frac{\partial p_s}{\partial x_3} = -\rho_0 g \tag{9-31}$$

分别对该方程两边积分，并有已知条件 $p|_{x_3=\varsigma} = 0$，有

$$p_s = \rho_0 g(\varsigma - x_3) \tag{9-32}$$

可得

$$\frac{1}{\rho_0}\frac{\partial p}{\partial x_i} = g\frac{\partial \varsigma}{\partial x_i} \quad (i=1,2) \tag{9-33}$$

$$g\frac{\partial \varsigma}{\partial x_1} = g\frac{\partial \varsigma}{\partial \tilde{x}_1} \tag{9-34}$$

所以，

$$\frac{1}{\rho_0}\frac{\partial p}{\partial x_1} = g\frac{\partial \varsigma}{\partial \tilde{x}_1} \tag{9-35}$$

$$\frac{\partial}{\partial x_3}\left(v_T\frac{\partial u}{\partial x_3}\right) = \frac{1}{J}\frac{\partial}{\partial \tilde{x}_3}\left(v_T\frac{\partial u}{\partial x_3}\right) = \frac{1}{J}\frac{\partial}{\partial \tilde{x}_3}\left(\frac{v_T}{J}\frac{\partial u}{\partial \tilde{x}_3}\right) \tag{9-36}$$

$$\begin{aligned}
\frac{\partial}{\partial x_1}(\tau_{11}) &= \frac{1}{J}\left(\frac{\partial(J\tau_{11})}{\partial x_1} - \tau_{11}\frac{\partial J}{\partial x_1}\right) = \frac{1}{J}\left[\frac{\partial(J\tau_{11})}{\partial \tilde{x}_1} + \frac{1}{J}\frac{\partial(J\tau_{11})}{\partial \tilde{x}_3}\left(\frac{\partial h}{\partial \tilde{x}_1} - \sigma\frac{\partial H}{\partial \tilde{x}_1}\right) - \tau_{11}\frac{\partial J}{\partial x_1}\right]\\
&= \frac{1}{J}\left[\frac{\partial(J\tau_{11})}{\partial \tilde{x}_1} + \frac{1}{J}\frac{\partial(J\tau_{11})}{\partial \tilde{x}_3}\left(\frac{\partial h}{\partial \tilde{x}_1} - \sigma\frac{\partial H}{\partial \tilde{x}_1}\right) + (J\tau_{11})\frac{\partial}{\partial \tilde{x}_3}\left(\frac{\partial h}{\partial \tilde{x}_1} - \sigma\frac{\partial H}{\partial \tilde{x}_1}\right)\right]\\
&= \frac{1}{J}\left\{\frac{\partial(J\tau_{11})}{\partial \tilde{x}_1} + \frac{1}{J}\frac{\partial}{\partial \tilde{x}_3}\left[\left(\frac{\partial h}{\partial \tilde{x}_1} - \sigma\frac{\partial H}{\partial \tilde{x}_1}\right)J\tau_{11}\right]\right\}
\end{aligned} \tag{9-37}$$

考虑到水面和水底地形大尺度上的平缓性，忽略 $\dfrac{\partial H}{\partial \tilde{x}_1}$ 和 $\dfrac{\partial h}{\partial \tilde{x}_1}$，可做如下近似

$$\frac{\partial}{\partial x_1}(\tau_{11}) = \frac{1}{J}\frac{\partial}{\partial \tilde{x}_1}(J\tau_{11}) \tag{9-38}$$

同理，

$$\frac{\partial}{\partial x_2}(\tau_{21}) = \frac{1}{J}\left(\frac{\partial J\tau_{21}}{\partial \tilde{x}_2}\right) \tag{9-39}$$

整理上述各项结果，可得到 σ 坐标系下 x 方向的守恒形式动量方程为

$$\frac{\partial}{\partial \tilde{t}}(Ju) + \frac{\partial}{\partial \tilde{x}_1}(Ju^2) + \frac{\partial}{\partial \tilde{x}_2}(Jvu) + \frac{\partial}{\partial \tilde{x}_3}(J\tilde{w}u) - Jfv$$

$$= -Jg\frac{\partial \varsigma}{\partial \tilde{x}_1} + \frac{\partial}{\partial \tilde{x}_3}\left(\frac{\nu_T}{J}\frac{\partial u}{\partial \tilde{x}_3}\right) + \frac{\partial}{\partial \tilde{x}_1}(J\tau_{11}) + \frac{\partial}{\partial \tilde{x}_2}(J\tau_{21}) \tag{9-40}$$

同理，σ 坐标系下 y 方向的守恒形式动量方程为

$$\frac{\partial}{\partial \tilde{t}}(Jv) + \frac{\partial}{\partial \tilde{x}_1}(Juv) + \frac{\partial}{\partial \tilde{x}_2}(Jv^2) + \frac{\partial}{\partial \tilde{x}_3}(J\tilde{w}v) - Jfu$$

$$= -Jg\frac{\partial \varsigma}{\partial \tilde{x}_1} + \frac{\partial}{\partial \tilde{x}_3}\left(\frac{\nu_T}{J}\frac{\partial v}{\partial \tilde{x}_3}\right) + \frac{\partial}{\partial \tilde{x}_1}(J\tau_{12}) + \frac{\partial}{\partial \tilde{x}_2}(J\tau_{22}) \tag{9-41}$$

9.2.1.3 物质输运方程的推导

物质输运方程的推导过程与动量方程相似，因此由上述推导过程，可得 σ 坐标系下的物质输运方程为

$$\frac{\partial}{\partial \tilde{t}}(J\psi) + \frac{\partial}{\partial \tilde{x}_1}(Ju\psi) + \frac{\partial}{\partial \tilde{x}_2}(Jv\psi) + \frac{\partial}{\partial \tilde{x}_3}(J\tilde{w}\psi)$$

$$= \frac{\partial}{\partial \tilde{x}_3}\left(\frac{\lambda_T}{J}\frac{\partial \psi}{\partial \tilde{x}_3}\right) + \frac{\partial}{\partial \tilde{x}_1}\left(J\lambda_H\frac{\partial \psi}{\partial \tilde{x}_1}\right) + \frac{\partial}{\partial \tilde{x}_2}\left(J\lambda_H\frac{\partial \psi}{\partial \tilde{x}_2}\right) + JS_0 \tag{9-42}$$

9.2.1.4 紊流闭合模型方程的推导

同上述方法相类似，得 σ 坐标系下的紊流闭合模型方程为

$$\frac{\partial}{\partial \tilde{t}}(Jk) + \frac{\partial}{\partial \tilde{x}_1}(Juk) + \frac{1}{J}\frac{\partial}{\partial \tilde{x}_2}(Jvk) + \frac{\partial}{\partial \tilde{x}_3}(J\tilde{w}k)$$

$$= \frac{\partial}{\partial \tilde{x}_1}\left(JA_H\frac{\partial k}{\partial \tilde{x}_1}\right) + \frac{\partial}{\partial \tilde{x}_2}\left(JA_H\frac{\partial k}{\partial \tilde{x}_2}\right) + \frac{\partial}{\partial \tilde{x}_3}\left[\left(\frac{\nu_T}{\sigma_k} + \nu_b\right)\frac{1}{J}\frac{\partial k}{\partial \tilde{x}_3}\right] +$$

$$\frac{1}{J}\nu_T\left[\left(\frac{\partial u}{\partial \tilde{x}_3}\right)^2 + \left(\frac{\partial v}{\partial \tilde{x}_3}\right)^2\right] - J\varepsilon \tag{9-43}$$

$$\frac{\partial}{\partial \tilde{t}}(J\varepsilon) + \frac{\partial}{\partial \tilde{x}_1}(Ju\varepsilon) + \frac{1}{J}\frac{\partial}{\partial \tilde{x}_2}(Jv\varepsilon) + \frac{\partial}{\partial \tilde{x}_3}(J\tilde{w}\varepsilon)$$

$$= \frac{\partial}{\partial \tilde{x}_1}\left(JA_H\frac{\partial \varepsilon}{\partial \tilde{x}_1}\right) + \frac{\partial}{\partial \tilde{x}_2}\left(JA_H\frac{\partial \varepsilon}{\partial \tilde{x}_2}\right) + \frac{\partial}{\partial \tilde{x}_3}\left[\left(\frac{\nu_T}{\sigma_k} + \nu_b\right)\frac{1}{J}\frac{\partial \varepsilon}{\partial \tilde{x}_3}\right] +$$

$$c_{1\varepsilon}\frac{\varepsilon}{k}\frac{1}{J}\nu_T\left[\left(\frac{\partial u}{\partial \tilde{x}_3}\right)^2 + \left(\frac{\partial v}{\partial \tilde{x}_3}\right)^2\right] - Jc_{2\varepsilon}\frac{\varepsilon^2}{k} \tag{9-44}$$

9.2.2　定解条件

9.2.2.1　初始条件

选择合适的初始条件，结合适当的计算方法和边界条件，可以提高计算收敛的速度。目前很难做到给出计算域内所有网格点上的实时初值，且流速和水位对外界动力的影响较为敏感，初始场对计算结果的影响会随时间逐渐消除，因此一般初始流速和水位均设为零，即

$$\begin{cases} \varsigma = 0 \\ u = 0 \\ v = 0 \\ w = 0 \end{cases} \tag{9-45}$$

9.2.2.2　边界条件

1. 表面边界条件

1) 水流表面边界

动力学边界条件为

$$\rho_0 \frac{\nu_T}{J} \left(\frac{\partial u}{\partial \tilde{x}_3}, \frac{\partial v}{\partial \tilde{x}_3} \right) = (\tau_{s1}, \tau_{s2}) = \rho_a C_D^s \left(U_{10}^2 + V_{10}^2 \right)^{1/2} (U_{10}, V_{10}) \tag{9-46}$$

式中，(U_{10}, V_{10}) 为水面以上 10m 高度处水平风速；ρ_a 为空气密度；C_D^s 为风拖曳系数，按下式计算：

$$\begin{cases} C_D^s = 0.0012 & |U_{10}| < 11\text{m/s} \\ C_D^s = 10^{-3} \left(0.49 + 0.065|U_{10}| \right) & |U_{10}| \geqslant 11\text{m/s} \end{cases} \tag{9-47}$$

运动学边界条件为

$$J\tilde{w}(1) = 0 \tag{9-48}$$

2) 紊流闭合模型

$$k = u_{*s}^2 / \varepsilon_0^{2/3} \tag{9-49}$$

$$\varepsilon = k^{3/2} \varepsilon_0 / l_2 \tag{9-50}$$

式中，$l_2 = \kappa(H - \sigma H)$，$\kappa$ 为卡门常数，取值为 0.4；u_{*s} 为自由表面的摩阻流速。

3) 物质输运方程

$$\frac{\lambda_T}{J} \frac{\partial C}{\partial \tilde{x}_3} \Big|_{\tilde{x}_3 = 0} = 0 \tag{9-51}$$

2. 底部边界条件

1) 水底边界

动力学边界条件为

$$\frac{\nu_{\mathrm{T}}}{J}\left(\frac{\partial u}{\partial \tilde{x}_3}, \frac{\partial v}{\partial \tilde{x}_3}\right) = \left(\tau_{\mathrm{b1}}, \tau_{\mathrm{b2}}\right) = C_{\mathrm{D}}^{\mathrm{b}}\left(u_{\mathrm{b}}^2 + v_{\mathrm{b}}^2\right)^{1/2}\left(u_{\mathrm{b}}, v_{\mathrm{b}}\right) \tag{9-52}$$

式中，$\left(u_{\mathrm{b}}, v_{\mathrm{b}}\right)$ 为底部网格的流速；$C_{\mathrm{D}}^{\mathrm{b}} = \left[\kappa / \ln\left(z_{\mathrm{r}} / z_0\right)\right]^2$，表示底部摩擦系数；$z_{\mathrm{r}}$ 为底部网格单元中心点的相对高度；z_0 为底部粗糙度长度。

运动学边界条件为

$$J\tilde{w}(0) = 0 \tag{9-53}$$

2）紊流闭合模型

$$k = u_{*\mathrm{b}}^2 / \varepsilon_0^{2/3} \tag{9-54}$$

$$\varepsilon = k^{3/2}\varepsilon_0 / l_1 \tag{9-55}$$

式中，$u_{*\mathrm{b}}$ 为底部摩阻流速；$l_1 = \kappa\sigma H$。

3）物质输运方程

$$\frac{\lambda_{\mathrm{T}}}{J}\frac{\partial \psi}{\partial \tilde{x}_3}\Big|_{\tilde{x}_3 = L} = 0 \tag{9-56}$$

3. 开边界条件

根据实测资料可给定水位或流速过程，边界条件可以有如下形式：

$$\varsigma = \varsigma\left(\tilde{x}_1, \tilde{x}_2, t\right) \quad \text{或} \quad \begin{cases} \overline{U} = \overline{U}\left(\tilde{x}_1, \tilde{x}_2, t\right) \\ \overline{V} = \overline{V}\left(\tilde{x}_1, \tilde{x}_2, t\right) \end{cases} \tag{9-57}$$

式中，$\overline{U}$、$\overline{V}$ 分别为 $\tilde{x}_1$、$\tilde{x}_2$ 方向沿垂向积分的水平流速，计算式为

$$\left(\overline{U}, \overline{V}\right) = \int_{-h}^{\varsigma}\left(u, v\right)\mathrm{d}x_3 = \int_0^L \left(u, v\right)J\mathrm{d}\tilde{x}_3 \tag{9-58}$$

在选择计算区域时，通常将入流边界和出流边界选择在比较平缓的区域。

4. 固边界

$$\overline{U} = 0; \quad u = 0; \quad Ju\psi = 0; \quad \lambda_{\mathrm{H}}\frac{\partial \psi}{\partial \tilde{x}_1} = 0 \tag{9-59}$$

$$\overline{V} = 0; \quad v = 0; \quad Jv\psi = 0; \quad \lambda_{\mathrm{H}}\frac{\partial \psi}{\partial \tilde{x}_2} = 0 \tag{9-60}$$

9.2.3　模型求解

9.2.3.1　数值求解方法及步骤

1. 模式分裂技术

将垂向积分的运动方程(二维外模式)从反映流速垂向结构的运动方程(三维内模式)中分离出来，用较少的计算量通过求解外模式得到自由表面和垂向平均流速，然后通过求解内模式得到水流的水平流速和垂向结构。

由坐标关系 $\tilde{x}_3 = Lf(\sigma)$，将三维内模式方程沿垂向积分，得到不含垂向流速结构的外模式基本方程。

连续性方程为

$$\frac{\partial \varsigma}{\partial \tilde{t}} + \frac{\partial \overline{U}}{\partial \tilde{x}_1} + \frac{\partial \overline{V}}{\partial \tilde{x}_2} = 0 \tag{9-61}$$

动量方程为

$$\frac{\partial \overline{U}}{\partial \tilde{t}} + \frac{\partial}{\partial \tilde{x}_1}\left(\frac{\overline{U}^2}{H}\right) + \frac{\partial}{\partial \tilde{x}_2}\left(\frac{\overline{VU}}{H}\right) - f\overline{V}$$
$$= -gH\frac{\partial \varsigma}{\partial \tilde{x}_1} + \frac{1}{\rho_0}(\tau_{s1} - \tau_{b1}) + \frac{\partial}{\partial \tilde{x}_1}\overline{\tau}_{11} + \frac{\partial}{\partial \tilde{x}_2}\overline{\tau}_{21} - \overline{A}_1^{\,h} + \overline{D}_1^{\,h} \tag{9-62}$$

$$\frac{\partial \overline{V}}{\partial \tilde{t}} + \frac{\partial}{\partial \tilde{x}_1}\left(\frac{\overline{U}\overline{V}}{H}\right) + \frac{\partial}{\partial \tilde{x}_2}\left(\frac{\overline{V}^2}{H}\right) - f\overline{U}$$
$$= -gH\frac{\partial \varsigma}{\partial \tilde{x}_2} + \frac{1}{\rho_0}(\tau_{s2} - \tau_{b2}) + \frac{\partial}{\partial \tilde{x}_1}\overline{\tau}_{12} + \frac{\partial}{\partial \tilde{x}_2}\overline{\tau}_{22} - \overline{A}_2^{\,h} + \overline{D}_2^{\,h} \tag{9-63}$$

式中，

$$\overline{\tau}_{11} = 2\overline{\nu}_H \frac{\partial}{\partial \tilde{x}_1}\left(\frac{\overline{U}}{H}\right) \tag{9-64}$$

$$\overline{\tau}_{21} = \overline{\tau}_{12} = \overline{\nu}_H \left[\frac{\partial}{\partial \tilde{x}_2}\left(\frac{\overline{U}}{H}\right) + \frac{\partial}{\partial \tilde{x}_1}\left(\frac{\overline{V}}{H}\right)\right] \tag{9-65}$$

$$\overline{\tau}_{22} = 2\overline{\nu}_H \frac{\partial}{\partial \tilde{x}_2}\left(\frac{\overline{V}}{H}\right) \tag{9-66}$$

$$\overline{\nu}_H = \int_0^L \nu_H J \mathrm{d}\tilde{x}_3 \tag{9-67}$$

$$\overline{A}_1^{\,h} = \int_0^L \left[\frac{\partial}{\partial \tilde{x}_1}\left(Ju'^2\right) + \frac{\partial}{\partial \tilde{x}_2}\left(Jv'u'\right)\right]\mathrm{d}\tilde{x}_3 \tag{9-68}$$

$$\overline{A}_2^{\,h} = \int_0^L \left[\frac{\partial}{\partial \tilde{x}_1}\left(Ju'v'\right) + \frac{\partial}{\partial \tilde{x}_2}\left(Jv'^2\right)\right]\mathrm{d}\tilde{x}_3 \tag{9-69}$$

$$\overline{D}_1^{\,h} = \int_0^L \left\{\frac{\partial}{\partial \tilde{x}_1}\left(2\nu_H J\right)\frac{\partial u'}{\partial \tilde{x}_1} + \frac{\partial}{\partial \tilde{x}_2}\left[\nu_H J\left(\frac{\partial u'}{\partial \tilde{x}_2} + \frac{\partial v'}{\partial \tilde{x}_2}\right)\right]\right\}\mathrm{d}\tilde{x}_3 \tag{9-70}$$

$$\overline{D}_2^{\,h} = \int_0^L \left\{\frac{\partial}{\partial \tilde{x}_1}\left[\nu_H J\left(\frac{\partial u'}{\partial \tilde{x}_2} + \frac{\partial v'}{\partial \tilde{x}_1}\right)\right] + \frac{\partial}{\partial \tilde{x}_2}\left(2\nu_H J\frac{\partial v'}{\partial \tilde{x}_2}\right)\right\}\mathrm{d}\tilde{x}_3 \tag{9-71}$$

$$(u', v') = \left(u - \overline{U}/H, v - \overline{V}/H\right) \tag{9-72}$$

2. 时间分步法

为了提高计算效率和垂向分辨率，内模式方程的计算采用破开算子法进行，即对方程在时间离散上采用 Yanenko 分步法，分裂为三步：第一步和第二步分别考虑 x 方向和 y 方向的对流扩散项，第三步则考虑垂向对流扩散项以及其他项(科氏力项和压力梯度项)。水平对流和扩散项采用显格式，垂向对流项采用半隐半显格式，垂向扩散项则采用全隐格式。

3. 数值求解步骤

所建数学模型的计算流程如图 9-2 所示。

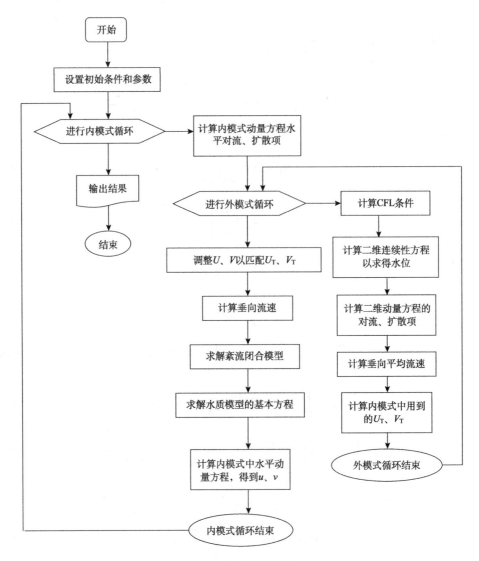

图 9-2　模型计算流程图

9.2.3.2　模型网格及变量布置

1. 网格及变量布置

模型变量采用 Arakawa C 网格交错布置，即流速布置在网格四周，而水位、温度、盐度以及物质输运等物理量布置在网格中央。有限差分网格变量布置如图 9-3 所示。

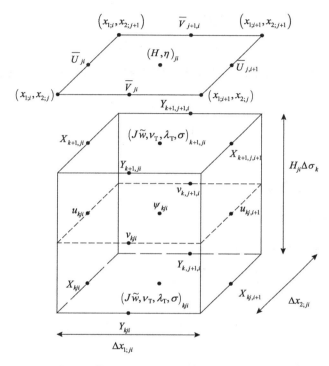

图 9-3　模型二维和三维网格变量布置示意图

2. 变量插值

如果变量的计算点不在其自然位置上，则需由邻近网格点的数值平均插值得到。网格中心点记作 c，其上变量值 Q 在 u、v、w、X 和 Y 节点处的插值分别表示为

$$Q_{kji}^u = \frac{1}{2}\left(Q_{kj,i-1} + Q_{kji}\right) \tag{9-73}$$

$$Q_{kji}^v = \frac{1}{2}\left(Q_{kj-1,i} + Q_{kji}\right) \tag{9-74}$$

$$Q_{kji}^w = \frac{1}{2}\left(Q_{k-1,ji} + Q_{kji}\right) \tag{9-75}$$

$$Q_{kji}^X = \frac{1}{4}\left(Q_{k-1,ji} + Q_{kji} + Q_{k-1,j,i-1} + Q_{kj,i-1}\right) \tag{9-76}$$

$$Q_{kji}^Y = \frac{1}{4}\left(Q_{k-1,ji} + Q_{kji} + Q_{k-1,j-1,i} + Q_{k,j-1,i}\right) \tag{9-77}$$

在 $\tilde{x}_1$、$\tilde{x}_2$ 方向和垂向的空间差分分别用 Δx、Δy 和 Δz 表示。如果变量不在其原始差分网格点上，则差分算子在其上标位置需加上 c、u、v、w、X 或 Y。以 Q 代表网格中心点的变量，有以下示例：

$$\Delta_x^c u_{kji} = u_{kj,i+1} - u_{kji} \tag{9-78}$$

$$\Delta_y^v u_{kji}^c = \frac{1}{2}\left(u_{kj,i+1} + u_{kji} - u_{k,j-1,i} - u_{k,j-1,i+1}\right) \tag{9-79}$$

$$\Delta_z Q_{kji} = Q_{kji} - Q_{k-1,ji} \tag{9-80}$$

$$\Delta_y^c \overline{V}_{ji} = \overline{V}_{j+1,i} - \overline{V}_{ji} \tag{9-81}$$

网格间距在网格中心点计算，遵循以上的插值原则，网格间距的离散插值可表示为

$$\Delta^u x_{1;ji} = \frac{1}{2}\left(\Delta x_{1;j,i-1} + \Delta x_{1;ji}\right) \tag{9-82}$$

$$\Delta^w x_{3;kji} = \frac{1}{2}\left(\Delta x_{3;k-1ji} + \Delta x_{3;kji}\right) \tag{9-83}$$

9.2.3.3 基本方程的离散

1. 内模式方程的离散

1) u 动量方程的时间离散形式

$$\frac{u^{n+1/3} - u^n}{\Delta t_{3D}} = -A_{hx}\left(u^n\right) + D_{xx}\left(u^n\right) \tag{9-84}$$

$$\frac{u^{n+2/3} - u^{n+1/3}}{\Delta t_{3D}} = -A_{hy}\left(u^{n+1/3}\right) + D_{yx}\left(u^n, v^n\right) \tag{9-85}$$

$$\frac{u^{n+1} - u^{n+2/3}}{\Delta t_{3D}} = -\theta_a A_v\left(u^{n+1}\right) - \left(1 - \theta_a\right)A_v\left(u^{n+2/3}\right) + \theta_v D_v\left(u^{n+1}\right)$$
$$+ \left(1 - \theta_v\right)D_v\left(u^{n+2/3}\right) + O_x^n \tag{9-86}$$

(1) 水平对流项 $A_{hx}(u)$，$A_{hy}(u)$ 的离散。

采用限制通量的 TVD (total variation diminishing) 格式 (Schwanenberg and Montero，2016) 离散，其通量限制子表达式为 $\Omega(r) = \max\left[0, \min(2r,1), \min(r,2)\right]$。

① $A_{hx}(u)$ 的离散：

$$A_{hx}\left(u\right)_{kji}^n = \frac{1}{J}\frac{\partial}{\partial \tilde{x}_1}\left(Juu\right) = \frac{1}{J}\frac{\partial}{\partial \tilde{x}_1}F_{xx} = \frac{\left(F_{xx}^c\right)_{kji}^n - \left(F_{xx}^c\right)_{k,j,i-1}^n}{J_{kji}^u \Delta^u x_{1;ji}} \tag{9-87}$$

$$\left(F_{xx}^c\right)_{kji}^n = J_{kji}^n\left\{\left[1 - \Omega\left(r^{U;c}\right)_{kji}^n\right]\left(F_{up}^c\right)_{kji}^n + \Omega\left(r^{U;c}\right)_{kji}^n\left(F_{lw}^c\right)_{kji}^n\right\} \tag{9-88}$$

通量 F_{up}^c、F_{lw}^c 的表达式分别为

$$\left(F_{up}^c\right)_{kji}^n = \frac{1}{2}u_{kji}^n\left[\left(1 + s_{kji}^n\right)u_{kji}^n + \left(1 - s_{kji}^n\right)u_{kj,i+1}^n\right] \tag{9-89}$$

$$\left(F_{\mathrm{lw}}^{c}\right)_{kji}^{n} = \frac{1}{2} u_{kji}^{n}\left[\left(1+c_{kji}^{n}\right)u_{kji}^{n} + \left(1-c_{kji}^{n}\right)u_{kj,i+1}^{n}\right] \tag{9-90}$$

$$s_{kji}^{n} = \mathrm{sign}\left(u_{kji}^{n}\right), \quad c_{kji} = \frac{\left(u^{c}\right)_{kji}^{n}\Delta t_{\mathrm{3D}}}{\Delta x_{1}} \tag{9-91}$$

$$\begin{cases} \left(r^{U;c}\right)_{kji}^{n} = \dfrac{\left(F_{\mathrm{lw}}^{c}\right)_{kj,i-1} - \left(F_{\mathrm{up}}^{c}\right)_{kj,i-1}}{\left(F_{\mathrm{lw}}^{c}\right)_{kji} - \left(F_{\mathrm{up}}^{c}\right)_{kji}} & u_{kji}^{c} \geqslant 0 \\[4mm] \left(r^{U;c}\right)_{kji}^{n} = \dfrac{\left(F_{\mathrm{lw}}^{c}\right)_{kj,i+1} - \left(F_{\mathrm{up}}^{c}\right)_{kj,i+1}}{\left(F_{\mathrm{lw}}^{c}\right)_{kji} - \left(F_{\mathrm{up}}^{c}\right)_{kji}} & u_{kji}^{c} < 0 \end{cases} \tag{9-92}$$

② $A_{\mathrm{hy}}(u)$ 的离散：

$$A_{\mathrm{hy}}(u) = \frac{1}{J}\frac{\partial}{\partial \tilde{x}_{2}}(Jvu) = \frac{1}{J}\frac{\partial}{\partial \tilde{x}_{2}}F_{yx} = \frac{F_{yx;k,j+1,i}^{W;v} + F_{yx;k,j+1,i-1}^{E;v} - F_{yx;kji}^{W;v} - F_{yx;kj,i-1}^{E;v}}{2J_{kji}^{u}\Delta^{u}x_{2;ji}} \tag{9-93}$$

通量 $F_{yx}^{W;v}$、$F_{yx}^{E;v}$ 的表达式分别为

$$\left(F_{yx}^{W;v}\right)_{kji}^{n+1/3} = J_{kji}^{v}\left\{\left[1-\Omega\left(r_{kji}^{W;v}\right)\right]\left(F_{\mathrm{up}}^{W;v}\right)_{kji}^{n+1/3} + \Omega\left(r_{kji}^{W;v}\right)\left(F_{\mathrm{lw}}^{W;v}\right)_{kji}^{n+1/3}\right\} \tag{9-94}$$

$$\left(F_{yx}^{E;v}\right)_{kji}^{n+1/3} = J_{kji}^{v}\left\{\left[1-\Omega\left(r_{kji}^{E;v}\right)\right]\left(F_{\mathrm{up}}^{E;v}\right)_{kji}^{n+1/3} + \Omega\left(r_{kji}^{E;v}\right)\left(F_{\mathrm{lw}}^{E;v}\right)_{kji}^{n+1/3}\right\} \tag{9-95}$$

$$\left(F_{\mathrm{up}}^{W;v}\right)_{kji}^{n+1/3} = \frac{1}{2} v_{kji}^{n}\left[\left(1+s_{kji}^{n}\right)u_{k,j-1,i}^{n+1/3} + \left(1-s_{kji}^{n}\right)u_{kji}^{n+1/3}\right] \tag{9-96}$$

$$\left(F_{\mathrm{lw}}^{W;v}\right)_{kji}^{n+1/3} = \frac{1}{2} v_{kji}^{n}\left[\left(1+c_{kji}^{n}\right)u_{k,j-1,i}^{n+1/3} + \left(1-c_{kji}^{n}\right)u_{kji}^{n+1/3}\right] \tag{9-97}$$

$$\left(F_{\mathrm{up}}^{E;v}\right)_{kji}^{n+1/3} = \frac{1}{2} v_{kji}^{n}\left[\left(1+s_{kji}^{n}\right)u_{k,j-1,i+1}^{n+1/3} + \left(1-s_{kji}^{n}\right)u_{kj,i+1}^{n+1/3}\right] \tag{9-98}$$

$$\left(F_{\mathrm{lw}}^{E;v}\right)_{kji}^{n+1/3} = \frac{1}{2} v_{kji}^{n}\left[\left(1+c_{kji}^{n}\right)u_{k,j-1,i+1}^{n+1/3} + \left(1-c_{kji}^{n}\right)u_{kj,i+1}^{n+1/3}\right] \tag{9-99}$$

$$s_{kji}^{n} = \mathrm{sign}\left(v_{kji}^{n}\right), \quad c_{kji}^{n} = \frac{v_{kji}^{n}\Delta t_{\mathrm{3D}}}{\Delta^{v}x_{2;ji}} \tag{9-100}$$

$$\begin{cases} r_{kji}^{W;v} = \dfrac{\left(F_{\mathrm{lw}}^{W;v}\right)_{k,j-1,i} - \left(F_{\mathrm{up}}^{W;v}\right)_{k,j-1,i}}{\left(F_{\mathrm{lw}}^{W;v}\right)_{kji} - \left(F_{\mathrm{up}}^{W;v}\right)_{kji}} & v_{kji}^{n} > 0 \\[4mm] r_{kji}^{W;v} = \dfrac{\left(F_{\mathrm{lw}}^{W;v}\right)_{k,j+1,i} - \left(F_{\mathrm{up}}^{W;v}\right)_{k,j+1,i}}{\left(F_{\mathrm{lw}}^{W;v}\right)_{kji} - \left(F_{\mathrm{up}}^{W;v}\right)_{kji}} & v_{kji}^{n} \leqslant 0 \end{cases} \tag{9-101}$$

$$\begin{cases} r_{kji}^{E;v} = \dfrac{\left(F_{\text{lw}}^{E;v}\right)_{k,j-1,i} - \left(F_{\text{up}}^{E;v}\right)_{k,j-1,i}}{\left(F_{\text{lw}}^{E;v}\right)_{kji} - \left(F_{\text{up}}^{E;v}\right)_{kji}} & v_{kji} > 0 \\[4mm] r_{kji}^{E;v} = \dfrac{\left(F_{\text{lw}}^{E;v}\right)_{k,j+1,i} - \left(F_{\text{up}}^{E;v}\right)_{k,j+1,i}}{\left(F_{\text{lw}}^{E;v}\right)_{kji} - \left(F_{\text{up}}^{E;v}\right)_{kji}} & v_{kji} \leqslant 0 \end{cases} \tag{9-102}$$

(2) 水平扩散项 $D_{xx}(u)$, $D_{yx}(u)$ 的离散。

① $D_{xx}(u)$ 的离散：

$$\begin{aligned} D_{xx}(u^n) &= \frac{1}{J} \frac{\partial}{\partial \tilde{x}_1}\left(2J\nu_{\text{H}}\frac{\partial u}{\partial \tilde{x}_1}\right) = \frac{1}{J}\frac{\partial}{\partial \tilde{x}_1}\left(D_{xx}\right)_{kji}^n \\ &= \frac{\left(D_{xx}^c\right)_{kji}^n - \left(D_{xx}^c\right)_{kj,i-1}^n}{J_{kji}^u \Delta^u x_{1;ji}} \end{aligned} \tag{9-103}$$

$$\left(D_{xx}^c\right)_{kji}^n = 2J_{kji}\nu_{\text{H};kji}^c \frac{\Delta_x^c u_{kji}^n}{\Delta x_{1;ji}} \tag{9-104}$$

② $D_{yx}(u)$ 的离散：

$$\begin{aligned} D_{yx}(u^n, v^n) &= \frac{1}{J}\frac{\partial}{\partial \tilde{x}_2}\left(J\nu_{\text{H}}\frac{\partial u}{\partial \tilde{x}_2}\right) + \frac{1}{J}\frac{\partial}{\partial \tilde{x}_2}\left(J\nu_{\text{H}}\frac{\partial v}{\partial \tilde{x}_1}\right) \\ &= \left(\frac{1}{J}\frac{\partial}{\partial \tilde{x}_2}D_{yx}^U\right)_{kji}^n + \left(\frac{1}{J}\frac{\partial}{\partial \tilde{x}_2}D_{yx}^V\right)_{kji}^n \\ &= \frac{D_{yx;k,j+1,i}^{U;v} + D_{yx;k,j+1,i-1}^{U;v} - D_{yx;kji}^{U;v} - D_{yx;kj,i-1}^{U;v}}{2J_{kji}^u \Delta^u x_{2;ji}} + \\ &\quad \frac{2\left(D_{yx;k,j+1,i}^{V;u} - D_{yx;k,j-1,i}^{V;u}\right)}{J_{kji}^u\left(\Delta^u x_{2;j-1,i} + \Delta^u x_{2;j+1,i} + 2\Delta^u x_{2;ji}\right)} \end{aligned} \tag{9-105}$$

$$D_{yx;kji}^{U;v} = J_{kji}^v \nu_{\text{H};kji}^v \frac{\Delta_y^v u_{kji}^c}{\Delta^v x_{2;ji}} \tag{9-106}$$

$$D_{yx;kji}^{V;u} = J_{kji}^u \nu_{\text{H};kji}^u \frac{\Delta_x^u v_{kji}^c}{\Delta^u x_{1;ji}} \tag{9-107}$$

根据前述插值方法，$\Delta_y^v u_{kji}^c = \dfrac{1}{2}\left(u_{kj,i+1} + u_{kji} - u_{k,j-1,i} - u_{k,j-1,i+1}\right)$，可得

$$D_{yx;kji}^{U;v} = J_{kji}^v \nu_{\text{H};kji}^v \frac{\left(u_{kj,i+1}^n + u_{kji}^n - u_{k,j-1,i}^n - u_{k,j-1,i+1}^n\right)}{2\Delta^v x_{2;ji}} \tag{9-108}$$

$$D_{yx;kji}^{V;u} = J_{kji}^u \nu_{\text{H};kji}^u \frac{v_{kj+1,i}^n + v_{kji}^n - v_{k,j+1,i-1}^n - v_{kj,i-1}^n}{2\Delta^u x_{1;ji}} \tag{9-109}$$

(3) 垂向对流项 $A_v(u)$ 的离散。

$$A_v\left(u_{kji}^{n+1}\right)=\frac{1}{J}\frac{\partial}{\partial \tilde{x}_3}\left(J\tilde{w}u\right)=\left(\frac{1}{J}\frac{\partial}{\partial \tilde{x}_3}F_{xz}\right)_{kji}^{n+1}=\frac{\left(F_{xz}^{X}\right)_{k+1,ji}^{n+1}-\left(F_{xz}^{X}\right)_{kji}^{n+1}}{J_{kji}^{u}} \tag{9-110}$$

垂向通量 F_{xz}^{X} 的表达式为

$$F_{xz;kji}^{X}=\left[1-\Omega\left(r_{kji}^{X}\right)\right]F_{up;kji}^{X}+\Omega\left(r_{kji}^{X}\right)F_{ce;kji}^{X} \tag{9-111}$$

$$F_{up;kji}^{X}=\frac{1}{2}\left(J\tilde{w}\right)_{kji}^{X}\left[\left(1+s_{kji}\right)u_{k-1,ji}+\left(1-s_{kji}\right)u_{kji}\right] \tag{9-112}$$

$$F_{ce;kji}^{X}=\frac{1}{2}\left(J\tilde{w}\right)_{kji}^{X}\left(u_{k-1,ji}+u_{kji}\right) \tag{9-113}$$

$$\left(J\tilde{w}\right)_{kji}^{X}=\frac{1}{2}\left[\left(J\tilde{w}\right)_{kj,i-1}+\left(J\tilde{w}\right)_{kji}\right],\quad s_{kji}=\mathrm{sign}\left[\left(J\tilde{w}\right)_{kji}^{X}\right] \tag{9-114}$$

$$\begin{cases} r_{kji}^{X}=\dfrac{F_{ce;k-1,ji}^{X}-F_{up;k-1,ji}^{X}}{F_{ce;kji}^{X}-F_{up;kji}^{X}} & \left(J\tilde{w}\right)_{kji}^{X}>0 \\[3mm] r_{kji}^{X}=\dfrac{F_{ce;k+1,ji}^{X}-F_{up;k+1,ji}^{X}}{F_{ce;kji}^{X}-F_{up;kji}^{X}} & \left(J\tilde{w}\right)_{kji}^{X}\leqslant 0 \end{cases} \tag{9-115}$$

（4）垂向扩散项 $D_v\left(u\right)$ 的离散。

$$D_v\left(u\right)_{kji}^{n+1}=\frac{1}{J}\frac{\partial}{\partial \tilde{x}_3}\left(\frac{\nu_{\mathrm{T}}}{J}\frac{\partial u}{\partial \tilde{x}_3}\right)=\left(\frac{1}{J}\frac{\partial}{\partial \tilde{x}_3}D_{xz}\right)_{kji}^{n+1}=\frac{\left(D_{xz}^{X}\right)_{k+1,ji}^{n+1}-\left(D_{xz}^{X}\right)_{kji}^{n+1}}{J_{kji}^{u}} \tag{9-116}$$

$$D_{xz;kji}^{X}=\nu_{\mathrm{T};kji}^{X}\frac{\Delta_z^{X}u_{kji}}{\Delta^{X}x_{3;kji}} \tag{9-117}$$

$$\nu_{\mathrm{T};kji}^{X}=\frac{1}{2}\left(\nu_{\mathrm{T};kj,i-1}+\nu_{\mathrm{T};kji}\right) \tag{9-118}$$

$$\Delta^{X}x_{3;kji}=\frac{1}{4}\left(J_{kji}+J_{kj,i-1}+J_{k-1,ji}+J_{k-1,j,i-1}\right) \tag{9-119}$$

（5）其他项 O_x^{n} 的离散。

$$O_x^{n}=f v^{u;n:n+1}-g\frac{\Delta_x^{u}\varsigma^{n}}{\Delta^{u}x_1} \tag{9-120}$$

2）v 动量方程的时间离散形式

$$\frac{v^{n+1/3}-v^{n}}{\Delta t_{3\mathrm{D}}}=-A_{hx}\left(v^{n}\right)+D_{xy}\left(u^{n},v^{n}\right) \tag{9-121}$$

$$\frac{v^{n+2/3}-v^{n+1/3}}{\Delta t_{3\mathrm{D}}}=-A_{hy}\left(v^{n+1/3}\right)+D_{yy}\left(v^{n}\right) \tag{9-122}$$

$$\begin{aligned} \frac{v^{n+1}-v^{n+2/3}}{\Delta t_{3\mathrm{D}}}=&-\theta_a A_v\left(v^{n+1}\right)-\left(1-\theta_a\right)A_v\left(v^{n+2/3}\right)+\theta_v D_v\left(v^{n+1}\right)\\ &+\left(1-\theta_v\right)D_v\left(v^{n+2/3}\right)+O_y^{n} \end{aligned} \tag{9-123}$$

(1) 水平对流项 $A_{hx}(v)$ 和 $A_{hy}(v)$ 的离散。

① $A_{hx}(v)$ 的离散：

$$A_{hx}(v)_{kji}^n = \frac{1}{J}\frac{\partial}{\partial \tilde{x}_1}(Juv) = \left(\frac{1}{J}\frac{\partial}{\partial \tilde{x}_2}F_{xy}\right)_{kji}^n$$

$$= \frac{F_{xy;k,j,i+1}^{S;u} + F_{xy;k,j-1,i+1}^{N;u} - F_{xy;kji}^{S;u} - F_{xy;k,j-1,i}^{N;u}}{2J_{kji}^v \Delta^v x_{1;ji}}$$

(9-124)

通量 $F_{xy}^{S;u}$、$F_{xy}^{N;u}$ 的表达式分别为

$$\left(F_{xy}^{S;u}\right)_{kji}^n = J_{kji}^u\left\{\left[1-\Omega\left(r_{kji}^{S;u}\right)\right]\left(F_{up}^{S;u}\right)_{kji}^n + \Omega\left(r_{kji}^{S;u}\right)\left(F_{lw}^{S;u}\right)_{kji}^n\right\}$$

(9-125)

$$\left(F_{xy}^{N;u}\right)_{kji}^n = J_{kji}^u\left\{\left[1-\Omega\left(r_{kji}^{N;u}\right)\right]\left(F_{up}^{N;u}\right)_{kji}^n + \Omega\left(r_{kji}^{N;u}\right)\left(F_{lw}^{N;u}\right)_{kji}^n\right\}$$

(9-126)

$$\left(F_{up}^{S;u}\right)_{kji}^n = \frac{1}{2}u_{kji}^n\left[\left(1+s_{kji}^n\right)v_{k,j,i-1}^n + \left(1-s_{kji}^n\right)v_{kji}^n\right]$$

(9-127)

$$\left(F_{lw}^{S;u}\right)_{kji}^n = \frac{1}{2}u_{kji}^n\left[\left(1+c_{kji}^n\right)v_{k,j,i-1}^n + \left(1-c_{kji}^n\right)v_{kji}^n\right]$$

(9-128)

$$\left(F_{up}^{N;u}\right)_{kji}^n = \frac{1}{2}u_{kji}^n\left[\left(1+s_{kji}^n\right)v_{k,j+1,i-1}^n + \left(1-s_{kji}^n\right)v_{k,j+1,i}^n\right]$$

(9-129)

$$\left(F_{lw}^{N;u}\right)_{kji}^n = \frac{1}{2}u_{kji}^n\left[\left(1+c_{kji}^n\right)v_{k,j+1,i-1}^n + \left(1-c_{kji}^n\right)v_{k,j+1,i}^n\right]$$

(9-130)

$$s_{kji}^n = \text{sign}\left(u_{kji}^n\right), \quad c_{kji}^n = \frac{u_{kji}^n \Delta t_{3D}}{\Delta^u x_{1;ji}}$$

(9-131)

$$\begin{cases} r_{kji}^{S;u} = \dfrac{\left(F_{lw}^{S;u}\right)_{k,j,i-1} - \left(F_{up}^{S;u}\right)_{k,j,i-1}}{\left(F_{lw}^{S;u}\right)_{kji} - \left(F_{up}^{S;u}\right)_{kji}} & u_{kji}^n > 0 \\[4mm] r_{kji}^{S;u} = \dfrac{\left(F_{lw}^{S;u}\right)_{k,j,i+1} - \left(F_{up}^{S;u}\right)_{k,j,i+1}}{\left(F_{lw}^{S;u}\right)_{kji} - \left(F_{up}^{S;u}\right)_{kji}} & u_{kji}^n \leqslant 0 \end{cases}$$

(9-132)

$$\begin{cases} r_{kji}^{N;u} = \dfrac{\left(F_{lw}^{N;u}\right)_{k,j,i-1} - \left(F_{up}^{N;u}\right)_{k,j,i-1}}{\left(F_{lw}^{N;u}\right)_{kji} - \left(F_{up}^{N;u}\right)_{kji}} & u_{kji} > 0 \\[4mm] r_{kji}^{N;u} = \dfrac{\left(F_{lw}^{N;u}\right)_{k,j,i+1} - \left(F_{up}^{N;u}\right)_{k,j,i+1}}{\left(F_{lw}^{N;u}\right)_{kji} - \left(F_{up}^{N;u}\right)_{kji}} & u_{kji} \leqslant 0 \end{cases}$$

(9-133)

② $A_{hy}(v)$ 的离散：

$$A_{hy}(v)_{kji}^{n+1/3} = \frac{1}{J}\frac{\partial}{\partial \tilde{x}_2}(Jvv) = \frac{1}{J}\frac{\partial}{\partial \tilde{x}_2}F_{yy} = \frac{\left(F_{yy}^c\right)_{kji}^{n+1/3} - \left(F_{yy}^c\right)_{k,j-1,i}^{n+1/3}}{J_{kji}^v \Delta^v x_{2;ji}}$$

(9-134)

$$\left(F_{yy}^c\right)_{kji}^{n+1/3} = J_{kji}\left\{\left[1-\Omega\left(r^{V;c}\right)\right]\left(F_{\mathrm{up}}^c\right)_{kji}^{n+1/3} + \Omega\left(r^{V;c}\right)\left(F_{\mathrm{lw}}^c\right)_{kji}^{n+1/3}\right\} \tag{9-135}$$

$$\left(F_{\mathrm{up}}^c\right)_{kji}^{n+1/3} = \frac{1}{2}v_{kji}^{n+1/3}\left[\left(1+s_{kji}^{n+1/3}\right)v_{kji}^{n+1/3} + \left(1-s_{kji}^{n+1/3}\right)v_{k,j+1,i}^{n+1/3}\right] \tag{9-136}$$

$$\left(F_{\mathrm{lw}}^c\right)_{kji}^{n+1/3} = \frac{1}{2}v_{kji}^{n+1/3}\left[\left(1+c_{kji}^{n+1/3}\right)v_{kji}^{n+1/3} + \left(1-c_{kji}^{n+1/3}\right)v_{k,j+1,i}^{n+1/3}\right] \tag{9-137}$$

$$s_{kji}^{n+1/3} = \mathrm{sign}\left(v_{kji}^{n+1/3}\right), \quad c_{kji} = \frac{\left(v^c\right)_{kji}^{n+1/3}\Delta t_{3\mathrm{D}}}{\Delta x_2} \tag{9-138}$$

$$\begin{cases} \left(r^{V;c}\right)_{kji} = \dfrac{\left(F_{\mathrm{lw}}^c\right)_{k,j-1,i} - \left(F_{\mathrm{up}}^c\right)_{k,j-1,i}}{\left(F_{\mathrm{lw}}^c\right)_{kji} - \left(F_{\mathrm{up}}^c\right)_{kji}} & v_{kji}^c \geqslant 0 \\[4mm] \left(r^{V;c}\right)_{kji} = \dfrac{\left(F_{\mathrm{lw}}^c\right)_{k,j+1,i} - \left(F_{\mathrm{up}}^c\right)_{k,j+1,i}}{\left(F_{\mathrm{lw}}^c\right)_{kji} - \left(F_{\mathrm{up}}^c\right)_{kji}} & v_{kji}^c < 0 \end{cases} \tag{9-139}$$

(2) 水平扩散项 $D_{xy}(u,v), D_{yy}(v)$ 的离散。

① $D_{xy}(u,v)$ 的离散：

$$\begin{aligned} D_{xy}\left(u^n, v^n\right) &= \frac{1}{J}\frac{\partial}{\partial\tilde{x}_1}\left(J\nu_{\mathrm{H}}\frac{\partial u}{\partial\tilde{x}_2}\right) + \frac{1}{J}\frac{\partial}{\partial\tilde{x}_1}\left(J\nu_{\mathrm{H}}\frac{\partial v}{\partial\tilde{x}_1}\right) \\ &= \left(\frac{1}{J}\frac{\partial}{\partial\tilde{x}_1}D_{xy}^U\right)_{kji}^n + \left(\frac{1}{J}\frac{\partial}{\partial\tilde{x}_1}D_{xy}^V\right)_{kji}^n \\ &= \frac{D_{xy;k,j,i+1}^{V;u} + D_{xy;k,j-1,i+1}^{V;u} - D_{xy;kji}^{V;u} - D_{xy;k,j-1,i}^{V;u}}{2J_{kji}^v\Delta^v x_{1;ji}} + \\ &\quad \frac{2\left(D_{xy;k,j,i+1}^{U;v} - D_{xy;k,j,i-1}^{U;v}\right)}{J_{kji}^v\left(\Delta^v x_{1;j,i-1} + \Delta^v x_{1;j,i+1} + 2\Delta^v x_{1;ji}\right)} \end{aligned} \tag{9-140}$$

$$D_{xy;kji}^{V;u} = D_{yx;kji}^{V;u} = J_{kji}^u\nu_{\mathrm{H};kji}^u\frac{\Delta_x^u v_{kji}^c}{\Delta^u x_{1;ji}} \tag{9-141}$$

$$D_{xy;kji}^{U;v} = D_{yx;kji}^{U;v} = J_{kji}^v\nu_{\mathrm{H};kji}^v\frac{\Delta_y^v u_{kji}^c}{\Delta^v x_{2;ji}} \tag{9-142}$$

根据前述插值方法，$\Delta_y^v u_{kji}^c = \frac{1}{2}\left(u_{kj,i+1} + u_{kji} - u_{k,j-1,i} - u_{k,j-1,i+1}\right)$，可得

$$D_{xy;kji}^{V;u} = J_{kji}^u\nu_{\mathrm{H};kji}^u\frac{v_{kj+1,i}^n + v_{kji}^n - v_{k,j+1,i-1}^n - v_{kj,i-1}^n}{2\Delta^u x_{1;ji}} \tag{9-143}$$

$$D_{xy;kji}^{U;v} = J_{kji}^v\nu_{\mathrm{H};kji}^v\frac{\left(u_{kj,i+1}^n + u_{kji}^n - u_{k,j-1,i}^n - u_{k,j-1,i+1}^n\right)}{2\Delta^v x_{2;ji}} \tag{9-144}$$

② $D_{yy}(v)$ 的离散：

$$D_{xx}\left(u^{n}\right)=\frac{1}{J}\frac{\partial}{\partial \tilde{x}_1}\left(2Jv_{\mathrm{H}}\frac{\partial u}{\partial \tilde{x}_1}\right)=\frac{1}{J}\frac{\partial}{\partial \tilde{x}_1}\left(D_{xx}\right)_{kji}^{n}=\frac{\left(D_{xx}^{c}\right)_{kji}^{n}-\left(D_{xx}^{c}\right)_{kj,i-1}^{n}}{J_{ji}^{u}\Delta^{u}x_{1;ji}} \tag{9-145}$$

$$\left(D_{xx}^{c}\right)_{kji}^{n}=2J_{kji}v_{\mathrm{H};kji}^{c}\frac{\Delta_x^{c}u_{kji}^{n}}{\Delta x_{1;ji}} \tag{9-146}$$

(3) 垂向对流项 $A_{\mathrm{v}}(v)$ 的离散。

$$A_{\mathrm{v}}\left(v_{kji}^{n+1}\right)=\frac{1}{J}\frac{\partial}{\partial \tilde{x}_3}\left(J\tilde{w}v\right)=\left(\frac{1}{J}\frac{\partial}{\partial \tilde{x}_3}F_{yz}\right)_{kji}^{n+1}=\frac{\left(F_{yz}^{Y}\right)_{k+1,ji}^{n+1}-\left(F_{yz}^{Y}\right)_{kji}^{n+1}}{\Delta^{v}x_{3;kji}} \tag{9-147}$$

$$F_{yz;kji}^{Y}=\left[1-\Omega\left(r_{kji}^{Y}\right)\right]F_{\mathrm{up};kji}^{Y}+\Omega\left(r_{kji}^{Y}\right)F_{\mathrm{ce};kji}^{Y} \tag{9-148}$$

$$F_{\mathrm{up};kji}^{Y}=\frac{1}{2}\left(J\tilde{w}\right)_{kji}^{Y}\left[\left(1+s_{kji}\right)v_{k-1,ji}+\left(1-s_{kji}\right)v_{kji}\right] \tag{9-149}$$

$$F_{\mathrm{ce};kji}^{Y}=\frac{1}{2}\left(J\tilde{w}\right)_{kji}^{Y}\left(v_{k-1,ji}+v_{kji}\right) \tag{9-150}$$

$$\left(J\tilde{w}\right)_{kji}^{Y}=\frac{1}{2}\left[\left(J\tilde{w}\right)_{k,j-1,i}+\left(J\tilde{w}\right)_{kji}\right],\quad s_{kji}=\mathrm{sign}\left[\left(J\tilde{w}\right)_{kji}^{Y}\right] \tag{9-151}$$

$$\begin{cases}r_{kji}^{Y}=\dfrac{F_{\mathrm{ce};k-1,ji}^{Y}-F_{\mathrm{up};k-1,ji}^{Y}}{F_{\mathrm{ce};kji}^{Y}-F_{\mathrm{up};kji}^{Y}} & \left(J\tilde{w}\right)_{kji}^{Y}>0 \\[3mm] r_{kji}^{Y}=\dfrac{F_{\mathrm{ce};k+1,ji}^{Y}-F_{\mathrm{up};k+1,ji}^{Y}}{F_{\mathrm{ce};kji}^{Y}-F_{\mathrm{up};kji}^{Y}} & \left(J\tilde{w}\right)_{kji}^{Y}\leqslant 0\end{cases} \tag{9-152}$$

(4) 垂向扩散项 D_{v} 的离散。

$$D_{\mathrm{v}}\left(v\right)_{kji}^{n+1}=\frac{1}{J}\frac{\partial}{\partial \tilde{x}_3}\left(\frac{v_{\mathrm{T}}}{J}\frac{\partial v}{\partial \tilde{x}_3}\right)=\left(\frac{1}{J}\frac{\partial}{\partial \tilde{x}_3}D_{yz}\right)_{kji}^{n+1}=\frac{\left(D_{yz}^{Y}\right)_{k+1,ji}^{n+1}-\left(D_{yz}^{Y}\right)_{kji}^{n+1}}{J_{kji}^{v}} \tag{9-153}$$

$$D_{yz;kji}^{Y}=v_{\mathrm{T};kji}^{Y}\frac{\Delta_z^{Y}v_{kji}}{\Delta^{Y}x_{3;kji}} \tag{9-154}$$

$$v_{\mathrm{T};kji}^{Y}=\frac{1}{2}\left(v_{\mathrm{T};k,j-1,i}+v_{\mathrm{T};kji}\right) \tag{9-155}$$

$$\Delta^{Y}x_{3;kji}=\frac{1}{4}\left(J_{kji}+J_{k,j-1,i}+J_{k-1,ji}+J_{k-1,j-1,i}\right) \tag{9-156}$$

(5) 其他项 O_{y}^{n} 的离散。

$$O_{y}^{n}=-fu^{v;n+1:n}-g\frac{\Delta_y^{v}\varsigma^{n}}{\Delta^{v}x_2} \tag{9-157}$$

3) 连续性方程的离散

$$\frac{J^{n+1}-J^{n}}{J^{n}\Delta t_{3\mathrm{D}}}+\frac{\left(Ju\right)_{kji}^{n}-\left(Ju\right)_{kj,i-1}^{n}}{J_{kji}^{n}\Delta x_1}+\frac{\left(Jv\right)_{kji}^{n}-\left(Jv\right)_{k,j-1,i}^{n}}{J_{kji}^{n}\Delta x_2}+\frac{\left(J\tilde{w}\right)_{kji}^{n}-\left(J\tilde{w}\right)_{k-1,ji}^{n}}{J_{kji}^{n}\Delta x_{3;kji}}=0 \tag{9-158}$$

4) 物质输运方程的离散

$$\frac{\psi^{n+1/3}-\psi^n}{\Delta t_{3D}}=-A_{hx}\left(\psi^n\right)+D_{hx}\left(\psi^n\right)+M_x\left(\psi^n\right) \tag{9-159}$$

$$\frac{\psi^{n+2/3}-\psi^{n+1/3}}{\Delta t_{3D}}=-A_{hy}\left(\psi^{n+1/3}\right)+D_{hy}\left(\psi^n\right)+M_y\left(\psi^n\right) \tag{9-160}$$

$$\frac{\psi^{n+1}-\psi^{n+2/3}}{\Delta t_{3D}}=-\theta_a\overline{A}_v\left(\psi^{n+1}\right)-\left(1-\theta_a\right)\overline{A}_v\left(\psi^{n+2/3}\right)+M_z\left(\psi^n\right) \\ +\theta_v D_v\left(\psi^{n+1}\right)+\left(1-\theta_v\right)D_v\left(\psi^{n+2/3}\right)+\beta\left(\psi^n\right) \tag{9-161}$$

(1) 水平对流项 $A_{hx}\left(\psi\right)$ 、 $A_{hy}\left(\psi\right)$ 的离散。

① $A_{hx}\left(\psi\right)$ 的离散：

$$A_{hx}\left(\psi\right)^n_{kji}=\frac{1}{J}\frac{\partial}{\partial\tilde{x}_1}\left(Ju\psi\right)=\frac{1}{J}\frac{\partial}{\partial\tilde{x}_1}F_x=\frac{F^{u;n}_{x;kj,i+1}-F^{u;n}_{x;kji}}{J_{kji}\Delta x_{1;ji}} \tag{9-162}$$

$$F^u_{x;kji}=J^u_{kji}\left\{\left[\left(1-\Omega\left(r^u_{kji}\right)\right)\right]F^u_{up;kji}+\Omega\left(r^u_i\right)F^u_{lw;kji}\right\} \tag{9-163}$$

$$F^u_{up;kji}=\frac{1}{2}u_{kji}\left[\left(1+s_{kji}\right)\psi_{kj,i-1}+\left(1-s_{kji}\right)\psi_{kji}\right] \tag{9-164}$$

$$F^u_{lw;kji}=\frac{1}{2}u_{kji}\left[\left(1+c_{kji}\right)\psi_{kj,i-1}+\left(1-c_{kji}\right)\psi_{kji}\right] \tag{9-165}$$

$$s_{kji}=\text{sign}\left(u_{kji}\right),\quad c_{kji}=\frac{u_{kji}\Delta t_{3D}}{\Delta^u x_1} \tag{9-166}$$

$$\begin{cases} r^u_{kji}=\dfrac{\left(F^u_{lw}\right)_{kj,i-1}-\left(F^u_{up}\right)_{kj,i-1}}{\left(F^u_{lw}\right)_{kji}-\left(F^u_{up}\right)_{kji}} & u_{kji}\geqslant 0 \\[4mm] r^u_{kji}=\dfrac{\left(F^u_{lw}\right)_{kj,i+1}-\left(F^u_{up}\right)_{kj,i+1}}{\left(F^u_{lw}\right)_{kji}-\left(F^u_{up}\right)_{kji}} & u_{kji}<0 \end{cases} \tag{9-167}$$

② $A_{hy}\left(\psi\right)$ 的离散：

$$A_{hx}\left(\psi\right)^{n+1/3}_{kji}=\frac{1}{J}\frac{\partial}{\partial\tilde{x}_2}\left(Jv\psi\right)=\frac{1}{J}\frac{\partial}{\partial\tilde{x}_2}F_y=\frac{F^{v;n+1/3}_{y;k,j+1,i}-F^{v;n+1/3}_{y;kji}}{J_{kji}\Delta x_{2;ji}} \tag{9-168}$$

$$F^v_{y;kji}=J^v_{kji}\left\{\left[\left(1-\Omega\left(r^v_{kji}\right)\right)\right]F^v_{up;kji}+\Omega\left(r^v_i\right)F^v_{lw;kji}\right\} \tag{9-169}$$

$$F^v_{up;kji}=\frac{1}{2}v_{kji}\left[\left(1+s_{kji}\right)\psi_{k,j-1,i}+\left(1-s_{kji}\right)\psi_{kji}\right] \tag{9-170}$$

$$F^v_{lw;kji}=\frac{1}{2}v_{kji}\left[\left(1+c_{kji}\right)\psi_{k,j-1,i}+\left(1-c_{kji}\right)\psi_{kji}\right] \tag{9-171}$$

$$s_{kji}=\text{sign}\left(v_{kji}\right),\quad c_{kji}=\frac{v_{kji}\Delta t_{3D}}{\Delta^v x_2} \tag{9-172}$$

$$\begin{cases} r_{kji}^{v} = \dfrac{\left(F_{\mathrm{lw}}^{v}\right)_{k,j-1,i} - \left(F_{\mathrm{up}}^{v}\right)_{k,j-1,i}}{\left(F_{\mathrm{lw}}^{v}\right)_{kji} - \left(F_{\mathrm{up}}^{v}\right)_{kji}} & v_{kji} \geqslant 0 \\[4mm] r_{kji}^{v} = \dfrac{\left(F_{\mathrm{lw}}^{v}\right)_{k,j+1,i} - \left(F_{\mathrm{up}}^{v}\right)_{k,j+1,i}}{\left(F_{\mathrm{lw}}^{v}\right)_{kji} - \left(F_{\mathrm{up}}^{v}\right)_{kji}} & v_{kji} < 0 \end{cases} \tag{9-173}$$

（2）水平扩散项 $D_{\mathrm{h}x}(\psi)$、$D_{\mathrm{h}y}(\psi)$ 的离散。

① $D_{\mathrm{h}x}(\psi)$ 的离散：

$$D_{\mathrm{h}x}(\psi)_{kji}^{n} = \frac{1}{J}\frac{\partial}{\partial \tilde{x}_1}\left(J\lambda_{\mathrm{H}}\frac{\partial \psi}{\partial \tilde{x}_1}\right) = \frac{1}{J}\frac{\partial}{\partial \tilde{x}_1}D_x = \frac{D_{x;kj,i+1}^{u;n} - D_{x;kji}^{u;n}}{J_{kji}\Delta x_{1;ji}} \tag{9-174}$$

$$D_{x;kji}^{u} = \lambda_{\mathrm{H};kji}^{u}\frac{\Delta_x^u \psi_{kji}}{\Delta^u x_{1;ji}} \tag{9-175}$$

② $D_{\mathrm{h}y}(\psi)$ 的离散：

$$D_{\mathrm{h}y}(\psi)_{kji}^{n} = \frac{1}{J}\frac{\partial}{\partial \tilde{x}_2}\left(J\lambda_{\mathrm{H}}\frac{\partial \psi}{\partial \tilde{x}_2}\right) = \frac{1}{J}\frac{\partial}{\partial \tilde{x}_2}D_y = \frac{D_{y;k,j+1,i}^{v;n} - D_{y;kji}^{v;n}}{J_{kji}\Delta x_{2;ji}} \tag{9-176}$$

$$D_{y;kji}^{v} = \lambda_{\mathrm{H};kji}^{v}\frac{\Delta_y^v \psi_{kji}}{\Delta^v x_{2;ji}} \tag{9-177}$$

（3）垂向对流项 $\overline{A}_{\mathrm{v}}(\psi)$ 的离散。

类似于动量方程，物质输运方程的垂向对流项采用半隐格式，其表达式为

$$\overline{A}_{\mathrm{v}}(\psi)_{kji}^{n+1} = \frac{1}{J}\frac{\partial}{\partial \tilde{x}_3}\left(J\tilde{w}\psi\right) = \frac{1}{J}\frac{\partial}{\partial \tilde{x}_3}F_z = \frac{F_{z;k+1,ji}^{w;n+1} - F_{z;kji}^{w;n+1}}{J_{kji}} \tag{9-178}$$

$$F_{z;kji}^{w} = J_{kji}^{w}\left\{\left[1-\Omega\left(r_{kji}^{w}\right)\right]F_{\mathrm{up};kji}^{w} + \Omega\left(r_{kji}^{w}\right)F_{\mathrm{ce};kji}^{w}\right\} \tag{9-179}$$

$$F_{\mathrm{up};kji}^{w} = \frac{1}{2}\left(J\tilde{w}\right)_{kji}\left[\left(1+s_{kji}\right)\psi_{k-1,ji} + \left(1-s_{kji}\right)\psi_{kji}\right] \tag{9-180}$$

$$F_{\mathrm{ce};kji}^{w} = \frac{1}{2}\left(J\tilde{w}\right)_{kji}\left[\psi_{k-1,ji} + \psi_{kji}\right] \tag{9-181}$$

$$s_{kji} = \mathrm{sign}\left[\left(J\tilde{w}\right)_{kji}\right] \tag{9-182}$$

$$\begin{cases} r_{kji}^{w} = \dfrac{\left(F_{\mathrm{ce}}^{w}\right)_{k-1,ji} - \left(F_{\mathrm{up}}^{w}\right)_{k-1,ji}}{\left(F_{\mathrm{ce}}^{v}\right)_{kji} - \left(F_{\mathrm{up}}^{v}\right)_{kji}} & \left(J\tilde{w}\right)_{kji} \geqslant 0 \\[4mm] r_{kji}^{w} = \dfrac{\left(F_{\mathrm{ce}}^{w}\right)_{k+1,ji} - \left(F_{\mathrm{up}}^{w}\right)_{k+1,ji}}{\left(F_{\mathrm{ce}}^{w}\right)_{kji} - \left(F_{\mathrm{up}}^{w}\right)_{kji}} & \left(J\tilde{w}\right)_{kji} < 0 \end{cases} \tag{9-183}$$

（4）垂向扩散项 $\overline{D}_{\mathrm{v}}(\psi)$ 的离散。

类似于动量方程，物质输运方程的垂向扩散项采用全隐格式，其表达式为

$$\overline{D}_{\mathrm{v}}\left(\psi\right)_{kji}^{n+1} = \frac{1}{J}\frac{\partial}{\partial \tilde{x}_3}\left(\frac{\lambda_{\mathrm{T}}}{J}\frac{\partial \psi}{\partial \tilde{x}_3}\right) = \frac{1}{J}\frac{\partial}{\partial \tilde{x}_3}D_z = \frac{D_{z;k+1,ji}^{w;n+1} - D_{z;kji}^{w;n+1}}{J_{kji}} \tag{9-184}$$

$$D_{z;kji}^{w} = \nu_{\mathrm{T};kji}\frac{\Delta_z^w \psi_{kji}}{\Delta^w x_{3;kji}} \tag{9-185}$$

（5）校正项 $M_x\left(\psi\right)$、$M_y\left(\psi\right)$、$M_z\left(\psi\right)$ 的离散。

$$M_x\left(\psi\right)_{kji}^n = \frac{\psi_{kji}^n\left(J_{kj,i+1}^{u;n}u_{kj,i+1}^n - J_{kji}^{u;n}u_{kji}^n\right)}{J_{kji}\Delta x_{1;ji}} \tag{9-186}$$

$$M_y\left(\psi\right)_{kji}^n = \frac{\psi_{kji}^n\left(J_{k,j+1,i}^{v;n}v_{k,j+1,i}^n - J_{kji}^{v;n}v_{kji}^n\right)}{J_{kji}\Delta x_{2;ji}} \tag{9-187}$$

$$M_z\left(\psi\right)_{kji}^n = \frac{\psi_{kji}^n\left[\left(J\tilde{w}\right)_{k+1,ji}^n - \left(J\tilde{w}\right)_{kji}^n\right]}{\Delta x_{3;kji}} \tag{9-188}$$

方程中的 $\beta\left(\psi^n\right)$ 为源项，其离散视具体模拟物质而定。

5）紊流闭合模型方程的离散形式

紊动变量 k、ε 方程的离散与物质输运方程 Ψ 的离散基本相似，在对流和扩散的空间离散方面有以下变化。

（1）将物质输运方程中在 u 点计算的量更改为在 X 点计算，即

$$\left(F_x^u, D_x^u, u^u, J^u, \lambda_{\mathrm{H}}^u\right) \rightarrow \left(F_x^X, D_x^X, u^X, J^X, \lambda_{\mathrm{H}}^X\right) \tag{9-189}$$

（2）将物质输运方程中在 v 点计算的量更改为在 Y 点计算，即

$$\left(F_y^v, D_y^v, v^v, J^v, \lambda_{\mathrm{H}}^v\right) \rightarrow \left(F_y^Y, D_y^Y, v^Y, J^Y, \lambda_{\mathrm{H}}^Y\right) \tag{9-190}$$

（3）将物质输运方程中在 w 点计算的量更改为在网格中心点 c 计算，即

$$\left(F_z^w, D_z^w, W, J^w, \lambda_{\mathrm{T}}^w\right) \rightarrow \left(F_z^c, D_z^c, W^c, J^c, \lambda_{\mathrm{T}}^c\right) \tag{9-191}$$

（4）将物质输运方程在中心点 c 计算的量更改为在 w 点计算。

相比于物质输运方程，紊流模型方程的离散显得更为简单，其离散过程除了剪应力项需要插值离散外，其余基本上都在自然点进行计算。下式给出剪应力项 M^2 的离散过程为

$$M^2 = \frac{1}{J^2}\left[\left(\frac{\partial u}{\partial \tilde{x}_3}\right)^2 + \left(\frac{\partial v}{\partial \tilde{x}_3}\right)^2\right] \tag{9-192}$$

$$\left(M_{kji}^w\right)^2 = \left(\frac{1}{2\Delta^w x_{3;kji}}\right)^2\left[\left(u_{kji} - u_{k-1,ji} + u_{kj,i+1} - u_{k-1,j,i+1}\right)^2 + \left(v_{kji} - v_{k-1,ji} + v_{k,j+1,i} - v_{k-1,j+1,i}\right)^2\right] \tag{9-193}$$

2. 外模式方程的离散

1) $\overline{U}$ 动量方程离散的离散形式

$$\frac{\overline{U}^{m+1} - \overline{U}^m}{\Delta t_{2D}} = f\overline{V}^{u;m} - \overline{A}_1^h - \overline{A}_{hx}\left(\overline{U}^m\right) - \overline{A}_{hy}\left(\overline{U}^m\right) - gH^{u;n}\frac{\Delta_x^u \varsigma^{m+1}}{\Delta^u x_1}$$
$$+ \frac{\tau_{s1}^u}{\rho_0} + \overline{D}_1^h - \frac{\tau_{b1}^u}{\rho_0} + \overline{D_{xx}}\left(\overline{U}^m\right) + \overline{D_{yx}}\left(\overline{U}^m, \overline{V}^m\right) \tag{9-194}$$

(1) 水平对流项的离散。

二维外模式水平对流项的离散类似于三维内模式方程的离散过程,只需做以下变动。

① 用 $\overline{U}$ 代替 u,用 $\overline{V}$ 代替 v;

② 将式 (9-88)、式 (9-94) 和式 (9-95)、式 (9-125) 和式 (9-126)、式 (9-135) 中的 $\left(J_{kji}, J_{kji}^u, J_{kji}^v\right)$ 用 $\left(1/H_{kji}, 1/H_{kji}^u, 1/H_{kji}^v\right)$ 来代替;

③ 省略式 (9-87)、式 (9-93) 和式 (9-94)、式 (9-134) 中的 J_{kji}^u 或 J_{kji}^v;

④ 由于对三维动量方程沿垂向积分,产生 $\overline{A}_1^h$ 项,其离散形式为

$$\overline{A}_{1;ji}^h = \overline{A_{hx}(u)}_{ji} + \overline{A_{hy}(u)}_{ji} - \overline{A}_{hx}\left(\overline{U}\right)_{ji} - \overline{A}_{hy}\left(\overline{U}\right)_{ji}$$
$$= \sum_{k=1}^{N_z} J_{kji}^u \left(A_{hx}(u)_{kji} + A_{hy}(u)_{kji}\right) - \overline{A}_{hx}\left(\overline{U}\right)_{ji} - \overline{A}_{hy}\left(\overline{U}\right)_{ji} \tag{9-195}$$

(2) 水平扩散项的离散。

将三维水平扩散项的离散作以下变动即得二维扩散项的离散过程。

① 将 u 和 v 用 $\overline{U}/H$ 和 $\overline{V}/H$ 代替;

② 将 $\left(J_{ji}, J_{ji}^u, J_{ji}^v\right)$ 用 1 代替;

③ 将扩散系数 ν_H 用积分形式 $\overline{\nu}_H$ 代替,其表达形式为

$$\overline{\nu}_{H;ji} = \sum_{k=1}^{N_z} J_{kji}\nu_{H;kji} \tag{9-196}$$

④ 由于对三维动量方程沿垂向积分,产生 $\overline{D}_1^h$ 项,其离散形式为

$$\overline{D}_{1;ji}^h = \overline{D_{xx}(u)}_{ji} + \overline{D_{yx}(u,v)}_{ji} - \overline{D}_{xx}\left(\overline{U}\right)_{ji} - \overline{D}_{yx}\left(\overline{U}, \overline{V}\right)_{ji}$$
$$= \sum_{k=1}^{N_z} J_{kji}^u \left[D_{yx}(u,v)_{kji} + D_{xx}(u)_{kji}\right] - \overline{D}_{yx}\left(\overline{U}, \overline{V}\right)_{ji} - \overline{D}_{xx}\left(\overline{U}\right)_{ji} \tag{9-197}$$

2) $\overline{V}$ 动量方程的离散形式

$$\frac{\overline{V}^{m+1} - \overline{V}^m}{\Delta t_{2D}} = -f\overline{U}^{v;m+1:m} - \overline{A}_2^h - \overline{A}_{hx}\left(\overline{U}^m\right) - \overline{A}_{hy}\left(\overline{V}^m\right) - gH^{v;n}\frac{\Delta_y^v \zeta^{m+1}}{\Delta^v x_2}$$
$$+ \frac{\tau_{s2}^v}{\rho_0} + \overline{D}_2^h - \frac{\tau_{b2}^v}{\rho_0} + \overline{D_{xy}}\left(\overline{U}^m, \overline{V}^m\right) + \overline{D_{yy}}\left(\overline{V}^m\right) \tag{9-198}$$

遵循 $\overline{U}$ 动量方程的离散原则,$\overline{A}_2^h$ 和 $\overline{D}_2^h$ 的表达形式分别为

$$\overline{A}_{2;ji}^{h} = \overline{A_{hx}(v)}_{ji} + \overline{A_{hy}(v)}_{ji} - \overline{A}_{hx}(\overline{V})_{ji} - \overline{A}_{hy}(\overline{V})_{ji}$$

$$= \sum_{k=1}^{N_z} J_{kji}^{v}\left(A_{hx}(v)_{kji} + A_{hy}(v)_{kji}\right) - \overline{A}_{hx}(\overline{V})_{ji} - \overline{A}_{hy}(\overline{V})_{ji} \tag{9-199}$$

$$\overline{D}_{2;ji}^{h} = \overline{D_{yy}(v)}_{ji} + \overline{D_{xy}(u,v)}_{ji} - \overline{D}_{yy}(\overline{V})_{ji} - \overline{D}_{xy}(\overline{U},\overline{V})_{ji}$$

$$= \sum_{k=1}^{N_z} J_{kji}^{v}\left[D_{xy}(u,v)_{kji} + D_{yy}(v)_{kji}\right] - \overline{D}_{xy}(\overline{U},\overline{V})_{ji} - \overline{D}_{yy}(\overline{V})_{ji} \tag{9-200}$$

3）连续性方程的离散形式

对二维外模式基本方程中的连续性方程式（9-61）进行离散为

$$\frac{\varsigma^{m+1} - \varsigma^{m}}{\Delta t_{2D}} = \frac{\Delta_x^c \overline{U}^m}{\Delta x_1} + \frac{\Delta_y^c \overline{V}^m}{\Delta x_2} \tag{9-201}$$

$$\Delta_x^c \overline{U}^m = \overline{U}_{kj,i+1}^m - \overline{U}_{kji}^m \tag{9-202}$$

$$\Delta_y^c \overline{U}^m = \overline{V}_{k,j+1,i}^m - \overline{V}_{kji}^m \tag{9-203}$$

9.2.3.4　内外模式衔接和时间限制性条件

1. 内外模式的衔接

内外模式的衔接是模型计算中的一个关键性技术。一个内模式时间步长包含了若干个外模式的计算过程，即内模式的时间步长是外模式时间步长的若干倍。由二维外模式计算得到自由表面的位置后提供给三维内模式，由内模式计算流速的垂向结构，并将有关对流和水平扩散项的垂向积分反馈给外模式，用于下一个内模式中多个外模式的计算。由于内外模式具有不同的截断误差，所以要对内模式的计算结果 u、v 稍作调整，保证内模式计算的垂向平均值和外模式的计算结果一致。

2. 时间限制条件

由于表面重力波和内波传播速度不同，并且在方程离散时采用了显式的差分格式，因此在时间步长上受到 CFL 条件（Courant-Friedrichs-Lewy）的很大限制。三维时间步长（Δt_{3D}）是二维时间步长 Δt_{2D} 的 M_t 倍。根据稳定性分析，时间步长上限值的表达式为

$$\text{二维 CFL 条件：}\quad \Delta t_{2D} \leqslant \min\left(\frac{1}{f}, \frac{\Delta h_{\min}}{2\sqrt{gh_{\max}}}\right) \tag{9-204}$$

$$\text{三维 CFL 条件：}\quad \Delta t_{3D} \leqslant \min\left(\frac{1}{f}, \frac{\Delta h_{\min}}{2\sqrt{g'h_{\max}}}\right) \tag{9-205}$$

式中，$\Delta h_{\min}$ 为最小的水平网格间距；$g' = g\Delta\rho/\rho_0$；为简化的重力加速度；$h_{\max}$ 为最大的水深；$\Delta\rho$ 为垂向密度差值。

由于 $g' \ll g$，则三维时间步长相对二维外模式要大，即只要满足二维时间步长，三

维时间步长就基本满足，整个模型的计算时步长主要受二维外模式时步的影响和限制。

9.3　算例——基于直角网格的长江某江段污水处理厂尾水排江三维水量水质数值模拟

计算江段位于长江河口潮流区，范围为 E121°09′44″～E121°24′17″，整体呈西北—东南走向，区域内有涨落潮滩，水下地形水深变化较为剧烈，如图 9-4 所示。其中高程控制系统采用 1985 年国家高程基准，水动力情势复杂。由于受东海潮汐作用，长江河口为中等强度的潮汐河口，该江段区域内以非正规半日浅海潮为主，一日内有两次涨、落潮，一次完整的涨、落潮平均历时 12h25min。潮流在河口区域内为往复流，一般是落潮平均流速大于涨潮平均流速，洪季的涨落潮流速总是大于枯季，涨潮流在上溯过程中受径流顶托和河床阻力的作用潮波变形，表现为涨潮流历时缩短，落潮流历时延长。

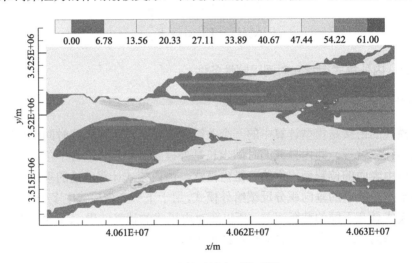

图 9-4　计算区域水下地形图

随着当地的工业、农业的发展和城镇化进程，城市污水量日益增加，地方政府拟建设一座日处理能力为 10 万 t 的区域污水处理厂以集中处理区域污水，尾水经设于江段中心右岸杨林口位置的排污口排放入江。

本节采用构建的 σ 坐标变换下直角网格三维水环境数学模型，对该江段感潮水动力场与污水处理厂事故风险排放下形成的 COD 浓度场进行模拟计算。

9.3.1　计算区域与网格剖分

采用正交矩形网格剖分计算域，网格间距为 200m×200m。x_1 方向网格数为 146，全长为 29.2km；x_2 方向网格数为 70，全长为 14.0km，垂直方向分为 9 层。计算域及水平网格布置如图 9-5 所示。

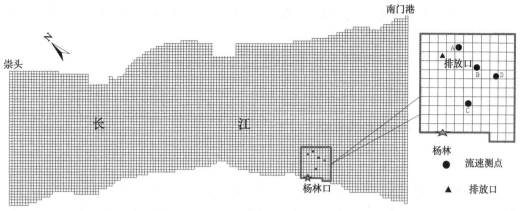

图 9-5　计算区域水平网格布置图

9.3.2　边界条件与计算参数

9.3.2.1　水动力计算边界条件

计算域西北和东南边界为开边界，其余两面边界为陆域固边界。选取 2002 年大、小潮周期(2002 年 1 月 14 日～17 日、2002 年 1 月 21 日～24 日)水文站实测潮位值作为入流和出流边界。

9.3.2.2　污染场计算条件

设定在杨林口位置离岸 4km 处建设污水排放口，实行河道中层排放，污水量为 10 万 t/d，排放污水的 COD 浓度为 400mg/L。

由于小潮期间水动力相对较弱，污染物质的掺混输运相对较小，故计算时段选取 2002 年 1 月 21 日～24 日的小潮作为不利潮型进行计算。

9.3.2.3　计算参数选取

(1)底部粗糙度 z_0：在计算流场时，对底部粗糙度 z_0 数值的确定是关键，其定性地反映了底床的糙率高度，一般取为 0.002～0.01m。经调试计算，计算域内 z_0 取 0.01m 较为合适。

(2)水平紊动黏性系数 ν_H：考虑了网格单元空间尺度及流速梯度的影响，即正比于水平网格间距和流速变形张量值，数学表达式如下

$$\nu_H = C_{m0}\Delta x_1 \Delta x_2 D_T \tag{9-206}$$

$$D_T^2 = \left(\frac{\partial u}{\partial x_1}\right)^2 + \left(\frac{\partial v}{\partial x_2}\right)^2 + \frac{1}{2}\left(\frac{\partial u}{\partial x_2} + \frac{\partial v}{\partial x_1}\right)^2 \tag{9-207}$$

式中，Δx_1 和 Δx_2 分别为 x_1 和 x_2 方向的水平网格间距，根据 Oey 和 Chen(1992)的理论，为了控制数值振荡，C_{m0} 适宜采用的数值为 0.2；ν_H 的取值随着网格分辨率的提高而减小，随着流速梯度的减小而逐渐减小。

(3)垂向紊动黏性系数 λ_T：采用 k-ε 双方程紊流闭合模型求解垂向扩散系数。

（4）水平扩散系数 λ_H： $\lambda_H = C_{s0}\Delta x_1 \Delta x_2 D_T$，其中， Δx_1 和 Δx_2 分别为 x_1 和 x_2 方向的水平网格间距， C_{s0} 适宜采用的数值为 0.2。

（5）降解系数 k_1：计算过程中采用的数值为 $0.1\mathrm{d}^{-1}$。

9.3.3 模型计算结果

9.3.3.1 水动力场的数值模拟

1. 潮位验证与分析

模型数值模拟时间分为大潮（2002 年 1 月 14 日 0:00 时～2002 年 1 月 17 日 0:00 时）和小潮（2002 年 1 月 21 日 0:00 时～24 日 0:00 时），每个过程的模拟时间为 3d。计算过程中二维内模式的时间步长为 0.5s，三维外模式的计算时间步长为 15s，通过模型计算得到杨林口大潮和小潮的潮位计算值，见图 9-6 和图 9-7，其中实线代表计算值，点代表实测值。

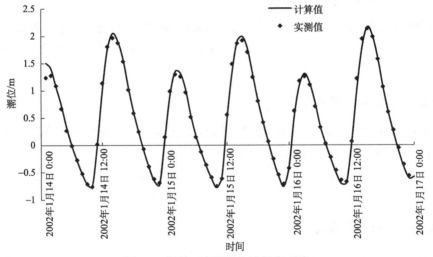

图 9-6 杨林口大潮潮位过程验证图

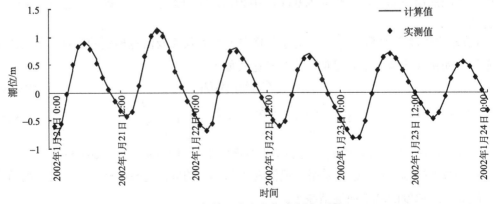

图 9-7 杨林口小潮潮位过程验证图

　　对比结果表明，潮位计算值的大小和相位与实测的潮位过程线吻合良好，模型能精确地模拟该区域江段潮位的变化过程。

2. 流场特性分析

　　图 9-8～图 9-19 分别为大潮和小潮期间计算区域表层、中层和底层的涨、落急流场图。

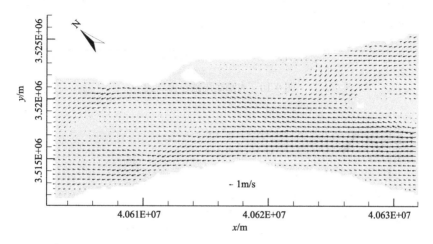

图 9-8　大潮表层涨急流场图

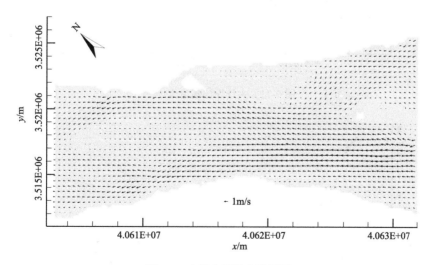

图 9-9　大潮中层涨急流场图

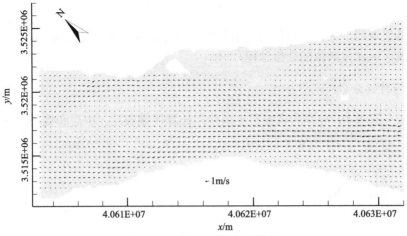

图 9-10　大潮底层涨急流场图

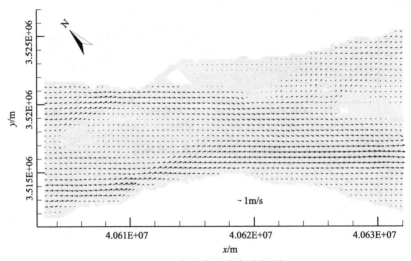

图 9-11　大潮表层落急流场图

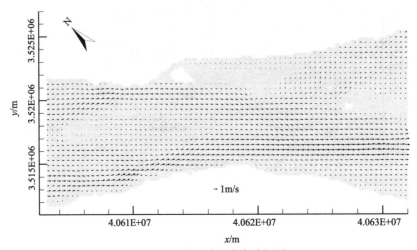

图 9-12　大潮中层落急流场图

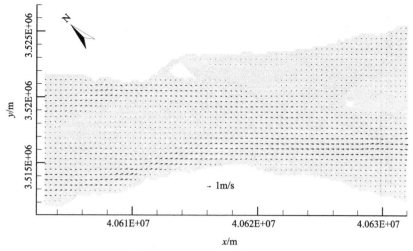

图 9-13　大潮底层落急流场图

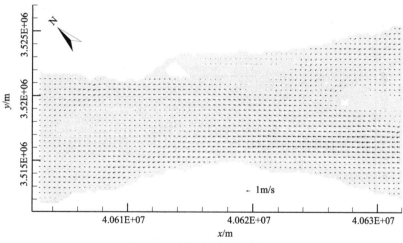

图 9-14　小潮表层涨急流场图

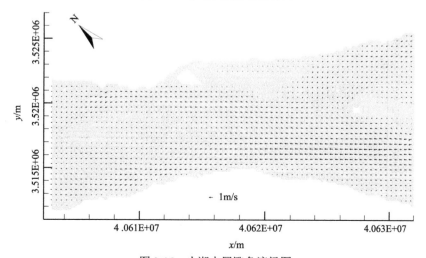

图 9-15　小潮中层涨急流场图

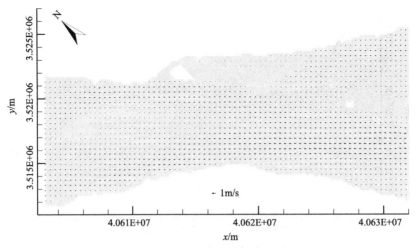

图 9-16　小潮底层涨急流场图

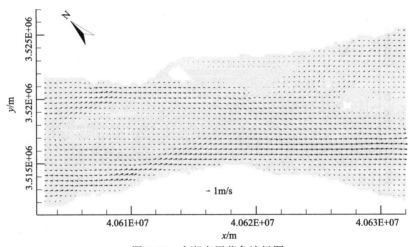

图 9-17　小潮表层落急流场图

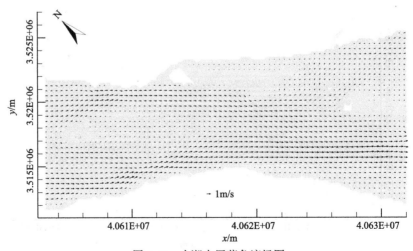

图 9-18　小潮中层落急流场图

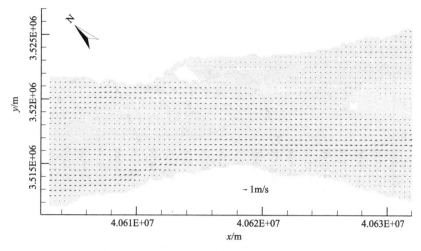

图 9-19　小潮底层落急流场图

从上述流场模拟结果可知，受河岸和水下地形等复杂条件的影响，计算水域内不同部位表现出不同的水动力特征。

（1）涨落潮主流基本沿深槽流动。大潮期间各层涨急时刻流速大于落急时刻流速，小潮期间各层落急时刻流速大于涨急时刻流速。小潮期间涨急、落急时刻的流速数值较大潮相应时刻的小，其流速分布基本相似。

（2）对比小潮和大潮涨急、落急两个特征时刻的表层流速、中层流速和底层流速可知：受底部摩擦的作用，垂向流速的分布呈现从表层到底层递减的趋势，但流向基本一致。

（3）计算水域内的垂向流速较小，各水层相比，表层垂向流速最大，平均约 0.006m/s。

3. 流速验证与分析

模型计算域内有四条垂线验证流速，垂线布置如图 9-5 所示。图 9-20～图 9-27 分别为 A、B、C、D 四条垂线在小潮和大潮期间的平均流速验证图，大潮和小潮的平均流速验证时间分别为 2002 年 1 月 14 日 12:00～15 日 13:00 和 2002 年 1 月 22 日 16:00～23 日 19:00，每隔 1h 给定测量数据。

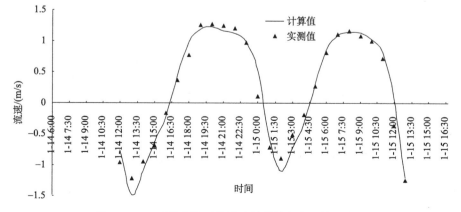

图 9-20　A#垂线大潮平均流速计算值与实测值对比图

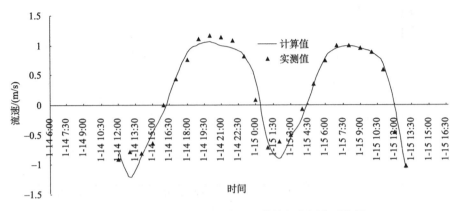

图 9-21 B#垂线大潮平均流速计算值与实测值对比图

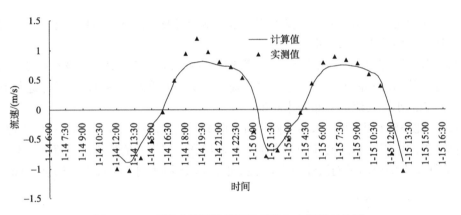

图 9-22 C#垂线大潮平均流速计算值与实测值对比图

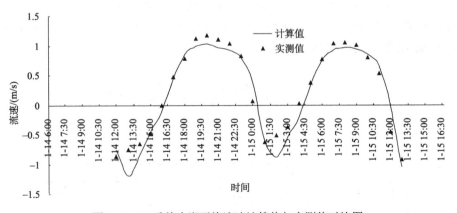

图 9-23 D#垂线大潮平均流速计算值与实测值对比图

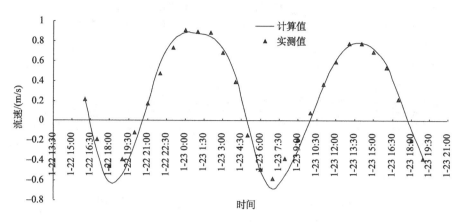

图 9-24　A#垂线小潮平均流速计算值与实测值对比图

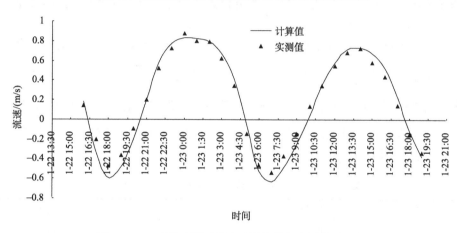

图 9-25　B#垂线小潮平均流速计算值与实测值对比图

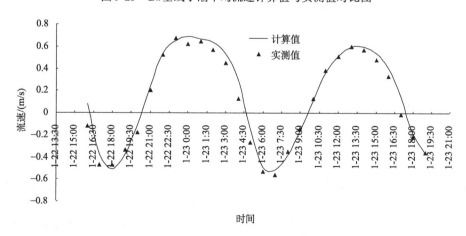

图 9-26　C#垂线小潮平均流速计算值与实测值对比图

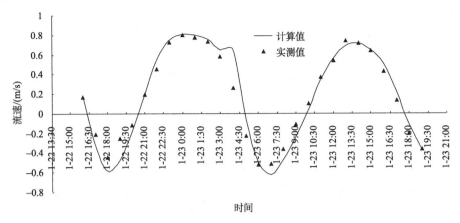

图 9-27　D#垂线小潮平均流速计算值与实测值对比图

　　垂线平均流速的计算值通过求解二维外模式动量方程得到沿垂向积分的流速，再除以该点的总水深 H 后得到。

　　利用平均绝对误差、均方差和相对均方差分析流速的计算值与实测值的拟合程度。

平均绝对误差定义 $E = \sum |X_0 - X_s| / N$；均方差定义为 $E = \left[\sum (X_0 - X_s)^2 / N\right]^{1/2}$；相对均方差定义为 $E = \left[\sum (X_0 - X_s)^2 / N\right]^{1/2} \Big/ \Delta X$，其中，$X_0$ 为实测值，X_s 为计算值，N 为数据个数，ΔX 为实测值的范围。用潮位验证误差分析方法来分析流速计算值与实测值的误差，分析结果如表 9-1 所示。

表 9-1　各测点平均流速计算值与实测值误差统计表

测点	潮期	平均绝对误差/(m/s)	均方差/(m/s)	相对均方差/%
A#	小潮	0.065	0.083	5.545
	大潮	0.122	0.167	6.634
B#	小潮	0.063	0.075	5.230
	大潮	0.118	0.169	7.704
C#	小潮	0.057	0.076	6.169
	大潮	0.162	0.225	10.058
D#	小潮	0.078	0.112	8.513
	大潮	0.141	0.185	8.803

　　结果表明，模型的流速计算值和实测值在数值大小和相位上吻合良好，A#、B#、C# 和 D#四条垂线平均流速的计算值和实测值的相对均方差在 5.23%～10.06%，说明模型能较好地模拟该江段水流的变化过程。四条垂线中，C#垂线的相对均方误差相对其余三点偏差较大，是由于 C#垂线离河岸较近，这与边界的水深概化以及网格的尺度有关。

9.3.3.2　水质数值模拟结果与分析

　　图 9-28～图 9-33 为小潮涨急、落急两个特征时刻表层、中层和底层 COD 浓度增量

分布图。

（1）由于涨落急时刻流速相对较大，污染物质进入水体后主要随水流沿纵向流动。涨急和落急两个特征时刻相应表层、中层和底层的污染带形状相似。

（2）由于排放口位置位于水体中层，所以在涨急和落急两个特征时刻水体中层 COD 的浓度增量分布图中，排放口附近的 COD 浓度增量比表层和底层的高。由于落急时刻水动力条件较好，污染带随流向下游扩散至表层和底层需要一段时间，因此表层和底层的浓度最高点并非在排放口的位置上，而是在沿着水流向下的某一个位置上。

（3）对比两个特征时刻表层、中层和底层的浓度场分布，由于小潮期间落急流速相对大于涨急流速，水动力强，因此落急时刻的 COD 等增量包围面积各层均相应的大于涨急时刻。

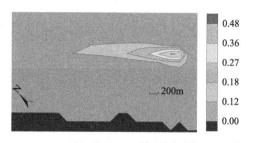

图 9-28　表层涨急 COD 浓度分布图

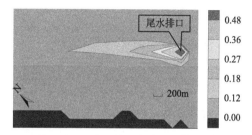

图 9-29　中层涨急 COD 浓度分布图

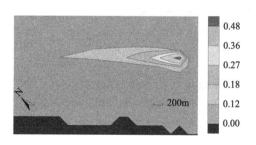

图 9-30　底层涨急 COD 浓度分布图

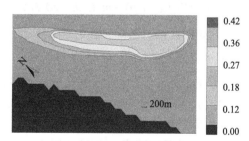

图 9-31　表层落急 COD 浓度分布图

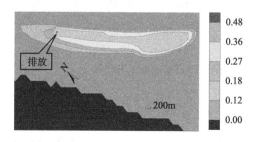

图 9-32　中层落急 COD 浓度分布图

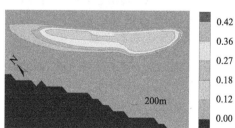

图 9-33　底层落急 COD 浓度分布图

9.4　垂向坐标变换下曲线贴体坐标水环境数学模型

9.4.1　σ 坐标变换下模型控制方程

本节以 EFDC 模型(environmental fluid dynamics code)为例,介绍垂向坐标变换下曲线贴体坐标水环境数学模型。EFDC 模型是由 VIMS (Virginia Institute of Marine Science at the College of William and Mary) 的 John Hamrick 等于 20 世纪 90 年代开发的三维地表水水质数学模型,用于实现河流、湖泊、水库、湿地系统、河口和海洋等水体的水环境数值模拟。鉴于曲线贴体坐标下的 σ 变换方法与 8.1 节相同,此处不再赘述,直接给出经 σ 坐标变化后的曲线贴体坐标三维水动力和物质输运基本方程组(Hamrick, 1992),如下所示。

1. 连续方程

$$\partial_t(m\varsigma) + \partial_x(m_y Hu) + \partial_y(m_x Hv) + \partial_z(mw) = 0 \tag{9-208}$$

2. 动量方程

$$\partial_t(mHu) + \partial_x(m_y Huu) + \partial_y(m_x Hvu) + \partial_z(mwu) - (mf + v\partial_x m_y - u\partial_y m_x)Hv$$
$$= -m_y H\partial_x(g\varsigma + p) - m_y(\partial_x h - z\partial_x H)\partial_x p + \partial_z(mH^{-1}A_v\partial_z u) + Q_u \tag{9-209}$$

$$\partial_t(mHv) + \partial_x(m_y Huv) + \partial_y(m_x Hvv) + \partial_z(mwv) + (mf + v\partial_x m_y - u\partial_y m_x)Hu$$
$$= -m_x H\partial_y(g\varsigma + p) - m_x(\partial_y h - z\partial_y H)\partial_z p + \partial_z(mH^{-1}A_v\partial_z v) + Q_v \tag{9-210}$$

式中,H 为总水深,$H=h+\varsigma$;f 是科里奥参数;A_v 是垂直涡动黏滞系数;Q_u 和 Q_v 是动力源汇项;u、v 分别表示正交曲线坐标系下 x、y 方向的速度分量;m_x 和 m_y 为正交曲线坐标系的拉梅系数,$m=m_x\cdot m_y$;注意由于在垂向上使用 σ 坐标系,所以垂直方向的速度分量 w 与原始的垂向速度 w^* 用下式联系

$$w = w^* - z(\partial_t\varsigma + um_x^{-1}\partial_x\varsigma + vm_y^{-1}\partial_y\varsigma) + (1-z)(um_x^{-1}\partial_x h + vm_y^{-1}\partial_y h) \tag{9-211}$$

3. 污染物输运基本方程

$$\partial_t(m_x m_y HC_i) + \partial_x(m_y HuC_i) + \partial_y(m_x HvC_i) + \partial_z(m_x m_y HwC_i)$$
$$= \partial_x\left(\frac{m_y}{m_x}HK_H\partial_x C_i\right) + \partial_y\left(\frac{m_x}{m_y}HK_H\partial_y C_i\right) + \partial_z\left(m_x m_y \frac{K_V}{H}\partial_y C_i\right) + S_{Ci} \tag{9-212}$$

式中,C_i 为不同污染物的浓度;S_{Ci} 为第 i 种污染物的源项;K_V、K_H 分别为污染物的垂向紊流扩散系数和水平紊流扩散系数,其中,垂向紊流扩散系数 K_V 由紊流封闭模型计算。

4. 紊流封闭模型

采用 2 阶 Mellor-Yamada 模型,将垂向紊流黏度 A_v 与紊流扩散系数 K_V 表示为紊流

强度 q 以及紊流混合长度 l 的函数，具体的封闭模型如下，

紊流黏度：

$$A_{\mathrm{v}} = \varphi_{\mathrm{A}} A_0 q l \tag{9-213}$$

紊流扩散系数：

$$K_{\mathrm{V}} = \varphi_{\mathrm{K}} K_0 q l \tag{9-214}$$

式中，$\varphi_{\mathrm{A}} = \dfrac{1 + R_1^{-1} R_q}{(1 + R_2^{-1} R_q)(1 + R_3^{-1} R_q)}$ ； $R_1^{-1} = 3 A_2 \dfrac{B_2 - 3 A_2 \left(1 - 6\dfrac{A_1}{B_1}\right) - 3 C_1 B_2 + 6 A_1}{\left(1 - 3 C_1 - \dfrac{6 A_1}{B_1}\right)}$ ； $R_2^{-1} = 9 A_1 A_2$ ；

$R_3^{-1} = 3 A_2 (6 A_1 + B_2)$ ； $R_q = -\dfrac{g H \dfrac{\partial b}{\partial \sigma}}{q^2} \left(\dfrac{l^2}{H^2}\right)$ ； $\varphi_{\mathrm{K}} = \dfrac{1}{1 + R_3^{-1} R_q}$ ； $K_0 = A_2 \left(1 - \dfrac{6 A_1}{B_1}\right)$ ；

$A_0 = \dfrac{1}{B^{1/3}}$ ，其中 A_1、B_1、C_1、A_2、B_2 均为经验系数；b 为浮力，满足

$$\partial_z p = -g H (\rho - \rho_0) \rho_0^{-1} = -g H b \tag{9-215}$$

式中，q 为紊流强度，l 为紊流的混合长度，根据下式计算：

$$\partial_t (m H q^2) + \partial_x (H m_y u q^2) + \partial_y (H m_x v q^2) + \partial_z (m w q^2)$$
$$= \partial_z \left(m \frac{A_q}{H} \partial_z q^2\right) - 2m \frac{H q^3}{B_1 l} + 2m \left\{\frac{A_{\mathrm{V}}}{H}[(\partial_z u)^2 + (\partial_z v)^2] + g K_{\mathrm{V}} \partial_z b\right\} + Q_q \tag{9-216}$$

$$\partial_t (m H q^2 l) + \partial_x (H m_y u q^2 l) + \partial_y (H m_x v q^2 l) + \partial_z (m w q^2 l)$$
$$= \partial_z \left(m \frac{A_{\mathrm{ql}}}{H} \partial_z (q^2 l)\right) - m E_2 \frac{H q^3}{B_1 l} \left[1 + E_4 \left(\frac{l}{\kappa H z}\right)^2 + E_5 \left(\frac{l}{\kappa H (1 - \sigma)}\right)^2\right] \tag{9-217}$$
$$+ m l \{E_1 \frac{A_{\mathrm{v}}}{H}[(\partial_z u)^2 + (\partial_z v)^2] + E_3 g K_{\mathrm{V}} \partial_z b\} + Q_1$$

式中，E_1、E_2、E_3、E_4、E_5 为经验系数；κ 为卡门常数；A_q 为紊流动量扩散系数；Q_q 与 Q_1 分别为紊流扩散的源汇项。

9.4.2　方程的离散与求解

以水流运动基本方程为例进行说明（Hamrick, 1992）。假设计算水域垂直方向上网格剖分为 K 层，将式 (9-215) 代入动量方程 (9-209) 和方程 (9-210) 中，消去垂向方向上的压力梯度项，再对第 k 层单元进行垂向积分，可得

$$\partial_t (m H \Delta_k u_k) + \partial_x (m_y H \Delta_k u_k u_k) + \partial_y (m_x H \Delta_k v_k u_k)$$
$$+ (m w u)_k - (m w u)_{k-1} - (m f + v_k \partial_x m_y - u_k \partial_y m_x) \Delta_k H v_k$$
$$= -0.5 m_y H \Delta_k \partial_x (p_k + p_{k-1}) - m_y H \Delta_k g \partial_x \varsigma + m_y H \Delta_k g b_k \partial_x h \tag{9-218}$$
$$- 0.5 m_y H \Delta_k g b_k (z_k + z_{k-1}) \partial_x H + m (\tau_{xz})_k - m (\tau_{xz})_{k-1} + (\Delta Q_{\mathrm{u}})_k$$

$$\partial_t\left(mH\Delta_k v_k\right)+\partial_x\left(m_y H\Delta_k u_k v_k\right)+\partial_y\left(m_x H\Delta_k v_k v_k\right)$$

$$+\left(mwv\right)_k-\left(mwv\right)_{k-1}+\left(mf+v_k\partial_x m_y-u_k\partial_y m_x\right)\Delta_k Hu_k$$

$$=-0.5m_x H\Delta_k\partial_y\left(p_k+p_{k-1}\right)-m_x H\Delta_k g\partial_y\varsigma \tag{9-219}$$

$$+m_x H\Delta_k gb_k\partial_y h-0.5m_x H\Delta_k gb_k(z_k+z_{k-1})\partial_y H$$

$$+m(\tau_{yz})_k-m(\tau_{yz})_{k-1}+(\Delta Q_v)_k$$

$$(\tau_{xz})_k=2H^{-1}(A_v)_k(\Delta_{k+1}+\Delta_k)^{-1}(u_{k+1}-u_k) \tag{9-220}$$

$$(\tau_{yz})_k=2H^{-1}(A_v)_k(\Delta_{k+1}+\Delta_k)^{-1}(v_{k+1}-v_k) \tag{9-221}$$

$$p_k=gH(\sum_{j=k}^{K}\Delta_j b_j)+p_s \tag{9-222}$$

式中，k 为垂向层号，$k=1$ 表示底层，$k=K$ 表示水面层；Δ_k 为第 k 层单元在垂直方向的厚度；$(\tau_{xz})_k$、$(\tau_{yz})_k$ 为第 k 层单元界面的紊动切应力；p_s 为自由表面压。

同样，将连续方程(9-215)对第 k 层单元垂向积分，可得

$$\partial_t(m\Delta_k\varsigma)+\partial_x(m_y H\Delta_k u_k)+\partial_y(m_x H\Delta_k v_k)+m(w_k-w_{k-1})=0 \tag{9-223}$$

EFDC 中利用算子分裂的方法，将离散得到的动量方程和连续方程分裂为外模式和内模式求解，首先通过外模式求解沿水深平均的物理量，然后由内模式求解出每一层的物理量。

由于式(9-217)、式(9-218)和式(9-223)对每一层都成立，可以将不同层的连续方程与动量方程分别叠加，可得

$$\partial_t(mH\overline{u})+\sum_{k=1}^{K}\left(\partial_x(m_y H\Delta_k u_k u_k)+\partial_y(m_x H\Delta_k v_k u_k)-H(mf+v_k\partial_x m_y-u_k\partial_y m_x)\Delta_k v_k\right)$$

$$=-m_y Hg\partial_x\varsigma-m_y H\partial_x p_s+m_y Hg\overline{b}\partial_x h$$

$$-m_y Hg[\sum_{k=1}^{K}(\Delta_k\beta_k+0.5\Delta_k(z_k+z_{k-1})b_k)]\partial_x H \tag{9-224}$$

$$-0.5m_y H^2\partial_x(\sum_{k=1}^{K}\Delta_k\beta_k)+m(\tau_{xz})_k-m(\tau_{xz})_0+\overline{Q}_u$$

$$\partial_t(mH\overline{v})+\sum_{k=1}^{K}\left(\partial_x(m_y H\Delta_k u_k v_k)+\partial_y(m_x H\Delta_k v_k v_k)+H(mf+v_k\partial_x m_y-u_k\partial_y m_x)\Delta_k u_k\right)$$

$$=-m_x Hg\partial_y\varsigma-m_x H\partial_y p_s+m_x Hg\overline{b}\partial_y h$$

$$-m_x Hg\left[\sum_{k=1}^{K}(\Delta_k\beta_k+0.5\Delta_k(z_k+z_{k-1})b_k)\right]\partial_y H \tag{9-225}$$

$$-0.5m_x H^2\partial_y\left(\sum_{k=1}^{K}\Delta_k\beta_k\right)+m(\tau_{yz})_k-m(\tau_{yz})_0+\overline{Q}_v$$

$$\partial_t(m\varsigma)+\partial_x(m_y H\overline{u})+\partial_y(m_x H\overline{v})=0 \tag{9-226}$$

式中，"‾"表示深度平均；$\beta_k=\sum_{j=k}^{K}\Delta_j b_j-0.5\Delta_k b_k$。需要注意的是，以上方程中的 ς、$m_y H u$ 和 $m_x H v$ 等物理量均为外模式变量。

在外模式求解完成的基础上，通过内模式来求解速度的垂向结构。分别将式(9-218)和式(9-219)除以层厚 Δ_k，并用第 $k+1$ 层单元的方程减去第 k 层单元的方程，然后再除以这两层的平均厚度得到

$$\partial_t\left(mH\Delta_{k+1,k}^{-1}(u_{k+1}-u_k)\right)+\partial_x\left(m_yH\Delta_{k+1,k}^{-1}(u_{k+1}u_{k+1}-u_ku_k)\right)+\partial_y\left(m_xH\Delta_{k+1,k}^{-1}(v_{k+1}u_{k+1}-v_ku_k)\right)$$
$$+m\Delta_{k+1,k}^{-1}\left(\Delta_{k+1}^{-1}((wu)_{k+1}-(wu)_k)-\Delta_k^{-1}((wu)_k-(wu)_{k-1})\right)$$
$$-\Delta_{k+1,k}^{-1}\left((mf+v_{k+1}\partial_xm_y-u_{k+1}\partial_ym_x)Hv_{k+1}-(mf+v_k\partial_xm_y-u_k\partial_ym_x)Hv_k\right) \quad (9\text{-}227)$$
$$=m_yH\Delta_{k+1,k}^{-1}g(b_{k+1}-b_k)(\partial_xh-z_k\partial_xH)-0.5m_yH^2\Delta_{k+1,k}^{-1}g(\Delta_{k+1}\partial_xb_{k+1}+\Delta_k\partial_xb_k)$$
$$+m\Delta_{k+1,k}^{-1}\left(\Delta_{k+1}^{-1}((\tau_{xz})_{k+1}-(\tau_{xz})_k)-\Delta_k^{-1}((\tau_{xz})_k-(\tau_{xz})_{k-1})\right)+\Delta_{k+1,k}^{-1}((Q_u)_{k+1}-(Q_u)_k)$$

$$\partial_t\left(mH\Delta_{k+1,k}^{-1}(v_{k+1}-v_k)\right)+\partial_x\left(m_yH\Delta_{k+1,k}^{-1}(u_{k+1}v_{k+1}-u_kv_k)\right)+\partial_y\left(m_xH\Delta_{k+1,k}^{-1}(v_{k+1}v_{k+1}-v_kv_k)\right)$$
$$+m\Delta_{k+1,k}^{-1}\left(\Delta_{k+1}^{-1}((wv)_{k+1}-(wv)_k)-\Delta_k^{-1}((wv)_k-(wv)_{k-1})\right)$$
$$+\Delta_{k+1,k}^{-1}\left((mf+v_{k+1}\partial_xm_y-u_{k+1}\partial_ym_x)Hu_{k+1}-(mf+v_k\partial_xm_y-u_k\partial_ym_x)Hu_k\right) \quad (9\text{-}228)$$
$$=m_xH\Delta_{k+1,k}^{-1}g(b_{k+1}-b_k)(\partial_yh-z_k\partial_yH)-0.5m_xH^2\Delta_{k+1,k}^{-1}g(\Delta_{k+1}\partial_yb_{k+1}+\Delta_k\partial_yb_k)$$
$$+m\Delta_{k+1,k}^{-1}\left(\Delta_{k+1}^{-1}((\tau_{yz})_{k+1}-(\tau_{yz})_k)-\Delta_k^{-1}((\tau_{yz})_k-(\tau_{yz})_{k-1})\right)+\Delta_{k+1,k}^{-1}((Q_v)_{k+1}-(Q_v)_k)$$

$$\Delta_{k+1,k}=0.5(\Delta_{k+1}+\Delta_k) \quad (9\text{-}229)$$

原有的动量方程组在每层、每个速度方向均有一个自由度，所以 K 层方程组共有 $2K$ 个自由度。由于将 K 层方程叠加形成外模式方程，导致内模式能使用的方程数目减少了2个，因此须补充如下约束条件

$$\sum_{k=1}^K\Delta_ku_k=\bar{u} \quad (9\text{-}230)$$

$$\sum_{k=1}^K\Delta_kv_k=\bar{v} \quad (9\text{-}231)$$

在计算得到水平速度分量后，可以利用连续方程求解每一层的垂向速度 w_k 为

$$w_k=w_{k-1}-m^{-1}\Delta_k\{\partial_x[m_yH(u_k-\bar{u})]+\partial_y[m_xH(v_k-\bar{v})]\} \quad (9\text{-}232)$$

9.5 算例——基于曲线贴体网格的长江某江段污水处理厂尾水排江三维水量水质数值模拟

某市江边污水处理厂日处理规模为 20 万 t/d，尾水采用两根排污管道，经提升泵站离江岸 600m 深水潜没排入长江某江段。污水处理厂全年连续工作，尾水排放方式为连续排放，出水执行国家《城镇污水处理厂污染物排放标准》(GB 18918—2002)一级 A 类标准，其中 COD、$NH_3\text{-}N$ 和 TP 水质指标的实际浓度范围为 $14.0\sim32.8$mg/L、$0.09\sim0.38$mg/L 和 $0.08\sim0.24$mg/L。该尾水受纳江段为感潮河段，潮汐为非正规半日浅海潮，

每天两次涨潮，两次落潮平均潮周期为 12h26min，潮波已明显变形，落潮历时大大超过涨潮历时。

采用三维曲线贴体网格水环境数学模型，对该污水处理厂在 2014 年 2 月 23 日 10 时～24 日 13 时(小潮)期间，尾水排江形成的流场与 COD、NH_3-N 和 TP 浓度场进行模拟计算。

9.5.1　计算区域与网格剖分

计算范围为排污口上游约 6.5km 到排污口下游约 28km，总长 34.5km 江段。采用正交贴体网格剖分计算域，以贴合长江天然岸边界，并在排污口近区网格加密处理。平面网格尺度范围为 10～200m；垂向根据断面水深等分为 10 层，整个计算域网格点数为29700。计算网格和排污口位置见图 9-34。

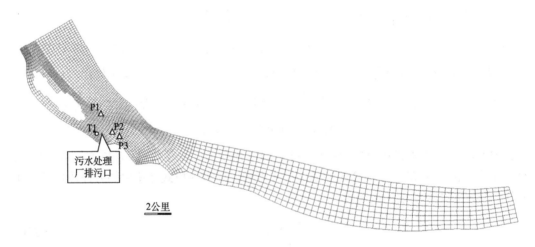

图 9-34　计算网格与排污口

9.5.2　边界条件与计算参数

模型采用的潮位边界条件为 2014 年 2 月 23 日 10 时～2014 年 2 月 24 日 13 时(小潮)上、下游边界潮位实测资料；排污口的流量和污染物浓度都采用污水处理厂的实测资料。同时，在 2014 年 2 月 23 日，设置了 1 个潮位和 3 个流速、水质的 27h 同步监测点，用于数学模型的率定验证。具体的位置和监测因子如表 9-2 所示。其中 P1 垂线流速每小时监测一次；水质涨急、落急各测量一次，共 4 次。P2、P3 垂线流速每小时监测一次；水质每 2h 监测一次。所有类型的监测断面具体位置如图 9-34 所示。

依据该地区以往研究成果，取江段水质综合降解系数分别为 $k_{COD}=0.15d^{-1}$、$k_{NH_3-N}=0.1d^{-1}$、$k_{TP}=0.06d^{-1}$；根据河海大学在该段长江的水动力研究成果，本江段糙率取值为 0.022～0.025。

表 9-2　定点潮位与流速、水质同步测点

垂线		监测因子	水质测点	
编号	位置		编号	位置
T1	排污口断面	潮位	1-1	—
P1	排放口上游 1km 外江	流速、COD、NH₃-N、TP	2-1	0.2 倍水深
			2-2	0.5 倍水深
			2-3	0.8 倍水深
P2	排放口下游 0.5km 处		3-1	0.2 倍水深
			3-2	0.5 倍水深
			3-3	0.8 倍水深
P3	排放口下游 1km 处		4-1	0.2 倍水深

9.5.3　模型计算结果

该江段涨急和落急沿水深平均流场见图 9-35 和图 9-36。

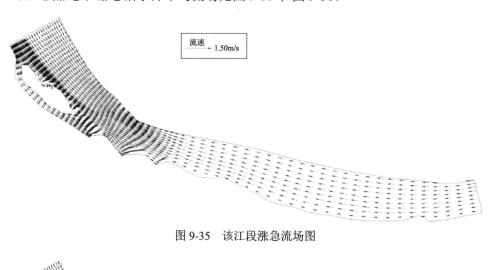

图 9-35　该江段涨急流场图

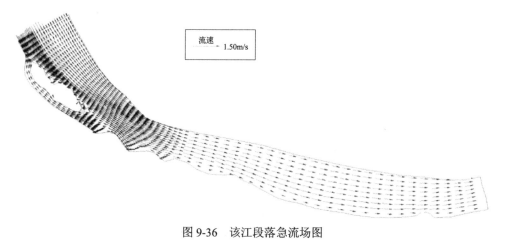

图 9-36　该江段落急流场图

由图可见，该江段受涨落潮影响，水流呈现明显往复运动特征，其中落急时刻水流流速高于涨急时刻，计算结果与实际观测情形一致。

1. 潮位验证

潮位验证资料采用图 9-34 中 T1 点 2014 年 2 月 23 日 8 时～2014 年 2 月 24 日 13 时长江小潮的实测资料，验证结果如图 9-37 所示。

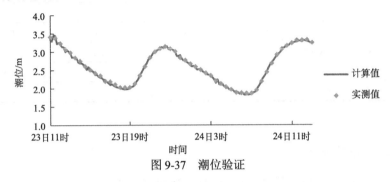

图 9-37　潮位验证

潮位计算结果与实测值吻合良好，平均误差仅为 5mm，最大误差为 8mm。

2. 流速和流向验证

流速和流向验证采用 P1、P2 和 P3 点 2014 年 2 月 23 日 8 时～24 日 13 时长江小潮的实测资料作为验证资料；图 9-38～图 9-40 是 P1、P2 和 P3 点的实测平均流速以及流向与计算值的比较。

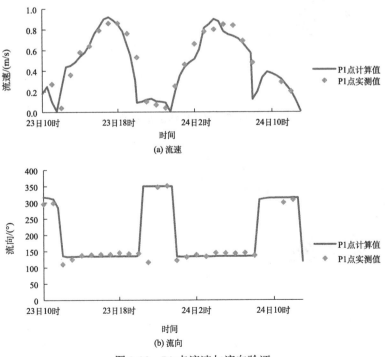

(a) 流速

(b) 流向

图 9-38　P1 点流速与流向验证

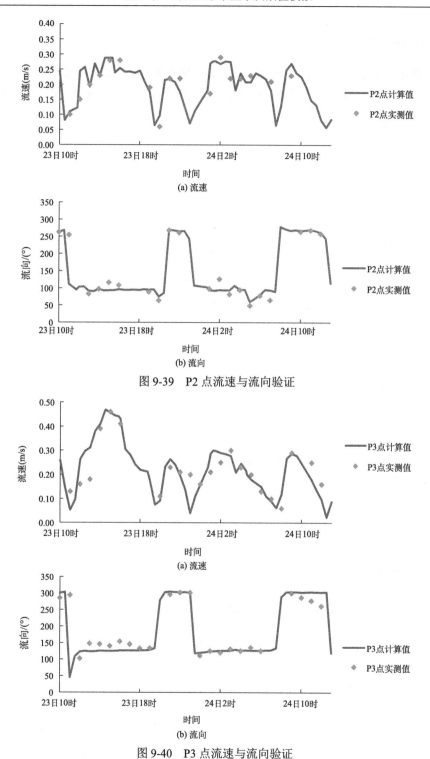

图 9-39　P2 点流速与流向验证

图 9-40　P3 点流速与流向验证

P1、P2 和 P3 点流速、流向计算值与实际观测值总体吻合良好，其中流速的最大相对误差和平均相对误差分别为 12.8%和 8.3%，模型能够较好地反映该感潮江段水流运动状况。

3. 污染物浓度验证

污染物浓度的验证使用 P2、P3 两点 COD、NH$_3$-N 和 TP 的实测资料；P2、P3 点的垂向平均浓度验证见图 9-41～图 9-43。验证结果表明，COD、NH$_3$-N 和 TP 计算结果与

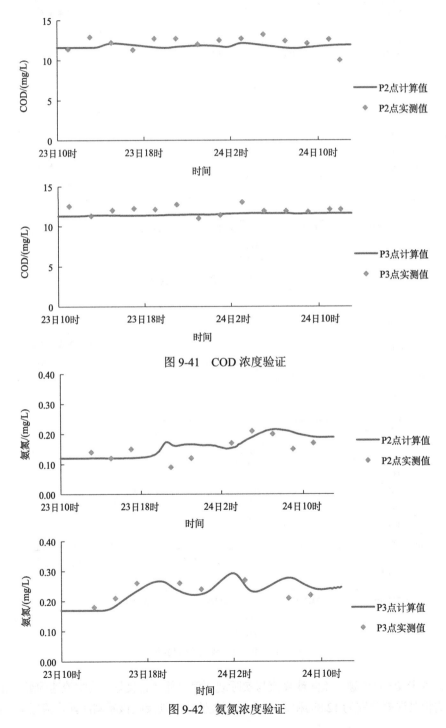

图 9-41　COD 浓度验证

图 9-42　氨氮浓度验证

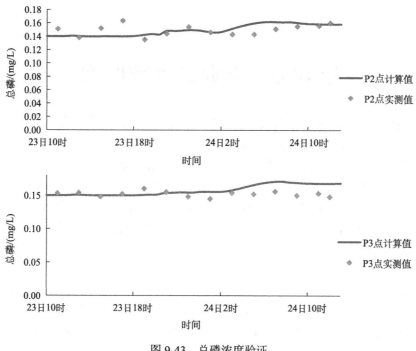

图 9-43　总磷浓度验证

实测结果吻合良好，计算结果与实测结果平均相对误差为 9.9%，模型能够客观反映该江段水质的变化过程。

第10章 溢油污染预测模型

溢油是指由于人类活动导致液态石油碳氢化合物释放到环境中的一种污染方式。各溢油油品通常包含各种不同类型的石油，比如常见的汽油、柴油、原油，以及炼油残留物或者其他成品等。一般来说事故性溢油主要包括原油及燃料油等，其中原油是多组分形成的混合物，其基本元素是碳和氢，其中碳所占比重较高，约80%～87%，氢含量较少，约10%～15%。大部分原油主要由饱和烃组成，然后是芳烃，其他组分如沥青等所占比重较少。燃料油主要为船舶提供动力，轻质组分相对较高，例如柴油和汽油。另外，油品中也含有少量的重金属元素。

随着我国经济的快速发展，对能源的需求量持续增大。2020年我国原油进口量为5.04亿t，对外依存度达到72%，已成为全球最大的原油进口国。原油市场的不断扩大，加速了石油开采和海上石油运输业的发展，使得发生溢油事件的风险随之增加。据统计，1990～2010年我国50t以上船舶溢油事故共发生71起，溢油总量为22035t，其中碰撞、触礁/搁浅引起的事故占总事故的78.87%，溢油品种主要为燃料油。

水体对石油的净化能力、包容能力与其他污染物不同，由于油品本身分子性质较稳定，而且潮流、风场对于油的污染具有扩散作用，使得石油污染的破坏性更强。石油本身的毒性污染水生植物及动物，破坏食物链，可能造成动植物体内残留大量毒性物质，也可导致生长畸变，从而最终损害人类健康。首先，石油中的重燃料油组分通常含有大量的芳香烃化合物，与其他烃类物质相比，这种化合物具有水溶性较强、扩散速率快、毒性强、难降解等特点。其次，漂浮在水面的油膜阻挡阳光与空气，破坏光合作用，对浮游生物造成致命伤害，部分鱼类摄食有毒浮游生物，进而对捕食鱼类的鸟类产生巨大危害。此外，鸟类在捕食过程中误食油污，会造成鸟类中毒，鸟类羽毛沾上油污，很难清洗干净，也会导致其死亡。

10.1 溢油迁移行为和归宿

溢油在水体中的行为和归宿由外界环境和自身的物理化学性质共同决定，进入水体后，经历漂移、扩散、蒸发、分散、乳化、溶解、光氧化、生物降解及其相互作用的复杂过程。这些过程在整个溢油运动中发生的时间及重要性由图10-1可知。

这些过程又与石油的性质、水动力环境及气象环境等密切相关。其发生的行为通常分为3大类：扩展、输移和风化。①扩展过程：指油膜由于其自身的特性而导致面积增大的过程。②输移过程：指在环境动力要素的作用下溢油的迁移运动，包括漂移过程、扩散过程等。③风化过程：指能够引起油品组成、密度和黏性等性质改变的所有过程，主要包括：蒸发、乳化、溶解、光氧化、生物降解、吸附沉降、水体混合扩散以及生物体内的代谢作用等。

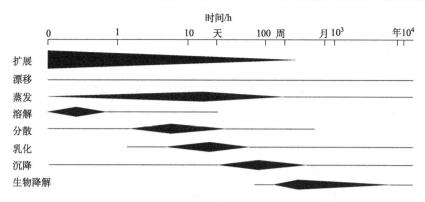

图 10-1　溢油在水环境中变化过程的发生、地位及时间跨度(李炜,1999)

10.1.1　扩展过程

溢油刚进入水体后,由于油膜很厚,会迅速向四周扩展。在溢油最初的数小时内,扩展是溢油动态行为最主要的过程。该过程的长短与油的种类、品质、黏性、温度等自身性质密切相关,同时溢油量越大持续时间也越长。Fay 首先提出了在平静水面油膜的自身扩展理论,该理论认为溢油进入水体后在重力、惯性力、黏性力和表面张力作用下迅速扩展,并根据扩展期间主导力的不同而将扩展划分为 3 阶段。

Fay 扩展模式以平静水面为背景,认为油膜成圆形扩展,这与实际观测情况相差较大。实际上,水面特别是海面因受地转科氏力、月球引潮力、恶劣的气候条件影响,水体运动特别复杂,根据 Fay 理论计算往往得不到令人满意的结果。最近 Johansen、Elliot、Hurford 以及 Pem 采用了描述油滴大小分布的扩散过程以及切变扩散过程的油扩散模式。这些模式能够正确地预测溢油扩散的实际情况,比如,在风向上,油膜呈直线并延伸,整个油膜形成带状等。Lehr、Gunay 和其他人的模式指出可以认为油膜是以椭圆形式扩展的,据相关计算资料表明,该模式的计算结果与实际观测结果亦能较好地吻合。

10.1.2　漂移过程

漂移是油膜在外界动力场(如风应力、油水界面切应力等)驱动下的整体运动。漂移是油膜在外界动力场(如风应力、油水界面切应力等)驱动下的整体运动。漂移模拟在整个溢油动态模拟中占据着最重要的地位,只有精确地模拟漂移,才能够对溢油进行准确的跟踪、定位,这是迅速清除溢油污染,最大限度降低环境危害程度的先决条件。

漂移运动的驱动力来自水体的表层流场和表面风场。海面某水体微团,其水体的表层流场由三部分组成,一是风生流,二是非风生流,三是风浪余流。前两者是在远大于油膜尺度的驱动力(如引潮力、密度场压强梯度力和风场水面切应力等)作用下形成的水体运动,它们并不会因油膜的存在而有较大的变化。而后者风浪余流则不同,按 Stokes 理论,风浪余流的量值可以达到风速的 2%,但是由于油膜的存在,表面张力增加,使得海面趋于平坦,海浪的非线性作用大为削弱,因此,实际上风浪余流是可以忽略的。

因此,油膜漂移实质就是油膜在上述驱动力作用下的拉格朗日漂移过程,其主要依赖于水面风场和流场。

10.1.3　扩散过程

剪切流和紊流引起的粒子紊动扩散过程采用随机走动方法模拟。通过在流场中追踪各质点的运动轨迹，得到每一时刻各个油粒子所处的空间位置，统计各时刻油粒子的位置可得到各时刻溢油的空间分布。

10.1.3.1　随机走动速度

每一个时间步长的随机走动速度采用下式计算

$$\vec{V_{t}} = R_{n}e^{-i\theta}\sqrt{\frac{4(D_{e}+D_{T})}{\Delta t}} \tag{10-1}$$

式中，$\vec{V_{t}}$ 为紊流扩散的随机走动速度；R_n 为均值为 0，标准差为 1.0 的正态分布随机数；θ 为 $[0,\pi]$ 之间的均匀分布随机角；D_e 为油膜机械扩展系数；D_T 为紊动扩散系数；Δt 为时间步长。

则某时刻油粒子质点坐标为

$$\overrightarrow{S_{i}^{n+1}} = \overrightarrow{S_{i}^{n}} + \left[\alpha\overrightarrow{U_{c}}\left(S_{i}^{n},t^{n}\right) + \overrightarrow{U_{w}}\left(S_{i}^{n},t^{n}\right)\right]\Delta t + \vec{V_{t}}\Delta \tag{10-2}$$

10.1.3.2　紊动扩散系数

油粒子紊动扩散系数受摩阻速度和水深影响，采用下式计算：

$$D = 6.1 \times h \times u_{*} \tag{10-3}$$

$$u_{*} = \sqrt{ghI} = \frac{ung^{1/2}}{h^{1/6}} \tag{10-4}$$

式中，h 为水深，m；u_* 为摩阻流速，m/s；n 是曼宁系数（糙率）；h 为水深，m；I 为河道比降。

10.1.4　风化过程

溢油事故发生后，除了伴随着扩展、对流、扩散等动力过程外，油品还经历如蒸发、乳化、分散、溶解、光氧化及生物降解等风化过程，使油膜质量、油膜物理化学性质等发生一系列变化，这些变化主要和油品自身性质以及海况条件如风、波浪、水流、气温以及生物活动等有关。

10.1.4.1　蒸发

蒸发是油品中的石油烃轻组分从液态变为气态的过程，是溢油初期阶段油品与大气物质交换的一个重要过程。蒸发是使油品残留量大幅减少的重要途径。蒸发过程与油品组分、油膜厚度以及环境状况等因素相关。

影响油蒸发速率最大的因素是油本身的组成成分，它基本确定了其蒸发速率及最终蒸发总量。一般来说，轻组分含量高的油的蒸发速率较快，最终残留量也较少。油品蒸发量与混合组分中烷烃的碳原子含量有关，碳原子含量越低，蒸发越彻底。重质原油及燃料油中所含轻组分较低，因此蒸发速率相对较慢，最终残余量较大。油品初期蒸发得较快，而后减慢，蒸发速率随时间不断减小。通常情况下，多数油品在 12h 内可蒸发掉 25%～30%；而在 24h 内可蒸发掉 50%。

目前预测溢油蒸发量主要有两种方法，一是准组分法，二是解析法。前者是将油中的多种组分区分计算，先独立分析每一种组分的情况，然后整合起来计算混合组分油的蒸发速率。如 Tkalin、Kuippers 等提出基于准组分法的模型。而解析法则是相反，它是将复杂组分的油品视为整体，将各个元素平均，然后将影响蒸发率的各因素如风速、油膜面积、体积、气压等通过经验参数拟合出蒸发率公式。目前广泛使用的蒸发模型为 Stiver 和 Mackay 提出的经验模式：

$$F_v = \ln\left[1 + \frac{BT_G\theta}{T}\exp\left(A - \frac{BT_0}{T}\right)\right]\frac{T}{BT_G}$$

$$\theta = \frac{kA_0 t}{V_0} \tag{10-5}$$

$$k = 2.5\times10^{-3}U_w^{0.78}$$

式中，F_v 为蒸发率；θ 为蒸发系数；U_w 为水面上 10m 处的风速，m/s；T 为溢油温度，K；T_G 为沸点曲线的梯度，K；T_0 为油的初始沸点温度，K；A、B 为与油品性质有关的参数，$A = 6.3$，$B = 10.3$；A_0 为油膜面积，m^2；V_0 为溢油初始体积，m^3；t 为时间，s；T_0、T_G 取值可参考以下公式

$$T_0 = 532.98 - 3.1295\times API \tag{10-6}$$

$$T_G = 985.62 - 13.597\times API \tag{10-7}$$

API 度是美国石油学会（简称 API）制订的用以表示石油及石油产品密度的一种量度，作为原油分类的基准。API 度愈大，相对密度愈小，即原油愈轻。API 与 15.6℃（60℉）时原油相对密度（与水比）的关系为

$$API = (141.5 / sg_{oil}) - 131.5 \tag{10-8}$$

式中，sg_{oil} 为 15.6℃时原油与水的密度的比值。

10.1.4.2　乳化

溢油的乳化过程是另一项重要的风化过程。乳化通常是指油类吸收水而形成油包水乳化液的过程，乳化使油滴体积增加 3～4 倍，形成所谓的"巧克力冻"。乳化过程受风速、波浪、油膜厚度、环境温度、油风化程度等因素的影响。乳化作用发生在油膜拓展较大、厚度较薄时，风浪能量打碎油膜，水滴分散到油中，形成油包水的乳化液，呈黑褐色黏性泡沫乳油状漂浮于水面。乳化液含水量较大时，形成的乳化物较稳定，当含水率达到 50%～60% 时，分散剂对乳化物几乎不起作用。由于乳化过程增加了溢油的黏度，加大了油污回收难度，同时增加了回收量，所以可以采用乳化含水率来表征乳化程度。

10.1.4.3 分散

分散是指油膜由于破碎而形成较小的油滴进入水体中的行为。分散程度受海洋环境条件的影响，同时受油品性质、油水界面张力等因素的制约。研究表明，水流紊动越强，油膜越薄，油膜更容易分散。油水界面张力越小，分散程度就越大。在特定环境条件下，油品性质如密度和黏度直接影响分散过程。当油的密度越接近水，二者差异越小，分散过程就相对越高。目前，对分散过程的数学描述还处在初始阶段，Reed 在 Mackay 等的公式基础上，提出了一个计算分散率的公式，用以计算单位时间消失的百分数：

$$D = D_a \times D_b \tag{10-9}$$

式中，D_a 为单位时间分散的海水表面分数；D_b 为没有重新返回油膜的油的百分数，D_a、D_b 可按下式计算：

$$D_a = 0.11 \times (1 + W)^2 \tag{10-10}$$

$$D_b = 1 / \left(1 + 50\mu^{1/2}\delta\sigma_{ow}\right)^2 \tag{10-11}$$

式中，W 为风速；μ 为黏度；δ 为油膜厚度；σ_{ow} 为油水表面张力。

一般情况下，分散后的油滴大小不一，大油滴会重新上浮与原油膜结合，小油滴则会悬浮于水中。因此分散是造成油膜质量变化的原因之一，也影响着溢油的归宿。分散的尺寸还会对油滴的溶解、生物降解以及油滴吸附沉降等过程造成一定的影响。

10.1.4.4 溶解

溶解是石油中的低分子烃向水体输移的过程，是油以分子形式进入水体的过程。相对蒸发量，油的溶解量很小，一般不到溢油量的 1%。溶解速率和油的分子构成有关，同时受海水紊动扩散、温度以及分散程度的影响。由于油品组分复杂，对于溶解量的研究大多是以实验为主，Cohen 等得出如下计算溶解率的经验公式：

$$S_d = K_d A S \tag{10-12}$$

式中，S_d 为油的溶解速率；K_d 为油水质量输移系数；A 为油膜面积；S 为油在水中的溶解度。Juang 和 Monastero 等提出了油类溶解度的计算公式为

$$S = S_0 e^{-\alpha t} \tag{10-13}$$

式中，S_0 为溢油前油的溶解度；α 为衰减系数。

10.1.4.5 吸附沉降

溢油进入水体后，在水体中大量悬浮物和微生物的环境中，溢油可能会吸附在悬浮物和微生物上而沉降下来。水体表面的油沉降方式有以下几种：溶解于水的部分吸附悬浮物而下沉；分散入水的部分吸附悬浮颗粒下沉；由于挥发、溶解而造成油品密度增大形成半固态小焦油球而下沉。沉降过程主要取决于承载吸附载体的性质和油自身的种类性质等。首先，沉降速率大小随水中的油浓度和附着物含量的变化而变化，Meyers 认为引起吸附沉淀的这些颗粒物直径一般小于 44μm，当盐度增大或者温度降低时，油滴对

黏土颗粒和有机物质的吸附量会随之增加，油滴与颗粒的结合也可能重新分离开，但吸附不是完全可逆的。

10.1.4.6　光氧化

光氧化过程是指溢油在水体表面逐渐拓展开以后，油膜表面充分接触氧气，在阳光照射下，油品中的一些组分与氧分子发生化学反应，生成了新的含氧物质。这种新物质是在一系列复杂化学反应下的产物，但其也造成油的物理性质发生变化，显著的变化如颜色等。在阳光的照射下，不同油类会发生不同程度的光氧化分解。一般说来，短期效应不明显，光氧化产物浓度较低，但随着时间增加，光氧化的长期效应将日益明显，对水中生物产生的危害增加，石油光氧化产物对生物的毒性较为明显。

溢油的光氧化反应，主要受制于阳光和温度等因素，其氧化速率受油的品种、入射光的强度、大气温度、海水温度、油膜厚度和油的存在形式等的不同而有一定差异。溢油光氧化产物非常复杂，这是由油品本身是一个复杂混合物的特性决定的，当发生光氧化反应后，其产物必然也是复杂的混合物，目前只有针对各组分采用分离的方法，才能粗略鉴别出几种主要的氧化产物。氧化过程相比其他风化过程是一个更加缓慢的过程，因此对此展开定量研究非常困难。

10.1.4.7　生物降解

水体环境中有大量的微生物，部分污染物最终会被微生物降解而消失。石油也是如此，水环境中有很多可以分解石油的微生物，目前发现的已有两百多种。这些微生物对油的降解一部分是用于自身细胞合成，另一部分则被分解为水和二氧化碳，将油转化为无毒无害的物质，从根本上消除了油污影响，因此生物降解过程决定溢油的最终归宿。

研究结果表明，生物降解的快慢除了跟油品自身性质有关外，与环境温度的关系最大，其他影响因素还包括盐度、pH、部分营养盐类物质等。油品自身组成越复杂其降解就会越慢，同时代谢过程中也较容易产生各种中间产物。另外，一些高等海洋动物体内的酶也能转化一定浓度、种类的油烃类，主要是经由食物链由低等海洋动物、浮游植物吸收的石油传递而来。随着石油对环境的污染越来越严重，传统的物理化学处理措施因成本高、产生二次污染等特点使用受到限制，而生物降解处理具有效果好、成本低、无污染、对环境影响小等特点而被不断推广应用，研究生物降解原理与应用技术对于保护水生生态环境具有重要意义。

10.2　溢油模型及其发展历程

10.2.1　溢油模型发展历程

从 20 世纪 60 年代开始，欧美等国就开始针对海上溢油问题进行环境影响预测研究。主要经历以下三个阶段，第一个阶段为油膜扩展模型研究阶段，主要以 Fay 理论为代表，该理论全面考虑了重力、表面张力、惯性力和黏性力作用，在溢油扩展模型研究方面取得了开创性的成果，后来很多学者的研究都是在其基础上进行各种改进和发展。

第二个阶段为采用对流扩散模型模拟油膜扩散规律。学者们采用基于对流扩散方程的各种数值方法来模拟溢油运动。对流扩散方程求解油膜扩散问题的优势在于，模拟结果可以体现不同溢油量引起的扩散范围的差异，但由于油不同于其他可溶性污染物，通常情况下油漂浮于水面，很难溶于水，数值求解中易引入与物理扩散无关的数值扩散，数值扩散很大时，会完全掩盖油膜的实际扩散规律，使计算结果无法令人满意。

第三阶段：到了 20 世纪 80 年代，Johansen、Elliot 等提出基于随机理论的油粒子模型，通过把油离散成大量的小油滴来模拟油膜在水中的漂移扩散过程，可以正确重现油膜的破碎分离现象，因此其逐渐成为主流的溢油模拟方法并在国际上得到广泛应用。该方法将每个油粒子对流过程采用拉格朗日追踪法来描述，紊流及剪切流对油膜的作用采用随机走动法来模拟，该方法不用离散求解扩散过程，而是直接从油膜的物理运动入手，从而将实际的溢油扩散性质准确地表达出来，是一种结合了确定性和随机性的溢油模拟方法。采用油粒子模型，一方面准确描述了油膜在复杂水动力作用下的形状变化和破碎过程，另一方面可以有效地消除数值发散问题。因此油粒子方法在溢油影响模拟和环境风险分析等方面得到了极其广泛的应用。计算过程中油的耗散消失如蒸发等可由油粒子的质量损失进行描述，油膜厚度可以通过油的体积及所占面积计算。

但是油粒子模型也存在一定缺陷。首先，在溢油发生的初期阶段油膜较厚，油膜自身扩展效应远远大于因水流紊动作用造成的油粒子紊动扩散效应，而溢油在发生一段时间后，油膜逐渐变薄，紊动扩散逐渐占据主要地位，其影响程度大大高于溢油自身扩展，此时采用油粒子方法则比较合适。如果在溢油初期用紊动扩散代替油膜自身的扩展效应，会低估溢油扩散范围和油膜面积。其次，受计算机性能限制，在用有限个粒子表示溢油量时，油粒子扩散范围对溢油量大小不敏感，而实际上溢油扩散范围与溢油量关系很大。因此有学者提出"二阶段"模型，即在溢油自身扩展阶段采用 Fay 公式计算油膜面积，在扩展阶段结束后将油膜粒子化，采用油粒子模型模拟油膜的对流扩散特征。这种方法假设溢油在自身扩展阶段不会碰到水陆边界，这是通常用来模拟海洋溢油自身扩展阶段的假设之一。该假设在海洋等开敞水体上基本适用，但由于河流通常比较狭窄，溢油在自身扩展阶段就可能接触到水陆边界，因此将 Fay 公式模拟溢油自身扩展阶段的方法用于河流溢油模拟，会出现比较多的问题。

10.2.2　溢油扩展模型

10.2.2.1　Fay 扩展模型

Fay 扩展模式按扩展动力因素不同，将油膜扩展分为三个阶段，得到油膜扩展直径的半理论计算公式。Fay 扩展理论是建立在静水假定基础上的，认为油膜呈圆形扩展。由于考虑的是平静水面，油膜扩展始终保持圆形，所以油膜扩展范围可用油膜直径 D 来度量。其假定：①海面平静，不计海流、风、波等影响；②在大体积溢油扩展过程中，油的性质不变；③油在垂向处于平衡状态，厚度为 h，水上厚度为 βh，其中 $\beta = 1 - \rho_o / \rho_w \ll 1$，式中，$\rho_o$、$\rho_w$ 分别为油和水的密度；④油膜扩展是由重力、表面张力、惯性力和黏性力作用而产生，它们两两平衡，形成扩展过程的三个阶段。在每个阶段对以上四种力进行数量级比较，取最主要的作用力和阻力的平衡来推求扩展规律。从而得到三个阶段的油膜直径为

$$\text{惯性扩展阶段：}\quad D = 2k_1(g\beta Vt^2)^{\frac{1}{4}} \tag{10-14}$$

$$\text{黏性扩展阶段：}\quad D = 2k_2(\beta g V^2 / \sqrt{v_\text{w}})^{\frac{1}{6}} t^{\frac{1}{4}} \tag{10-15}$$

$$\text{表面张力扩展阶段：}\quad D = 2k_3(\sigma / \rho_\text{w} \sqrt{v_\text{w}})^{\frac{1}{2}} t^{\frac{3}{4}} \tag{10-16}$$

$$\text{扩展结束后，油膜直径保持不变：}\quad D = 356.8V^{\frac{3}{8}} \tag{10-17}$$

式中，D 为油膜直径；g 为重力加速度；V 为溢油总体积；t 为从溢油开始计算经历的时间；$\beta = 1 - \rho_\text{o}/\rho_\text{w}$；$\rho_\text{o}$ 为油的密度，t/m³；ρ_w 为水的密度，t/m³；v_w 为水的运动黏滞系数，一般取 1.007×10^{-6} ms²；$\sigma = \sigma_\text{aw} - \sigma_\text{oa} - \sigma_\text{ow}$，其中，$\sigma_\text{aw}$、$\sigma_\text{oa}$、$\sigma_\text{ow}$ 分别为空气与水、油与空气、油与水的表面张力系数，N/m；k_1 为惯性扩展阶段的经验系数；k_2 为黏性扩展阶段的经验系数；k_3 为表面张力扩展阶段的经验系数。

各扩展阶段的分界时间可用相邻扩展直径相等的条件来确定。油膜在漂移扩展过程中，受到各种环境因素的影响，油膜的性质将发生变化，石油的表面活性剂性质也将有所变化，当净表面张力系数减少为零时，扩展过程结束，油膜直径保持不变。此时的油膜表面积可由经验公式得出

$$A_\text{f} = 10^5 V^{3/4} \tag{10-18}$$

10.2.2.2　Blokker 扩展模型

Blokker 扩展模式以自由面上的油作为前提，只考虑重力和溢油体积的影响，忽略表面张力和黏性力，得到油膜直径为

$$D = \left[D_0^3 + \frac{24K_\text{r}}{\pi}(d_\text{w} - d_\text{o})\frac{d_\text{o}}{d_\text{w}}Vt \right]^{1/3} \tag{10-19}$$

式中，D_0 为初始时刻溢油直径；d_o、d_w 分别为油和水的比重；K_r 为 Blokker 常数，s⁻¹，随油种而变，一般取 216s^{-1}，对中东石油为 250s^{-1}。Blokker 计算溢油扩展的模式，着重反映重力作用的惯性扩展阶段。

10.2.2.3　刘肖孔等的公式

刘肖孔等针对 Fay 模型三阶段算法进行整合，将三阶段公式整合为一个，该算法是溢油扩散直径相对于时间的一个变化函数。该算法也是假定在海面无风无浪的理想情况下。

$$D = 0.61[1.3(\beta gV)^{1/2}t + 2.1(\beta gV^2 / \sqrt{v_\text{w}})^{1/3}t^{1/2} + 5.29(\sigma^2 t^3 / \rho_\text{w}^2 v_\text{w})1/2]^{1/2} \tag{10-20}$$

式中符号意义同前。

10.2.2.4　椭圆扩展模型

该模式由 Lehr 等提出。模式考虑了流场及风场对油膜扩散的影响，认为油膜成椭圆形扩展，椭圆长轴在风和流场的合成方向上。该模式正确地反映了油膜在风向上拉长的现象。模式方程为

$$Q = C_1[(\rho_w - \rho_o)/\rho_o]^{1/3}V^{1/3}t^{1/4} \tag{10-21}$$

$$R = Q + C_2W^{4/3}t^{3/4} \tag{10-22}$$

$$A = \frac{\pi}{4}Q \cdot R \tag{10-23}$$

式中，Q 为椭圆短轴的长度；R 为椭圆长轴的长度；ρ_w、ρ_o 分别为水和油的密度；V 为溢油初始体积；W 为风速；A 为油膜面积；C_1、C_2 为经验常数，与油的种类、性质等意思有关。一般取 C_1=1.1，C_2=0.03。

10.2.3　溢油输移模型

随着油膜自身扩展的进行，油膜越来越薄，在水流紊动作用下开始分散，紊动扩散成为油膜扩散的最主要的方式，此时采用油粒子模型模拟溢油的运动更为合理。

10.2.3.1　油粒子迹线

油粒子模型通过对每一个油粒子进行追踪，在每一个时间步长结束之后记录油粒子的位置，然后通过绘制油粒子迹线的方法来模拟油粒子运动轨迹。

根据对油粒子对流过程和扩散过程的分析，首先计算得到某个油粒子经过一个时间步长 Δt 后的位置坐标，进而计算任意时刻该油粒子到达的位置，得到全部油粒子的运动轨迹。

10.2.3.2　油膜范围

油粒子模型通过对每一个油粒子进行追踪，在每一个时间步长结束之后记录油粒子的位置，然后通过绘制油粒子包络线的方法来模拟溢油油膜的形态。

油粒子模拟阶段油膜扩散面积主要受水流紊动控制，油膜面积又反过来影响蒸发、乳化、溶解等其他风化过程，因此，扩散面积是反映溢油对环境影响程度的重要指标。溢油扩散面积简单的统计方法是将包含油粒子的网格面积求和，但这种方法受网格大小影响很大。本研究采用"凸包"算法计算油膜面积。

"凸包"算法就是将平面粒子群外沿粒子用凸多边形包络起来，计算多边形面积的方法。这种方法的重点就是确定凸包边缘的所有粒子位置：将 x-y 平面想象成一个木板，用钉子表示每个粒子坐标点，先定出 y 方向上坐标的最小点 H。在此点上系上一根绳子并以此点为起始点，朝着 x 坐标轴的正方向作逆时针绕动，在绕动的过程中，如果绳子碰到平面点集上的某点，则该点为"凸包"的顶点，继续绕动，最终绳子将与起始点相碰，由此，确定了所有凸包上的顶点。通过这些点的坐标就可以确定该"凸包"的面积。

10.2.3.3　油粒子体积

由于油粒子体积受蒸发和乳化过程的影响，因此油膜在蒸发和乳化作用下，第 i 个粒子的剩余体积可表示为

$$V_i = V_0 \left[1 - (F_v)_i\right] / \left[1 - (Y_w)_i\right] \tag{10-24}$$

式中，V_0 为油粒子的初始体积；V_i 为蒸发和乳化后油粒子的剩余体积；$(F_v)_i$ 为第 i 个油粒子的蒸发率；$(Y_w)_i$ 为第 i 个油粒子乳化后的含水量。

10.2.3.4　油膜厚度

油膜厚度计算是根据统计网格内油粒子数目的方法确定，网格点油膜厚度可以表示为

$$\delta_g = \frac{\sum\limits_{i=1}^{m} V_p^i}{\Delta A} \tag{10-25}$$

式中，δ_g 为计算网格油膜厚度，m；m 为某网格内油粒子总数；ΔA 为计算网格面积，m^2；V_p^i 为网格内第 i 个油粒子体积，m^3。

为了避免油膜厚度过小，假定油膜最小厚度为 T_f。若按式 (10-25) 计算的油膜厚度 $\delta_g \leqslant T_f$，则 $\delta_g = T_f$，否则油膜厚度为 δ_g。

10.2.3.5　油膜面积

油膜面积等于网格内油粒子体积除以油膜厚度，网格油膜面积可以表示为

$$A_g = \frac{\sum\limits_{i=1}^{m} V_p^i}{\delta_g} \tag{10-26}$$

式中，A_g 为网格的油膜面积，m^2。

10.2.3.6　石油类浓度

正常水动力条件下，大多数油滴在浮力的作用下都会回到水面，为了将油粒子表示为浓度，由单位体积中的油粒子质量计算为

$$c = \frac{\sum\limits_{i=1}^{m} m_i}{\Delta A \cdot Z_m} \tag{10-27}$$

式中，m_i 为第 i 个油粒子的含油量，g；Z_m 为油粒子的垂向混合深度，m。

油粒子含油量考虑蒸发的影响，采用下式计算：

$$m_i = m_0 \left[1 - (F_v)_i\right] \tag{10-28}$$

式中，m_0 为油粒子初始质量，g。

10.2.3.7 求解方法

求解油粒子对流过程通常采用欧拉法或龙格库塔法。其中欧拉法是最常见的数值求解微分方程的方法，其求解过程较简单且计算速度较快，但是这种求解方法只有一阶精度，计算精度不高，在时间步长较大的情况下，其计算误差较大。采用欧拉法求解式(10-29)可得式(10-30)：

$$\frac{dS_i}{dt} = \alpha U_c + U_w \tag{10-29}$$

$$S_i^{n+1} = S_i^n + \left[\alpha U_c \left(S_i^n, t^n \right) + U_w \left(S_i^n, t^n \right) \right] \cdot \Delta t \tag{10-30}$$

式中，$S_i = xi + yj$，为粒子位置；U_c 为水流表面流速；U_w 为风漂流流速；α 为水流运动对油膜漂移的影响因子，通常取 1.1～1.2。下标 i 表示位置，上标 n 表示时间，Δt 为时间步长。

龙格库塔法具有四阶精度，比欧拉法更加精确，其将两点确定曲线斜率变为先求多点斜率值，再计算多点斜率的加权平均斜率，从而提高算法精度，每次计算需要计算 4 次函数值。龙格库塔法可表示为

$$a_i = \left[U_c \left(S_i^n, t^n \right) + U_w \left(S_i^n, t^n \right) \right] \cdot \Delta t \tag{10-31}$$

$$b_i = \left[U_c \left(S_i^n + \frac{1}{2} a_i, t^{n+1/2} \right) + U_w \left(S_i^n + \frac{1}{2} a_i, t^{n+1/2} \right) \right] \cdot \Delta t \tag{10-32}$$

$$c_i = \left[U_c \left(S_i^n + \frac{1}{2} b_i, t^{n+1/2} \right) + U_w \left(S_i^n + \frac{1}{2} b_i, t^{n+1/2} \right) \right] \cdot \Delta t \tag{10-33}$$

$$d_i = \left[U_c \left(S_i^n + \frac{1}{2} c_i, t^{n+1/2} \right) + U_w \left(S_i^n + \frac{1}{2} c_i, t^{n+1/2} \right) \right] \cdot \Delta t \tag{10-34}$$

$$S_i^{n+1} = S_i^n + \frac{1}{6} \left(a_i + 2b_i + 2c_i + d_i \right) \tag{10-35}$$

式中，$t^{n+1/2}$ 时刻的速度可通过插值得到。为了保持四阶精度格式，流速插值必须和时间插值一样具有相同的精度：

$$V^{n+1/2} \left(S_i \right) = \frac{5}{16} V^{n+1} \left(S_i \right) + \frac{15}{16} V^n \left(S_i \right) - \frac{5}{16} V^{n-1} \left(S_i \right) + \frac{1}{16} V^{n-2} \left(S_i \right) \tag{10-36}$$

10.2.4 溢油归宿模型

溢油在水体输运扩散的过程中，也同时经历着各种风化过程，直接导致油膜的理化性质的变化。

10.2.4.1 溢油蒸发模型

Stiver & Macky 模式是目前溢油运动模拟中最为常用的蒸发模型，如 ADIOS 模型、Sebastiao 等模型中都使用该方程。方程表述为

$$\theta = k_2 At / V_0 = k_2 t / \delta \tag{10-37}$$

式中，θ 为蒸发系数；$k_2 = 2.5 \times 10^{-3} U_w^{0.78}$，$U_w^{0.78}$ 为水面以上 10m 处的风速；A 为油膜的面积；V_0 为油膜的初始体积；t 为时间。

蒸发率则是蒸发系数、沸点温度等因素的函数，可写为

$$F = \frac{T}{BT_G} \ln\left[\frac{BT_G \theta}{T} \exp\left(A - \frac{BT_0}{T} \right) + 1 \right] \tag{10-38}$$

式中，F 是蒸发率；A=6.3；B=10.3；T_G 为沸点曲线的梯度；T 为油的温度；T_0 为油（在 F=0 时）的初始沸点温度。

10.2.4.2　溢油乳化模型

乳化过程受风速、波浪、油的厚度、环境温度、油风化程度等因素的影响，一般用含水率 Y_w 来表征乳化程度。计算乳化物含水率 Y_w 的公式为

$$Y_w = \frac{1}{K_B} \cdot \left(1 - e^{-K_A K_B (1 + u_w)^2 \cdot t} \right) \tag{10-39}$$

式中，Y_w 为乳化物含水率，%；$K_A = 4.5 \times 10^{-6}$；$K_B = 1/Y_w^F \approx 1.25$，$Y_w^F$ 为最终含水率；u_w 为风速，m/s；t 为溢油发生时间，s。

10.2.4.3　体积变化

剩余的油粒子的体积 V_i 可综合考虑蒸发和乳化对水面油量的影响，为

$$V_i = V_0 \left[1 - (F_v)_i \right] / \left(1 - (Y_w)_i \right) \tag{10-40}$$

10.2.4.4　密度变化

乳化对油密度的影响表示为

$$\rho_e = (1 - Y_w)\rho_o + Y_w \rho_w \tag{10-41}$$

式中，ρ_e 为乳化后油的密度；ρ_o 为乳化前油的密度；ρ_w 为水的密度；Y_w 为乳化物含水量。

蒸发对油密度的影响表示为

$$\rho = (0.6\rho_o - 0.34) \cdot F_v + \rho_o \tag{10-42}$$

综合两者的影响，油的密度表达式为

$$\rho = (1 - Y_w)\left[(0.6\rho_o - 0.34) \cdot F_v + \rho_o \right] + Y_w \cdot \rho_w \tag{10-43}$$

10.2.4.5　黏性变化

溢油黏性随温度而变化，如果溢油发生过程中环境温度变化不大，则可忽略温度变化对黏性的影响。此时，油黏性的变化主要指乳化和挥发对其影响。

乳化将增加油的黏性：

$$v_e = v \cdot \exp[2.5 Y_w / (1 - 0.654 Y_w)] \tag{10-44}$$

式中，v_e 为乳化后油的运动黏性系数；v 为乳化前油的运动黏性系数；Y_w 为乳化物含水量。

蒸发对黏性的影响：

$$v = v_0 10^{4F_v} \tag{10-45}$$

式中，v_0 为初始时油的运动黏性系数。

综合两者的影响，油的黏性表达式为

$$v_e = v_0 \cdot 10^{4F_v} \cdot \exp[2.5Y_w / (1 - 0.654Y_w)] \tag{10-46}$$

10.3　算例——苏州港常熟港区突发溢油模拟

10.3.1　研究区域概况

常熟港区是苏州港的三大港区之一，主要为常熟市经济发展和临港产业开发服务，并逐步拓展公共运输和中转服务功能，是以能源、件杂货运输为主，内外贸结合的综合性港区。其中的兴华作业区以承担腹地内件杂货和集装箱运输为主，是内外贸相结合的综合性枢纽作业区。由于常熟港区兴华作业区上游 3500m 处有常熟市第三自来水取水口，因此一旦码头发生溢油事故对上游水质将造成较大影响。据此，本节将溢油模型应用于溢油风险预测，旨在为水源地风险防范提供理论依据。

10.3.2　研究区域网格布置

对计算水域采用无结构任意四边形网格布置，以贴合长江河道天然岸线边界。对码头附近区域采用网格局部加密技术。网格总数为7931，节点总数为8157，网格尺度变幅范围为(30×35)～(265×243)m^2。计算区域网格划分见图 10-2。

10.3.3　溢油风险预测

10.3.3.1　溢油轨迹预测

根据油粒子模型，对长江常熟港的兴华作业区水域的突发性溢油行为进行模拟。参数选取见表 10-1。

表 10-1　溢油有关参数选取值

油样	溢油源强/kg	密度/(kg/m^3)	油粒子数目/个	风向	风速/(m/s)	油温/℃
中质原油	890	890	5000	东风	5	20

小潮涨潮时，考虑溢油发生在涨急时刻，则事故发生后 0.5h、1.0h、1.5h 和 2.0h 时溢油油团的位置及扩散分布图分别见图 10-3～图 10-6。小潮落潮时，考虑溢油事故发生在落急时刻，则事故发生后 0.5h、1.0h、1.5h 和 2.0h 时溢油油团位置及扩散分布图分别见图 10-7～图 10-10。

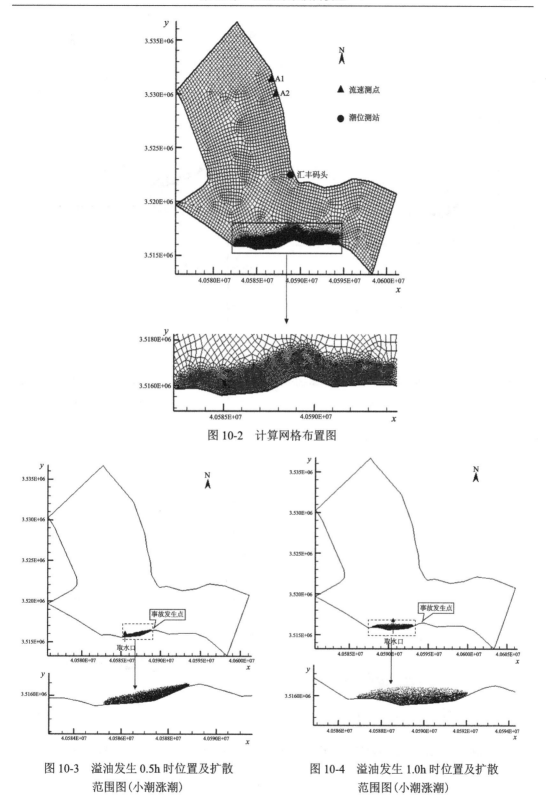

图 10-2　计算网格布置图

图 10-3　溢油发生 0.5h 时位置及扩散　　　　　图 10-4　溢油发生 1.0h 时位置及扩散
范围图(小潮涨潮)　　　　　　　　　　　范围图(小潮涨潮)

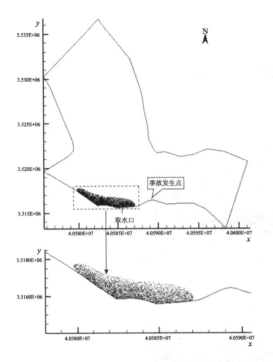

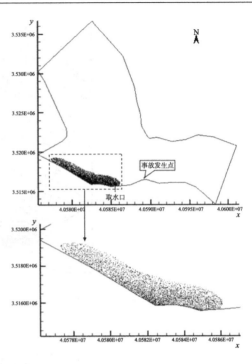

图 10-5　溢油发生 1.5h 时位置及扩散范围图(小潮涨潮)

图 10-6　溢油发生 2.0h 时位置及扩散范围图(小潮涨潮)

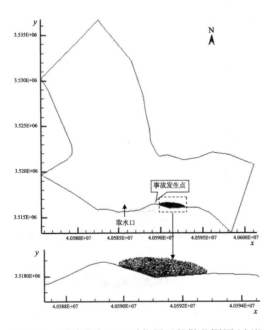

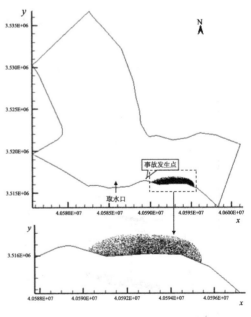

图 10-7　溢油发生 0.5h 时位置及扩散范围图(小潮落潮)

图 10-8　溢油发生 1.0h 时位置及扩散范围图(小潮落潮)

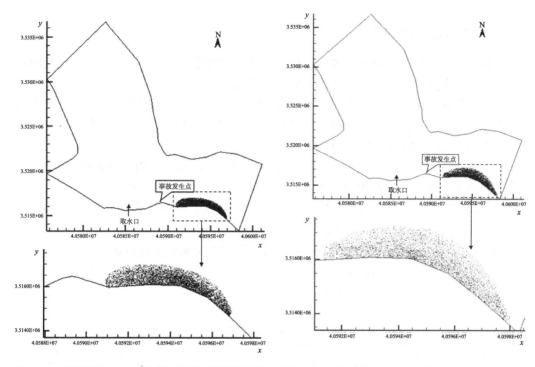

图 10-9　溢油发生 1.5h 时位置及扩散范围图(小　　图 10-10　溢油发生 2.0h 时位置及扩散范围图(小
　　　　潮落潮)　　　　　　　　　　　　　　　　　　　　潮落潮)

由图可见，若突发性溢油事故发生在涨急时刻，对处于上游的水源保护区以及取水口有不利影响，若发生在落急时刻，对保护目标没有影响。由表 10-2 可知，在涨急时一旦溢油事故发生，0.5h 后油膜前锋位置已到达事故点上游 4100m 处左右，水源二级保护区已经受到污染；溢油事故发生 1.0h 后，油膜中心位置到达该取水口，严重污染取水口水质；在 1.0～2.0h，在水流和风的作用下，油膜一直向上游移动，仍然对取水口和水源保护区有影响。

表 10-2　小潮涨落潮时溢油事故发生后漂移位移预测

小潮涨潮			小潮落潮		
事故发生时间	油膜中心位置	油膜前锋位置	事故发生时间	油膜中心位置	油膜前锋位置
0.5h	事故点上游 2400m	事故点上游 4100m	0.5h	事故点下游 1900m	事故点下游 3600m
1.0h	事故点上游 3900m	事故点上游 6300m	1.0h	事故点下游 3700m	事故点下游 6000m
1.5h	事故点上游 6100m	事故点上游 9400m	1.5h	事故点下游 5100m	事故点下游 7600m
2.0h	事故点上游 8100m	事故点上游 12000m	2.0h	事故点下游 6000m	事故点下游 8700m

由此可见，在涨潮时发生突发性溢油事故，会对上游水质将造成较大影响，严重威胁水源保护区以及取水口的水质，因此必须加强事故防范，杜绝事故的发生。如果一旦发生，必须在事故发生后的 0.5h 内采取事故风险防范措施，可采用围油栏围堵等措施来最大程度减小取水口的影响。

10.3.3.2 溢油归宿预测

依据溢油椭圆扩展模型和溢油归宿模型，可模拟出溢油在某一确定工况下随时间的面积、体积、蒸发率、含水率、密度及黏度等变化情况。

若考虑风速为5m/s，风向东风，则油膜的面积变化、溢油蒸发率、含水率、密度及黏度变化、综合考虑蒸发和乳化对水体表面油量的影响下残留油量的体积变化见表10-3所示。由表10-3中数据可以得到以下结论：

(1)溢油进入水体后的蒸发主要发生在溢油发生后的24h内，随着轻组分的蒸发，溢油蒸发速率大大减缓，在溢油发生24h后，蒸发率稳定在35%～37%。

(2)溢油发生乳化，水与油的结合使得溢油含水率增加，但含水率最终不超过80%；

(3)溢油密度与水密度越来越接近，黏度也迅速增长；

(4)溢油残留体积呈先增大后减小的趋势，这是因为溢油前期溢油蒸发率速率小于乳化速率，因而使得溢油残留体积呈增大趋势，而溢油发生13h后，溢油蒸发率速率开始大于乳化速率，相应的溢油残留体积呈减小趋势。

表 10-3　溢油面积、残留体积及性质变化统计表

模拟时长/h	面积/m²	蒸发率/%	含水率/%	密度/(g/cm³)	黏度/(mm²/s)	残留体积/cm³
1	113701	0.47	41.4087088	0.9361	31.09	1698.76
2	130981	1.07	61.3839030	0.9583	103.17	2561.93
3	148262	1.80	71.0197598	0.9691	233.93	3388.60
4	165542	2.65	75.6680117	0.9745	388.75	4000.99
5	182823	3.61	77.9102872	0.9772	532.70	4363.50
6	200104	4.68	78.9919411	0.9788	658.81	4537.29
7	217384	5.85	79.5137213	0.9798	775.85	4595.99
8	234665	7.10	79.7654235	0.9805	894.90	4591.27
9	251945	8.43	79.8868424	0.9812	1025.14	4552.82
10	269226	9.83	79.9454138	0.9818	1173.82	4496.27
11	286507	11.29	79.9736681	0.9824	1347.18	4429.61
12	303787	12.81	79.9872977	0.9830	1551.26	4356.91
13	321068	14.37	79.9938725	0.9836	1792.38	4280.33
14	338348	15.97	79.9970442	0.9842	2077.52	4201.07
15	355629	17.60	79.9985741	0.9848	2414.64	4119.85
16	372910	19.25	79.9993122	0.9855	2812.86	4037.18
17	390190	20.93	79.9996682	0.9861	3282.66	3953.43
18	407471	22.62	79.9998399	0.9868	3836.16	3868.89
19	424751	24.32	79.9999228	0.9874	4487.26	3783.80
20	442032	26.03	79.9999628	0.9881	5251.93	3698.39
21	459313	27.74	79.9999820	0.9888	6148.47	3612.83
22	476593	29.45	79.9999913	0.9894	7197.75	3527.30
23	493874	31.16	79.9999958	0.9901	8423.57	3441.93

续表

模拟时长/h	面积/m²	蒸发率/%	含水率/%	密度/(g/cm³)	黏度/(mm²/s)	残留体积/cm³
24	511154	32.86	79.9999980	0.9908	9852.96	3356.84
25	528435	34.56	79.9999990	0.9914	11516.54	3272.14
26	545716	34.71	79.9999995	0.9915	11679.86	3264.50
27	562996	34.89	79.9999998	0.9915	11875.11	3255.50
28	580277	35.00	79.9999999	0.9916	11996.03	3250.00
29	597557	35.23	79.9999999	0.9917	12252.86	3238.50
30	614838	35.62	80.0000000	0.9918	12700.99	3219.00

第 11 章　湿地生态动力学模型

　　人工湿地是由人工建造和控制运行的与沼泽地类似的地面，将污水、污泥有控制地投配到经人工建造的湿地上，污水与污泥在沿一定方向流动的过程中，主要利用土壤、人工介质、植物、微生物的物理、化学、生物三重协同作用，对污水、污泥进行处理的一种技术，主要由水生植物、基质和微生物等组成。植物是人工湿地的重要组成部分之一，也是人工湿地进行生态处理的特点所在。植物不仅可以通过自身的生长繁殖吸收水体中的氮磷，富集有机污染物、重金属等有毒有害物质，还为微生物提供了附着和繁殖场所。基质(填料)亦是人工湿地的重要组成部分，它不仅为植物和微生物提供生存场所，还可以通过自身的吸附、离子交换等作用去除部分污染物。微生物是人工湿地不可缺少的组成部分，对人工湿地系统中污染物的转化、能量的流动起着十分重要的作用。人工湿地中的微生物主要包括细菌、真菌、藻类、放线菌和原生动物等，其利用自身新陈代谢作用去除水体中氮磷等污染物是湿地去污的主要途径。

　　人工湿地处理污水的过程十分复杂，大量的物理、化学和生物过程同时发生。相关数学模型研究开始于 20 世纪 70 年代，其污染物去除模型经历了由简单到复杂，由经验公式到生态动力学模型的过程。起初，人们多用简单的机理模型来模拟预测湿地出水，如用 Breen 和 Kadlec 等提出的一级动力学模型来模拟人工湿地去除污染物的过程。该模型以污染物降解速率服从一级反应动力学为基础，并假设模型中某些参数为常量，水流为稳态推流等。实际上，很多反应都符合一级动力学，如质量运输、挥发、沉降和吸附作用等，但微生物作用并不符合一级动力学，因此学者们提出了更适合描述湿地中微生物起主要作用降解过程的 Monod 模型。但因为湿地类型的不同及运行机制的复杂性，这些模型并不能满足对多变的人工湿地的模拟。为此学者们基于一级动力学模型或 Monod 模型，提出了一系列简化的水流模型，如推流模型(PFR)、完全混合模型(CSTR)、扩散推流模型(PFD)、一系列完全混合器串联模型(TIS)等，用于模拟和预测对污染物的去除效果。

　　随着湿地模型深入研究及对人工湿地机理的认识加深，学者们建立了能够更准确模拟湿地情况、预测湿地出水效果的高级动态模型。Shepherd 提出了用于模拟 COD 去除的时间依赖性迟滞模型；Tomenko 和 Akratos 等将人工神经网络(ANN)用于湿地模型；周琪对人工湿地污染物去除数学模型进行了综述分析；Lee 和 Grieu 等将另一种神经网络模型 SOM 用于人工湿地的预测；孔令裕等在典型去污模型分析基础上提出了零级、一级和 Monod 统一去污模型等；Wynn 等研究了水平潜流人工湿地，并提出了箱式动力学模型；Brovelli 等基于 PHWAT 开发了堵塞机制模型；Giraldi 等针对垂直潜流式人工湿地建立了水力学模型 FITOVERT；Langergraber 等基于 HYDRUS 借鉴活性污泥模型先后开发出多组分反应运输模型 CW2D 和 CWM1 模型。借助软件求解多组分降解模型的研究在国内尚处于起步阶段，戚景南运用 MATLAB 对水平潜流湿地污染物去除动力学进行了模拟研究，范立维用 CFD 对湿地污染物降解开展模拟研究，芦秀青对 VFCW 污染物降解过程开展了数值模拟研究。

11.1　湿地污染物动力学模型构建

生态动力学模型以"箱式"模型理论为基础，将系统中污染物涉及的各种生物、物理、化学过程划分成许多独立的"箱体"，然后分别对每个"箱体"即反应过程进行定义，确定其具体的质量平衡方程、反应公式(一般为动力学方程)和相关的动力学参数，最终得到统一完整的生态动力学模型。

本节介绍的自由表面流湿地污染物动力学模型，由 5 个相互依存和相互作用的子模块组成，包括植物生长模块、氮素循环模块、磷素循环模块、COD 降解模块与 DO 模块，它们分别代表了影响人工湿地系统主要生源要素循环特征的物理、化学和生物过程。

11.1.1　人工湿地模拟数学方程

11.1.1.1　植物生长模块

植物生长模型借鉴了 SWAT 模型和文献广泛采用的植物生长计算方法。模型主要原理是基于物质分配的植物生长分析，考虑生理机制，认为植物生长速率可由植物吸收太阳辐射转化成体内生物量的速率反映。植物净初级生产力依赖于光合有效辐射和生长周期。

$$\frac{d(\text{Plant})}{dt} = \text{Growth} = \frac{Q_{\text{PAR}} \cdot A \cdot S_{\text{e}} \cdot \text{GS}}{R} \tag{11-1}$$

其中，Plant 为植物生物量，g；Growth 为植物净生长速率，g/d；Q_{PAR} 为光合有效辐射，kcal/(m²·d)，光合有效辐射可以按照太阳辐射的 50%计算，即 Q_{PAR}=50%×Sloar；S_{e} 为太阳辐射利用效率；GS 为植物生长周期阶跃函数。植物只在生长季节吸收氮磷，待植物成熟后便停止吸收，因此引入阶跃函数 GS，即生长期为 1，非生长期为 0；R 为太阳辐射生物量比率，kcal/g。

11.1.1.2　氮素循环模块

表面流人工湿地中氮的主要存在形式是有机氮、氨氮和硝态氮，因此系统脱氮的生态动力学模型主要模拟这 3 种形态氮素间的相互转化特征，人工湿地氮素循环过程见图 11-1。

有机氮、硝态氮、氨氮的质量平衡方程分别由下式给出：

$$\frac{d(\text{Org-N})}{dt} = \frac{Q_0}{V}(\text{Org-N})_0 - \frac{Q_i}{V}(\text{Org-N}) - A_{\text{n}} + N_{\text{sd}} \tag{11-2}$$

式中，$(\text{Org-N})_0$ 表示进水有机氮浓度，mg/L；(Org-N) 表示出水有机氮浓度，mg/L；A_{n} 为氨化速率，mg/(L·d)；N_{sd} 为沉降速率，mg/(L·d)。

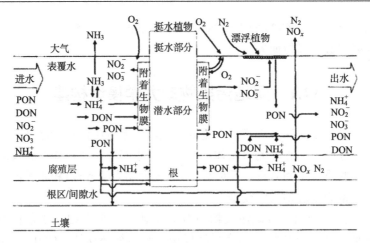

图 11-1　人工湿地氮素循环示意图

$$\frac{\mathrm{d}\left(\mathrm{NO_3\text{-}N}\right)}{\mathrm{d}t} = \frac{Q_0}{V}\left(\mathrm{NO_3\text{-}N}\right)_0 - \frac{Q_i}{V}\left(\mathrm{NO_3\text{-}N}\right) - D_\mathrm{n} + N_\mathrm{n} - \frac{\mathrm{Up}_1}{V} \tag{11-3}$$

式中，$(\mathrm{NO_3\text{-}N})_0$ 表示进水硝态氮浓度，mg/L；$(\mathrm{NO_3\text{-}N})$ 表示出水硝态氮浓度，mg/L；D_n 为反硝化速率，$\mathrm{mg/(L \cdot d)}$；N_n 为硝化速率，$\mathrm{mg/(L \cdot d)}$；Up_1 为植物吸收硝态氮速率，mg/d。

$$\frac{\mathrm{d}\left(\mathrm{NH_3\text{-}N}\right)}{\mathrm{d}t} = \frac{Q_0}{V}\left(\mathrm{NH_3\text{-}N}\right)_0 - \frac{Q_i}{V}\left(\mathrm{NH_3\text{-}N}\right) - N_\mathrm{n} + A_\mathrm{n} - \frac{\mathrm{Up}_2}{V} - V_\mathrm{o} \tag{11-4}$$

式中，$(\mathrm{NH_3\text{-}N})_0$ 表示进水氨氮浓度，mg/L；$(\mathrm{NH_3\text{-}N})$ 表示出水氨氮浓度，mg/L；Up_2 为植物吸收氨氮速率，mg/d；V_o 为氨氮挥发速率，$\mathrm{mg/(L \cdot d)}$。

上述各方程中的反应速率分别按下式计算。

(1)有机氮在氨化菌的作用下，分解转化成氨氮，可采用有机氮的一级反应动力学进行模拟：

$$A_\mathrm{n} = K_\mathrm{a}\theta_1^{W_\mathrm{T}-20}\left(\mathrm{Org\text{-}N}\right) \tag{11-5}$$

式中，K_a 为有机氮氨化速率常数，d^{-1}；θ_1 为氨化温度修正系数；W_T 为水温，℃。

(2)有机氮沉降也采用一级动力学模拟：

$$N_\mathrm{sd} = K_\mathrm{s1}\left(\mathrm{Org\text{-}N}\right)\theta_2^{W_\mathrm{T}-20} \tag{11-6}$$

式中，K_s1 为有机氮沉降速度，d^{-1}；θ_2 为沉降温度修正常数。

(3)硝化反硝化。

硝化作用是指在有氧条件下，氨氮经亚硝化菌和硝化菌作用氧化为硝态氮的过程。而反硝化是指在厌氧条件下，微生物将硝酸盐及亚硝酸盐还原为氮气的过程。硝化和反硝化受到温度、溶解氧浓度等外界环境的影响，可由一级反应动力学进行模拟：

$$N_\mathrm{n} = K_\mathrm{n}\theta_3^{W_\mathrm{T}-20}\left(1 - \exp\left(-\lambda_\mathrm{w}\mathrm{DO}\right)\left(\mathrm{NH_3\text{-}N}\right)\right) \tag{11-7}$$

式中，K_n 为硝化速率常数，d^{-1}；θ_3 为硝化温度修正系数；λ_w 为溶解氧修正系数，0.6L/mg；DO 为溶解氧浓度，mg/L。

$$D_n = K_{dn}\theta_4^{W_T-20}(\text{NO}_3\text{-N}) \tag{11-8}$$

式中，K_{dn} 为反硝化速率常数，d^{-1}；θ_4 为反硝化温度修正系数。

（4）氨挥发。

氨氮在水中以游离氨（NH_3）和铵离子（NH_4^+）的形式存在，两者之间的转化由水中的 pH 控制，如下式所示：

$$f = \frac{10^{-\text{pH}}}{10^{-\text{pH}} + \exp(-2.3026\text{pK})},\ \text{pK} = C_1 + \frac{C_2}{W_T + 273.15} \tag{11-9}$$

式中，f 为铵离子占氨氮的比重；pK 为电离平衡常数；C_1=0.09018；C_2=2729.92。

氨挥发可由一级反应动力学模拟：

$$V_o = K_v f(\text{NH}_3\text{-N}) \tag{11-10}$$

式中，K_v 为 NH_4^+ 的挥发速率常数，d^{-1}。

（5）植物对氮的吸收采用米氏方程描述。

$$\text{Up}_1 = N_{\text{demand}}\left[\frac{\text{NH}_3\text{-N}}{K_{\text{NH}} + \text{NH}_3\text{-N}}\right]\left[\frac{\text{NH}_3\text{-N}}{\text{NH}_3\text{-N} + \text{NO}_3\text{-N}}\right] \tag{11-11}$$

$$\text{Up}_2 = N_{\text{demand}}\left[\frac{\text{NO}_3\text{-N}}{K_N + \text{NH}_3\text{-N}}\right]\left[\frac{\text{NO}_3\text{-N}}{\text{NH}_3\text{-N} + \text{NO}_3\text{-N}}\right] \tag{11-12}$$

式中，N_{demand} 为植物对氮的需求量，在米氏方程中作为最大的吸收速率，mg/d，可由植物生长速率和吸收效率相乘。即 $N_{\text{demand}}=\text{Growth}\times C_n$。$K_{\text{NH}}$ 为植物吸收氨氮半饱和常数，mg/L；K_N 为植物吸收硝氮半饱和常数，mg/L。等式的后一项表示浓度大的将被植物优先吸收。

11.1.1.3　磷素循环模块

图 11-2 是表流型人工湿地磷素循环示意图。

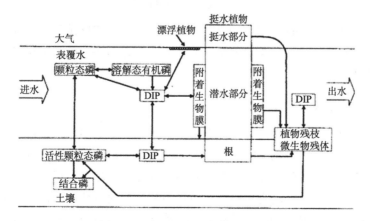

图 11-2　人工湿地磷素循环示意图

由图 11-2 可知，磷素循环转化过程比较复杂。但在表面流人工湿地中，磷的去除方式主要是植物的吸收和磷的沉降。研究表明，磷的进水负荷与沉降速度是影响人工湿地除磷效率的主要因素。因此模型主要考虑了植物吸收和磷沉降过程。总磷质量平衡如下式所示：

$$\frac{\mathrm{dTP}}{\mathrm{d}t} = \frac{Q_0}{V}\mathrm{TP}_0 - \frac{Q_i}{V}\mathrm{TP} - P_{\mathrm{sd}} - \frac{\mathrm{Up}_3}{V} \tag{11-13}$$

式中，TP_0 表示进水总磷浓度，mg/L；TP 表示出水总磷浓度，mg/L；P_{sd} 为磷沉降速率，mg /(L· d)；Up_3 为植物吸收磷速率，mg/d。

$$P_{\mathrm{sd}} = K_{s2} \cdot \mathrm{TP} \cdot \theta_5^{W_{\mathrm{T}}-20} \tag{11-14}$$

式中，K_{s2} 为磷沉降速度，d^{-1}；θ_5 为沉降温度修正系数。

植物对磷的吸收同氮相同，由米氏方程描述：

$$\mathrm{Up}_3 = P_{\mathrm{demand}}\left(\frac{\mathrm{TP}}{K_{\mathrm{TP}} + \mathrm{TP}}\right) \tag{11-15}$$

式中，P_{demand}=Growth×C_{p}；P_{demand} 为植物对磷的需求，mg/d；Growth 为植物生长速率，g/d；K_{TP} 为植物吸收磷半饱和常数，mg/L。

11.1.1.4 COD 降解模块

自由表面流人工湿地水面位于湿地基质层以上，水深一般为 0.3～0.5m，水流呈推流式前进，污水从入口以一定速度缓慢流经湿地表面。它与自然湿地较为接近，也可看成浅水河流来做模拟。借鉴河流水质模型中经典的 S-P 模型，并认为 COD 的衰减符合一级反应动力学。本模型在此基础上，对 COD 衰减方程做了修正，引入溶解氧半饱和常数作为限制因素，采用 Monod 反应动力学模拟有机物降解过程。其质量平衡方程如下式所示：

$$\frac{\mathrm{dCOD}}{\mathrm{d}t} = \frac{Q_0}{V}\mathrm{COD}_0 - \frac{Q_i}{V}\mathrm{COD} - D_{\mathrm{eg}} \tag{11-16}$$

$$D_{\mathrm{eg}} = K_1 \cdot \frac{\mathrm{COD}}{K_{\mathrm{DO}} + \mathrm{COD}} \cdot \theta_6^{W_{\mathrm{T}}-20} \tag{11-17}$$

其中，COD_0 表示进水 COD 浓度，mg/L；COD 表示出水 COD 浓度，mg/L；D_{eg} 为 COD 衰减速率，mg /(L· d)；K_1 为 COD 衰减系数，d^{-1}；K_{DO} 为溶解氧半饱和常数，mg/L；θ_6 为衰减温度修正系数。

11.1.1.5 DO 模块

污水进入湿地后，主要有两个耗氧因素：碳化需氧量和硝化需氧量。前者指水中有机物在氧化过程中变为无机物，其中包括含氮有机物氨化；后者指有机物进一步被降解，如水中氨氮继续硝化，转化为亚硝酸盐和硝酸盐过程中的耗氧。无论是碳化阶段还是硝化阶段，一般都按一级反应动力学模拟。污水中有机物的总耗氧过程，系水中有机物碳化与硝化降解的总和。但是为简化计算，常将碳化需氧量与硝化需氧量合并一起考虑，综合为一个一级动力学模型。

表面流人工湿地水中氧的恢复主要通过大气复氧，直接传质到水表面。所以水体中

溶解氧的质量平衡方程可由下式表示:

$$\frac{dDO}{dt} = \frac{Q_0}{V}DO_0 - \frac{Q_i}{V}DO + Re_{air} - OD \qquad (11\text{-}18)$$

式中,DO_0 表示进水溶解氧浓度,mg/L;DO 表示出水溶解氧浓度,mg/L;Re_{air} 为大气复氧速率,mg/(L·d);OD 为耗氧速率,mg/(L·d)。

$$Re_{air} = K_2 \cdot (DO_s - DO) \cdot \theta_7^{W_T - 20} \qquad (11\text{-}19)$$

式中,K_2 为复氧系数,d^{-1};θ_7 为温度修正系数,1.0241;DO_s 为饱和溶解氧浓度,mg/L。

11.1.2 模型构建方法

根据污染物在湿地生态系统中的转化过程和数学方程,首先建立湿地生态系统主要生源要素动力学模型。该模型由植物生长模块、氮素循环模块、磷素循环模块、溶解氧模块与有机物转化模块共 5 个相互依存和相互作用的子模块组成,其结构框图如图 11-3~图 11-6 所示。

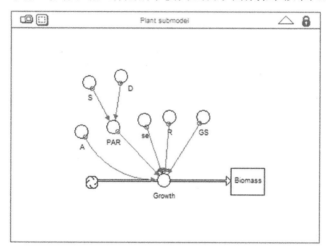

图 11-3 植物生长模块结构图

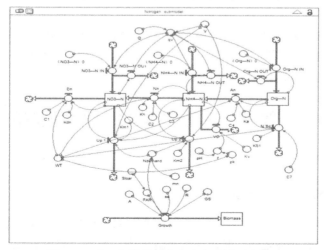

图 11-4 人工湿地脱氮生态动力学模型结构图

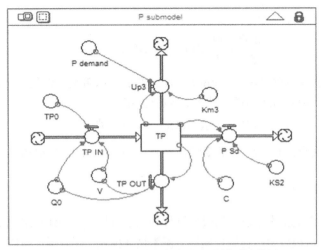

图 11-5　人工湿地除磷生态动力学模型结构图

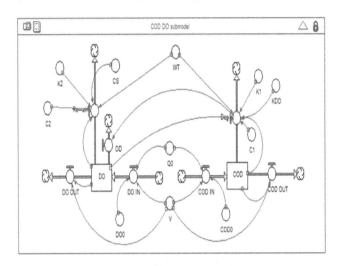

图 11-6　人工湿地 COD-DO 耦合生态动力学模型结构图

模型组件包括状态变量(矩形)、流(连接状态变量的箭头)和转换器(圆)。状态变量表示系统内的质量或体积变量。流包含使用其他流的输出以及转换器中包含的值来定义状态变量的方程。转换器和流通过红色箭头连接。

11.2　算例——湿地生态动力学模型应用

11.2.1　研究区域概况

11.2.1.1　气象、水文、水质概况

丰县(N 34°24′25″~34°56′27″,E 116°21′15″~116°52′03″)隶属江苏省徐州市,处于苏、鲁、豫、皖四省交界之地,是淮海经济区的中心地带。境内水运主航道复新河为六

级航道，与昭阳湖相通，相距 40km。

丰县位于华北暖温带半湿润季风气候区，具有长江、黄河流域过渡性气候的特征。全年气候温和，四季分明，春季气温升高快，蒸发强，春秋季短，夏季湿热，冬季干燥。历年极端最高气温 39.8℃，极端最低气温–23.0℃，年均温差不大。区域内降雨时空分布极不均匀，多年平均降雨量 766.0mm，汛期(7～9 月)平均降雨量 580.1mm，其中 7 月份最多，约占全年降雨量的 32%，最大日降雨量可达 331.8mm。多年平均水面蒸发量约1150～1500mm，年平均相对湿度 73%。

丰县境内以大沙河为分水岭，划分为两大水系和一片高滩地。大沙河以西为复新河水系，以东为郑集河水系，南边界是 80km² 的废黄河高滩地。复新河水系在境内流域面积为 1098km²，占丰县总面积的 76.5%，是丰县防洪、排涝、灌溉、航运的骨干河道；郑集河水系境内流域面积 100.5km²，是南水北调进入丰县的主要入水口。

当地环境监测机构在大沙河设立了 2 个监测断面，分别为华山闸(1#)和夹河闸(2#)；复新河设立了 4 个监测断面，为沙庄桥(1#)、史小楼桥(2#)、陈楼桥(3#)和入河口(4#)。监测频次为按月取样，监测项目包括 pH、溶解氧、高锰酸盐指数、化学需氧量、五日生化需氧量和氨氮等 11 项。监测结果显示，除化学需氧量和高锰酸盐指数两项指标外，大沙河和复新河的水质可稳定达到Ⅲ类水标准，个别时段部分断面五日生化需氧量、高锰酸盐指数等超标，为Ⅳ类或劣 V 类水标准。

11.2.1.2　大沙河湿地概况

大沙河湿地位于徐州市丰县华山镇，徐丰公路北、刘庄南、大沙河西、赵刘庄中沟东，面积约 525 亩，具体位置见图 11-7。丰县尾水(设计规模 2 万 m³/d)通过徐丰公路路边沟进入湿地，经湿地净化处理后，进入大沙河西截渗沟，通过大沙河倒虹吸进入下游尾水通道。

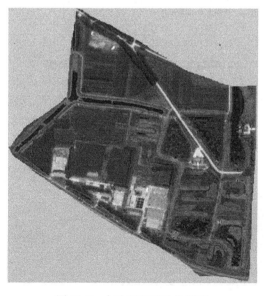

图 11-7　大沙河西湿地位置图

　　该湿地由 4 个表面流人工湿地和 5 个氧化生态塘间隔组成，水面面积共 10.8 万 m²，表面流人工湿地水深 0.2～0.5m，氧化塘水深 0.8～1.5m，呈 S 形分布。湿地采用间歇式进水，即早晨 8 点～下午 6 点进水，下午 6 点～第二天早晨 8 点不进水，平均每天可处理来自污水处理厂的尾水 2 万 m³/d，其进水水质情况见表 11-1。尾水依次进入 1 号表面流湿地(CW1)、1 号氧化塘(CP1)、2 号氧化塘(CP2)、3 号表面流湿地(CW3)、3 号氧化塘(CP3)、4 号表面流湿地(CW4)、4 号氧化塘(CP4)、5 号表面流湿地(CW5)和 5 号氧化塘(CP5)，其平面布置如图 11-8 所示。

表 11-1　湿地系统进水水质

水质指标	浓度范围/(mg/L)	水质指标	浓度范围/(mg/L)
COD	15～37	BOD	4.2～8.1
TP	0.168～0.854	TN	1.06～8.97
NH_4^+-N	0.13～2.3	NO_3^--N	0.07～6.07

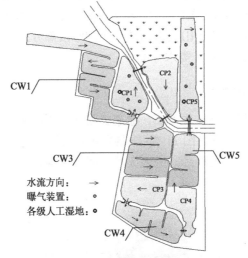

图 11-8　大沙河生态湿地系统简图

　　湿地内挺水植物共 12 种，分别为香蒲、花叶芦竹、芦苇、矮蒲苇、再力花、梭鱼草、常绿鸢、水生美人蕉、黄菖蒲、睡莲、荷花和荇菜；沉水植物共 5 种，分别为伊乐藻、刺骨草、马来眼子菜、矮生耐寒苦草和亚洲苦草。湿地植物生长情况见图 11-9。

(a)

(b)

图 11-9 湿地植物生长状况

11.2.2 模型输入数据及参数

11.2.2.1 模型状态变量

模型模拟有机物指标 COD、营养物指标氮素和总磷以及 DO。氮素包括 3 种主要形态，有机氮以及两种无机氮(氨氮、硝氮)。

11.2.2.2 模型输入及数据来源

模型需要输入当地的气象资料，如平均气温，太阳总辐射等。湿地进出口均设置了流量监测站点，可以获得长序列入流及出流流量监测数据。在湿地重要断面、节点和进出口均设置了水质监测断面，可以获得 DO、COD、硝态氮、氨氮、总氮、总磷、pH、水温等相关水质数据。模型输入数据类型和数据来源见表 11-2。

表 11-2 模型输入数据及来源

输入	定义	来源
T_{av}	平均气温/℃	当地气象站
Sloar	太阳总辐射/[kcal/(m²·d)]	当地气象站
Q_0	进水水量/(L/d)	现场监测
Q_i	出水水量/(L/d)	现场监测
DO_0	进水溶解氧浓度/(mg/L)	现场监测
COD_0	进水 COD 浓度/(mg/L)	现场监测
硝态氮	进水硝态氮浓度/(mg/L)	现场监测
氨氮	进水氨氮浓度/(mg/L)	现场监测
总氮	进水总氮浓度/(mg/L)	现场监测
总磷	进水总磷浓度/(mg/L)	现场监测

11.2.2.3 模型参数及估值方法

模型所包含的部分参数和系数，如氨化速率常数、硝化速率常数、反硝化速率常数以及植物吸收氮磷半饱和常数等，可利用现场观测试验得到。

根据湿地植物净化能力的室内实验结果，采用非线性回归方程对湿地氮、磷迁移及转化过程进行拟合。以指数函数拟合氨氮和硝态氮的浓度变化过程，确定模型中的硝化速率和反硝化速率取值，以一元二次多项式拟合植物对氮素的吸收过程。图 11-10～图 11-12 分别为硝化反应、反硝化反应和植物吸收氮素的非线性拟合示意图。

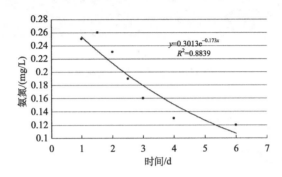

图 11-10　氨氮硝化拟合示意图

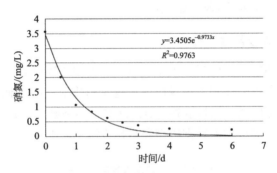

图 11-11　硝态氮反硝化拟合示意图

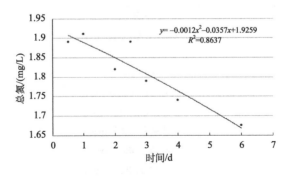

图 11-12　植物吸收氮素拟合示意图

根据室内模拟试验数据，拟合得到主要模型参数取值分别为，K_n=0.16d^{-1}，K_{dn}=0.97d^{-1}，K_m=3.77mg/L。综合全部实验数据分析，可以估算出湿地内硝化速率为 0～0.2d^{-1}，反硝化速率为 0.4～1d^{-1}，植物吸收氮半饱和常数 3～5mg/L。同理可以拟合得到植物吸收磷半饱和常数介于 0.1～0.3mg/L。

11.2.3 模型率定与验证

11.2.3.1 模型率定

利用大沙河湿地的水量水质同步监测数据，对模型参数进行率定。模型输入数据包括流量、湿地内水量、水温、pH、溶解氧、COD、氮和磷浓度。通过调整模型中的参数取值进行率定，使模型预测结果和监测数据之间误差最小。图 11-13～图 11-18 分别为COD、DO、总磷、氨氮、硝态氮和有机氮率定结果，模型参数优化取值如表 11-3 所示。

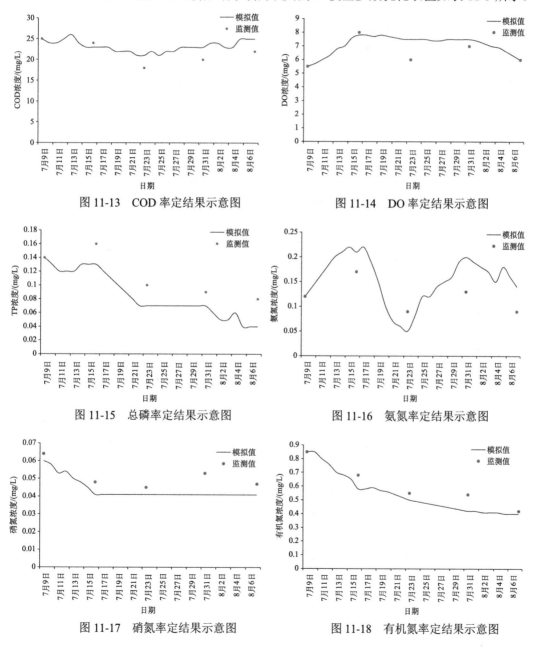

图 11-13 COD 率定结果示意图 图 11-14 DO 率定结果示意图

图 11-15 总磷率定结果示意图 图 11-16 氨氮率定结果示意图

图 11-17 硝氮率定结果示意图 图 11-18 有机氮率定结果示意图

表 11-3 模型参数取值

参数	定义	取值参考值	校准取值
S_e	湿地太阳能效率	0.025	0.025
GS	生长周期函数	(0,1)	(0,1)
R	单位生物量能量比	4.1	4.1
K_a	有机氮氨化速率常数/d^{-1}	0.0005~0.143	0.04
θ_1	氨化温度修正系数	1.05	1.05
K_n	硝化速率常数/d^{-1}	0.10；0.35；0~0.2	0.04
θ_2	硝化温度修正系数	1.035	1.035
K_{dn}	反硝化速率常数/d^{-1}	0~1.0/0.4~1.0	0.61
θ_3	反硝化温度系数	1.09	1.09
K_{s1}	有机氮沉降速度/d^{-1}	0.0005	0.0005
K_v	NH_4^+的挥发速率常数/d^{-1}	0.00036	0.00036
C_n	氮吸收效率	0.02~0.03	0.01；0.08
K_{NH}	植物吸收氨氮半饱和常数/(mg/L)	5；3~5	3
K_N	植物吸收硝氮半饱和常数/(mg/L)	5；3~5	4
K_{s2}	磷沉降速度/(m/d)	0.1；0.4	0.001
C_p	磷吸收效率	0.0021；0.0028	0.002；0.006
K_{TP}	植物吸收磷半饱和常数/(mg/L)	0.5/0.1~0.3	0.25
K_1	COD 衰减系数/d^{-1}	—	0.01
K_{DO}	溶解氧半饱和常数/(mg/L)	2.5	3
K_2	复氧系数/(m/d)	0.05~5	3

11.2.3.2 模型验证

模型验证是判断模型适用性的直接途径，被率定的模型需要做进一步的验证，以检验模型模拟输出结果的精度。以 2017 年 8~9 月、2018 年 1~2 月、2018 年 5~6 月大沙河湿地的水量水质同步监测数据，对模型进行验证。

1. 模型模拟结果

模型模拟结果如图 11-19~图 11-24 所示，其中氨氮、总磷、DO 模拟结果较好，基本与实际监测值一致；COD 则显示出实际监测值在模拟值附近上下波动，但波动范围总体在 25%左右，这是可以接受的；硝态氮和有机氮的模拟结果显示冬季的模拟效果不甚理想，个别监测数据较模拟值异常升高，这很有可能是由于植物腐败或者是由于其他未知污染源输入、外界环境变化对湿地微生物、植物的影响等原因，这些都会引起湿地处水中各形态氮浓度的变化，造成了模型的预测值与监测值之间较大的误差。

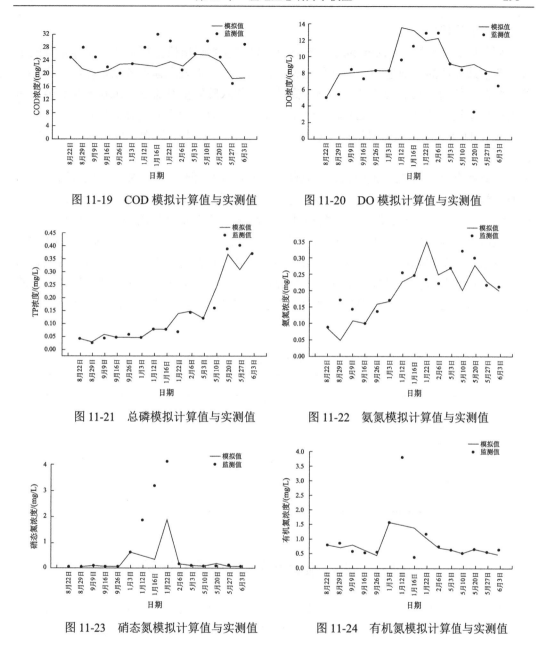

图 11-19　COD 模拟计算值与实测值

图 11-20　DO 模拟计算值与实测值

图 11-21　总磷模拟计算值与实测值

图 11-22　氨氮模拟计算值与实测值

图 11-23　硝态氮模拟计算值与实测值

图 11-24　有机氮模拟计算值与实测值

2. 误差分析

1)柯西不等式系数

柯西不等式系数(Theil's inequality coefficient,TIC)是统计学预测评价方法之一,可以用来定量地描述模型模拟结果和监测数据的吻合程度。TIC 值一般介于 0～1 之间,0 代表完美拟合,即模型模拟值等于实际监测值;1 代表最大的不平等结果,即一对时间序列的数据对显著不相等。一般情况下,TIC 值小于 0.5 时,可以认为模拟值与监测值吻合度较好。

2) 百分比偏差系数

百分比偏差系数(percent bias，PBIAS)可以定量判断出模型模拟值比实际监测值整体被低估或高估的平均趋势，以百分比表示。PBIAS 为零表示模拟效果最佳，正值表示模型倾向于低估，负值表示模型倾向于高估。一些水质模型对流量、沉积物和氮磷营养物的模拟结果验证分别采用±25%，±55%，±70%作为判定模型具有良好表现力。

如表 11-4 所示，各模拟指标 TIC 值均小于 0.5，可认为模型吻合度较好，其中 DO、COD、总磷和氨氮的 TIC 值在 0.1 左右，PBIAS 值在±2%～±12%，总体模拟效果非常好。而硝态氮和有机氮的 TIC 值较大，分别约为 0.5 和 0.3，但从 PBIAS 值可以判断出有机氮整体被高估平均趋势也只有 11.6%，这是可以接受的。而硝态氮的 PBIAS 值虽然有57.9%，显示出较大的误差，但是根据对图 11-23 硝态氮模拟结果的分析，表明这是由于冬季数据异常点造成的。进一步分析，这很有可能是在冬季，微生物活动减弱甚至停滞，人工湿地脱氮效果降低；即使存在人工收割，也会有残存的植物体死亡腐败，将吸收的氮又重新释放到水体。另外其他未知污染源输入、外界环境变化对湿地微生物、植物的影响等原因，这些都会引起湿地出水中各形态氮浓度的变化，造成了模型的预测值与监测值之间较大的误差。

表 11-4　模型 TIC、PBIAS 计算结果

水质指标	TIC	PBIAS
DO	0.111	−12.0%
COD	0.114	9.0%
氨氮	0.130	5.0%
硝态氮	0.496	57.9%
有机氮	0.307	11.6%
总磷	0.095	2.4%

11.3　湿地最大水环境承载力计算

在保证生态湿地尾水达标排放的基础上，以污水处理负荷最大为目标函数，提出生态湿地最大水环境承载能力计算方法，以构建的湿地生态动力学模型为工具，估算生态湿地全年各季节的最大污水处理负荷。

11.3.1　概念内涵

湿地水环境承载力是指湿地系统功能可持续正常发挥前提下接纳污染物的能力和承受对其基本要素改变的能力，即湿地环境承载力包括纳污能力和系统自我调节能力。对于人工湿地而言，系统自我调节能力可由人为管理活动调控，因此湿地最大水环境承载能力更多地从纳污能力方面考虑，表示在保证出水水质达标的前提下湿地收纳污染物的最大数量。

11.3.2　计算方法

湿地接纳的污水主要来自丰县城区(康达)污水处理厂,共计 2 万 m³/d,尾水排放满足《城镇污水处理厂污染物排放标准》(GB 18918—2002)中的一级 A 标准。尾水经过人工湿地深度处理后,排入河道,出水水质要求达到《地表水环境质量标准》(GB 3838—2002)Ⅳ类水标准,同时满足《农田灌溉水质标准》(GB 5084—2005)。因此人工湿地进水水质标准为城镇污水处理厂一级 A 排放标准 COD≤50mg/L、氨氮≤5mg/L、总磷≤0.5mg/L,出水水质要求:COD≤30mg/L、氨氮≤1.5mg/L、总磷≤0.3mg/L。在满足出水水质达标的前提下,人工湿地对 COD、总磷和氨氮等水质指标的最大水环境承载力计算公式如下:

$$W=\max[Q\times(C_i-C_o)] \tag{11-20}$$

式中,W 为最大水环境承载力,g/d;Q 为污水流量,m³/d;C_i 为人工湿地进水水质浓度,mg/L;C_o 为人工湿地出水水质浓度,mg/L。

11.3.3　计算方案

根据上述湿地进水水量与水质的要求,并结合湿地水量水质同步监测数据的变化范围,将湿地进水污染物浓度设置成若干浓度梯度组合,详见表 11-5。以人工湿地出水水质达标为约束条件。采用人工湿地动力学模型进行湿地最大允许进水流量计算,从而得到不同季节最大污水处理负荷。

表 11-5　污染物进水浓度设置

COD/(mg/L)	氨氮/(mg/L)	总磷/(mg/L)
50	5	0.5
40	3	0.4
30	2	0.3
28	1.8	0.28
26	1.6	0.26
24	1.4	0.24
22	1.2	0.22

项目所在地气温、太阳辐射强度等输入条件采用多年平均观测结果。对于湿地水温,利用气温进行估算。由于水的比热容较大,水温相对气温的变化存在一定时间的延迟和滞后,水温峰值一般会落后气温峰值 3~7h。随着河流深度的增加,滞后时间可以超过这个间隔时间。对于表面流人工湿地,其水流形态与自然浅水河流极为类似,故本节采用 Stefan 和 Preud homme 在 1993 年提出的经验公式计算水温,详见表 11-6。

表 11-6　输入条件

月份	气温/℃	太阳辐射/[MJ/(m²·d)]
1	0.4	20
2	2.7	23
3	8	25
4	15.1	26
5	20.6	27
6	25	29
7	27.1	30
8	26.3	33.2
9	21.7	22
10	15.7	21
11	8.5	20
12	2.5	19

11.3.4　不同季节最大污水处理负荷

根据上述计算方案，将不同月份的计算条件输入人工湿地生态动力学模型，试算人工湿地能够承载的最大进水水量。结果见表 11-7～表 11-9。

表 11-7　氨氮浓度与最大进水水量计算结果

氨氮/(mg/L)	流量/(m³/d)			
	春	夏	秋	冬
5	2700	12000	8000	1300
3	5000	23000	16000	2300
2	10000	40000	31000	4300
1.8	12000	>40000	40000	5300
1.6	15000	>40000	>40000	7000
1.4	22000	>40000	>40000	10000
1.2	40000	>40000	>40000	16000

表 11-8　COD 浓度与最大进水水量计算结果

COD/(mg/L)	流量/(m³/d)			
	春	夏	秋	冬
50	1000	1300	1100	870
40	1500	1800	1600	1200
30	3000	3500	2900	2100
28	3500	4600	3500	2500
26	5000	5600	4700	3200
24	7500	8400	7000	4200
22	12000	17000	13000	8000

表 11-9　总磷浓度与最大进水水量计算结果

总磷/(mg/L)	流量/(m³/d)			
	春	夏	秋	冬
0.5	8000	24000	9000	700
0.4	10000	35000	11000	1000
0.3	20000	40000	17000	1300
0.28	25000	>40000	20000	1600
0.26	35000	>40000	23000	2000
0.24	>40000	>40000	26000	3000
0.22	>40000	>40000	30000	4000

　　根据计算结果,可以分别得到不同季节人工湿地最大进水流量与污染物浓度的关系,如表 11-10 所示。采用如下幂函数形式对两者关系进行非线性拟合,如图 11-25～图 11-36所示。

$$Q = a \times C^b \tag{11-21}$$

式中, a、b 为系数; Q 为流量, m³/d; C 为污染物浓度, mg/L。

表 11-10　不同季节人工湿地进水流量与污染物浓度的关系系数

季节	系数	氨氮	COD	总磷
春	a	66043.28	3.14×10^{10}	34.34
	b	−2.96	−4.79	−5.17
夏	a	106510.64	1.04×10^{12}	6635.45
	b	−1.33	−5.81	−1.84
秋	a	105077.70	2.01×10^{11}	2566.06
	b	−1.69	−5.36787	−1.62
冬	a	24988.75	1.21×10^{10}	33.60
	b	−2.59	−4.62	−3.13

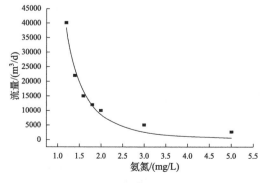

图 11-25　春季氨氮进水流量与浓度关系

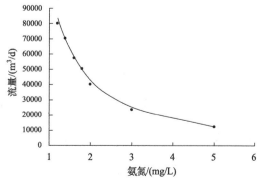

图 11-26　夏季氨氮进水流量与浓度关系

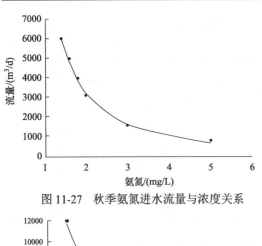

图 11-27 秋季氨氮进水流量与浓度关系

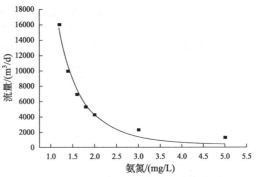

图 11-28 冬季氨氮进水流量与浓度关系

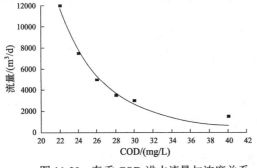

图 11-29 春季 COD 进水流量与浓度关系

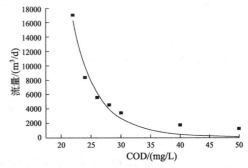

图 11-30 夏季 COD 进水流量与浓度关系

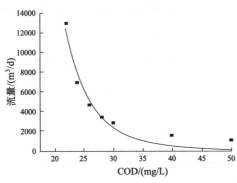

图 11-31 秋季 COD 进水流量与浓度关系

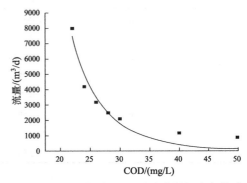

图 11-32 冬季 COD 进水流量与浓度关系

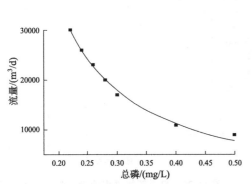

图 11-33 春季总磷进水流量与浓度关系

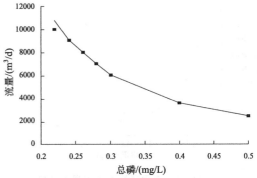

图 11-34 夏季总磷进水流量与浓度关系

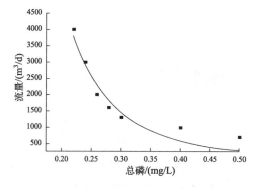

图 11-35　秋季总磷进水流量与浓度关系

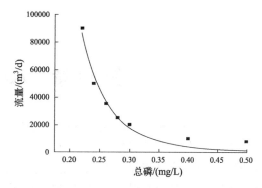

图 11-36　冬季总磷进水流量与浓度关系

将氨氮、COD、总磷进水水量与进水浓度的函数关系，带入最大水环境承载力计算公式，得到人工湿地对各污染物的最大水环境承载力函数。对该函数求导，得到最大水环境承载力及最佳的进水水质浓度和进水流量，见表 11-11～表 11-13。

表 11-11　不同季节人工湿地氨氮最大水环境承载力

指标	春	夏	秋	冬
最大承载力/(kg/d)	9.95	50.4	33.39	4.44
最佳进水浓度/(mg/L)	1.51	4.01	2.44	1.63
最佳进水流量/(m³/d)	19490.93	16746.1	23174.02	7060.51

表 11-12　不同季节人工湿地 COD 最大水环境承载力

指标	春	夏	秋	冬
最大承载力/(kg/d)	31.93	39.26	31.56	20.86
最佳进水浓度/(mg/L)	25.28	24.15	24.58	25.52
最佳进水流量/(m³/d)	6045.84	9451.47	6891.56	3778.13

表 11-13　不同季节人工湿地总磷最大水环境承载力

指标	春	夏	秋	冬
最大承载力/(kg/d)	2.24	7.22	2.37	0.15
最佳进水浓度/(mg/L)	0.25	0.44	0.52	0.29
最佳进水流量/(m³/d)	46803.12	30330.14	7327.323	1549.556

第 12 章 水生态毒理模型

水生态毒理模型是研究有毒化学物质在水环境中归趋及评价其环境风险或者生态风险的模型。按照目的和作用的不同，水生态毒理模型可以分为分布模型和效应模型。分布模型与其他水环境模型类似，用于分析有毒物质在水环境各介质中的分布和负荷。在获得有毒物质的负荷以后，效应模型将水环境中的有毒化学物质负荷转化成对水生植物、水生动物和人类等有机体的影响。

12.1 水生态毒理模型的分类

12.1.1 分布模型

水生态毒理模型的分布模型通常有两类。第一类分布模型以有毒化学品的浓度为研究变量。第二类分布模型以逸度为研究变量，将不同相的介质，如水体、颗粒物、鱼类、藻类等都视为一个"箱体"，并用逸度计算有毒化学品在各"箱体"的分布，然后将结果转化为浓度。

12.1.1.1 基于浓度的分布模型

第一类分布模型的结构和建模方式都近似于富营养化模型。在该类模型中有毒化学品在水体中的迁移仍然由对流-扩散方程描述。生态毒理模型中有机毒物的源项比一般水质模型中常用的一级降解动力学复杂，但比富营养化模型简单。此外，由于需要计算有机毒物在生物中的累积等效应，这一类模型很大程度上构建在富营养化模型的基础之上。

基于浓度的分布模型的相关研究比较零散，早期主要是针对镉、铅和铬等重金属建模。随着有毒有机化学物的危害受到重视，这类水生态毒理模型的研究重点转向了持久性有机化合物的研究。比如，Rashleigh 等建立的美国 Hartwell 湖的多氯联苯食物网模型，张璐璐等建立的白洋淀多溴联苯醚的生态风险模型。Lei 等建立的松花江硝基苯排放风险模型。

虽然有些水环境模型软件试图搭建适用于有毒化学品模拟的普遍框架，但一般化模型的资料仍然非常罕见。造成缺乏统一的水生态毒理学模型框架的主要原因是有毒化学品种类太多而且彼此间的化学和生物性质区别很大，难以抽象出一般化的适用于计算多数有毒化学品迁移和分布规律的架构。这一现象也反映在模型相关文献的数量上，一般地说有毒化学品分布模型的研究比其他类型的河湖水质模型少很多。

美国 EPA 开发的 AQUATOX 是这类分布模型中开发较为成功的模型（www.epa.gov/ceam/aquatox）。AQUATOX 最初是作为富营养化模型开发的，但是，该模型从开发初始即存在包括了底栖动物、草食性鱼类、肉食性鱼类甚至鸟类的食物网模型。高等级生物及它们组成的食物网模型的存在为 AQUATOX 模型模拟有毒化学品奠定了良好的基础。在逐步开发的过程中，AQUATOX 模型又增添了庞大的化学品参数库、物种的食物偏好数据库、有机物积累模型、自动参数敏感性分析等模块，为预测有毒化学品在水环境中的分布提供了很大的方便。目前，AQUATOX 模型已经发展为包括光解、水解、微生物降解、相间分配、非平衡吸附及解吸、毒性种间相关分析(interspecies correlation estimates，ICE)以及毒物积累等诸多效应在内的生态模型，在国内外各类水体中均有成功的应用。

12.1.1.2 逸度模型

逸度模型是以逸度为基础的环境模型。逸度是 Lewis 早在 1901 年就提出的概念，它表示物质在某一相向相邻相逃离的趋势。由物理化学可知，当某种物质在各相间达到平衡时，该物质在各相的化学势相等；这个定理本身非常清晰，但是绝对化学势非常难以测量和计算，因为化学势总是和两个相间相对而言。逸度的提出就是为了取代难以测量和计算的化学势；逸度概念总是和某一个相连接一起，因此变得容易分析和比较。引入逸度概念以后，物质在各相间平衡的条件就变为该物质在各相的逸度相等；因此，物质在各相间的分布用逸度概念变得容易计算；而且逸度 f 与物质的浓度 C 成正比，即有下式成立：

$$C = Zf \tag{12-1}$$

式中，Z 是只与化学物质在某一相的性质有关的常数，被称为逸度容量。显然，只要算出物质在各相中的逸度容量，即可很方便地将逸度和浓度相互换算。

Mackay 率先算出了化学物质在水和空气中的逸度容量，建立了水-空气逸度模型，这是逸度模型的开端。随后，颗粒物、生物体和纯溶质中的逸度容量陆续被算出，逸度模型在环境领域中也得到了越来越广泛的运用。根据各相平衡、稳态和流动性质的划分，逸度模型可以分为 I 到 IV 级。I 级逸度模型是用于静态、平衡、非流动系统；II 级逸度模型用于稳态、平衡、流动系统；III 级是稳态、非平衡、流动系统模型；IV 级是非稳态、非平衡、流动系统逸度模型。在天然水体中，各相平衡的情况非常罕见；因此，实用的水环境模型至少是 III 级模型。如果一些水体长期进出物质近似不变，则其中化学物质在各相中的分布也可以用 II 级逸度模型计算。

从本质上，逸度模型是一种多介质模型；它不仅可以研究化学物质在水环境中各相的分布情况，也可以用于研究物质在空气、颗粒物等各介质中的分布及其交换速率；因此，逸度模型在环境模型研究中广受欢迎。Mackay 运用逸度模型估计了多氯联苯在美国五大湖地区空气和水中的分布，结果发现，多氯联苯的挥发和干沉降都是重要过程。Chen 等用逸度模型研究了甲氧基苯肼在水－植物－鱼类－沉积物中的归趋。程浩淼等运用逸度模型研究了四溴双酚 A 在巢湖各介质中分布。逸度模型的研究很多，不一一列举。

由于有毒化学品性质的差异主要被归结为逸度容量上的差异，所以逸度模型的提出为有毒化学物质的分布模型提出了相对统一的框架；但是，要注意金属有机物由于其机理尚不清楚,所以慎用逸度模型。此外,目前为止的逸度模型研究极少考虑空间异质性,这限制了逸度模型使用的范围,同时也是逸度模型需要发展的方向。

12.1.2 效应模型

水生态毒理学模型中的效应模型是指假设有机体中有毒化学品的浓度和分布已知情况下,分析化学品对个体、种群、水生态系统等的影响。虽然人们一般迫切地想知道化学品对生态系统甚至整个生物圈的影响,但是,碍于机理的清晰性不足以及相关参数难以获得,在实际的应用中效应模型一般都是指分析有毒化学品对个体或种群影响的模型。

与本书中提到的多数基于过程或者机理的模型不同,生态毒理的效应模型中应用最广泛的就是以统计学为基础的定量结构—性质相关模型 (quantitative structure-pharmacokinetics relationship,QSPR) 或者是定量结构—活性相关模型 (quantitative structure-activity relationship,QSAR)。QSP(A)R 模型的基本观点是分子的性质是由其结构决定的,因此,结构相似的分子一定有相似的性质。这类方法的要点是构建如下的等式:

$$Y = g(x_1, x_2, \cdots, x_n) \tag{12-2}$$

式中,Y 是需要确定的参数或者化学物质的毒性;$x_1, x_2, \cdots, x_n$ 是被称为分子描述符的表征分子结构的参数。一般的,分子结构确定以后较为容易获得各种分子描述符的具体值。构建 QSP(A)R 模型的步骤与建立一个正规的严谨的统计回归模型类似,即①搜集数据;②清洗数据;③构建或学习模型;④验证模型。除以上四步以外,构建 QSP(A)R 模型还需要⑤确定模型的应用范围。

分布模型和效应模型当然可以合并研究,合并后完整的生态毒理模型被称为“生态-迁移-效应”模型。由于分布模型和效应模型的研究目的和手段等都有较大区别,所以在过去的研究中分布模型和效应模型的研究者群体互不重叠。虽然分布模型和效应模型在各自领域中都有较多的研究,但是,结合两方面模型的研究较少。近年来,随着两种模型的研究者开始熟悉对方的思想和问题,这方面的结合研究逐渐增多。

12.2 AQUATOX 生态毒理模型

AQUATOX 模型是目前几乎唯一可以完整模拟“生态-迁移-效应”的较为成熟的生态毒理模型;也是美国 EPA 指定其下属机构评估有机毒物效应的生态毒理模型,可以在网站上下载,也在世界范围内得到了较为广泛的应用。本节以 AQUATOX 模型为例,剖析生态毒理模型的解决方案。

AQUATOX 模型包括水生态模型以及生态毒理模型两个主要模块。AQUATOX 的水生态模型基于 WASP 模型,由于 EFDC 和 WASP 模型在设计过程中都参考了CE-QUAL-ICM,所以 AQUATOX 富营养化模型的结构和计算方式都与前文所述的 EFDC富营养化模型类似。两者的主要区别在于 AQUATOX 设置了碎屑变量,并以该变量为基础计算颗粒及溶解态的有机物含量;而 EFDC 则依靠藻类的生物量直接计算这些有机物。

此外，AQUATOX 中藻类的设置比 EFDC 更精细，它虽然也基于蓝藻、绿藻、硅藻、着生藻类以及其他藻类；但是每种藻类又可以细分为浮游型、沉水型及固定型等，从而能够更仔细考虑水流冲刷和流速限制等效应。除藻类以外，AQUATOX 模型还可以计算底栖动物、节肢动物、腹足类动物以及鱼类等，因此在水生态模型方面，AQUATOX 远比 EFDC、Delft3D 等模型丰富，具体可见它的技术文档。

AQUATOX 的生态毒理模型是基于浓度的分布模型，并且带有一个结合半致死浓度 (LC50) 和半效应浓度 (EC50) 的简单效应模型。由于一般需要计算有机毒物在各营养级的生物累积效应，并进而估计毒物在生物体内的效应；因此，AQUATOX 的生态毒理模型大多基于水生态模型之上，以便计算各营养级的生物量。当然，如果只是简单估计有机毒物在水、沉积物或颗粒物中的浓度，那么生态毒理模块可以独立运行。

在 AQUATOX 模型中，任何营养级中的有机毒物都是通过被捕食或者摄取进入该营养级的生物体内，这一点与生物对氮、磷及低营养级生物的捕食没有区别；其数学描述也基于质量守恒原理，具体表达式与 EFDC 中藻类及营养物的转化过程表达式类似。不同的是，AQUATOX 为有机毒物加入了离子化、水解、光降解、微生物降解、挥发以及水-生物分配和生物富集等效应；下面重点讲述这些有机毒物特有的过程。

12.2.1　离子化

离子化过程会强烈影响水中有机毒物的各个过程，进而影响毒物在水、沉积物、颗粒物等各相中的浓度。AQUATOX 模型并不模拟离子化后的产物，而是计算未离子化的有机毒物百分比，如果有机毒物呈酸性则离子化百分比计算如下：

$$\text{Nondissoc} = \frac{1}{1+10^{(\text{pH}-\text{pKa})}} \tag{12-3}$$

如果有机毒物为碱性，则百分比的计算公式为

$$\text{Nondissoc} = \frac{1}{1+10^{(\text{pKa}-\text{pH})}} \tag{12-4}$$

式中，Nondissoc 是有机毒物未离子化的百分比；pKa 为有机毒物的酸离解常数；pH 为水的 pH。

12.2.2　水解反应

水解反应是水分子和有机毒物的反应，水解反应会导致有机毒物质量损失。AQUATOX 中无论是酸，碱或者中性物质的水解反应都由伪一级降解动力学描述，具体如下所示

$$\frac{\text{dToxi}}{\text{d}t} = \text{KHyd} \cdot \text{Toxi} \tag{12-5}$$

式中，Toxi 是有机毒物的浓度；KHyd 是总水解常数。KHyd 包括有机物与水分子的反应、有机物与氢离子的反应(酸催化反应)以及有机物与氢氧根离子的反应(碱催化反应)。因此 KHyd 由下式计算：

$$KHyd = (KAcid + KBase + KUncat) \cdot Temeff \tag{12-6}$$

式中，KAcid、KBase 分别是在给定 pH 条件下有机物的酸、碱催化反应常数；KUncat 是有机物与水分子在 pH=7 条件下的反应常数；Temeff 是温度校正效应，由 Arrhenius 定律计算，其中的活化能默认为 18000cal/mol。

12.2.3 降解反应

光解反应是指有机物吸收了光能以后发生了转化，从而其质量或物质的量减少的过程。AQUATOX 用一级降解动力学计算光解反应，具体如下：

$$\frac{dToxi}{dt} = KPhot \cdot Toxi \tag{12-7}$$

式中，KPhot 即有机物的光解反应常数，该常数通常由最大光解反应常数乘以校正系数计算得到。

$$KPhot = PhotR \cdot ScreF \cdot LightF \tag{12-8}$$

式中，PhotR 即最大光解常数；ScreF 是遮挡系数；LightF 则是光照季节变化校正。

$$LightF = \frac{Solar}{aveSolar} \tag{12-9}$$

式中，Solar 是随季节变化的每天平均日照强度；aveSolar 是半日照长度时平均日照强度，在国内一般由春分日前后的日照强度测量得到。

12.2.4 微生物降解

AQUATOX 中的微生物降解反应也由一级降解动力学计算，但考虑温度、pH、厌氧条件等方面的校正效应。

$$\frac{dToxi}{dt} = KM \cdot Docrr \cdot pHcrr \cdot Temcrr \tag{12-10}$$

式中，KM 是最大降解系数；Docrr、pHcrr 和 Temcrr 分别是厌氧、pH 和温度效应的校正系数。

12.2.5 挥发效应

AQUATOX 应用双层膜理论计算有机毒物的挥发效应。双层膜理论认为物质在水-气相间迁移需要经过空气膜以及水膜。有机物在水一侧迁移的速度由下式计算：

$$KLiq = KRear \cdot Thick \cdot \left(\frac{MolO2}{MolWt}\right)^{0.25} \cdot \frac{1}{Nondissoc} \tag{12-11}$$

式中，KLiq 是有机物在水一侧的迁移速度；Thick 是水体的最大水深；MolO2、MolWt 分别是氧分子以及有机物的摩尔质量；KRear 是复氧系数。有机物在空气一侧的迁移速率由下式计算：

$$\mathrm{KGas} = 168 \cdot \left(\frac{\mathrm{MolH_2O}}{\mathrm{MolWt}} \right)^{0.25} \cdot \mathrm{Wind} \cdot 0.5 \tag{12-12}$$

式中，KGas 是有机毒物在空气一侧的迁移速率，$\mathrm{MolH_2O}$ 是水分子的摩尔质量，Wind 是水面上 10m 处风速。由水一侧和空气一侧有机物的迁移速率，则水-空气总的迁移速率可由下式计算：

$$\frac{1}{\mathrm{KOVol}} = \frac{1}{\mathrm{KLiq}} + \frac{1}{\mathrm{KGas} \cdot \mathrm{HenrryLaw} \cdot \mathrm{Nondissoc}} \tag{12-13}$$

式中，KOVol 是有机物的总迁移速度，HenrryLaw 由下式计算：

$$\mathrm{HenrryLaw} = \frac{\mathrm{Henrry} \cdot \mathrm{SCorr}}{R \cdot \mathrm{TK}} \tag{12-14}$$

式中，Henrry、SCorr 分别是有机物的亨利常数以及盐度校正；R 是气体常数；TK 是以开尔文温标衡量的温度。进一步，由挥发引起水环境中有机毒物浓度变化速率可用下式计算：

$$\frac{\mathrm{dToxw}}{\mathrm{d}t} = -\frac{\mathrm{KOVol}}{\mathrm{Thick}}(\mathrm{ToxSat} - \mathrm{Toxw}) \tag{12-15}$$

式中，Toxw 是水中有机毒物的浓度；ToxSat 是有机毒物在空气中的平衡饱和浓度。

12.2.6　分配系数与生物富集因子

AQUATOX 模型中有机物的水-碎屑相分配系数是以有机物的辛醇-水分配系数为基础进行估计的。有机物的惰性碎屑-水分配系数由下式计算：

$$\mathrm{KOM_{Ref}} = 1.38 \cdot \mathrm{KOW}^{0.82} \cdot \mathrm{Nondissoc} + (1 - \mathrm{Nondissoc}) \cdot \mathrm{IonCorr} \cdot 1.38 \cdot \mathrm{KOW}^{0.82} \tag{12-16}$$

式中，$\mathrm{KOM_{Ref}}$ 是有机物的惰性有机碎屑-水分配系数；KOW 是有机物的辛醇-水分配系数；IonCorr 是离子校正系数，如果有机物是酸则为 0.1，如果为碱则等于 0.01。有机物的活性碎屑-水分配系数 $\mathrm{KOM_{Lab}}$ 计算方式与此类似，只有系数的不同。

$$\mathrm{KOM_{Lab}} = (23.44 \cdot \mathrm{KOW}^{0.61} \cdot \mathrm{Nondissoc} + (1 - \mathrm{Nondissoc}) \cdot \mathrm{IonCorr} \cdot 23.44 \cdot \mathrm{KOW}^{0.61}) \cdot 0.526 \tag{12-17}$$

AQUATOX 模型中有机毒物在藻类和无脊椎动物-水之间的分配与其在碎屑-水之间的分配计算方式类似；但用生物富集因子 BCF 表示。在 AQUATATOX 除巨型藻类的生物富集因子由式(12.18)计算，而着生巨型藻类的生物富集因子由式(12.19)计算：

$$\mathrm{BCFAL} = 2.57 \cdot \mathrm{KOW}^{0.93} \cdot \mathrm{Nondissoc} + (1 - \mathrm{Nondissoc}) \cdot \mathrm{IonCorr} \cdot 0.257 \cdot \mathrm{KOW}^{0.93} \tag{12-18}$$

$$\mathrm{BCFMar} = 0.00575 \cdot \mathrm{KOW}^{0.98} \cdot (\mathrm{Nondissoc} + 0.2) \tag{12-19}$$

式中，BCFAL 及 BCFMar 分别是这两类藻类的生物累积因子。无脊椎动物的生物富集因子则被分为不吃碎屑的无脊椎动物和以碎屑为生的无脊椎动物，这两种动物的生物富集因子分别由式(12-20)和式(12-21)计算：

$$\mathrm{BCFNON} = 0.3663 \cdot \mathrm{KOW}^{0.7520} \cdot (\mathrm{Nondissoc} + 0.01) \tag{12-20}$$

$$BCFD = \frac{Lipid}{FOCD} \cdot KOM_{Ref} \cdot (Nondissoc + 0.01) \tag{12-21}$$

式中，BCFNON、BCFD 分别是这两类无脊椎动物的富集因子；Lipid 是生物体内脂类物质的比例；FOCD 是碎屑中有机碳的比例，默认是 0.526。

鱼类体内的有机毒物浓度要达到平衡状态需要较长的时间，因此在 AQUATOX 模型中，鱼类的分配系数与其生物富集因子并不等同。鱼类的有机毒物分配系数由下式计算：

$$KBFish = Lipid \cdot WetToDry \cdot KOW \cdot (Nondissoc + 0.01) \tag{12-22}$$

式中，KBFish 是有机毒物的鱼类-水分配系数；WetToDry 是鱼类质量的干湿转换因子，默认为 5。有机毒物在鱼类中的富集因子由下式计算：

$$BCFFish = KBFish \cdot [1 - exp(-Depu \cdot TElap)] \tag{12-23}$$

式中，BCFFish 是有机毒物在鱼类中生物富集因子；TElap 是鱼暴露在毒物中的时间；Depu 是有机毒物在鱼类中的消除速率。

由 BCF 结合各物种对有机物的吸收速率常数就可以计算出非常重要的有机物在生物体内的消除速率常数。

12.3　算例——基于 AQUATOX 的 Hartwell 湖多氯联苯模型

12.3.1　模型的建立

对美国 Hartwell 湖采用 AQUATOX 软件建立了多氯联苯(PCBs)模型，分析了水、沉积物以及各种生物体内多氯联苯的浓度。Hartwell 湖位于美国加州，其上游 20km 处存在一处大坝。Hartwell 湖的主要特征见表 12-1。

表 12-1　Hartwell 湖主要特征

项目	取值	单位
最大长度	20.4	km
容积	11801000	m^3
表面积	2743700	m^2
平均深度	4.3	m
最大深度	13.7	m
平均光照强度	361	lx/d
年光照强度变化 [a]	200	lx/d
平均水温	19	$℃^{-1}$
年水温变化	16	$℃^{-1}$
平均蒸发量	95.51	cm/a

a. 一年最大值减去最小值。

据记录在 1955 年~1990 年间约有 188t 多氯联苯进入 Hartwell 湖；到 1995 年在该湖的沉积物中的多氯联苯已低于 2000ppb[①]的标准；但是，在当地的鱼类中多氯联苯仍然高于 2000ppb。建立 AQUATOX 生态毒理模型的目的是检验沉积物和碎屑中多氯联苯的释放水平对该湖中几种主要鱼类体内多氯联苯含量的影响。AQUATOX 本身没有水动力模块，只自带有箱式零维模型简单估计水动力的效应；每天的光照强度和水温根据其平均值和变化范围用正弦公式推算。本节的数据和材料来自美国 EPA 网站（https://www.epa.gov/ceam/aquatox）提供的 AQUATOX 模型的资料。

根据 Hartwell 湖的实际情况，引入的变量除了常规的氨氮、硝态氮、溶解氧以及碎屑等；还引入了硅藻和绿藻两种藻类，蜉蝣和水蚤两种底栖动物，摇蚊、幽蚊，以及西鲱、大口黑鲈和蓝鳃太阳鱼三种鱼类。几种生物间构成的食物网如图 12-1 所示。

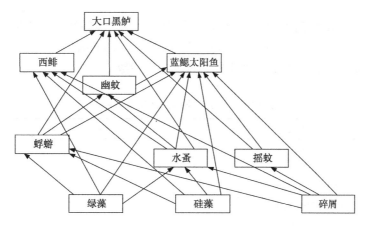

图 12-1　Hartwell 湖食物网

可以看到它们彼此间的食物网还是很复杂的；在 AQUATOX 中还需要设定捕食者对不同食物的偏好比例。多氯联苯本身的性质对其在生物体内的浓度以及效应有很大的影响，多氯联苯重要参数的取值见表 12-2，需要将这些参数输入 AQUATOX 数据库；模型中所需的多氯联苯其他参数都可以由表中数据，应用经验公式算出。

表 12-2　多氯联苯主要参数

参数名	参数取值	单位
分子量	328	g/mol
亨利常数	0.002	atm·m³/mol
辛醇-水分配系数(lg)	6.5	—
沉积物-水分配系数(pH=7)	56090	L/kgOC*
碎屑的吸附速率常数	1.39	L/(kg·d)
活化能	18000	cal/mol
幽蚊中消除速率	0.0112	d⁻¹

①1ppb=1μg/kg。

续表

参数名	参数取值	单位
蜉蝣中消除速率	0.0122	d^{-1}
水蚤中消除速率	0.00114	d^{-1}
摇蚊中消除速率	0.0150	d^{-1}
蓝鳃太阳鱼中消除速率	0.00136	d^{-1}
大嘴黑鲈中消除速率	0.001	d^{-1}
西鲱中消除速率	0.0009	d^{-1}
绿藻中消除速率	0.2	d^{-1}
硅藻中消除速率	0.2	d^{-1}

* OC，organic carbon，有机碳。

本节不计算多氯联苯的毒性，因此，不需要半致死浓度等数据；但是，如果进一步讨论多氯联苯对主要动植物的毒性，可以使用 AQUATOX 自带的 ICE 工具估计半致死浓度或半效应浓度。表 12-3 是其中非生物变量的主要参数。

表 12-3 非生物变量反应主要参数

参数名	参数取值	单位
最大硝化速率	0.3	d^{-1}
最大反硝化速率	0.09	d^{-1}
惰性碎屑最大降解速率	0.04	d^{-1}
活性碎屑最大降解速率	0.15	d^{-1}
碎屑矿化适宜温度	25	$℃^{-1}$
碎屑矿化最大 pH	8.5	—

12.3.2 模型结果与分析

AQUATOX 模型建立后，首先使用 2000 年～2003 年间的数据进行模型参数的率定，图 12-2 是在 3 种鱼类体内多氯联苯浓度的模拟结果。

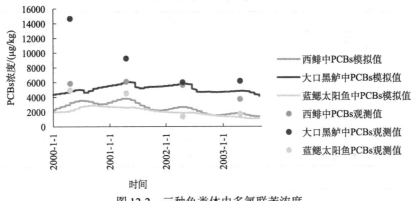

图 12-2 三种鱼类体内多氯联苯浓度

从结果可以看出，蓝腮太阳鱼体内多氯联苯的模拟结果比较好，西鲱体内多氯联苯的模拟结果较差，大口黑鲈体内多氯联苯的模拟结果最差。这是因为大口黑鲈占据的营养级最高，低营养级中多氯联苯估计的误差会传导到大口黑鲈的结果。此外，模拟结果从绝对值来说，精度不高；由于生态毒理模型中诸多机理和参数都并不清楚，所以，目前为止对生态毒理学模型模拟精度的要求是很低的。尽管如此，模拟值总的趋势是与观测结果相符的；大口黑鲈作为系统中营养级最高的生物，其体内的多氯联苯浓度远高于其他两种鱼类，这也定性的与经验相符；因此总的来说，模型的结果是可以接受的。如果需要提高模拟精度，需要对参数和边界条件做更仔细的研究。

图 12-3 分别是沉积物和碎屑正常释放多氯联苯、释放量减半以及释放量增加一倍情况下三种鱼类体内多氯联苯含量的变化。

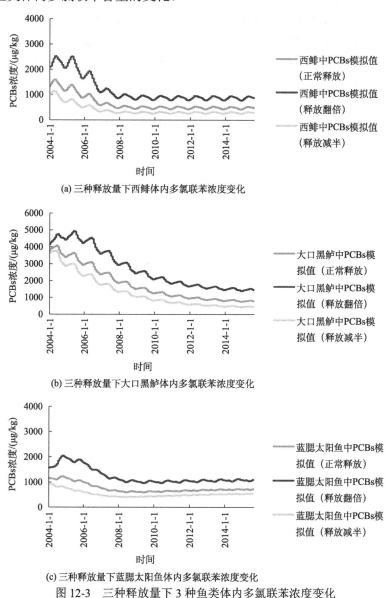

(a) 三种释放量下西鲱体内多氯联苯浓度变化

(b) 三种释放量下大口黑鲈体内多氯联苯浓度变化

(c) 三种释放量下蓝腮太阳鱼体内多氯联苯浓度变化

图 12-3　三种释放量下 3 种鱼类体内多氯联苯浓度变化

从图 12-3 可以看出，与参数率定期的模拟结果类似，2004 年～2014 年，大口黑鲈体内的多氯联苯浓度最高，西鲱体内多氯联苯浓度略高于蓝腮太阳鱼体内的多氯联苯浓度。这主要是因为大口黑鲈以这两种鱼为食，因此，这两种鱼体内的多氯联苯有一部分转移到大口黑鲈体内形成了二次累积。

在正常释放情况下西鲱和蓝腮太阳鱼体内的多氯联苯在 2004 年初就降低到 2000μg/kg 以下，达到了标准；但是大口黑鲈体内的多氯联苯直到 2007 年底才达到标准。以 1000μg/kg 的标准衡量，西鲱和蓝腮太阳鱼在 2007 年达标，而大口黑鲈需要到 2009 年才达标。这一结果表明高营养级生物体内多氯联苯的消除速度远小于其同一食物网中低营养级生物；需要更严格的控制受污染食肉鱼类的食用。

从三种工况情况比较，沉积物和碎屑的多氯联苯释放量对三种鱼类体内多氯联苯浓度均有较大的影响；较大的释放量会推迟三种鱼体内多氯联苯浓度达标的时间；其中尤以对大口黑鲈体内的多氯联苯浓度影响最大，在释放量增倍的情况下，直到 2014 年底模拟期的末尾，其浓度仍然保持较高的水平，在 2000μg/kg 左右。可以看出，沉积物和碎屑持续释放多氯联苯是其难以从湖泊生态系统中消除的主要原因。

主要参考文献

陈昌仁, 申霞, 王鹏. 2016. 水动力与水生植物作用下太湖底泥再悬浮特征及环境效应[M]. 北京: 中国水利水电出版社.

陈凯麒, 江春波. 2018. 地表水环境影响评价数值模拟方法及应用[M]. 北京: 中国环境出版集团.

程文辉, 王船海, 朱琰. 2006. 太湖流域模型[M]. 南京: 河海大学出版社.

董越洋, 徐波, 王鹏, 等. 2020. 一种基于 Stella 和 R 语言的湿地氮素动力学模型[J]. 中国环境科学, 40(1): 198-205.

范立维. 2008. 潜流人工湿地水力学特性及其处理废水中有机污染物的研究[D]. 北京: 北京工业大学.

顾恩慧. 2013. 海上溢油行为与归宿的数值模拟[D]. 杭州: 浙江大学.

华祖林. 2020. 环境水力学[M]. 北京: 科学出版社.

华祖林, 刘晓东, 褚克坚, 等. 2013. 基于边界拟合下的水流与污染物质输运数值模拟[M]. 北京: 科学出版社.

华祖林, 邢领航, 顾莉, 等. 2010. 非结构网格计算格式研究及环境湍流模拟[M]. 北京: 科学出版社.

河海大学. 2016. 南宁市区流域水质和水量监测能力建设项目总结评估报告[R]. 南京: 河海大学.

河海大学, 太湖流域管理局水资源综合规划项目组. 2006. 太湖流域水资源综合规划数模研制总报告[R]. 南京: 河海大学, 太湖流域管理局水资源综合规划项目组.

交通运输部. 2020. 2019 年交通运输行业发展统计公报[R]. 北京: 交通运输部.

孔令裕, 倪晋仁. 2007. 人工湿地去污模型的统一结构特征[J]. 生态学报, (4): 1428-1433.

李炜. 1999. 环境水力学进展[M]. 武汉: 水利电力大学出版社.

李一平, 施媛媛, 姜龙, 等. 2019. 地表水环境数学模型研究进展[J]. 水资源保护, 35(4): 1-8.

刘晓东, 姚琪, 王鹏. 2004. 长江口北支基于混合网格的通量差分裂水流水质计算模式[J]. 水动力学研究与进展 A 辑, 19(5): 565-570.

芦秀青. 2010. 垂直流人工湿地水力学规律与数学模型研究[D]. 武汉: 华中科技大学.

戚景南. 2006. 潜流人工湿地水力学模型及污染物去除动力学模拟[D]. 重庆: 西南大学.

钱蔚. 2008. 感潮河段水源地突发性液体化学品泄露及溢油事故二维数值模拟[D]. 南京: 河海大学.

施勇, 胡四一. 2002. 无结构网格上平面二维水沙模拟的有限体积法[J]. 水科学进展, 13(4): 409-415.

邰红巍, 闻洋, 苏丽敏, 等. 2015. 有机污染物在鱼体内临界浓度研究进展[J]. 科学通报, 60(19):1789-1795.

谭维炎. 1998. 计算浅水动力学[M]. 北京: 清华大学出版社.

谭维炎, 胡四一, 韩曾萃, 等. 1995. 钱塘江口涌潮的二维数值模拟[J]. 水科学进展, 6(2): 83-93.

王船海, 李光炽, 向小华, 等. 2015. 实用河网水流计算[M]. 南京: 河海大学出版社.

王船海, 朱琰, 程文辉, 等. 2008. 基于非充分掺混模式的流域来水组成模型[J]. 水科学进展, 19(1):94-98.

汪家权, 钱家忠. 2005. 水环境系统模拟[M]. 合肥: 合肥工业大学出版社.

王鹏. 2006. 基于数字流域系统的平原河网区非点源污染模型研究及应用[D]. 南京: 河海大学.

王鹏, 王船海, 华祖林, 等. 2020. 一种基于 GIS 平台的平原河网区污染负荷计算方法[P]. 中国, ZL201810486632. 1.

王鹏, 王船海, 马腾飞, 等. 2019. 基于栅格化处理的平原河网区河道面源污染负荷确定方法[P]. 中国, ZL201810474581. 0.

王玉琳. 2017. 巢湖 EFDC 富营养化模型参数敏感性及优化确定研究[D]. 南京: 河海大学.

闻岳, 周琪. 2007. 水平潜流人工湿地模型[J]. 应用生态学报, 18: 456-462.

武周虎, 赵文谦. 1992. 海面溢油扩展、离散和迁移组合模型[J]. 海洋环境科学, 11(3): 33-40.

赵棣华, 戚晨, 庚维德, 等. 2000. 平面二维水流-水质有限体积法及黎曼近似解模型[J]. 水科学进展, 11(4): 368-373.

赵棣华. 2003. 基于有限体积法及黎曼近似解的二维水流水质模型（RSFVMWQ-2D 模型）[R]. 南京: 南京水利科学研究院.

Donald M. 2007. 环境多介质模型: 逸度方法[M]. 黄国兰等译. 北京: 化学工业出版社.

Akratos C S, Papaspyros J N E, Tsihrintzis V A. 2009. Total nitrogen and ammonia removal prediction in horizontal subsurface flow constructed wetlands: use of artificial neural networks and development of a design equation[J]. Bioresource Technology, 100(2): 586-596.

Blokker P C. 1964. Spreading and evaporation of petroleum products on water[C]//Proc. of 4th internal harbor congress. Antwerp, Netherlands: 911-919.

Brovelli A, Malaguerra F, Barry D A. 2009. Bioclogging in porous media: Model development and sensitivity to initial conditions[J]. Environmental Modelling & Software, 24(5): 611-626.

Fay J A. 1971. Physical processes in the spread of oil on a water surface[C]//Proceedings of the Joint Conference on Prevention and Control of Oil Spills. Washington D. C. : American Petroleum Institute: 463-467.

Giraldi D, Michieli Vitturi de M, Iannelli R. 2010. FITOVERT: A dynamic numerical model of subsurface vertical flow constructed wetlands[J]. Environmental Modelling & Software, 25(5): 633-640.

Grieu S, Traore A, Polit M, et al. 2005. Prediction of parameters characterizing the atate of a pollution removal biologic process[J]. Engineering Applications of Artificial Intelligence, 18(5): 559-573.

Hamrick J M. 1992. A three-dimensional environmental fluid dynamics computer code: theoretical and computational aspects[R]. Williamsburg: Virginia Institute of Marine Science, The College of William and Mary.

Ji Z G. 2017. Hydrodynamics and Water Quality Modeling Rivers, Lakes, and Estuaries[M]. Hoboken: John Wiley & Sons Inc.

Jørgensen S E. 2011. Handbook of Ecological Models Used in Ecosystem and Environmental Management[M]. Boca Raton: CRC Press.

Langergraber G, Šimůnek J. 2006. The multi-component reactive transport module CW2D for constructed wetlands for the HYDRUS software package[R]. Vienna: University of Natural Resources and Applied Life Sciences.

Lee B H, Scholz M. 2006. Application of the self-organizing map(SOM) to assess the heavy metal removal performance in experimental constructed wetlands[J]. Water Research, 40(18): 3367-3374.

Lin P, Li C W. 2002. A σ-coordinate three-dimensional numerical model for surface wave propagation[J]. International Journal for Numerical Methods in Fluids, 38(11): 1045-1068.

Liu S K, Leendertes J J. 1981. A 3-d oil spill mode with and without ice cover[C]//Proc. of the Internal, Symposium on Mechanics of Oil Slick, Paris, France.

Moreli B, Hawkins T R, Niblick B. 2018. Critical review of eutrophication models for life cycle assessment[J]. Environmental Science & Technology, 52: 9562-9578.

Neitsch S L, Arnold J G, Kiniry J R, et al. 2009. Soil and water assessment tool theoretical documentation version 2009 [R]. Texas: Texas Water Resources Institute.

Oey L Y, Chen P. 1992. A model simulation of circulation in the Northeast Atlantic shelves and seas[J]. Journal of Geophysical Research, 97: 20087-20115.

Park R A, Clough J S. 2018. AQUATOX, volume 2: technical documentation[R]. Washington D. C. : US. EPA.

Schwanenberg D, Montero R A. 2016. Total variation diminishing and mass conservative implementation of hydrological flow routing[J]. Journal of Hydrology, 539: 188-195.

Shepherd H L, Tchobanoglous G, Grismer M. 2001. Time-dependent retardation model for chemical oxygen demand removal in a subsurface-flow constructed wetland for winery wastewater treatment[J]. Water environment research, 73(5): 597-606.

Steven C C. 2008. Surface Water-Quality Modeling[M]. Long Grove, Illinois: Waveland Press Inc.

Tetra Tech Inc. 2007. The environmental fluid dynamics code theory and computation, volume 3: water quality module [R]. Fairfax, VA: Dynamic Solutions International.

Tomenko V, Ahmed S, Popov V. 2007. Modelling constructed wetland treatment system performance[J]. Ecological Modelling, 205(3): 355-364.

Wang P, Wang C H, Hua Z L, et al. 2020. A structurally integrated water environmental modeling system based on dual object structure[J]. Environmental Science and Pollution Research, 27(10): 11079-11092.

Wang Y L, Cheng H M, Wang L, et al. 2020. A combination method for multicriteria uncertainty analysis and parameter estimation: A case study of Chaohu Lake in Eastern China[J]. Environmental Science and Pollution Research, 27: 20934-20949.

Wool T A, Ambrose R B, Martin J L, et al. 2008. Water quality analysis simulation program (WASP), version 6.0 DRAFT: user's manual [R]. Atlanta, GA: US Environmental Protection Agency-Region 4.

Wynn T M, Liehr S K. 2001. Development of a constructed subsurface-flow wetland simulation model[J]. Ecological Engineering, 16(4): 519-536.

Zhao D H, Shen H W, Lai J S, et al. 1996. Approximate riemann solvers in FVM for 2D hydraulic shock waves modeling[J]. Journal of Hydraulic Engineering, ASCE, 122(12) : 692-702.

Zhao D H, Shen H W, Tabios III G Q. 1994. Finite-Volume two-dimentional unsteady-flow model for river basins[J]. Journal of Hydraulic Engineering, ASCE, 120(7): 863-883.

编 后 语

历时数年，这本《河湖水环境数学模型与应用》终于编撰完成。掩卷而思，当前河湖水环境模拟呈现高度复杂情势，这是由污染物质的多样性、复杂性所决定的。团队虽耕耘水质模型数十载，仍为管中窥豹，偶得些许浅薄之感悟，一孔所见难免有失偏颇，但愿冒贻笑，以之为引玉之砖，就正于大方之家，亦不失有所为。

纵观近百年的河湖水质模型史，模型效能固然取决于计算机水平的发展，但其核心始终聚焦于水环境问题的数学概化，以动力学方程或统计学表达等多种形式，体现污染物在河湖系统中迁移归趋过程。模型从初始阶段的甚至显得颇为简陋的黑箱，到现在的非稳态多维嵌套、多因素耦合，一直朝着对所研究水环境问题高精度概化的方向行进。当前社会、经济发展需求，驱动着大量新的人工合成化学物质的生产与应用，并直接、间接地进入地表水体。这些理化性质有别于天然物质和传统污染物的化合物，对河湖水生态环境的影响与威胁正在显现，同时也使得当今水环境问题日趋复杂。在现今的河湖环境及风险管理中，水污染溯源、污染内源准确测算、新兴污染物模拟、人工智能技术以及数字智慧等问题已成为关注热点，这对水环境模型提出了新的发展契机与挑战。

（1）河湖污染溯源是通过建立河湖水环境反演模型，根据已有的调查或监测数据，对污染源的位置、源强、排放过程等进行识别，为河湖水污染源信息获取提供了新的手段和思路。由于污染物进入地表水体后，除了作随流迁移、分散稀释和衰减等运动外，同时因污染物不同属性而存在挥发、吸附、沉淀、水解或光解等物理、生物、化学转化过程。因而，不同种类的污染物在河流中的存在与分布形式以及输运规律有着很大的差异，如何根据污染物的性质与河湖动力情势，研究建立与之相适应的精确溯源模型，是当前水环境模型研究的重要方向之一。

（2）近年来，全氟化合物、四溴双酚 A、抗生素等新兴污染物在地表水系统中大量检出，形成持久性或持续性污染，对河湖水环境、水生生态以至于人体健康造成威胁。由于天然河湖中新兴污染物的含量水平多为痕量-微量级别，同时其环境行为与传统污染物有着显著差异，如何准确模拟的新兴污染物在河湖环境的迁移转化，进而模拟新兴污染物的生物生态过程，是当前水环境模型的重要发展方向。

（3）底泥污染释放是河湖水环境的重要污染源之一，其释放通量测算的准确与否，往往是保证模型计算精度极为关键的环节。内源释放是污染物从沉积物向上覆水迁移的过程，目前大多采用基于特定底泥释放实验的统计学经验公式来表达，其适用性与准确性受较大限制。由于内源释放涉及污染物在沉积相多孔介质中的输运，与水土不同相间的迁移过程，同时该过程与沉积物-上覆水体系理化、动力环境密切相关，如何构建基于物质运移本构关系的动力学模块，实现高精度的污染物水土界面迁移数值模拟，是当前水环境数学模型的又一挑战。

（4）随着以深度学习为代表的机器学习方法的兴起，越来越多的人工智能新技术在水环境及类似的模型中得到运用，其中有两个热点值得关注：第一是将偏微分方程作为限制加入神经网络的训练过程，使神经网络训练的结果满足偏微分方法，或者通过机器学习方法预测湍流模型中的各种系数以加速模型的求解过程；其二是通过深度学习来挖掘物理现象背后的数学表达，即预先建立一个广泛的算子库，结合数据和稀疏回归等方法推测数据背后的偏微分方程。目前，机器学习和偏微分方程结合的研究主要应用于计算流体力学领域，如何河湖水环境模型结合以提高模拟计算效率，这是一个有着广泛前景的研究方向。

（5）云计算、物联网、大数据、移动互联网等新一代信息技术的兴起，也为水环境数学模型提出了新的发展契机。例如，大数据平台能够有效解决数学模型边界条件、初始条件输入缺失难题；超算、云计算的应用将会大幅度提升水环境数学模型的计算效率和精度；借助"3S"技术大范围、全天候、全天时的观测优势，可为水环境数学模型提供大尺度、高精度、动态性的输入数据及率定验证资料，实现基础数据动态更新；结合物联网应用，实现水环境治理过程中多参数监测、治理模型耦合模拟、智能决策与治理过程的联合调控；VR技术丰富和强化了模型预测结果输出的展现方式和表现力度。如何实现数学模型与新一代信息技术的高度融合，已成为当前河湖水质模型发展的重要方向。